Spring
快速入门到精通

明日科技　编著

化学工业出版社
·北京·

内容简介

《Spring 快速入门到精通》是一本基础与实践相结合的图书。全书共分为三篇，分别是基础篇、案例篇、项目篇，其中基础篇 16 章、案例篇 10 章、项目篇 2 章。从学 Spring、Spring MVC 和 Spring Boot 到用 Spring、Spring MVC 和 Spring Boot 的角度出发，帮助读者快速掌握基础知识的同时，引导读者如何使用它们开发应用程序。本书提供丰富的资源，包括实例、案例和项目的源码及相关讲解视频、学习计划表、指令速查表等，全方位为读者提供服务。

本书不仅适合作为软件开发入门者的自学用书，而且适合作为高等院校相关专业的教学参考书，还适合供初入职场的开发人员查阅、参考。

图书在版编目（CIP）数据

Spring 快速入门到精通 / 明日科技编著 . —北京：化学工业出版社，2023.8
ISBN 978-7-122-43412-8

Ⅰ.①S… Ⅱ.①明… Ⅲ.①JAVA语言-程序设计 Ⅳ.①TP312.8

中国国家版本馆 CIP 数据核字（2023）第 079382 号

责任编辑：雷桐辉　周　红　曾　越　　文字编辑：林　丹　师明远
责任校对：王　静　　　　　　　　　　　装帧设计：王晓宇

出版发行：化学工业出版社
　　　　　（北京市东城区青年湖南街13号　邮政编码100011）
印　　刷：三河市航远印刷有限公司
装　　订：三河市宇新装订厂
787mm×1092mm　1/16　印张27½　字数692千字
2023年9月北京第1版第1次印刷

购书咨询：010-64518888
售后服务：010-64518899
网　　址：http://www.cip.com.cn

凡购买本书，如有缺损质量问题，本社销售中心负责调换。

定　　价：108.00元　　　　　　　　　　　　版权所有　违者必究

前言

　　Spring 是 JavaEE 编程领域的一个轻量级开源框架，是为了降低企业级编程开发的复杂性，增加开发敏捷性的应用型框架。Spring MVC 是 Spring 框架提供的一个基于 MVC 设计模式的应用于轻量级 Web 开发的框架。Spring MVC 的实现过程，需要 Servlet、JSP 和 JavaBean 予以支持。相比较 Spring，Spring Boot 的特点是非常明显的，即代码非常少、配置非常简单、可以自动部署、易于单元测试、集成了各种流行的第三方框架或软件和启动项目的速度很快等，因此，市面上越来越多的企业使用 Spring Boot 作为项目架构的框架。

本书内容

　　全书共分为 28 章，主要通过"基础篇（16 章）+ 案例篇（10 章）+ 项目篇（2 章）"三大维度一体化的讲解方式。本书的知识结构如下图所示。

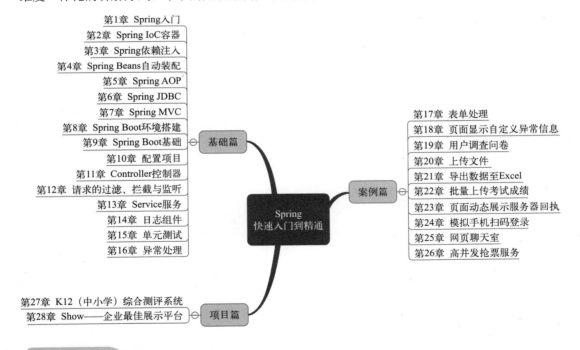

本书特色

1. 讲解详尽、提升效率

　　书中的大部分内容采取的是"抽丝剥茧"的写作方式，这样既能够降低书中内容的理解难度，又能够提高学习效率。

2. 面面俱到、综合运用

　　基础篇中的大部分章末尾都会有一个综合案例。这些综合案例有的是结合讲解过的知识点，实现比较强大的功能；有的是由章节内容衍生出来的知识点，让本章的知识点更加全面。

3. 趣味案例、实用项目

案例篇中的案例强调趣味性，希望能够快速地吸引读者，激发读者的主观能动性。项目篇中的两个项目兼顾趣味性和实用性，让读者学而不累，学有所得。

4. 高效栏目、贴心提示

本书根据讲解知识点的需要，设置了"注意""说明"等高效栏目，既能够让读者快速理解知识点，又能够提醒读者规避编程陷阱。

本书由明日科技的Java开发团队策划并组织编写，主要编写人员有赵宁、赛奎春、王小科、李磊、刘书娟、王国辉、高春艳、张鑫、周佳星、葛忠月、宋万勇、杨丽、刘媛媛、依莹莹等。在编写本书的过程中，我们本着科学、严谨的态度，力求精益求精，但不足之处仍在所难免，敬请广大读者批评斧正。

感谢您阅读本书，希望本书能成为您编程路上的领航者。

祝您读书快乐！

编著者

如何使用本书

本书资源下载及在线交流服务

方法 1：使用微信立体学习系统获取配套资源。用手机微信扫描下方二维码，根据提示关注"易读书坊"公众号，选择您需要的资源和服务，点击获取。微信立体学习系统提供的资源和服务包括：

视频讲解：快速掌握编程技巧
源码下载：全书代码一键下载
实战练习：检测巩固学习效果
学习打卡：学习计划及进度表
拓展资源：术语解释指令速查

扫码享受
全面沉浸式学
Spring

操作步骤指南：①微信扫描本书二维码。②根据提示关注"易读书坊"公众号。③选取您需要的资源，点击获取。④如需重复使用可再次扫描。

方法 2：推荐加入 QQ 群：309198926（若此群已满，请根据提示加入相应的群），可在线交流学习，作者会不定时在线答疑解惑。

方法 3：使用学习码获取配套资源。

（1）激活学习码，下载本书配套的资源。

第一步：打开图书后勒口，查看并确认本书学习码，用手机扫描二维码（如图 1 所示），进入如图 2 所示的登录页面。单击图 2 页面中的"立即注册"成为明日学院会员。

第二步：登录后，进入如图 3 所示的激活页面，在"激活图书 VIP 会员"后输入后勒口的学习码，单击"立即激活"，成为本书的"图书 VIP 会员"，专享明日学院为您提供的有关本书的服务。

第三步：学习码激活成功后，还可以查看您的激活记录。如果您需要下载本书的资源，请单击如图 4 所示的云盘资源地址，输入密码后即可完成下载。

图1 手机扫描二维码

图2 扫码后弹出的登录页面

图3 输入图书激活码

图4 学习码激活成功页面

（2）打开下载到的资源包，找到源码资源。本书共计 28 章，源码文件夹主要包括：实例源码（71 个＜包括综合案例＞）、案例源码（10 个）、项目源码（2 个），具体文件夹结构如下图所示。

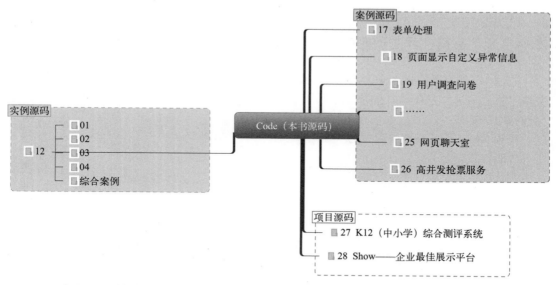

（3）把源码文件夹导入开发环境［如 Eclipse IDE for Enterprise Java and Web Developers-2022-03(4.23.0)］后，运行程序即可。

本书约定

本书推荐系统及开发工具		
Win10 系统（Win7、Win11 兼容）	JDK17	Eclipse IDE for Enterprise Java and Web Developers-2022-03(4.23.0) 及其以上版本
![Windows10]	![Java]	![Eclipse]

读者服务

为方便解决读者在学习本书过程中遇到的疑难问题及获取更多图书配套资源，我们在明日学院网站为您提供了社区服务和配套学习服务支持。此外，我们还提供了读者服务邮箱及售后服务电话等，如图书有质量问题，可以及时联系我们，我们将竭诚为您服务。

读者服务邮箱：mingrisoft@mingrisoft.com

售后服务电话：4006751066

目录

第1篇 基础篇 ... 001

第1章 Spring 入门 ... 002

1.1 Spring 概述 ... 002
- 1.1.1 三层架构 ... 003
- 1.1.2 Spring 的优良特性 ... 003
- 1.1.3 Spring 框架的特点 ... 003

1.2 Spring 体系结构 ... 004
- 1.2.1 核心容器 ... 004
- 1.2.2 数据访问 ... 005
- 1.2.3 Web 层和 Test 模块 ... 005
- 1.2.4 其他模块 ... 006

1.3 Spring 环境配置 ... 006
- 1.3.1 安装 JDK ... 006
- 1.3.2 下载 Spring 框架 ... 009
- 1.3.3 安装 Eclipse ... 012
- 1.3.4 安装 Spring Tool Suite ... 019

1.4 Spring 的第一个实例 ... 024
- 1.4.1 创建项目 ... 024
- 1.4.2 添加 jar 文件 ... 024
- 1.4.3 新建 .java 文件 ... 026

第2章 Spring IoC 容器 ... 028

2.1 IoC 容器概述 ... 028
- 2.1.1 依赖注入 ... 029
- 2.1.2 IoC 容器的工作原理 ... 029
- 2.1.3 IoC 容器的两种实现 ... 029

2.2 Spring Bean 定义 ... 030

2.3 Spring Bean 作用域 ··· 032
2.3.1 singleton 作用域 ·· 032
2.3.2 prototype 作用域 ·· 034
2.4 Spring Bean 生命周期 ··· 035
2.5 Spring Bean 后置处理器 ··· 037
2.6 Spring Bean 继承 ·· 040
2.7 综合案例 ·· 043
2.8 实战练习 ·· 044

第3章 Spring 依赖注入 ··· 045
3.1 Spring 基于构造函数的依赖注入 ·· 045
3.2 Spring 基于设值函数的依赖注入 ·· 047
3.3 Spring 基于短命名空间的依赖注入 ··· 049
3.4 Spring 注入内部 Bean ·· 052
3.5 Spring 注入集合 ·· 056
3.6 综合案例 ·· 059
3.7 实战练习 ·· 061

第4章 Spring Beans 自动装配 ··· 062
4.1 Beans 自动装配概述 ·· 062
4.2 byName 自动装配 ··· 063
4.3 byType 自动装配 ··· 066
4.4 构造函数自动装配 ··· 070
4.5 综合案例 ·· 073
4.6 实战练习 ·· 075

第5章 Spring AOP ·· 076
5.1 AOP 概述 ··· 076
5.2 AOP 编程 ··· 078
5.2.1 Spring AOP 的代理机制与连接点 ·· 078
5.2.2 Spring AOP 的通知类型和切面类型 ··· 078
5.2.3 一般切面的 AOP 开发 ··· 079
5.2.4 切点切面的 AOP 开发 ··· 083
5.3 综合案例 ·· 086
5.4 实战练习 ·· 089

第6章 Spring JDBC ·· 090
6.1 JdbcTemplate 类概述 ·· 090

6.2	创建数据库和数据表	091
6.3	创建实体类	091
6.4	创建接口实现类	093
6.5	创建应用程序运行类	094
6.6	创建配置文件	095
6.7	综合案例	097
6.8	实战练习	100

第7章 Spring MVC 101

- 7.1 MVC 设计模式概述 101
- 7.2 下载、配置 Tomcat 102
  - 7.2.1 下载 Tomcat 102
  - 7.2.2 配置 Tomcat 的环境变量 104
  - 7.2.3 在 Eclipse 中配置 Tomcat 107
- 7.3 第一个 Spring MVC 程序 112
  - 7.3.1 创建动态 Web 项目 112
  - 7.3.2 导入 jar 包 114
  - 7.3.3 编写控制器类 115
  - 7.3.4 编写 JSP 文件 116
  - 7.3.5 编写 XML 文件 119
  - 7.3.6 运行 Spring MVC 程序 122

第8章 Spring Boot 环境搭建 124

- 8.1 安装项目构建工具——Maven 124
  - 8.1.1 下载压缩包 124
  - 8.1.2 修改 jar 文件的存放位置 126
  - 8.1.3 添加阿里云中央仓库镜像 126
- 8.2 配置 Maven 环境 128
- 8.3 接口测试工具——Postman 131
- 8.4 编写第一个 Spring Boot 程序 133
  - 8.4.1 在 Spring 官网生成初始项目文件 133
  - 8.4.2 Eclipse 导入 Spring Boot 项目 135
  - 8.4.3 编写简单的跳转功能 137
  - 8.4.4 打包项目 139

第9章 Spring Boot 基础 142

- 9.1 常用注解 142

9.2 启动类 143
9.3 命名规范 145
    9.3.1 包的命名 145
    9.3.2 Java 文件的命名 147
9.4 为项目添加依赖 149
    9.4.1 修改 pom.xml 配置文件 149
    9.4.2 如何查找依赖的版本号 152

第 10 章 配置项目 153

10.1 配置文件 153
    10.1.1 properties 格式和 yml 格式 153
    10.1.2 常用配置 156
10.2 读取配置项的值 156
    10.2.1 使用 @Value 注解注入 156
    10.2.2 使用 Environment 环境组件 158
    10.2.3 创建配置文件的映射对象 160
10.3 同时拥有多个配置文件 163
    10.3.1 加载多个配置文件 163
    10.3.2 切换多环境配置文件 166
10.4 @Configuration 配置类 168
10.5 综合案例 171
10.6 实战练习 174

第 11 章 Controller 控制器 175

11.1 映射 URL 请求 175
    11.1.1 @Controller 175
    11.1.2 @RequestMapping 176
    11.1.3 @ResponseBody 185
    11.1.4 @RestController 186
    11.1.5 重定向 186
11.2 传递参数 187
    11.2.1 自动识别请求的参数 187
    11.2.2 @RequestParam 189
    11.2.3 @RequestBody 192
    11.2.4 获取 Servlet 的内置对象 193
11.3 综合案例 195
11.4 实战练习 201

第 12 章 请求的过滤、拦截与监听 ································· 202
12.1 过滤器 ································· 202
12.1.1 通过配置类注册 ································· 203
12.1.2 通过 @WebFilter 注解注册 ································· 205
12.2 拦截器 ································· 206
12.3 监听器 ································· 210
12.4 综合案例 ································· 213
12.5 实战练习 ································· 214

第 13 章 Service 服务 ································· 215
13.1 @Service 注解 ································· 215
13.2 同时存在多个实现类的情况 ································· 217
13.2.1 按照实现类名称映射 ································· 217
13.2.2 按照 @Service 的 value 属性映射 ································· 220
13.3 综合案例 ································· 223
13.4 实战练习 ································· 224

第 14 章 日志组件 ································· 225
14.1 Spring Boot 默认的日志组件 ································· 225
14.1.1 log4j 框架与 logback 框架 ································· 225
14.1.2 slf4j 日志框架 ································· 225
14.2 打印日志 ································· 226
14.2.1 slf4j 的用法 ································· 226
14.2.2 解读日志 ································· 227
14.3 保存日志文件 ································· 229
14.3.1 指定日志文件保存地址 ································· 229
14.3.2 指定日志文件名称 ································· 230
14.3.3 为日志文件添加约束 ································· 230
14.4 调整日志内容 ································· 231
14.4.1 设置日志级别 ································· 231
14.4.2 修改日志格式 ································· 233
14.5 综合案例 ································· 234
14.6 实战练习 ································· 235

第 15 章 单元测试 ································· 237
15.1 Spring Boot 中的 JUnit ································· 237
15.2 注解 ································· 239

- 15.2.1 核心注解 ··· 239
- 15.2.2 测前准备与测后收尾 ··· 241
- 15.2.3 参数化测试 ··· 243
- 15.2.4 其他常用注解 ··· 248
- 15.3 断言 ··· 251
  - 15.3.1 Assertions 类的常用方法 ··· 251
  - 15.3.2 两种导入方式 ··· 252
  - 15.3.3 Executable 接口 ··· 252
  - 15.3.4 在测试中的应用 ··· 253
- 15.4 模拟 Servlet 内置对象 ··· 256
- 15.5 模拟网络请求 ··· 258
  - 15.5.1 创建网络请求 ··· 258
  - 15.5.2 添加请求参数 ··· 259
  - 15.5.3 分析结果 ··· 260
- 15.6 综合案例 ··· 262
- 15.7 实战练习 ··· 265

第 16 章 异常处理 ··· 266
- 16.1 拦截特定异常 ··· 266
- 16.2 获取具体的异常日志 ··· 267
- 16.3 指定被拦截的 Java 文件 ··· 269
  - 16.3.1 只拦截某个包中发生的异常 ··· 269
  - 16.3.2 只拦截某个注解标注类发生的异常 ··· 271
- 16.4 拦截自定义异常 ··· 273
- 16.5 综合案例 ··· 275
- 16.6 实战练习 ··· 277

第 2 篇 案例篇 279

第 17 章 表单处理（Spring MVC 实现）··· 280
- 17.1 案例效果预览 ··· 280
- 17.2 业务流程图 ··· 281
- 17.3 实现步骤 ··· 281
  - 17.3.1 创建动态 Web 项目 ··· 281
  - 17.3.2 编写员工类 ··· 282
  - 17.3.3 编写控制器类 ··· 282

17.3.4 编写 JSP 文件 284
17.3.5 编写 XML 文件 286

第 18 章 页面显示自定义异常信息（Spring MVC 实现） 288

18.1 案例效果预览 288
18.2 业务流程图 289
18.3 实现步骤 290
18.3.1 编写用户类 290
18.3.2 编写控制器类 291
18.3.3 编写自定义异常类 292
18.3.4 编写 JSP 文件 293
18.3.5 编写 XML 文件 295

第 19 章 用户调查问卷（Spring MVC 实现） 298

19.1 案例效果预览 298
19.2 业务流程图 299
19.3 实现步骤 299
19.3.1 编写用户类 300
19.3.2 编写控制器类 302
19.3.3 编写 JSP 文件 304
19.3.4 编写 XML 文件 307

第 20 章 上传文件（Spring MVC+ 文件上传技术实现） 310

20.1 案例效果预览 310
20.2 业务流程图 311
20.3 实现步骤 311
20.3.1 编写文件模型类 312
20.3.2 编写文件控制器类 313
20.3.3 编写 JSP 文件 314
20.3.4 编写 XML 文件 316

第 21 章 导出数据至 Excel（Spring MVC+Excel 读写技术实现） 318

21.1 案例效果预览 318
21.2 业务流程图 319
21.3 实现步骤 319
21.3.1 编写模型类 320
21.3.2 编写工具类 321

21.3.3 编写控制器类 ·· 323
21.3.4 编写 JSP 文件 ·· 325
21.3.5 编写 XML 文件 ··· 326

第 22 章 批量上传考试成绩（Spring Boot+POI 技术实现）·············· 328

22.1 案例效果预览 ·· 328
22.2 业务流程图 ·· 329
22.3 实现步骤 ·· 330
22.3.1 储备知识 ·· 330
22.3.2 为项目添加依赖 ·· 332
22.3.3 编写工具类 ·· 333
22.3.4 编写控制器类 ·· 334
22.3.5 编写视图文件 ·· 335

第 23 章 页面动态展示服务器回执（Spring Boot+WebSocket API 实现）·· 337

23.1 案例效果预览 ·· 337
23.2 客户端与服务端之间的触发关系图 ································ 338
23.3 实现步骤 ·· 338
23.3.1 储备知识 ·· 338
23.3.2 添加依赖 ·· 341
23.3.3 编写配置类 ·· 341
23.3.4 编写服务端 ·· 342
23.3.5 编写客户端 ·· 343
23.3.6 创建控制器 ·· 344

第 24 章 模拟手机扫码登录（Spring Boot+qrcode.js+二维码扫码技术实现）·· 345

24.1 案例效果预览 ·· 345
24.2 业务流程图 ·· 346
24.3 实现步骤 ·· 347
24.3.1 添加依赖 ·· 347
24.3.2 添加 qrcode.js ··· 347
24.3.3 模拟消息队列 ·· 347
24.3.4 编写配置类 ·· 348
24.3.5 服务端实现 ·· 348
24.3.6 客户端实现 ·· 349

24.3.7 控制器实现 ……………………………………………………………… 351

第25章 网页聊天室（Spring Boot+jQuery 技术实现）………………… 352

25.1 案例效果预览 …………………………………………………………… 352
25.2 业务流程图 ……………………………………………………………… 354
25.3 实现步骤 ………………………………………………………………… 354
    25.3.1 添加依赖 ………………………………………………………… 354
    25.3.2 添加 jQuery ……………………………………………………… 355
    25.3.3 编写配置类 ……………………………………………………… 355
    25.3.4 自定义会话组 …………………………………………………… 355
    25.3.5 服务端实现 ……………………………………………………… 357
    25.3.6 客户端实现 ……………………………………………………… 358
    25.3.7 控制器实现 ……………………………………………………… 359

第26章 高并发抢票服务（Spring Boot+Redis 实现）…………………… 360

26.1 案例效果预览 …………………………………………………………… 360
26.2 业务流程图 ……………………………………………………………… 361
26.3 实现步骤 ………………………………………………………………… 361
    26.3.1 Windows 系统搭建 Redis 环境 ………………………………… 361
    26.3.2 添加依赖 ………………………………………………………… 364
    26.3.3 编写配置项 ……………………………………………………… 364
    26.3.4 注册 Jedis 对象 …………………………………………………… 364
    26.3.5 编写购票服务 …………………………………………………… 365
    26.3.6 控制器实现 ……………………………………………………… 366
    26.3.7 编写抢票入口页面 ……………………………………………… 367

第3篇 项目篇

第27章 K12（中小学）综合测评系统（Spring MVC+jQuery+MySQL 数据库实现）……………………………………………………… 370

27.1 需求分析 ………………………………………………………………… 370
27.2 系统设计 ………………………………………………………………… 370
    27.2.1 开发环境 ………………………………………………………… 370
    27.2.2 功能结构 ………………………………………………………… 371
    27.2.3 业务流程 ………………………………………………………… 371
    27.2.4 项目结构 ………………………………………………………… 371

- 27.3 创建项目 372
  - 27.3.1 基础数据库表 372
  - 27.3.2 配置文件 373
- 27.4 Excel 文件解析模块 377
  - 27.4.1 页面必填项判定 377
  - 27.4.2 上传选取 Excel 文件 378
  - 27.4.3 页面上传校验判定 379
  - 27.4.4 后台 Excel 接收方法 380
  - 27.4.5 后台 Excel 数据处理方法 380
  - 27.4.6 自定义排序规则 382
  - 27.4.7 实现数据存储 383
- 27.5 雷达图模块 384
  - 27.5.1 数据集合处理 384
  - 27.5.2 雷达图数据处理方法 384
  - 27.5.3 创建雷达图 385
  - 27.5.4 图片信息处理 386
  - 27.5.5 图片保存方法 386
  - 27.5.6 页面图片展示 387
- 27.6 数据信息导出模块 387
  - 27.6.1 数据信息处理方法 388
  - 27.6.2 设置导出 Excel 格式 389
  - 27.6.3 设置 Excel 图片信息 389
  - 27.6.4 Excel 报表的导出 390
- 27.7 个人信息排序 391
  - 27.7.1 页面数据信息录入 391
  - 27.7.2 接收个人信息数据 392
  - 27.7.3 个人信息数据存储 393

第28章 Show——企业最佳展示平台（Spring 框架 +HTML5+MySQL 数据库实现） 394

- 28.1 需求分析 394
- 28.2 系统设计 395
  - 28.2.1 开发环境 395
  - 28.2.2 功能结构 395
  - 28.2.3 业务流程 395
  - 28.2.4 项目结构 396

28.3 数据表设计 ·· 396
28.4 前台场景基础模块 ·· 397
28.4.1 获取场景基础数据 ·· 398
28.4.2 获取场景样式属性 ·· 399
28.4.3 实现场景保存 ··· 403
28.5 前台场景编辑模块 ·· 404
28.5.1 场景的拖拽排序 ··· 404
28.5.2 新增场景页面 ··· 406
28.5.3 删除场景页面 ··· 407
28.5.4 场景页面的复制 ··· 408
28.5.5 预览场景页面 ··· 411
28.6 后台场景维护模块 ·· 413
28.6.1 场景审核的实现 ··· 413
28.6.2 场景复制的实现 ··· 418
28.6.3 场景转换模块的实现 ·· 420

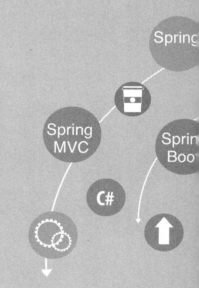

第 1 篇
基础篇

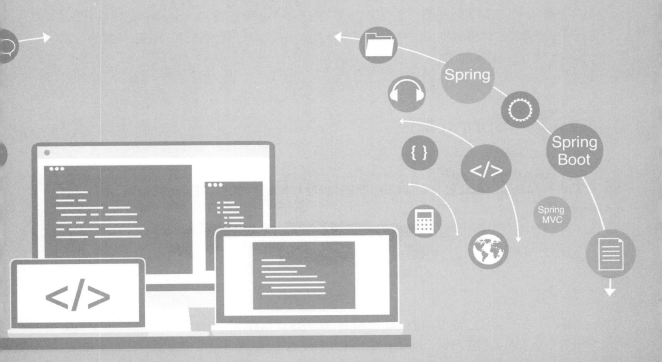

第 1 章　Spring 入门
第 2 章　Spring IoC 容器
第 3 章　Spring 依赖注入
第 4 章　Spring Beans 自动装配
第 5 章　Spring AOP
第 6 章　Spring JDBC
第 7 章　Spring MVC
第 8 章　Spring Boot 环境搭建

第 9 章　Spring Boot 基础
第 10 章　配置项目
第 11 章　Controller 控制器
第 12 章　请求的过滤、拦截与监听
第 13 章　Service 服务
第 14 章　日志组件
第 15 章　单元测试
第 16 章　异常处理

第 1 章
Spring 入门

扫码获取本书
资源

Spring 是 JavaEE 编程领域的一个轻量级开源框架，是为了解决企业级编程开发中的复杂性，实现敏捷开发的应用型框架。Spring 是独特的、全面的和模块化的。Spring 有分层的体系结构，这意味着程序开发人员能够选择使用它孤立的任何部分，它的架构仍然是内在稳定的。

1.1 Spring 概述

Spring 是非常受欢迎的一个企业级的、开发源代码的 JavaEE 应用程序开发框架，数以百万的程序开发人员使用 Spring 框架来编写性能好、易于测试、可重用的代码。图 1.1 为 Spring 图标。

图 1.1　Spring 图标

Spring 框架的核心特性是可以用于开发任何 Java 应用程序，但是在 Java EE 平台上构建 Web 应用程序是需要扩展的。Spring 框架致力于帮助程序开发人员更容易地开发 Java EE 应用程序，通过启用 POJO 编程模型，打造一个良好的编程体验。

POJO（Plain Old Java Objects）的意思是一个简单、普通的 Java 对象。它代表了一种趋势，旨在简化 Java 应用程序的编码、测试以及部署等阶段。这个 Java 对象不具有任何特殊的角色，既不继承任何其他 Java 类，也不实现任何其他 Java 接口；但是，可以包含类似于 JavaBean 属性和对属性访问的 set() 和 get() 方法。

> **说明**　JavaBean 是一种特殊的遵循特定写法的 Java 类，它通常用于实现一些比较常用、简单的功能。JavaBean 可以很容易地被重用或者插入其他应用程序中。我们可以把遵循"一定编程原则"的 Java 类都称作 JavaBean。

1.1.1 三层架构

Spring 的三层架构指的是表现层、业务层和持久层。下面依次对每一层架构进行讲解。

☑ 表现层，即 Web 层。表现层的作用有两个：一个是接收客户端请求；另一个是向客户端响应结果。在设计表现层时，常用的工具是 MVC 模型。

☑ 业务层，即 Service 层。业务层的作用是处理业务逻辑。需要注意的是，虽然表现层依赖业务层，但是业务层不依赖表现层。

☑ 持久层，即 Dao 层。持久层的作用是与数据库进行交互，对数据库中的数据表执行增、删、改、查的操作。

在讲解表现层（Web 层）时，提到了 MVC 模型。下面简单介绍 MVC 模型。

MVC 模型也分为三层，分别是 Modle 层、Cotroller 层和 View 层。其中：

☑ Modle 层，即模型层，它的作用是访问数据；

☑ Cotroller 层，即控制层，它的作用是控制业务逻辑；

☑ View 层，即视图层，它的作用是把数据显示在页面上。

Spring 的三层架构与 MVC 模型的关系如图 1.2 所示。

图 1.2 Spring 的三层架构与 MVC 模型的关系

1.1.2 Spring 的优良特性

Spring 的优良特性有很多，下面仅对主要的优良特性进行说明。

☑ 非侵入式：基于 Spring 开发的应用中的对象可以不依赖于 Spring 的 API。

☑ 控制反转：IoC，全称是 Inversion of Control，指的是将对象的创建权交给 Spring。在没有使用 Spring 的情况下，当创建对象时，使用的工具是 new 关键字；在使用 Spring 的情况下，当创建对象时，使用的工具是 Spring 框架。

☑ 依赖注入：DI，全称是 Dependency Injection，指的是依赖的对象不需要调用 set() 方法为其属性赋值，而是通过配置为其属性赋值。

☑ 面向切面编程：AOP，全称是 Aspect Oriented Programming，指的是通过预编译方式和运行期间动态代理实现程序功能的统一维护的一种技术。

☑ 容器：Spring 是一个容器，因为它包含并且管理应用对象的生命周期。

☑ 组件化：Spring 实现了使用简单的组件配置组合成一个复杂的应用。在 Spring 中可以使用 XML 和 Java 注解组合这些对象。

☑ 一站式：在 IoC 和 AOP 的基础上可以整合各种企业应用的开源框架和优秀的第三方类库。

1.1.3 Spring 框架的特点

Spring 框架具备如下几个主要的特点。

① 方便解耦，简化开发。Spring 能够管理并维护所有对象的创建和依赖关系。

② 方便集成各种优秀框架。Spring 既提供了各种优秀的框架（如 Struts2、Hibernate、MyBatis 等），又可以支持各种优秀的开源框架。

③ 降低 Java EE API 的使用难度。Spring 把 Java EE 中的一些非常难用的 API 都封装了起来，进而大幅降低了这些 API 的使用难度。

④ 方便程序的测试。Spring 能够通过注解提高测试 Spring 程序的便利性。

⑤ AOP 编程的支持。Spring 提供面向切面编程，可以方便地实现对程序进行权限拦截和运行监控等功能。

⑥ 声明式事务的支持。只需要通过配置就可以完成对事务的管理。

1.2 Spring 体系结构

Spring 是模块化的，它允许程序开发人员根据某个程序的具体要求挑选适用于这个程序的模块；对于 Spring 中的其他模块，则不用把它们也一起引入到这个程序中。

Spring 框架提供了约 20 个模块，这些模块如图 1.3 所示。

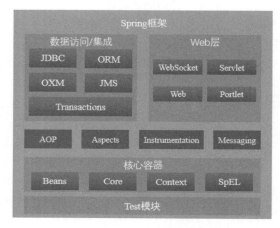

图 1.3　Spring 框架中的模块

1.2.1 核心容器

观察图 1.3 后不难发现，核心容器包括 Beans、Core、Context、SpEL 等模块。下面依次讲解上述 4 个模块。

① Beans 模块提供了 BeanFactory（即"工厂模式"），它移除了编码逻辑中的"单例模式"，把配置和依赖从编码逻辑中解耦。

② Core 模块提供了 Spring 框架的基本组成部分，包括 IoC（即"控制反转"，把对象交给 Spring 管理）和依赖注入功能。

③ Context 模块是在 Beans 和 Core 模块的基础上建立起来的，它以一种类似于 Java 中的 JNDI 注入的方式访问对象。Context 模块继承自 Bean 模块，并且添加了国际化、事件传播、资源加载和透明地创建上下文等功能。Context 模块也支持 Java EE 的功能，如 EJB、JMX 和远程调用等。

> 说明：JNDI，全称是 Java Naming and Directory Interface，指的是一组应用程序接口，它为程序开发人员查找和访问各种资源提供了统一的通用接口，可以用来定位用户、网络、机器、对象和服务等各种资源。

④ SpEL，全称是 Spring Expression Language，指的是一种 Spring 表达式语言，它被归类于 Expression 模块。Expression 模块提供了强大的表达式语言，支持访问和修改属性值、方法调用、访问及修改数组、容器和索引器、命名变量、算术和逻辑运算，从 Spring 容器获取 Bean、列表投影、选择和一般的列表聚合等技术。

1.2.2 数据访问

从图 1.3 中能够发现，数据访问是由 JDBC、ORM、OXM、JMS、Transactions 等模块组成的。下面依次对上述模块进行讲解。

① JDBC 模块提供了 JDBC 抽象层，它消除了冗长的 JDBC 编码和对数据库供应商特定错误代码的解析。

② ORM 模块集成了关于"对象—关系"映射的 API。因此，可以将其和 Spring 的其他模块整合到一起。

③ OXM 模块为 OXM 的实现过程提供了的技术支持。将 Java 对象映射成 XML 数据，或者将 XML 数据映射成 Java 对象。

④ JMS 模块包含生产消息和消费消息的功能。从 Spring 4.1 版本开始，JMS 模块集成了 Messaging 模块。JMS 用于在两个应用程序之间或分布式系统中发送消息，进行异步通信。

⑤ Transactions 模块又称"事务模块"。事务模块为实现特殊接口类及所有的 POJO 支持编程式和声明式事务管理。

POJO，全称是 Plain Old Java Object，指的是一个"纯粹"的 Java 对象。所谓"纯粹"的 Java 对象，就是以 Java 语言规范为基础设计出来的 Java 对象。这样的 Java 对象既没有实现第三方接口、又没有继承第三方类。

1.2.3 Web 层和 Test 模块

Web 层是由 WebSocket、Servlet、Web、Portlet 等模块组成的。它们各自的解析、说明如下所示。

① WebSocket 模块不仅为 WebSocket-based 提供了技术支持，还提供了简单的接口，程序开发人员只要实现相应的接口，就可以快速地完成客户端和服务器端的搭建工作，实现在二者之间的双向通信功能。

② Servlet 模块为 Web 应用程序提供了 MVC 模型和 REST Web 服务。Spring 的 MVC 模型不仅可以使代码和 Web 应用程序中的表单完全地分离开来，还可以与 Spring 的其他模块集成在一起。

③ Web 模块提供了面向 Web 的基本功能和面向 Web 的应用上下文，如多部分文件上传功能、使用 Servlet 监听器初始化 IoC 容器等。此外，Web 模块还包括 HTTP 客户端和远程调用 Spring 中与 Web 相关的部分等内容。

④ Portlet 模块提供了在 Portlet 环境下实现 MVC 模型的技术支持。

接下来，讲解 Test 模块在 Spring 中发挥着怎样的作用。通过 Test 模块，Spring 不仅能够支持 JUnit 和 TestNG 测试框架，还能够额外实现一些基于 Spring 的测试功能，如在测试 Web 应用程序时模拟 Http 请求的功能。

① JUnit 是一个开放源代码的 Java 测试框架，用于编写和运行可重复的测试。它是用于单元测试框架体系 xUnit 的一个实例（用于 Java 语言）。
② TestNG 是一个用于简化从单元测试（隔离测试一个类）到集成测试（测试由多个类多个包甚至多个外部框架组成整个系统，例如运用服务器）这个过程中的广泛的测试需求的测试框架。

1.2.4 其他模块

在 Spring 体系结构中，除了核心容器、数据访问、Web 层包含的模块和 Test 模块外，还有一些重要的模块，例如 AOP、Aspects、Instrumentation、Messaging 等模块。下面将依次解析这些模块。

① AOP 模块提供了面向切面编程实现，包含日志记录、权限控制、性能统计等通用功能，并且支持业务逻辑分离的技术。通过动态地把这些功能添加到代码中，降低业务逻辑和通用功能的耦合。

② Aspects 模块提供了与 AspectJ 的集成，这是一个功能强大且成熟的面向切面编程（AOP）框架。

AspectJ 是面向切面编程的一个框架。AspectJ 虽然扩展了 Java 语言，但本身也是一种语言。AspectJ 有自己的编译器，既支持原生 Java 代码，又能够将 Java 代码翻译成 Java 字节码文件。

③ Instrumentation 模块在特定的应用服务器中提供了类工具的支持和类加载器的实现的功能。

④ Messaging 模块提供了针对消息传递体系结构和协议的技术支持。

1.3 Spring 环境配置

兵马未动，粮草先行。在正式学习 Spring 框架之前，本节将依次讲解如何安装、配置 JDK、Tomcat、Eclipse 和 Spring 框架。

为了统一说法，下文将用"目录"指代"文件夹"。

1.3.1 安装 JDK

JDK 为 Java 代码提供编译和运行的环境。虽然 Oracle JDK 是最完善的商业 JDK，但在 Oracle 官网下载稳定版本的 JDK 安装包需要用户先登录账号，但国内用户注册 Oracle 官网账号是一件很麻烦的事情，所以，本书采用功能与 Oracle JDK 一样但可以免费下载的 Open JDK。

下面将介绍下载并安装 Open JDK 和配置环境变量的方法。

第 1 章 Spring 入门

JDK 从上市至今已经发布了很多个版本。根据官方的公告，JDK 8、JDK 11 和 JDK 17 为长更新版本，也就是推荐广大用户使用的稳定版本。在笔者编写本书时，除了上述 3 个版本以外的其他版本均为过渡版本。

在 Open JDK 中，JDK 8 为 32 位版本，JDK 11 和 JDK 17 为 64 位版本。读者朋友需要先确认自己的计算机系统的位数，再下载相应的 JDK 版本。

本节将介绍下载 Open JDK 17 版本的方法，具体步骤如下所示。

① 打开浏览器，访问 Open JDK 首页。单击如图 1.4 所示的 JDK 18 超链接，进入 Open JDK 18 的下载页面。

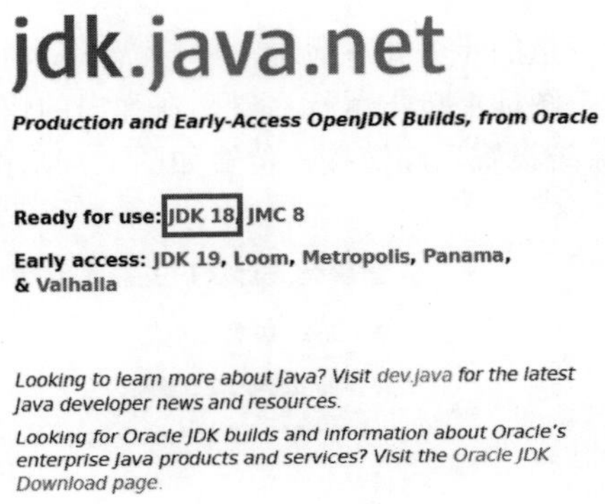

图 1.4 Open JDK 首页

② 在 Open JDK 18 的下载页面中，先单击如图 1.5 所示的 Java SE 17 超链接；通过页面的标题，确定页面已经跳转到 Open JDK 17 的下载页面后，再单击 Windows 10 x64 Java Development Kit 超链接，即可下载 Open JDK 17 的 Zip 压缩包。

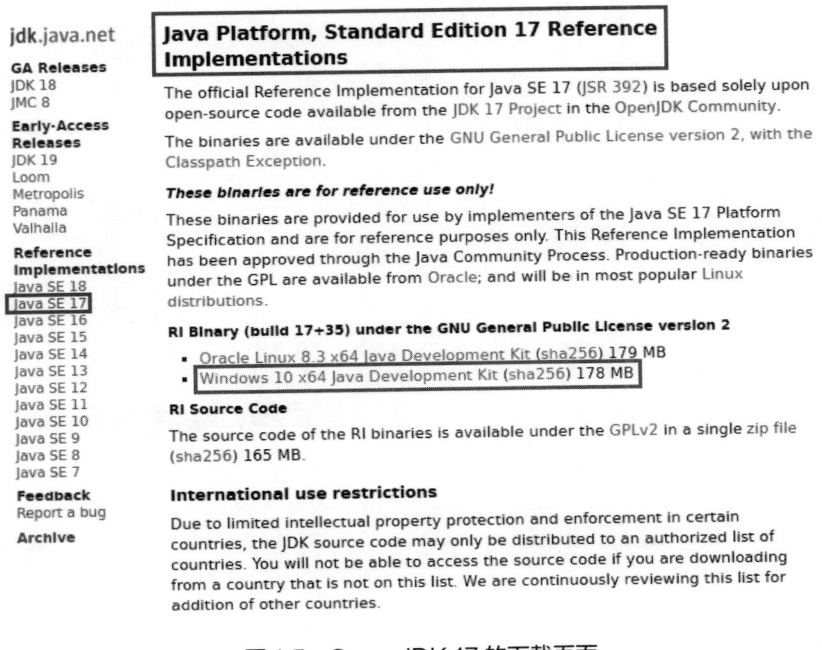

图 1.5 Open JDK 17 的下载页面

③ Open JDK 17 的 Zip 压缩包下载完成后，将压缩包解压到计算机硬盘 D 盘根目录下的 Java 目录中，压缩包解压后的效果如图 1.6 所示。

图 1.6　解压 Open JDK 17 的 Zip 压缩包

在 Win 10 系统配置环境变量的步骤如下所示：

① 在桌面上的"此电脑"图标上单击鼠标右键，在弹出的快捷菜单中选择"属性"，在弹出的窗体左侧单击"高级系统设置"超链接，位置如图 1.7 所示。

图 1.7　此电脑的属性界面

② 在弹出的如图 1.8 所示的"系统属性"对话框中，单击"环境变量"按钮。在弹出的如图 1.9 所示的"环境变量"对话框中，先选择"系统变量"栏中的 Path 变量，再单击下方的"编辑"按钮。

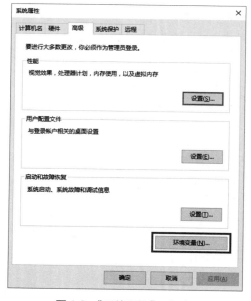

图 1.8　"系统属性"对话框

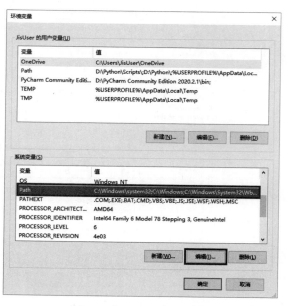

图 1.9　"环境变量"对话框

③ 在弹出的如图 1.10 所示的"编辑环境变量"对话框中，先单击右侧的"新建"按钮，这时会在列表中出现一个空的环境变量；再将 Open JDK 17 的 Zip 压缩包解压后得到的 bin 目录的路径（即 D:\Java\jdk-17\bin）填写到这个空的环境变量中；接着，单击对话框下方的"确定"按钮。

④ 逐个单击对话框中的"确定"按钮，依次退出上述对话框后，即可完成在 Win 10 系统中配置 JDK 的相关操作。

JDK 配置完成后，需要测试 JDK 是否可以正常运行。如图 1.11 所示，在 Win 10 系统下先单击桌面左下角的⊞图标；再在下方的搜索框中输入"cmd"；接着，按"Enter"键启动命令提示符对话框。

图 1.10　创建 Openc JDK 17 的环境变量

在命令提示符对话框中输入"java -version"命令，按"Enter"键，将显示如图 1.12 所示的 JDK 版本信息。如果显示当前 JDK 的版本号、位数等信息，则说明 JDK 环境已经搭建成功。如果显示"java 不是内部或外部命令……"，则说明搭建失败（可能原因：在环境变量配置的目录中无法找到 java.exe 这个执行文件），请读者朋友重新检查在环境变量中填写的路径是否正确。

图 1.11　输入"cmd"后的效果图

图 1.12　JDK 版本信息

1.3.2　下载 Spring 框架

在编写 Spring 项目前，需要向此项目导入 Spring 框架中的 jar 文件。那么，如何下载 Spring 框架呢？

① 打开浏览器，访问 Spring 官网首页。选择 Projects → Spring Framework 菜单，如图 1.13 所示。

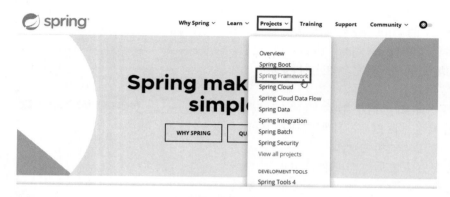

图 1.13　选择 Projects 菜单

② 打开如图 1.14 所示的 Spring Framework 页面后，单击 GitHub 标志。

图 1.14　单击 GitHub 标志

③ 打开 GitHub 页面后，使用鼠标向下拖拽 GitHub 页面，找到并单击如图 1.15 所示的 Spring Framework Artifacts 超链接。

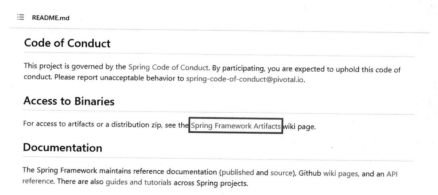

图 1.15　单击 Spring Framework Artifacts 超链接

④ 打开 Spring Framework Artifacts 页面后，使用鼠标向下拖拽 Spring Framework Artifacts 页面，找到并单击如图 1.16 所示的超链接。

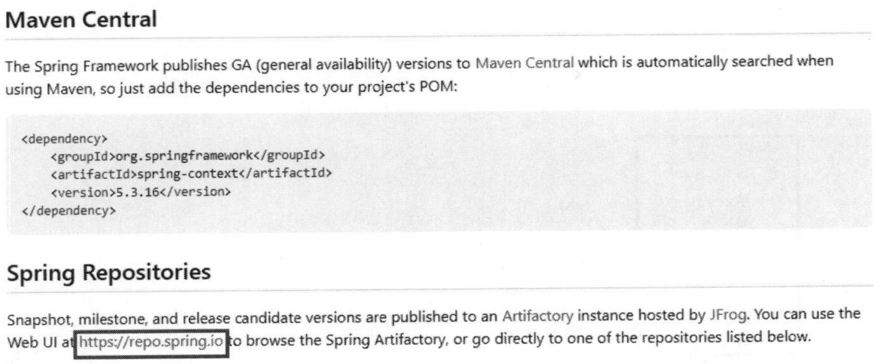

Maven Central
The Spring Framework publishes GA (general availability) versions to Maven Central which is automatically searched when using Maven, so just add the dependencies to your project's POM:
<dependency>
<groupId>org.springframework</groupId>
<artifactId>spring-context</artifactId>
<version>5.3.16</version>
</dependency>
Spring Repositories
Snapshot, milestone, and release candidate versions are published to an Artifactory instance hosted by JFrog. You can use the Web UI at https://repo.spring.io to browse the Spring Artifactory, or go directly to one of the repositories listed below.

图 1.16　单击超链接

⑤ 打开如图 1.17 所示的 Packages 页面后，找到并单击 Artifacts 菜单。

spring
Packages
Artifactory
Packages
Builds
Artifacts
Distribution
Pipelines
Security & Compliance
Find your packages using the Search Bar

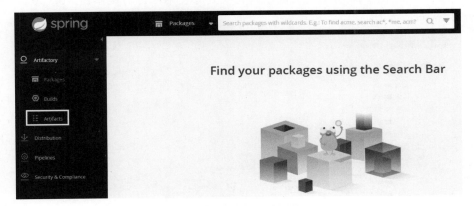

图 1.17　单击 Artifacts 菜单

⑥ 在 Artifacts 菜单中，找到如图 1.18 所示的 libs-release-local 菜单。

spring
Artifacts
Happily serving 2,499,318 artifacts
Set Me Up
Deploy
Artifactory
Packages
Builds
Artifacts
Distribution
Pipelines
Security & Compliance
My Favorites
Tree View:
initializr-ci-local
javaformat-eclipse-update-site
libs-demo-local
libs-milestone-local
libs-release-local
libs-snapshot-continuous-local
libs-snapshot-local
libs-staging-local
plugins-milestone-local
plugins-release-local
plugins-snapshot-local
libs-milestone
General
Info
URL to file:
https://repo.spring.io/artifactory/libs-milestone/
Package Information
Dependency Declaration

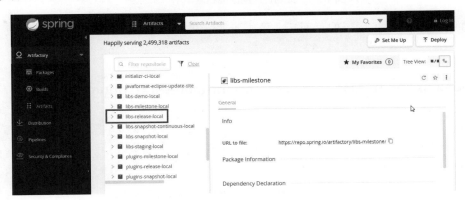

图 1.18　找到 libs-release-local 目录

⑦ 先打开并展开 libs-release-local 菜单，再打开并展开 org 菜单，接着打开并展开 springframework 菜单，最后打开并展开 spring 菜单。这样，就能够查看如图 1.19 所示的各个版本的 Spring 了。

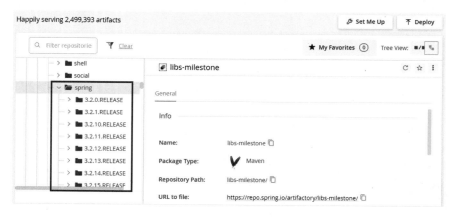

图 1.19　查看各个版本的"spring"

⑧ 因此,在如图 1.20 所示的页面中,先找到并使用鼠标右键单击"5.3.20",再单击"Natlve Browser"选项。

图 1.20　找到并使用鼠标右键单击"5.3.20"

⑨ 打开如图 1.21 所示的页面后,单击 spring-5.3.20-dist.zip 超链接,即可下载 Spring 框架。

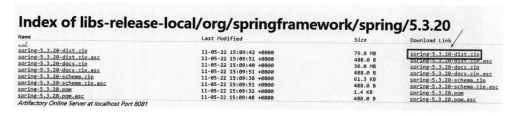

图 1.21　单击 spring-5.3.20-dist.zip 超链接

1.3.3　安装 Eclipse

目前市面上有很多 Java 集成开发环境供用户选择,例如完全开源免费的 Eclipse、专为框架开发优化过的 Intellij IDEA、高度自由化的 Vscode 等。用户可以根据自己的使用习惯选择开发环境。本书将介绍完全免费的绿色版 Eclipse。

（1）下载与安装

Eclipse 的下载与安装的步骤如下所示。

① 打开浏览器，访问 Eclipse 的官网首页，单击如图 1.22 所示的 Download Packages 超链接，进入下载列表页面。

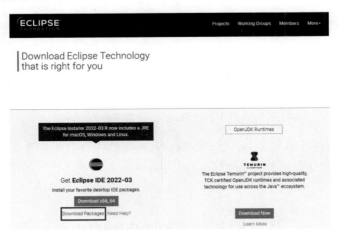

图 1.22　Eclipse 下载网站首页

> **注意**
>
> 不要点击 Download x86_64 按钮，此按钮下载的是 Eclipse 安装版，读者朋友尽量使用绿色版。

② 在如图 1.23 所示的下载列表页面中，找到可以开发 Web 项目的企业版 Eclipse，单击"Windows"右侧的 x86_64 超链接。

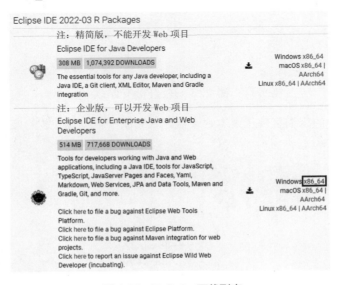

图 1.23　Eclipse 下载列表

③ 在跳转的如图 1.24 所示的页面中，可以选择下载的镜像，建议读者朋友使用默认镜像，直接单击"Download"按钮开启下载。

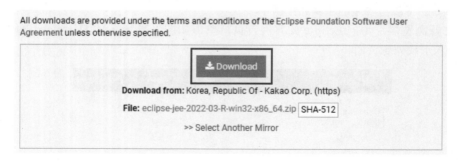

图 1.24　Eclipse 下载镜像

④ 在开启下载任务的界面中会有一些致谢和捐赠的内容，读者朋友只需等待下载任务开启即可。如果下载任务长时间未开启，可以单击如图 1.25 所示位置的"click here"超链接重新开始下载任务。

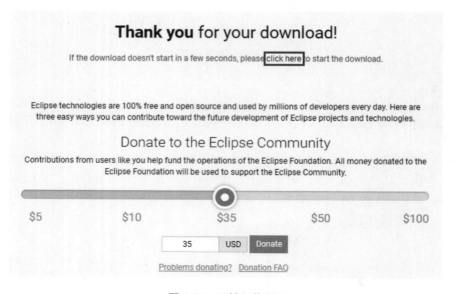

图 1.25　开始下载页面

⑤ 将下载完毕的压缩包解压至本地硬盘，就完成了下载与安装的操作。压缩包解压后的效果如图 1.26 所示。

图 1.26　解压 Eclipse 压缩包

（2）启动

解压 Eclipse 压缩包后，会新生成一个名称为"eclipse"的目录。打开这个目录，双击如图 1.27 所示的 Eclipse 启动文件（即 eclipse.exe）。

如图 1.28 所示，弹出的第一个窗口将用于为 Eclipse 设置工作空间。工作空间指的是项目、源码等文件默认存放的地址。这里建议读者朋友将工作空间设置为".\eclipse-workspace"，该地址表示项目、源码等文件都存放在 eclipse 目录下的名称为"eclipse-workspace"子目录中。而后，单击"Launch"按钮。

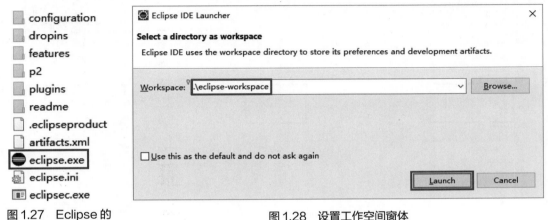

图 1.27　Eclipse 的启动文件　　　　图 1.28　设置工作空间窗体

Eclipse 第一次打开时会展示一个欢迎页面，该页面介绍了 Eclipse 有哪些常用功能。读者朋友可以单击标签上的"×"关闭此页面，位置如图 1.29 所示。

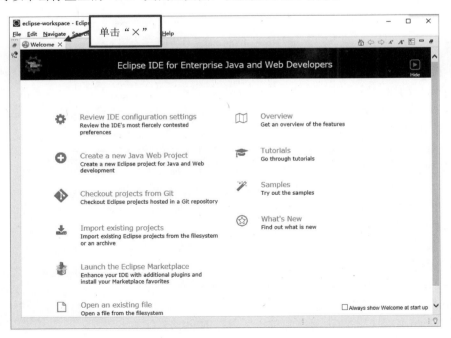

图 1.29　Eclipse 欢迎页

关闭欢迎页之后就可以看到 Eclipse 的工作页面了，效果如图 1.30 所示。左侧的项目浏览区用来展示项目文件结构；右侧的概述与任务区很少会用到，读者朋友可以将其关闭；顶部的功能区包括菜单栏和功能按钮；底部是程序开发人员看各种日志的地方，控制台也会默认在此处显示。

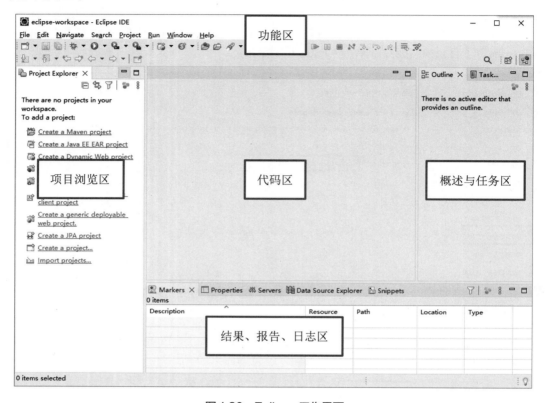

图 1.30　Eclipse 工作界面

（3）配置 Java 运行环境

Eclipse 启动后会默认使用其自带的 Java 环境，因为这个 Java 环境的版本通常会比较新，很有可能会与各种框架、软件不兼容，所以要让 Eclipse 使用本地安装好的、稳定的、功能全的 JDK。配置步骤如下所示。

① 选择 Window → Preferences 菜单，如图 1.31 所示。

② 在弹出的如图 1.32 所示的"Preferences"窗口的左侧菜单中，找到并展开 Java 菜单，单击 Installed JREs 子菜单，即可看到当前 Eclipse 使用的是什么 JRE（即 Java 运行环境）。单击右侧的"Add"按钮添加新的 JRE。

③ 在弹出的如图 1.33 所示的窗口中，先单击 Standard VM，再单击"Next"按钮。

④ 在弹出的如图 1.34 所示的窗口中，单击右侧的"Directory"按钮，打开文件查找对话框。在文件查找对话框中，找到 Open JDK 17 的 Zip 压缩包解压后得到的 jdk-17 目录。在确认已经把 jdk-17 目录的路径填写到如图 1.35 所示的

图 1.31　选择 Preference 菜单

第 1 章　Spring 入门

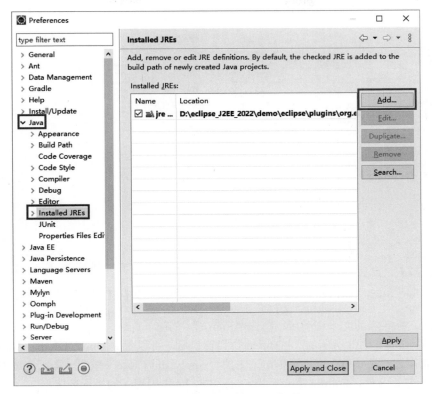

图 1.32　打开添加 JDK 的功能界面

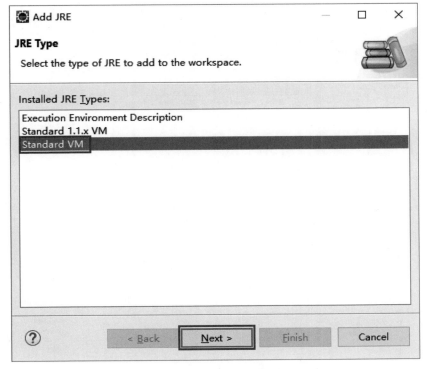

图 1.33　选择添加的类型

图 1.34　单击"Directory"按钮

图 1.35　确认是否填写了 jdk-17 目录的路径

"JRE home:"标签后的文本框中后,单击"Finish"按钮。

⑤ 返回到如图 1.36 所示的"Preferences"窗口后,可以看到 Open JDK 17 已经显示在了列表中。先勾选 Open JDK 17,再单击下方的"Apply and Close"按钮,即可完成 Open JDK 17 的配置工作。这样,Eclipse 就会采用 Open JDK 17 作为程序的运行环境。

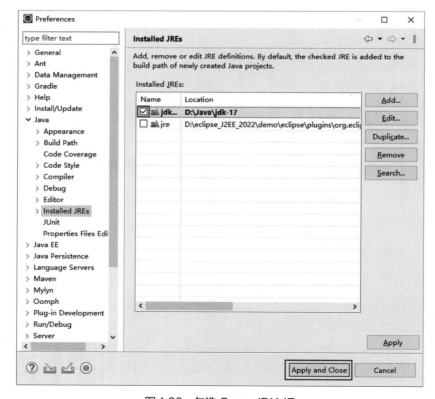
图 1.36　勾选 Open JDK 17

1.3.4 安装 Spring Tool Suite

（1）确定 Spring Tool Suite 的下载版本

① 打开浏览器，进入如图 1.37 所示的 Spring Tools 官网首页。

图 1.37　Spring Tools 官网首页

 当通过输入的网址进入 Spring Tools 官网首页时，浏览器显示的页面可能是 Spring Tools 官网首页的最底端。读者朋友需要使用鼠标将浏览器显示的页面向上拖拽至 Spring Tools 官网首页的最顶端。这样，就能够看到如图 1.37 所示的 Spring Tools 官网首页了。

② 使用鼠标向下拖拽如图 1.37 所示的 Spring Tools 官网首页，找到如图 1.38 所示的"Spring Tools 4 for Eclipse"页面。

读者朋友需要单击与自己的电脑系统匹配的选项。因为笔者的电脑系统是 Win 10，所以笔者单击的是"4.14.1 – WINDOWS X86_64"选项。

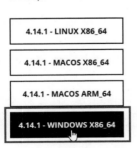

图 1.38　单击 Projects 超链接，找到并单击 Spring Framework 超链接

③ 在弹出的"新建下载任务"的窗口中，就能够知晓 4.14.1 版本的 Spring Tool Suite 适用于哪个版本的 Eclipse 了。

如图 1.39 所示，在"文件名："后的文本框中，被红色矩形边框圈住的"e4.23.0"对应的就是 Eclipse 的版本，即 4.23.0。也就是说，4.14.1 版本的 Spring Tool Suite 适用于 4.23.0 版本的 Eclipse。

④ 下面查看一下在 1.3.3 节中已经下载的 Eclipse 的版本是不是 4.23.0？

先打开 Eclipse，再选择 Help → About Eclipse IDE 菜单，如图 1.40 所示。在弹出的名为"About Eclipse IDE"的窗口中，即可查看当前 Eclipse 的版本，如图 1.41 所示。从图 1.41 中不难发现，在 1.3.3 节中，已经下载的 Eclipse 的版本就是 4.23.0。

图 1.39　确认 Spring Tool Suite 适用的 Eclipse 版本

图 1.40　找到并单击 Spring Framework Artifacts 超链接

图 1.41　查看 Eclipse 的版本

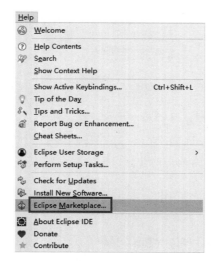

图 1.42　选择 Eclipse Marketplace 菜单

综上所述，4.14.1 版本的 Spring Tool Suite 与 1.3.3 节中已经下载的 Eclipse 是适配的。

（2）安装 Spring Tool Suite

在业内，习惯把 Spring Tool Suite 简称为 STS。为了少走弯路，节约时间成本，笔者建议使用 Eclipse 的在线安装方式安装 STS 插件。

① 打开 Eclipse 后，选择 Help → Eclipse Marketplace 菜单，如图 1.42 所示。

② 在弹出如图 1.43 所示的窗口中，有一个文本输入框。首先，在文本输入框中输入"STS"；然后，单击文本输入框左边的搜索图标。

③ Eclipse 会在线筛选出 STS 的相关内容。因为 4.14.1 版本的 Spring Tool Suite 适用于 4.23.0 版本的 Eclipse，所以找到如图 1.44 所示的 4.14.1 版本的 Spring Tool Suite 后，单击其中的"Install"按钮。

第 1 章 Spring 入门

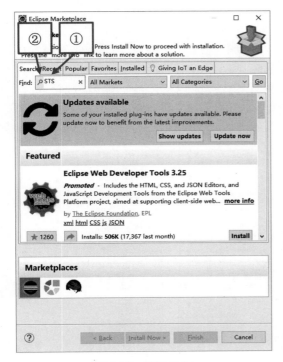

图 1.43 搜索 STS

图 1.44 找到 4.14.1 版本的 STS，单击"Install"按钮

④ 在保证如图 1.45 所示的界面中的内容全部被勾选的情况下，单击界面下方的"Confirm"按钮。

⑤ 单击"Confirm"按钮后，在窗口显示的界面中会出现一个进度条。当进度条的完成度达到 100% 时，窗口显示的界面会跳转到如图 1.46 所示的界面。

接下来，要执行如下的两个操作：选择"I accept the terms of the license agreements"单选按钮；单击"Finish"按钮。

⑥ 单击"Finish"按钮后，不能马上关闭 Eclipse，这是因为 Spring Tool Suite 还没有安装。要想查看 Spring Tool Suite 的安装进度，只能观察任务栏中的 Eclipse 图标。

在安装 Spring Tool Suite 的过程中，任务栏中的 Eclipse 图标会出现淡绿色的进度条。当进度条覆盖 Eclipse 图标的一半时，会弹出如图 1.47 所示的对话框。这时，需要勾选"Always trust all content"选项。

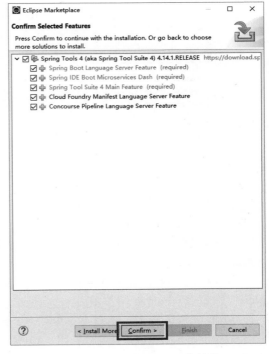

图 1.45 单击"Confirm"按钮

021

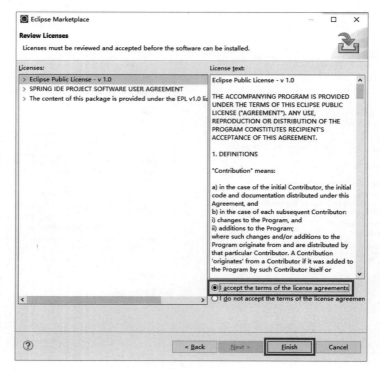

图 1.46　接收协议，单击"Finish"按钮

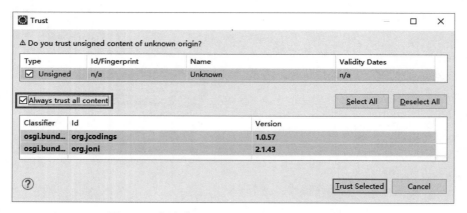

图 1.47　勾选"Always trust all content"选项

⑦ 勾选"Always trust all content"选项后，会弹出如图 1.48 所示的对话框。单击对话框中的"Yes, I Accept the Risk"按钮。

而后，将返回至如图 1.47 所示的对话框。单击如图 1.47 所示的对话框中的"Trust Selected"按钮。

⑧ 当完成 Spring Tool Suite 的后续安装时，会弹出如图 1.49 所示的对话框。单击"Restart Now"按钮后，Eclipse 将被重启。

⑨ 重启 Eclipse 后，选择 Window → Preference 菜单，先找到并打开 Spring 目录，再打开 Spring 目录下的 Boot 目录，如图 1.50 所示。这样，就成功地安装了 Spring Tool Suite（即"STS"）。

第1章 Spring 入门

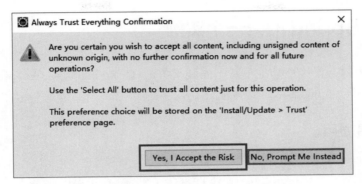

图1.48 单击"Yes, I Accept the Risk"按钮

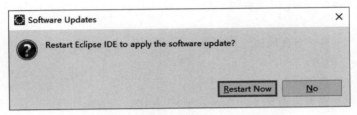

图1.49 单击"Restart Now"按钮

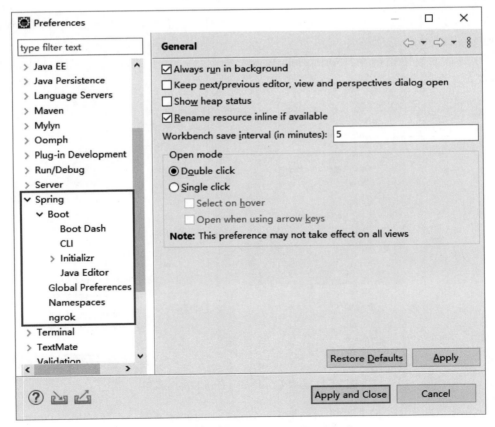

图1.50 成功地安装了 Spring Tool Suite

1.4　Spring 的第一个实例

通过上述内容，已经成功地下载、安装了 JDK11、Spring 框架、Eclipse 和 Spring Tool Suite。下面将编写 Spring 的第一个实例。

1.4.1　创建项目

① 选择 File → New → Project 菜单。

② 在弹出的对话框中，先选择"Java Project"，再单击"Next"按钮。

③ 在弹出的对话框中，有一个表示项目名称的 Project name 标签。在 Project name 标签后，有一个文本输入框。在文本输入框中，输入项目名称"SpringHelloWord"。而后单击"Finish"按钮。

④ 这时，会弹出一个对话框，询问是否创建一个 module-info.java 文件。这时，需要单击"Don't Create"按钮。

⑤ 步骤④中的对话框被关闭后，又会弹出一个对话框，询问是否让创建的项目与 java 透视图相关联。这时，需要单击"Open Perspective"按钮，让创建的项目与 java 透视图相关联。

1.4.2　添加 jar 文件

在 1.3.2 节中已经下载了 Spring 框架中的 jar 文件，下面需要把这些 jar 文件添加到名为"SpringHelloWord"的项目中。

① 鼠标右键单击名为"SpringHelloWord"的项目，选择 Build Path → Configure Build Path 菜单，如图 1.51 所示。

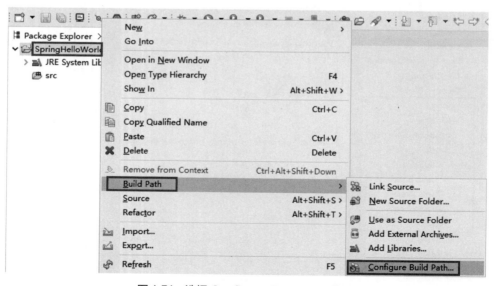

图 1.51　选择 Configure Build Path 菜单

② 在弹出的如图 1.52 所示的对话框中，先选择 Libraries 菜单，再选择 Modulepath 目录，接着单击"Add External JARs"按钮。

第1章 Spring 入门

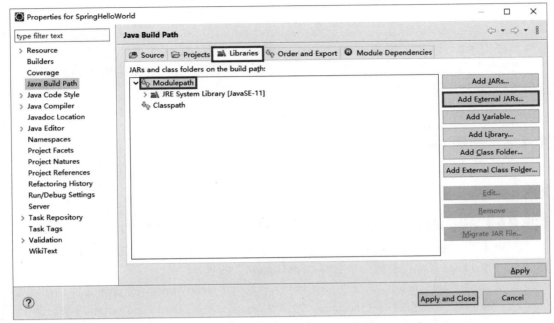

图 1.52　Libraries 菜单 → Modulepath 目录 → Add External JARs 按钮

③ 笔者把 Spring 框架中的 jar 文件存储在"D:\spring-framework-5.3.20\libs"目录下。根据这个路径，通过单击"Add External JARs"按钮打开的文件查找对话框，就能够把 Spring 框架中的 jar 文件都添加到名为"SpringHelloWord"的项目中。添加 Spring 框架中的 jar 文件后的界面效果如图 1.53 所示。最后，单击"Apply and Close"按钮。

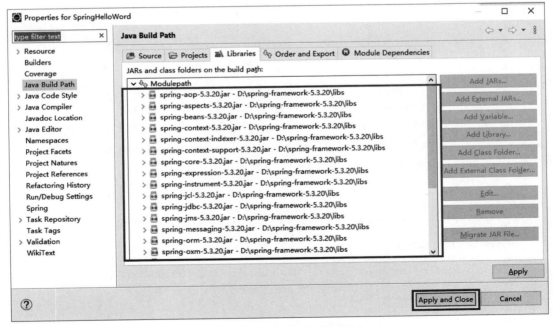

图 1.53　把 jar 文件添加到项目中

> **注意**
>
> 在"D:\spring-framework-5.3.20\libs"目录下，有 3 类 jar 文件，它们分别是以"-5.3.20""-5.3.20-javadoc"和"-5.3.20-sources"结尾的 jar 文件；当向已经创建的项目添加 Spring 框架中的 jar 文件时，只需添加以"-5.3.20"结尾的 jar 文件。

1.4.3 新建 .java 文件

把 Spring 框架中的 jar 文件都添加到已经创建的项目中后，下面开始编写用于实现 Spring 的第一个实例的代码。

实例 1.1 控制台打印"Hello World!"（实例位置：资源包 \Code\01\01）

① 在名为"SpringHelloWord"的项目中，有一个 src 目录。鼠标右键单击 src 目录，选择 New → Package 菜单，创建一个名为"com.mrsoft"的包。

② 在名为"com.mrsoft"的包中，创建一个名为"HelloWorld"的 java 文件。在这个 java 文件中，有一个私有的属性 message。为属性 message 设置 Getters and Setters 方法。其中，在 getMessage() 方法中，使用输出语句把 message 的内容打印在控制台上。HelloWorld.java 中的代码如下所示。

```java
01 package com.mrsoft;
02
03 public class HelloWorld {
04     private String message;
05
06     public void getMessage() {
07         System.out.println("Your Message : " + message);
08     }
09
10     public void setMessage(String message) {
11         this.message = message;
12     }
13 }
```

③ 在名为"com.mrsoft"的包中，再创建一个名为"Main"的 java 文件。在这个 java 文件中，先使用 ClassPathXmlApplicationContext() 方法创建一个上下文对象，通过这个上下文对象加载一个 Bean 的配置文件；再使用这个上下文对象调用 getBean() 方法，获取一个可以转换为实际对象的通用对象。Main.java 中的代码如下所示。

```java
01 package com.mrsoft;
02 import org.springframework.context.ApplicationContext;
03 import org.springframework.context.support.ClassPathXmlApplicationContext;
04
05 public class Main {
06     public static void main(String[] args) {
07         ApplicationContext context = new ClassPathXmlApplicationContext("Beans.xml");
08         HelloWorld obj = (HelloWorld) context.getBean("helloWorld");
09         obj.getMessage();
10     }
11 }
```

④ 在步骤③中，提到了 Bean 的配置文件。它是一个 XML 文件，需要被创建在 src 目录下。Beans.xml 的代码如下所示。

```xml
01 <?xml version="1.0" encoding="UTF-8"?>
02
03 <beans xmlns="http://www.springframework.org/schema/beans"
04   xmlns:xsi="http://www.w3.org/2001/XMLSchema-instance"
05   xsi:schemaLocation="http://www.springframework.org/schema/beans
06   http://www.springframework.org/schema/beans/spring-beans.xsd">
07   <!-- 该 spring 中产生的所有对象、被 spring 放入 spring IoC 容器中 -->
08   <!-- id: 唯一标识符、class: 标识符的类型 -->
09   <bean id="helloWorld" class="com.mrsoft.HelloWorld">
10     <property name="message" value="Hello World!"/>
11   </bean>
12
13 </beans>
```

运行结果如图 1.54 所示。

图 1.54 "SpringHelloWord" 项目的运行结果

第 2 章
Spring IoC 容器

扫码获取本书资源

IoC 全称是 Inversion of Control，译为"控制反转"，指的是把对象的创建权交给 Spring 框架。也就是说，使用 Spring 框架创建对象。IoC 容器是 Spring 框架的核心。Spring 通过 IoC 容器主要负责实例化、定位、配置应用程序中的对象以及在这些对象间建立依赖等业务内容。

2.1 IoC 容器概述

在传统的 Java 应用中，一个类想要调用另一个类中的属性或方法，通常会先在其代码中通过 new Object() 的方式将后者的对象创建出来，然后才能实现属性或方法的调用。为了方便理解和描述，我们可以将前者称为"调用者"，将后者称为"被调用者"。也就是说，调用者掌握着被调用者对象创建的控制权。

但在 Spring 框架中，Java 对象创建权由 IoC 容器掌握着。使用 IoC 容器创建对象的大致步骤如下所示：

① 开发人员通过 XML 配置文件、注解、Java 配置类等方式，对 Java 对象进行定义，例如在 XML 配置文件中使用 <bean> 标签、在 Java 类上使用 @Component 注解等。

② Spring 框架启动时，IoC 容器会自动根据对象定义，将这些对象创建并管理起来。这些被 IoC 容器创建并管理的对象被称为 Spring Bean。

③ 当我们想要使用某个 Bean 时，可以直接从 IoC 容器中获取（例如，通过 ApplicationContext 的 getBean() 方法），而不需要手动通过代码（例如 new Obejct() 的方式）创建。

IoC 容器带来的最大改变不是代码层面的，而是从思想层面上发生了"主从换位"的改变。原本调用者是主动的一方，它想要使用什么资源就会主动出击，自己创建；但在 Spring 框架中，IoC 容器掌握着主动权，调用者则变成了被动的一方，被动地等待 IoC 容器创建它所需要的对象（Bean）。

这个过程在职责层面发生了控制权的反转，把原本调用者通过代码实现的对象的创建，反转给 IoC 容器来帮忙实现，因此我们将这个过程称为 Spring 的"控制反转"。

2.1.1 依赖注入

在了解了 IoC 容器之后，还需要了解另外一个非常重要的概念：依赖注入。

依赖注入（Denpendency Injection，DI）是 Martin Fowler 在 2004 年对"控制反转"进行解释时提出的。Martin Fowler 认为"控制反转"一词很晦涩，无法让人很直接地理解"到底是哪里反转了"，因此他建议使用"依赖注入"来代替"控制反转"。

在面向对象中，对象和对象之间存在一种叫作"依赖"的关系。简单来说，依赖关系就是在一个对象中需要用到另外一个对象，即对象中存在一个属性，该属性是另外一个类的对象。

例如，在一个 B 类中，有一个 A 类的对象 a，那么就可以说 B 类的对象依赖于对象 a。而依赖注入就是基于这种"依赖关系"而产生的。

控制反转核心思想就是由 Spring 负责对象的创建。在对象创建过程中，Spring 会自动根据依赖关系，将它依赖的对象注入当前对象中，这就是所谓的"依赖注入"。

依赖注入本质上是 Spring Bean 属性注入的一种，只不过这个属性是一个对象属性而已。

2.1.2 IoC 容器的工作原理

在 Java 程序开发过程中，系统中的各个对象之间、各个模块之间、软件系统和硬件系统之间，或多或少都存在一定的耦合关系。

若一个系统的耦合度过高，那么就会造成难以维护的问题，但完全没有耦合的代码几乎无法完成任何工作，这是由于几乎所有的功能都需要代码之间相互协作、相互依赖才能完成。因此我们在程序设计时，所秉承的思想一般都是在不影响系统功能的前提下，最大限度地降低耦合度。

IoC 容器底层通过工厂模式、Java 的反射机制、XML 解析等技术，将代码的耦合度降低到最低限度，其主要步骤如下：

① 在配置文件（例如 Bean.xml）中，对各个对象以及它们之间的依赖关系进行配置；

② 我们可以把 IoC 容器当作一个工厂，这个工厂的产品就是 Spring Bean；

③ 容器启动时会加载并解析这些配置文件，得到对象的基本信息以及它们之间的依赖关系；

④ IoC 容器利用 Java 的反射机制，根据类名生成相应的对象（即 Spring Bean），并根据依赖关系将这个对象注入依赖它的对象中。

由于对象的基本信息、对象之间的依赖关系都是在配置文件中定义的，并没有在代码中紧密耦合，因此即使对象发生改变，我们也只需要在配置文件中进行修改即可，而无须对 Java 代码进行修改，这就是 Spring IoC 容器实现解耦的原理。

2.1.3 IoC 容器的两种实现

IoC 思想是基于 IoC 容器实现的，IoC 容器底层其实就是一个 Bean 工厂。Spring 框架提供了两种不同类型的 IoC 容器，它们分别是 BeanFactory 和 ApplicationContext。

（1）BeanFactory

BeanFactory 是 IoC 容器的基本实现，也是 Spring 框架提供的最简单的 IoC 容器，它提供了 IoC 容器最基本的功能，由 org.springframework.beans.factory.BeanFactory 接口定义。

BeanFactory 采用懒加载（lazy-load）机制，容器在加载配置文件时并不会立刻创建 Java 对象，只有程序中获取（使用）这个对象时才会创建。

下面以本书第 1 章的实例 1.1 为例，使用 BeanFactory 获取上下文对象。代码如下所示。

```
01 package com.mrsoft;
02 import org.springframework.context.ApplicationContext;
03 import org.springframework.context.support.ClassPathXmlApplicationContext;
04
05 public class Main {
06     public static void main(String[] args) {
07         BeanFactory context = new ClassPathXmlApplicationContext("Beans.xml");
08         HelloWorld obj = (HelloWorld) context.getBean("helloWorld");
09         obj.getMessage();
10     }
11 }
```

（2）ApplicationContext

ApplicationContext 是 BeanFactory 接口的子接口，是对 BeanFactory 的扩展。ApplicationContext 在 BeanFactory 的基础上增加了许多企业级的功能，例如 AOP（面向切面编程）、国际化、事务支持等。

ApplicationContext 接口有两个常用的实现类，具体如表 2.1 所示。

表 2.1　ApplicationContext 接口的两个常用的实现类

实现类	描述	示例代码
ClassPathXmlApplicationContext	加载类路径 ClassPath 下指定的 XML 配置文件，并完成 ApplicationContext 的实例化工作	ApplicationContext applicationContext = new ClassPathXmlApplicationContext (String configLocation);
FileSystemXmlApplicationContext	加载指定的文件系统路径中指定的 XML 配置文件，并完成 ApplicationContext 的实例化工作	ApplicationContext applicationContext = new FileSystemXmlApplicationContext(String configLocation);

下面仍以本书第 1 章的实例 1.1 为例，使用 FileSystemXmlApplicationContext 实现类获取上下文对象。代码如下所示。

```
01 package com.mrsoft;
02 import org.springframework.beans.factory.BeanFactory;
03 import org.springframework.context.support.FileSystemXmlApplicationContext;
04
05 public class Main {
06     public static void main(String[] args) {
07         BeanFactory context = new FileSystemXmlApplicationContext
08         ("D:/eclipse_J2EE_2022/eclipse/eclipse-workspace/SpringHelloWord/src/Beans.xml");
09         HelloWorld obj = (HelloWorld) context.getBean("helloWorld");
10         obj.getMessage();
11     }
12 }
```

2.2　Spring Bean 定义

把由 Spring IoC 容器管理的对象称作 Bean。Bean 根据 Spring 配置文件中的信息进行创建。可以把 Spring IoC 容器看作一个大工厂，Bean 相当于工厂的产品。如果希望这个大工厂生产和管理 Bean，就需要告诉容器需要哪些 Bean，以哪种方式装配。

Spring 配置文件支持两种格式，即 XML 文件格式和 Properties 文件格式。

① Properties 配置文件主要以 key-value 键值对的形式存在，只能赋值，不能进行其他操作，适用于简单的属性配置。

② XML 配置文件采用树形结构，结构清晰，相较于 Properties 文件更加灵活。但是 XML 配置比较烦琐，适用于大型的复杂项目。

通常情况下，Spring 的配置文件都是使用 XML 格式的。XML 配置文件的根元素是 <beans>，该元素包含了多个子元素 <bean>。每一个 <bean> 元素都定义了一个 Bean，并描述了该 Bean 是如何被装配到 Spring 容器中的。

下面以本书第 1 章的实例 1.1 为例，详细解析配置文件 Beans.xml。Beans.xml 的代码如下所示。

```
01 <?xml version="1.0" encoding="UTF-8"?>
02
03 <beans xmlns="http://www.springframework.org/schema/beans"
04     xmlns:xsi="http://www.w3.org/2001/XMLSchema-instance"
05     xsi:schemaLocation="http://www.springframework.org/schema/beans
06     http://www.springframework.org/schema/beans/spring-beans.xsd">
07     <!-- 该 spring 中产生的所有对象被 Spring 放入 Spring Ioc 中  -->
08     <!-- id: 唯一标识符、class: 标识符的类型  -->
09     <bean id="helloWorld" class="com.mrsoft.HelloWorld">
10         <property name="message" value="Hello World!"/>
11     </bean>
12
13 </beans>
```

在 XML 配置的 <beans> 元素中可以包含多个属性或子元素，常用的属性或子元素如表 2.2 所示。

表 2.2 <beans> 元素中的属性或子元素

属 性	说 明
id	Bean 的唯一标识符，Spring IoC 容器对 Bean 的配置和管理都通过该属性完成。id 的值必须以字母开始，可以使用字母、数字、下划线等符号
name	该属性表示 Bean 的名称，我们可以通过 name 属性为同一个 Bean 同时指定多个名称，每个名称之间用逗号或分号隔开。Spring 容器可以通过 name 属性配置和管理容器中的 Bean
class	该属性指定了 Bean 的具体实现类，它必须是一个完整的类名，即类的全限定名
scope	表示 Bean 的作用域，属性值可以为 singleton（单例）、prototype（原型）、request、session 和 global Session。默认值是 singleton
constructor-arg	<bean> 元素的子元素，我们可以通过该元素，将构造参数传入，以实现 Bean 的实例化。该元素的 index 属性指定构造参数的序号（从 0 开始），type 属性指定构造参数的类型
property	<bean> 元素的子元素，用于调用 Bean 实例中的 setter 方法对属性进行赋值，从而完成属性的注入。该元素的 name 属性用于指定 Bean 实例中相应的属性名
ref	<property> 和 <constructor-arg> 等元素的子元素，用于指定对某个 Bean 实例的引用，即 <bean> 元素中的 id 或 name 属性
value	<property> 和 <constructor-arg> 等元素的子元素，用于直接指定一个常量值
list	用于封装 List 或数组类型的属性注入

续表

属性	说明
set	用于封装 Set 类型的属性注入
map	用于封装 Map 类型的属性注入
entry	\<map\> 元素的子元素,用于设置一个键值对。其 key 属性指定字符串类型的键值,ref 或 value 子元素指定其值
init-method	容器加载 Bean 时调用该方法,类似于 Servlet 中的 init() 方法
destroy-method	容器删除 Bean 时调用该方法,类似于 Servlet 中的 destroy() 方法。该方法只在 scope=singleton 时有效
lazy-init	懒加载,值为 true,容器在首次请求时才会创建 Bean 实例;值为 false,容器在启动时创建 Bean 实例。该方法只在 scope=singleton 时有效

2.3 Spring Bean 作用域

当在 Spring 中定义一个 Bean 时,需在 \<bean\> 元素中添加 scope 属性来配置 Spring Bean 的作用域。其中,可以把"作用域"称作"作用范围"。

在默认情况下,所有的 Spring Bean 都是单例的。也就是说,在整个 Spring 应用中,Bean 的实例只有一个。

例如,如果每次获取 Bean 时都需要一个新的 Bean 实例,那么应该将 Bean 的 scope 属性定义为 prototype;如果 Spring 需要每次都返回一个相同的 Bean 实例,则应将 Bean 的 scope 属性定义为 singleton。

Spring 框架支持以下 5 个作用域,分别为 singleton、prototype、request、session 和 global session。这 5 个作用域的说明如表 2.3 所示。

表 2.3 \<beans\> 元素中的属性或子元素

作用域	说明
singleton	默认值,单例模式,表示在 Spring 容器中只有一个 Bean 实例
prototype	原型模式,表示每次通过 Spring 容器获取 Bean 时,容器都会创建一个新的 Bean 实例
request	每次 HTTP 请求都会创建一个新的 Bean,该作用域仅适用于 WebApplicationContext 环境
session	同一个 HTTP Session 共享一个 Bean,不同 Session 使用不同的 Bean,仅适用于 WebApplicationContext 环境
global-session	一般用于 Portlet 应用环境,该作用域仅适用于 WebApplicationContext 环境

本章将只对 singleton 和 prototype 这两种 Spring Bean 作用域进行详解。

2.3.1 singleton 作用域

singleton 是 Spring 容器默认的作用域。当 Bean 的作用域为 singleton 时,Spring IoC 容器中只会存在一个共享的 Bean 实例。这个 Bean 实例将存储在高速缓存中,所有对于这个 Bean 的请求和引用,只要 id 与这个 Bean 定义相匹配,都会返回这个缓存中的对象实例。

第 2 章　Spring IoC 容器

如果一个 Bean 定义的作用域为 singleton，那么这个 Bean 就被称为 singleton bean。在 Spring IoC 容器中，singleton bean 是 Bean 的默认创建方式。在 Spring 框架的配置文件中，可以使用 <bean> 元素的 scope 属性，将 Bean 的作用域定义成 singleton，其配置方式如下所示。

```
<bean id="..." class="..." scope="singleton"></bean>
```

实例 2.1　将 Bean 的 scope 属性定义为 singleton（实例位置：资源包 \Code\02\01）

① 在名为"SpringHelloWord"的项目中，有一个 src 目录。鼠标右键单击 src 目录，选择 New → Package 菜单，创建一个名为"com.mrsoft"的包。

② 在名为"com.mrsoft"的包中，创建一个名为"HelloWorld"的 java 文件。在这个 java 文件中，有一个私有的属性 message。为属性 message 设置 Getters and Setters 方法。其中，在 getMessage() 方法中，使用输出语句把 message 的内容打印在控制台上。HelloWorld.java 中的代码如下所示。

```java
01 package com.mrsoft;
02
03 public class HelloWorld {
04     private String message;
05
06     public void setMessage(String message) {
07         this.message = message;
08     }
09
10     public void getMessage() {
11         System.out.println(message);
12     }
13 }
```

③ 在名为"com.mrsoft"的包中，再创建一个名为"Main"的 java 文件。在这个 java 文件中，先使用 ClassPathXmlApplicationContext() 方法创建一个上下文对象，通过这个上下文对象加载一个 Bean 的配置文件；再使用这个上下文对象调用 getBean() 方法，获取一个可以转换为实际对象的通用对象。Main.java 中的代码如下所示。

```java
01 package com.mrsoft;
02 import org.springframework.context.ApplicationContext;
03 import org.springframework.context.support.ClassPathXmlApplicationContext;
04
05 public class Main {
06     public static void main(String[] args) {
07         ApplicationContext context = new ClassPathXmlApplicationContext("Beans.xml");
08         HelloWorld objA = (HelloWorld) context.getBean("helloWorld");
09         objA.setMessage("Object A");
10         objA.getMessage();
11         HelloWorld objB = (HelloWorld) context.getBean("helloWorld");
12         objB.getMessage();
13     }
14 }
```

④ 在步骤③中，提到了 Bean 的配置文件。它是一个 XML 文件，需要被创建在 src 目录下。在 Beans.xml 文件中，使用 <bean> 元素的 scope 属性，将 Bean 的作用域定义成 singleton。Beans.xml 的代码如下所示。

```
01 <?xml version="1.0" encoding="UTF-8"?>
02
03 <beans xmlns="http://www.springframework.org/schema/beans"
04     xmlns:xsi="http://www.w3.org/2001/XMLSchema-instance"
05     xsi:schemaLocation="http://www.springframework.org/schema/beans
06     http://www.springframework.org/schema/beans/spring-beans.xsd">
07
08     <bean id="helloWorld" class="com.mrsoft.HelloWorld"
09         scope="singleton">
10     </bean>
11
12 </beans>
```

运行结果如图 2.1 所示。

2.3.2 prototype 作用域

当一个 Bean 的作用域为 prototype 时，Spring IoC 容器中会存在许多个不同的 Bean 实例。如果一个 Bean 定义的作用域为 prototype，那么这个 Bean 就被称为

图 2.1　运行结果

prototype bean。对于 prototype bean 来说，Spring 容器会在每次请求该 Bean 时，都创建一个新的 Bean 实例。

在 Spring 框架配置文件中，可以使用 <bean> 元素的 scope 属性将 Bean 的作用域定义成 prototype，其配置方式如下所示。

```
<bean id="..." class="..." scope="singleton"></bean>
```

实例 2.2 将 Bean 的 scope 属性定义为 prototype（实例位置：资源包 \Code\02\02）

① 在名为"SpringHelloWord"的项目中，有一个 src 目录。鼠标右键单击 src 目录，选择 New → Package 菜单，创建一个名为"com.mrsoft"的包。

② 在名为"com.mrsoft"的包中，创建一个名为"HelloWorld"的 java 文件。在这个 java 文件中，有一个私有的属性 message。为属性 message 设置 Getters and Setters 方法。其中，在 getMessage() 方法中，使用输出语句把 message 的内容打印在控制台上。HelloWorld.java 中的代码如下所示。

```
01 package com.mrsoft;
02
03 public class HelloWorld {
04     private String message;
05
06     public void setMessage(String message) {
07         this.message = message;
08     }
09
10     public void getMessage() {
11         System.out.println(message);
12     }
13 }
```

③ 在名为"com.mrsoft"的包中，再创建一个名为"Main"的 java 文件。在这个 java 文件中，先使用 ClassPathXmlApplicationContext() 方法创建一个上下文对象，通过这个上下

文对象加载一个 Bean 的配置文件；再使用这个上下文对象调用 getBean() 方法，获取一个可以转换为实际对象的通用对象。Main.java 中的代码如下所示。

```
01 package com.mrsoft;
02 import org.springframework.context.ApplicationContext;
03 import org.springframework.context.support.ClassPathXmlApplicationContext;
04
05 public class Main {
06     public static void main(String[] args) {
07         ApplicationContext context = new ClassPathXmlApplicationContext("Beans.xml");
08         HelloWorld objA = (HelloWorld) context.getBean("helloWorld");
09         objA.setMessage("Object A");
10         objA.getMessage();
11         HelloWorld objB = (HelloWorld) context.getBean("helloWorld");
12         objB.getMessage();
13     }
14 }
```

④ 在步骤③中，提到了 Bean 的配置文件。它是一个 XML 文件，需要被创建在 src 目录下。在 Beans.xml 文件中，使用 <bean> 元素的 scope 属性，将 Bean 的作用域定义成 prototype。Beans.xml 的代码如下所示。

```
01 <?xml version="1.0" encoding="UTF-8"?>
02
03 <beans xmlns="http://www.springframework.org/schema/beans"
04     xmlns:xsi="http://www.w3.org/2001/XMLSchema-instance"
05     xsi:schemaLocation="http://www.springframework.org/schema/beans
06     http://www.springframework.org/schema/beans/spring-beans.xsd">
07
08     <bean id="helloWorld" class="com.mrsoft.HelloWorld"
09         scope="prototype">
10     </bean>
11
12 </beans>
```

运行结果如图 2.2 所示。

2.4 Spring Bean 生命周期

图 2.2　运行结果

Bean 的生命周期大致分为以下 4 个阶段：Bean 的实例化、Bean 属性赋值、Bean 的初始化和 Bean 的销毁。

对于 singleton 作用域的 Bean 来说，Spring IoC 容器能够精确地控制 Bean 何时被创建、何时初始化完成和何时被销毁；对于 prototype 作用域的 Bean 来说，Spring IoC 容器只负责创建，随后就把 Bean 的实例交给客户端代码管理，Spring IoC 容器将不再跟踪其生命周期。

Bean 的生命周期回调方法主要有以下两种。

① 初始化回调方法：在 Spring Bean 被初始化后调用，执行一些自定义的回调操作。

② 销毁回调方法：在 Spring Bean 被销毁前调用，执行一些自定义的回调操作。

为了能够指定 Bean 的生命周期回调方法，在 Spring 框架的 XML 配置中，使用 <bean> 元素中的 init-method 和 destory-method 属性即可实现。

① init-method 属性：指定初始化回调方法，这个方法会在 Spring Bean 被初始化后被调

用，执行一些自定义的回调操作。

② destory-method 属性：指定销毁回调方法，这个方法会在 Spring Bean 被销毁前被调用，执行一些自定义的回调操作。

实例 2.3　控制台打印 Bean 的生命周期（实例位置：资源包 \Code\02\03）

① 在名为"SpringHelloWord"的项目中，有一个 src 目录。鼠标右键单击 src 目录，选择 New → Package 菜单，创建一个名为"com.mrsoft"的包。

② 在名为"com.mrsoft"的包中，创建一个名为"HelloWorld"的 java 文件。在这个 java 文件中，有一个私有的属性 message。为属性 message 设置 Getters and Setters 方法。其中，在 getMessage() 方法中，使用输出语句把 message 的内容打印在控制台上。此外，在 HelloWorld.java 文件中，又定义了 init() 方法和 destroy() 方法。其中，init() 方法执行的操作是 Bean 的初始化；destroy() 方法执行的操作是 Bean 的销毁。HelloWorld.java 中的代码如下所示。

```java
01 package com.mrsoft;
02
03 public class HelloWorld {
04     private String message;
05
06     public void setMessage(String message) {
07         this.message = message;
08     }
09
10     public void getMessage() {
11         System.out.println(message);
12     }
13
14     public void init() {
15         System.out.println("Bean 的初始化 ");
16     }
17
18     public void destroy() {
19         System.out.println("Bean 的销毁 ");
20     }
21 }
```

③ 在名为"com.mrsoft"的包中，再创建一个名为"Main"的 java 文件。在这个 java 文件中，先使用 ClassPathXmlApplicationContext() 方法创建一个上下文对象，通过这个上下文对象加载一个 Bean 的配置文件；再使用这个上下文对象调用 getBean() 方法，获取一个可以转换为实际对象的通用对象。在这里，需要调用 AbstractApplicationContext 类中的 registerShutdownHook() 方法。该方法将调用 destroy() 方法，确保完成 Bean 的销毁。Main.java 中的代码如下所示。

```java
01 package com.mrsoft;
02 import org.springframework.context.support.AbstractApplicationContext;
03 import org.springframework.context.support.ClassPathXmlApplicationContext;
04
05 public class Main {
06     public static void main(String[] args) {
07         AbstractApplicationContext context =
08                 new ClassPathXmlApplicationContext("Beans.xml");
```

```
09          HelloWorld obj = (HelloWorld) context.getBean("helloWorld");
10          obj.getMessage();
11          context.registerShutdownHook();
12      }
13  }
```

④ 在步骤③中,提到了 Bean 的配置文件。它是一个 XML 文件,需要被创建在 src 目录下。在 Beans.xml 文件中,使用 <bean> 元素中的 init-method 和 destory-method 属性,指定 Bean 的生命周期回调方法。Beans.xml 的代码如下所示。

```xml
01  <?xml version="1.0" encoding="UTF-8"?>
02
03  <beans xmlns="http://www.springframework.org/schema/beans"
04      xmlns:xsi="http://www.w3.org/2001/XMLSchema-instance"
05      xsi:schemaLocation="http://www.springframework.org/schema/beans
06      http://www.springframework.org/schema/beans/spring-beans.xsd">
07
08      <bean id="helloWorld" class="com.mrsoft.HelloWorld"
09          init-method="init" destroy-method="destroy">
10          <property name="message" value="Hello World!" />
11      </bean>
12
13  </beans>
```

运行结果如图 2.3 所示。

图 2.3　运行结果

2.5　Spring Bean 后置处理器

Bean 后置处理器允许在调用初始化方法前后对 Bean 进行额外的处理。Bean 后置处理器的实现接口是 BeanPostProcessor 接口。

BeanPostProcessor 接口的代码如下所示。

```java
public interface BeanPostProcessor {
    Object postProcessBeforeInitialization(Object bean, String beanName)
            throws BeansException;
    Object postProcessAfterInitialization(Object bean, String beanName)
            throws BeansException;
}
```

在 BeanPostProcessor 接口中,包含了 postProcessBeforeInitialization() 方法和 postProcessAfterInitialization() 方法。那么,这两个方法在什么时候调用呢?

① postProcessBeforeInitialization() 方法需要在 Bean 的实例化、属性注入后,初始化前调用。

② postProcessAfterInitialization() 方法需要在 Bean 的实例化、属性注入、初始化都完成后调用。

当需要添加多个后置处理器实现类时，在默认情况下，Spring 容器会根据后置处理器的定义顺序依次调用。此外，还可以通过实现 Ordered 接口的 getOrder() 方法指定后置处理器的执行顺序。getOrder() 方法的返回值为整数，这个返回值的默认值为 0；返回值越大，说明后置处理器的执行顺序的优先级越低。

实例 2.4　如何使用 Spring Bean 后置处理器（实例位置：资源包 \Code\02\04）

① 在名为"SpringHelloWord"的项目中，有一个 src 目录。鼠标右键单击 src 目录，选择 New → Package 菜单，创建一个名为"com.mrsoft"的包。

② 在名为"com.mrsoft"的包中，创建一个名为"HelloWorld"的 java 文件。在这个 java 文件中，有一个私有的属性 message。为属性 message 设置 Getters and Setters 方法。其中，在 getMessage() 方法中，使用输出语句把 message 的内容打印在控制台上。此外，在 HelloWorld.java 文件中，又定义了 init() 方法和 destroy() 方法。其中，init() 方法执行的操作是 Bean 的初始化；destroy() 方法执行的操作是 Bean 的销毁。HelloWorld.java 中的代码如下所示。

```
01 package com.mrsoft;
02
03 public class HelloWorld {
04     private String message;
05
06     public void setMessage(String message) {
07         this.message = message;
08     }
09
10     public void getMessage() {
11         System.out.println(message);
12     }
13
14     public void init() {
15         System.out.println("Bean 的初始化 ");
16     }
17
18     public void destroy() {
19         System.out.println("Bean 的销毁 ");
20     }
21 }
```

③ 为了在调用初始化方法前后对 Bean 进行额外的处理，需要使用的工具是 Bean 后置处理器。Bean 后置处理器的实现接口是 BeanPostProcessor 接口。因此，在名为"com.mrsoft"的包中，创建一个名为"InitHW"的 java 文件。在这个 java 文件中，先让 InitHW 类实现 BeanPostProcessor 接口，再编写 BeanPostProcessor 接口中的 postProcessBeforeInitialization() 方法和 postProcessAfterInitialization() 方法。InitHW.java 文件的代码如下所示。

```
01 package com.mrsoft;
02 import org.springframework.beans.BeansException;
03 import org.springframework.beans.factory.config.BeanPostProcessor;
04
05 public class InitHW implements BeanPostProcessor {
06     public Object postProcessBeforeInitialization(Object bean, String beanName)
```

```
07            throws BeansException {
08        System.out.println("初始化前的 Bean：" + beanName);
09        return bean;
10    }
11    public Object postProcessAfterInitialization(Object bean, String beanName)
12            throws BeansException {
13        System.out.println("初始化后的 Bean：" + beanName);
14        return bean;
15    }
16 }
```

④ 在名为"com.mrsoft"的包中，再创建一个名为"Main"的 java 文件。在这个 java 文件中，先使用 ClassPathXmlApplicationContext() 方法创建一个上下文对象，通过这个上下文对象加载一个 Bean 的配置文件；再使用这个上下文对象调用 getBean() 方法，获取一个可以转换为实际对象的通用对象。在这里，需要调用 AbstractApplicationContext 类中的 registerShutdownHook() 方法。该方法将调用 destroy() 方法，确保完成 Bean 的销毁。Main.java 中的代码如下所示。

```
01 package com.mrsoft;
02 import org.springframework.context.support.AbstractApplicationContext;
03 import org.springframework.context.support.ClassPathXmlApplicationContext;
04
05 public class Main {
06     public static void main(String[] args) {
07         AbstractApplicationContext context =
08                 new ClassPathXmlApplicationContext("Beans.xml");
09         HelloWorld obj = (HelloWorld) context.getBean("helloWorld");
10         obj.getMessage();
11         context.registerShutdownHook();
12     }
13 }
```

⑤ 在步骤④中，提到了 Bean 的配置文件，它是一个 XML 文件，需要被创建在 src 目录下。在 Beans.xml 文件中，先使用 <bean> 元素中的 init-method 和 destory-method 属性，指定 Bean 的生命周期回调方法；再使用 <bean> 元素中的 class 属性，指定 BeanPostProcessor 接口的实现类，即"com.mrsoft.InitHW"。Beans.xml 的代码如下所示。

```
01 <?xml version="1.0" encoding="UTF-8"?>
02
03 <beans xmlns="http://www.springframework.org/schema/beans"
04    xmlns:xsi="http://www.w3.org/2001/XMLSchema-instance"
05    xsi:schemaLocation="http://www.springframework.org/schema/beans
06    http://www.springframework.org/schema/beans/spring-beans.xsd">
07
08    <bean id="helloWorld" class="com.mrsoft.HelloWorld"
09        init-method="init" destroy-method="destroy">
10        <property name="message" value="Hello World!" />
11    </bean>
12
13    <bean class="com.mrsoft.InitHW" />
14
15 </beans>
```

运行结果如图 2.4 所示。

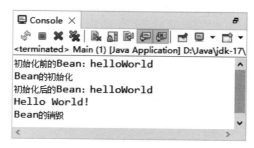

图 2.4 运行结果

2.6 Spring Bean 继承

在 Spring 框架中，Bean 和 Bean 之间存在继承关系。其中，把被继承的 Bean 称作父 Bean，把继承父 Bean 的 Bean 称作子 Bean。

在 Spring Bean 中，包含了很多配置信息，例如构造方法、属性等。如果 Bean 和 Bean 之间存在继承关系，那么子 Bean 既可以继承父 Bean 的配置信息，也可以根据具体的情况重写或添加属于自己的配置信息。

在 Bean 的配置文件中，通过子 Bean 的 parent 属性指定需要继承的父 Bean，配置格式如下所示。

```xml
<!-- 父 Bean -->
<bean id="parentBean" class="xxx.xxxx.xxx.ParentBean">
<property name="xxx" value="xxx"></property>
<property name="xxx" value="xxx"></property>
</bean>
<!-- 子 Bean -->
<bean id="childBean" class="xxx.xxx.xxx.ChildBean"
parent="parentBean">
</bean>
```

实例 2.5 如何实现 Spring Bean 继承（实例位置：资源包 \Code\02\05）

① 在名为"SpringHelloWord"的项目中，有一个 src 目录。鼠标右键单击 src 目录，选择 New → Package 菜单，创建一个名为"com.mrsoft"的包。

② 在名为"com.mrsoft"的包中，创建一个名为"PersonalInfo"的 java 文件。在这个 java 文件中，包含两个私有的属性 sex（表示"性别"）和 name（表示"姓名"）。为属性 sex 和 name 设置 Getters and Setters 方法。其中，在 Getters 方法中，使用输出语句把"性别"和"姓名"打印在控制台上。PersonalInfo.java 中的代码如下所示。

```
01 package com.mrsoft;
02
03 public class PersonalInfo {
04     private String sex;
05     private String name;
06
07     public void setSex(String sex) {
08         this.sex = sex;
```

```
09    }
10
11    public void setName(String name) {
12        this.name = name;
13    }
14
15    public void getSex() {
16        System.out.println("性别:" + sex);
17    }
18
19    public void getName() {
20        System.out.println("姓名:" + name);
21    }
22 }
```

③ 在名为"com.mrsoft"的包中，创建一个名为"PersonalInfo"的java文件。在这个java文件中，包含3个私有的属性sex(表示"性别")、name(表示"姓名")和grade(表示"班级")。为属性sex、name和grade设置Getters and Setters方法。其中，在Getters方法中，使用输出语句把"性别""姓名"和"班级"打印在控制台上。PersonalInfo.java中的代码如下所示。

```
01 package com.mrsoft;
02
03 public class StudentInfo {
04     private String sex;
05     private String name;
06     private String grade;
07
08     public void setSex(String sex) {
09         this.sex = sex;
10     }
11
12     public void setName(String name) {
13         this.name = name;
14     }
15
16     public void setGrade(String grade) {
17         this.grade = grade;
18     }
19
20     public void getSex() {
21         System.out.println("性别:" + sex);
22     }
23
24     public void getName() {
25         System.out.println("姓名:" + name);
26     }
27
28     public void getGrade() {
29         System.out.println("年级:" + grade);
30     }
31 }
```

④ 在名为"com.mrsoft"的包中，再创建一个名为"Main"的java文件。在这个java文件中，先使用ClassPathXmlApplicationContext()方法创建一个上下文对象，通过这个上下文对象加载一个Bean的配置文件；再使用这个上下文对象调用getBean()方法，分别获取可以转换为PersonalInfo类的对象和StudentInfo类的对象的通用对象；接着，通过对象分别调用PersonalInfo类和StudentInfo类中的Getters方法。Main.java中的代码如下所示。

```java
01 package com.mrsoft;
02 import org.springframework.context.ApplicationContext;
03 import org.springframework.context.support.ClassPathXmlApplicationContext;
04
05 public class Main {
06     public static void main(String[] args) {
07         ApplicationContext context = new ClassPathXmlApplicationContext("Beans.xml");
08         PersonalInfo person = (PersonalInfo) context.getBean("personalInfo");
09         person.getSex();
10         person.getName();
11         StudentInfo student = (StudentInfo) context.getBean("studentInfo");
12         student.getSex();
13         student.getName();
14         student.getGrade();
15     }
16 }
```

⑤ 在步骤④中，提到了 Bean 的配置文件。它是一个 XML 文件，需要被创建在 src 目录下。在 Beans.xml 文件中，包含两个 Bean。一个 Bean 对应的是 PersonalInfo 类的对象，并将其称作父 Bean；另一个 Bean 对应的是 StudentInfo 类的对象，并将其称作子 Bean。在子 Bean 的配置信息中，使用 <bean> 元素中的 parent 属性指定需要继承的父 Bean。Beans.xml 的代码如下所示。

```xml
01 <?xml version="1.0" encoding="UTF-8"?>
02
03 <beans xmlns="http://www.springframework.org/schema/beans"
04     xmlns:xsi="http://www.w3.org/2001/XMLSchema-instance"
05     xsi:schemaLocation="http://www.springframework.org/schema/beans
06     http://www.springframework.org/schema/beans/spring-beans.xsd">
07
08     <bean id="personalInfo" class="com.mrsoft.PersonalInfo">
09         <property name="sex" value="男"/>
10         <property name="name" value="张三"/>
11     </bean>
12
13     <bean id="studentInfo" class="com.mrsoft.StudentInfo"
14     parent="personalInfo">
15         <property name="sex" value="男"/>
16         <property name="name" value="张三"/>
17         <property name="grade" value="三年级"/>
18     </bean>
19
20 </beans>
```

运行结果如图 2.5 所示。

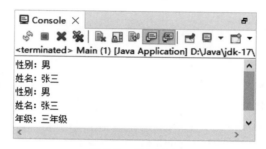

图 2.5　运行结果

2.7 综合案例

为了指定 Bean 的生命周期回调方法，除了在 XML 配置文件中使用 <bean> 元素中的 init-method 和 destory-method 属性，还可以通过 InitializingBean 接口和 DisposableBean 接口的方式实现。关于 InitializingBean 接口和 DisposableBean 接口的说明如表 2.4 所示。

表 2.4 InitializingBean 接口和 DisposableBean 接口的说明

回调方式	接　口	方　法	说　明
初始化回调	InitializingBean	afterPropertiesSet()	指定初始化回调方法，这个方法会在 Spring Bean 被初始化后被调用，执行一些自定义的回调操作
销毁回调	DisposableBean	destroy()	指定销毁回调方法，这个方法会在 Spring Bean 被销毁前被调用，执行一些自定义的回调操作

实现本实例的步骤如下所示。

① 在名为 "SpringHelloWord" 的项目中，有一个 src 目录。鼠标右键单击 src 目录，选择 New → Package 菜单，创建一个名为 "com.mrsoft" 的包。

② 在名为 "com.mrsoft" 的包中，创建一个名为 "HelloWorld" 的 java 文件，并让其实现 InitializingBean 接口和 DisposableBean 接口，同时重写 afterPropertiesSet() 方法和 destroy() 方法。在这个 java 文件中，有一个私有的属性 message。为属性 message 设置 Getters and Setters 方法。其中，在 getMessage() 方法中，使用输出语句把 message 的内容打印在控制台上。HelloWorld.java 中的代码如下所示。

```java
01 package com.mrsoft;
02
03 import org.springframework.beans.factory.DisposableBean;
04 import org.springframework.beans.factory.InitializingBean;
05
06 public class HelloWorld implements InitializingBean, DisposableBean {
07     private String message;
08
09     public void setMessage(String message) {
10         this.message = message;
11     }
12
13     public void getMessage() {
14         System.out.println(message);
15     }
16
17     @Override
18     public void afterPropertiesSet() throws Exception {
19         System.out.println("调用接口：InitializingBean，方法：afterPropertiesSet()");
20     }
21
22     @Override
23     public void destroy() throws Exception {
24         System.out.println("调用接口：DisposableBean，方法：destroy()");
25     }
26 }
```

③ 在名为 "com.mrsoft" 的包中，再创建一个名为 "Main" 的 java 文件。在这个 java 文件中，先使用 ClassPathXmlApplicationContext() 方法创建一个上下文对象，通过这个上下

文对象加载一个 Bean 的配置文件；再使用这个上下文对象调用 getBean() 方法，获取一个可以转换为实际对象的通用对象。Main.java 中的代码如下所示。

```
01  package com.mrsoft;
02  import org.springframework.context.support.AbstractApplicationContext;
03  import org.springframework.context.support.ClassPathXmlApplicationContext;
04
05  public class Main {
06      public static void main(String[] args) {
07          AbstractApplicationContext context =
08              new ClassPathXmlApplicationContext("Beans.xml");
09          HelloWorld obj = (HelloWorld) context.getBean("helloWorld");
10          obj.getMessage();
11          context.registerShutdownHook();
12      }
13  }
```

④ 在步骤③中，提到了 Bean 的配置文件。它是一个 XML 文件，需要被创建在 src 目录下。Beans.xml 的代码如下所示。

```
01  <?xml version="1.0" encoding="UTF-8"?>
02
03  <beans xmlns="http://www.springframework.org/schema/beans"
04      xmlns:xsi="http://www.w3.org/2001/XMLSchema-instance"
05      xsi:schemaLocation="http://www.springframework.org/schema/beans
06      http://www.springframework.org/schema/beans/spring-beans.xsd">
07
08      <bean id="helloWorld" class="com.mrsoft.HelloWorld">
09          <property name="message" value="Hello World!"/>
10      </bean>
11
12  </beans>
```

运行结果如图 2.6 所示。

图 2.6　运行结果

2.8　实战练习

① 在实例 2.4 中，通过 Bean 的配置文件，实现对 Spring Bean 后置处理器的使用。现要求通过实现 InitializingBean 和 DisposableBean 接口，实现对 Spring Bean 后置处理器的使用。

② 现有两个类：灯类和交通红绿灯类。其中，灯类中有一个表示"光的颜色"的私有属性；交通红绿灯类中有一个表示"光的颜色"的私有属性和一个表示"灯的数量"的私有属性。在 Beans.xml 文件中，包含两个 Bean。一个 Bean 对应的是灯类的对象，并将其称作父 Bean；另一个 Bean 对应的是交通红绿灯类的对象，并将其称作子 Bean。在子 Bean 的配置信息中，使用 <bean> 元素中的 parent 属性指定需要继承的父 Bean。

第 3 章
Spring 依赖注入

Spring 框架的核心功能之一就是通过依赖注入的方式来管理 Bean 之间的依赖关系。当编写一个复杂的 Java 应用程序时,会有很多 Java 类。这些 Java 类大致可以分为应用程序类和其他 Java 类。依赖注入有助于把应用程序类和其他 Java 类粘合在一起,并让应用程序类独立于其他 Java 类。

扫码获取本书资源

3.1 Spring 基于构造函数的依赖注入

所谓依赖注入,指的是把属性或者对象注入 Bean 的过程。通过有参构造函数,即可实现依赖注入,大致步骤如下所示。

① 在 Bean 中,新建一个有参构造函数。其中,每一个参数都表示一个需要被注入到 Bean 的属性或者对象;

② 在 Spring 框架的 XML 配置文件中,使用 \<bean> 元素定义 Bean;

③ 在 \<bean> 元素内,使用 \<constructor-arg> 元素对构造函数内的属性或者对象进行赋值。下面就通过一个实例,演示如何通过有参构造函数实现依赖注入。

实例 **被点亮的交通红绿灯是什么颜色**(实例位置:资源包 \Code\03\01)

① 在名为 "SpringHelloWord" 的项目中,有一个 src 目录。鼠标右键单击 src 目录,选择 New → Package 菜单,创建一个名为 "com.mrsoft" 的包。

② 在名为 "com.mrsoft" 的包中,创建一个表示灯类的名为 "Light" 的 java 文件。在这个 java 文件中,有一个用于点亮灯的方法,即 lighten() 方法。在 lighten() 方法中,使用输出语句把 "灯被点亮了!" 打印在控制台上。Light.java 中的代码如下所示。

```
01  package com.mrsoft;
02
03  public class Light {
04      public void lighten() {  // 点亮灯的方法
05          System.out.println("灯被点亮了!");
06      }
07  }
```

③ 在名为"com.mrsoft"的包中，创建一个表示交通红绿灯的名为"TrafficLights"的 java 文件。在这个 java 文件中，不仅包含一个私有的属性 colorNow（表示"现在被点亮的灯的颜色"）和一个私有的 Light 类对象，而且包含一个有参构造函数（参数分别为属性 colorNow 和 Light 类对象），还包含一个用于点亮灯的方法（即 isLightenedNow() 方法）。TrafficLights.java 中的代码如下所示。

```java
01 package com.mrsoft;
02
03 public class TrafficLights {
04     private String colorNow; // 现在被点亮的灯的颜色
05     private Light light; // 灯类的对象
06
07     public TrafficLights(String colorNow, Light light) {
08         System.out.println("灯类的对象：" + light);
09         this.colorNow = colorNow;
10         this.light = light;
11     }
12
13     public void isLightenedNow() { // 交通红绿灯被点亮的方法
14         System.out.print(colorNow); // 打印现在被点亮的灯的颜色
15         light.lighten(); // 调用灯类中用于点亮灯的方法
16     }
17 }
```

④ 在名为"com.mrsoft"的包中，再创建一个名为"Main"的 java 文件。在这个 java 文件中，先使用 ClassPathXmlApplicationContext() 方法创建一个 ApplicationContext 容器，同时加载一个 Bean 的配置文件；再使用这个容器调用 getBean() 方法，获取一个可以转换为实际对象的通用对象。Main.java 中的代码如下所示。

```java
01 package com.mrsoft;
02
03 import org.springframework.context.ApplicationContext;
04 import org.springframework.context.support.ClassPathXmlApplicationContext;
05
06 public class Main {
07     public static void main(String[] args) {
08         ApplicationContext context = new ClassPathXmlApplicationContext("Beans.xml");
09         TrafficLights tf = (TrafficLights) context.getBean("trafficLights");
10         tf.isLightenedNow();
11     }
12 }
```

⑤ 在步骤④中，提到了 Bean 的配置文件。它是一个 XML 文件，需要被创建在 src 目录下。在 Beans.xml 文件的 <bean> 元素中，嵌套 <constructor-arg> 元素，对构造函数内的属性或者对象进行赋值。Beans.xml 的代码如下所示。

```xml
01 <?xml version="1.0" encoding="UTF-8"?>
02
03 <beans xmlns="http://www.springframework.org/schema/beans"
04     xmlns:xsi="http://www.w3.org/2001/XMLSchema-instance"
05     xsi:schemaLocation="http://www.springframework.org/schema/beans
06     http://www.springframework.org/schema/beans/spring-beans.xsd">
07
08     <bean id="trafficLights" class="com.mrsoft.TrafficLights">
09         <constructor-arg name="colorNow" value="绿"></constructor-arg>
10         <constructor-arg ref="light"></constructor-arg>
```

```
11      </bean>
12
13      <bean id="Light" class="com.mrsoft.Light">
14      </bean>
15
16  </beans>
```

运行结果如图 3.1 所示。

图 3.1　运行结果

3.2　Spring 基于设值函数的依赖注入

通过 Getters and Setters 方法，也能够实现依赖注入，大致步骤如下所示。
① 为需要被注入到 Bean 的各个属性或者对象提供 Getters and Setters 方法；
② 在 Spring 框架的 XML 配置文件中，使用 <bean> 元素定义 Bean；
③ 在 <bean> 元素内，使用 <property> 元素，对各个属性或者对象进行赋值。
下面就通过一个实例，演示如何通过 Getters and Setters 方法实现依赖注入。

实例 3.2　使用 Getters and Setters 方法实现依赖注入（实例位置：资源包\Code\03\02）

① 在名为 "SpringHelloWord" 的项目中，有一个 src 目录。鼠标右键单击 src 目录，选择 New → Package 菜单，创建一个名为 "com.mrsoft" 的包。

② 在名为 "com.mrsoft" 的包中，创建一个表示灯类的名为 "Light" 的 java 文件。在这个 java 文件中，有一个用于点亮灯的方法，即 lighten() 方法。在 lighten() 方法中，使用输出语句把 "灯被点亮了！" 打印在控制台上。Light.java 中的代码如下所示。

```
01  package com.mrsoft;
02
03  public class Light {
04      public void lighten() {  // 点亮灯的方法
05          System.out.println("灯被点亮了！");
06      }
07  }
```

③ 在名为 "com.mrsoft" 的包中，创建一个表示交通红绿灯的名为 "TrafficLights" 的 java 文件。在这个 java 文件中，包含一个私有的属性 colorNow（表示 "现在被点亮的灯的颜色"）和一个私有的 Light 类对象以及一个用于点亮灯的方法（即 isLightenedNow() 方法）。为属性 colorNow 和 Light 类对象提供 Getters and Setters 方法。TrafficLights.java 中的代码如下所示。

```
01  package com.mrsoft;
02
03  public class TrafficLights {
```

```
04    private String colorNow;    // 现在被点亮的灯的颜色
05    private Light light;    // 灯类的对象
06    // 为私有属性 colorNow 设置 Getters and Setters 方法
07    public String getColorNow() {
08        return colorNow;
09    }
10
11    public void setColorNow(String colorNow) {
12        this.colorNow = colorNow;
13    }
14    // 为私有对象 light 设置 Getters and Setters 方法
15    public Light getLight() {
16        return light;
17    }
18
19    public void setLight(Light light) {
20        System.out.println("灯类的对象: " + light);
21        this.light = light;
22    }
23
24    public void isLightenedNow() {    // 交通信号灯被点亮的方法
25        System.out.print(colorNow);    // 打印现在被点亮的灯的颜色
26        light.lighten();    // 调用灯类中用于点亮灯的方法
27    }
28 }
```

④ 在名为"com.mrsoft"的包中，再创建一个名为"Main"的 java 文件。在这个 java 文件中，先使用 ClassPathXmlApplicationContext() 方法创建一个 ApplicationContext 容器，同时加载一个 Bean 的配置文件；再使用这个容器调用 getBean() 方法，获取一个可以转换为实际对象的通用对象。Main.java 中的代码如下所示。

```
01 package com.mrsoft;
02
03 import org.springframework.context.ApplicationContext;
04 import org.springframework.context.support.ClassPathXmlApplicationContext;
05
06 public class Main {
07     public static void main(String[] args) {
08         ApplicationContext context = new ClassPathXmlApplicationContext("Beans.xml");
09         TrafficLights tf = (TrafficLights) context.getBean("trafficLights");
10         tf.isLightenedNow();
11     }
12 }
```

⑤ 在步骤④中，提到了 Bean 的配置文件。它是一个 XML 文件，需要被创建在 src 目录下。在 Beans.xml 文件的 <bean> 元素中，嵌套 <property> 元素，对各个属性或者对象进行赋值。Beans.xml 的代码如下所示。

```
01 <?xml version="1.0" encoding="UTF-8"?>
02
03 <beans xmlns="http://www.springframework.org/schema/beans"
04     xmlns:xsi="http://www.w3.org/2001/XMLSchema-instance"
05     xsi:schemaLocation="http://www.springframework.org/schema/beans
06     http://www.springframework.org/schema/beans/spring-beans.xsd">
07
08     <bean id="trafficLights" class="com.mrsoft.TrafficLights">
09         <property name="colorNow" value="绿"></property>
```

```
10        <property name="Light" ref="Light"></property>
11    </bean>
12
13    <bean id="Light" class="com.mrsoft.Light">
14    </bean>
15
16 </beans>
```

运行结果如图 3.2 所示。

图 3.2　运行结果

3.3　Spring 基于短命名空间的依赖注入

当使用有参构造函数实现依赖注入时，需要在 <bean> 元素中嵌套 <constructor-arg> 元素；当使用 Getters and Setters 方法实现依赖注入时，需要在 <bean> 元素中嵌套 <property> 元素。但是，这两种实现方式的编码过程比较烦琐。为了简化实现依赖注入操作的编码过程，Spring 框架提供了两种短命名空间，具体内容如表 3.1 所示。

表 3.1　Spring 框架提供的两种短命名空间及其说明

短命名空间	XML 中对应的元素	说明
p 命名空间	在 <bean> 元素中嵌套的 <property> 元素	通过 Getters and Setters 方法，实现依赖注入
c 命名空间	在 <bean> 元素中嵌套的 <constructor-arg> 元素	通过有参构造函数，即可实现依赖注入

下面就通过一个实例，演示如何使用 p 命名空间实现依赖注入。

实例 3.3　使用 p 命名空间实现依赖注入（实例位置：资源包 \Code\03\03）

在使用 p 命名空间之前，需要在 Beans.xml 文件的 <beans> 元素中，导入如下的 XML 约束。

```
xmlns:p="http://www.springframework.org/schema/p"
```

导入与 p 命名空间对应的 XML 约束后，按照如下的格式，对各个属性或者对象进行赋值。

```
<bean id="Bean 唯一标志符" class="包名 + 类名" p: 普通属性 ="普通属性值 " p: 对象属性 -ref="对象的引用 ">
```

① 在名为"SpringHelloWord"的项目中，有一个 src 目录。鼠标右键单击 src 目录，选择 New → Package 菜单，创建一个名为"com.mrsoft"的包。

② 在名为"com.mrsoft"的包中，创建一个表示灯类的名为"Light"的 java 文件。在这个 java 文件中，有一个用于点亮灯的方法，即 lighten() 方法。在 lighten() 方法中，使用输出

语句把"灯被点亮了!"打印在控制台上。

③ 在名为"com.mrsoft"的包中,创建一个表示交通红绿灯的名为"TrafficLights"的 java 文件。在这个 java 文件中,包含一个私有的属性 colorNow(表示"现在被点亮的灯的颜色")和一个私有的 Light 类对象以及一个用于点亮灯的方法(即 isLightenedNow() 方法)。为属性 colorNow 和 Light 类对象提供 Getters and Setters 方法。TrafficLights.java 中的代码如下所示。

```
01  package com.mrsoft;
02
03  public class TrafficLights {
04      private String colorNow;  // 现在被点亮的灯的颜色
05      private Light light;  // 灯类的对象
06      // 为私有属性 colorNow 设置 Getters and Setters 方法
07      public String getColorNow() {
08          return colorNow;
09      }
10
11      public void setColorNow(String colorNow) {
12          this.colorNow = colorNow;
13      }
14      // 为私有对象 light 设置 Getters and Setters 方法
15      public Light getLight() {
16          return light;
17      }
18
19      public void setLight(Light light) {
20          System.out.println("灯类的对象:" + light);
21          this.light = light;
22      }
23
24      public void isLightenedNow() {  // 交通信号灯被点亮的方法
25          System.out.print(colorNow);  // 打印现在被点亮的灯的颜色
26          light.lighten();  // 调用灯类中用于点亮灯的方法
27      }
28  }
```

④ 在名为"com.mrsoft"的包中,再创建一个名为"Main"的 java 文件。在这个 java 文件中,先使用 ClassPathXmlApplicationContext() 方法创建一个 ApplicationContext 容器,同时加载一个 Bean 的配置文件;再使用这个容器调用 getBean() 方法,获取一个可以转换为实际对象的通用对象。

⑤ 在步骤④中提到了 Bean 的配置文件。它是一个 XML 文件,需要被创建在 src 目录下。在 Beans.xml 文件的 <bean> 元素中,使用 p 命名空间,对各个属性或者对象进行赋值。Beans.xml 的代码如下所示。

```
01  <?xml version="1.0" encoding="UTF-8"?>
02
03  <beans xmlns="http://www.springframework.org/schema/beans"
04      xmlns:xsi="http://www.w3.org/2001/XMLSchema-instance"
05      xmlns:p="http://www.springframework.org/schema/p"
06      xsi:schemaLocation="http://www.springframework.org/schema/beans
07      http://www.springframework.org/schema/beans/spring-beans.xsd">
08
09      <bean id="trafficLights" class="com.mrsoft.TrafficLights"
10          p:colorNow="绿"
11          p:light-ref="light">
```

```
12        </bean>
13
14        <bean id="Light" class="com.mrsoft.Light">
15        </bean>
16
17 </beans>
```

运行结果如图 3.3 所示。

图 3.3　运行结果

接下来，通过一个实例，演示如何使用 c 命名空间实现依赖注入。

实例 3.4　使用 c 命名空间实现依赖注入（实例位置：资源包 \Code\03\04）

在使用 c 命名空间之前，需要在 Beans.xml 文件的 <beans> 元素中，导入如下的 XML 约束。

```
xmlns:c="http://www.springframework.org/schema/c"
```

导入与 c 命名空间对应的 XML 约束后，按照如下的格式，对各个属性或者对象进行赋值。

```
<bean id="Bean 唯一标志符" class="包名 + 类名" c: 普通属性 =" 普通属性值 " c: 对象属性 -ref=" 对象的引用 ">
```

① 在名为"SpringHelloWord"的项目中，有一个 src 目录。鼠标右键单击 src 目录，选择 New → Package 菜单，创建一个名为"com.mrsoft"的包。

② 在名为"com.mrsoft"的包中，创建一个表示灯类的名为"Light"的 java 文件。在这个 java 文件中，有一个用于点亮灯的方法，即 lighten() 方法。在 lighten() 方法中，使用输出语句把"灯被点亮了！"打印在控制台上。

③ 在名为"com.mrsoft"的包中，创建一个表示交通红绿灯的名为"TrafficLights"的 java 文件。在这个 java 文件中，不仅包含一个私有的属性 colorNow（表示"现在被点亮的灯的颜色"）和一个私有的 Light 类对象，而且包含一个有参构造函数（参数分别为属性 colorNow 和 Light 类对象），还包含一个用于点亮灯的方法（即 isLightenedNow() 方法）。TrafficLights.java 中的代码如下所示。

```
01 package com.mrsoft;
02
03 public class TrafficLights {
04     private String colorNow; // 现在被点亮的灯的颜色
05     private Light light; // 灯类的对象
06
07     public TrafficLights(String colorNow, Light light) {
08         System.out.println("灯类的对象：" + light);
09         this.colorNow = colorNow;
```

```
10        this.light = light;
11    }
12
13    public void isLightenedNow() { // 交通红绿灯被点亮的方法
14        System.out.print(colorNow); // 打印现在被点亮的灯的颜色
15        light.lighten(); // 调用灯类中用于点亮灯的方法
16    }
17 }
```

④ 在名为"com.mrsoft"的包中，再创建一个名为"Main"的 java 文件。在这个 java 文件中，先使用 ClassPathXmlApplicationContext() 方法创建一个 ApplicationContext 容器，同时加载一个 Bean 的配置文件；再使用这个容器调用 getBean() 方法，获取一个可以转换为实际对象的通用对象。

⑤ 在步骤④中，提到了 Bean 的配置文件。它是一个 XML 文件，需要被创建在 src 目录下。在 Beans.xml 文件的 <bean> 元素中，使用 c 命名空间，对构造函数内的属性或者对象进行赋值。Beans.xml 的代码如下所示。

```
01 <?xml version="1.0" encoding="UTF-8"?>
02
03 <beans xmlns="http://www.springframework.org/schema/beans"
04     xmlns:xsi="http://www.w3.org/2001/XMLSchema-instance"
05     xmlns:c="http://www.springframework.org/schema/c"
06     xsi:schemaLocation="http://www.springframework.org/schema/beans
07     http://www.springframework.org/schema/beans/spring-beans.xsd">
08
09     <bean id="trafficLights" class="com.mrsoft.TrafficLights"
10         c:colorNow="绿"
11         c:light-ref="light"
12     </bean>
13
14     <bean id="light" class="com.mrsoft.Light">
15     </bean>
16
17 </beans>
```

运行结果如图 3.4 所示。

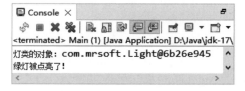

图 3.4　运行结果

3.4 Spring 注入内部 Bean

如果在 <bean> 元素中已经嵌套了 <constructor-arg> 元素或者 <property> 元素，并且在 <constructor-arg> 元素或者 <property> 元素中又嵌套了 <bean> 元素，那么就把 <constructor-arg> 元素或者 <property> 元素中的 <bean> 元素称作内部 Bean。注入内部 Bean 的方式有两种：有参构造函数和 Getters and Setters 方法。

下面就通过一个实例，演示如何使用有参构造函数实现注入内部 Bean。

实例 3.5　通过有参构造函数注入内部 Bean（实例位置：资源包 \Code\03\05）

为了通过有参构造函数实现注入内部 Bean，需要在 <bean> 元素下已经嵌套的 <constructor-arg> 元素中再次使用 <bean> 元素，其格式如下所示。

```xml
<?xml version="1.0" encoding="UTF-8"?>
<beans xmlns="http://www.springframework.org/schema/beans"
    xmlns:xsi="http://www.w3.org/2001/XMLSchema-instance"
    xsi:schemaLocation="http://www.springframework.org/schema/beans
    http://www.springframework.org/schema/beans/spring-beans.xsd">
    <bean id="……" class="……">
        <constructor-arg name="……" value="……"></constructor-arg>
        ……
        <constructor-arg name="……">
            <!-- 内部 Bean-->
            <bean class="……">
                <constructor-arg name="……" value="……"></constructor-arg>
                ……
            </bean>
        </constructor-arg>
    </bean>
</beans>
```

① 在名为 "SpringHelloWord" 的项目中，有一个 src 目录。鼠标右键单击 src 目录，选择 New → Package 菜单，创建一个名为 "com.mrsoft" 的包。

② 在名为 "com.mrsoft" 的包中，创建一个表示灯类的名为 "Light" 的 java 文件。在这个 java 文件中，有一个用于点亮灯的方法，即 lighten() 方法。在 lighten() 方法中，使用输出语句把 "灯被点亮了！" 打印在控制台上。

③ 在名为 "com.mrsoft" 的包中，创建一个表示交通红绿灯的名为 "TrafficLights" 的 java 文件。在这个 java 文件中，不仅包含一个私有的属性 colorNow（表示 "现在被点亮的灯的颜色"）和一个私有的 Light 类对象，而且包含一个有参构造函数（参数分别为属性 colorNow 和 Light 类对象），还包含一个用于点亮灯的方法（即 isLightenedNow() 方法）。TrafficLights.java 中的代码如下所示。

```
01  package com.mrsoft;
02
03  public class TrafficLights {
04      private String colorNow;  // 现在被点亮的灯的颜色
05      private Light light;  // 灯类的对象
06
07      public TrafficLights(String colorNow, Light light) {
08          System.out.println("灯类的对象：" + light);
09          this.colorNow = colorNow;
10          this.light = light;
11      }
12
13      public void isLightenedNow() {  // 交通红绿灯被点亮的方法
14          System.out.print(colorNow);  // 打印现在被点亮的灯的颜色
15          light.lighten();  // 调用灯类中用于点亮灯的方法
16      }
17  }
```

④ 在名为"com.mrsoft"的包中，再创建一个名为"Main"的 java 文件。在这个 java 文件中，先使用 ClassPathXmlApplicationContext() 方法创建一个 ApplicationContext 容器，同时加载一个 Bean 的配置文件；再使用这个容器调用 getBean() 方法，获取一个可以转换为实际对象的通用对象。

⑤ 在步骤④中，提到了 Bean 的配置文件。它是一个 XML 文件，需要被创建在 src 目录下。在 <bean> 元素下已经嵌套的 <constructor-arg> 元素中，再次使用 <bean> 元素。这样，通过有参构造函数，即可实现注入内部 Bean。Beans.xml 的代码如下所示。

```xml
01 <?xml version="1.0" encoding="UTF-8"?>
02
03 <beans xmlns="http://www.springframework.org/schema/beans"
04     xmlns:xsi="http://www.w3.org/2001/XMLSchema-instance"
05     xsi:schemaLocation="http://www.springframework.org/schema/beans
06     http://www.springframework.org/schema/beans/spring-beans.xsd">
07     <bean id="trafficLights" class="com.mrsoft.TrafficLights">
08         <constructor-arg name="colorNow" value=" 绿 "></constructor-arg>
09         <constructor-arg name="light">
10             <!-- 内部 Bean-->
11             <bean class="com.mrsoft.Light">
12             </bean>
13         </constructor-arg>
14     </bean>
15 </beans>
```

运行结果如图 3.5 所示。

图 3.5　运行结果

接下来通过一个实例，演示如何使用 Getters and Setters 方法实现注入内部 Bean。

实例 3.6　通过 Getters and Setters 方法注入内部 Bean（实例位置：资源包 \Code\03\06）

为了通过 Getters and Setters 方法实现注入内部 Bean，需要在 <bean> 元素下已经嵌套的 <property> 元素中再次使用 <bean> 元素，其格式如下所示。

```xml
<?xml version="1.0" encoding="UTF-8"?>

<beans xmlns="http://www.springframework.org/schema/beans"
    xmlns:xsi="http://www.w3.org/2001/XMLSchema-instance"
    xsi:schemaLocation="http://www.springframework.org/schema/beans
    http://www.springframework.org/schema/beans/spring-beans.xsd">
    <bean id="……" class="……">
        <property name="……" value="……"></property>
        ……
        <property name="……">
            <!-- 内部 Bean-->
            <bean class="……">
                <property name="……" value="……"></property>
                ……
```

```
            </bean>
        </property>
    </bean>
</beans>
```

① 在名为"SpringHelloWord"的项目中,有一个 src 目录。鼠标右键单击 src 目录,选择 New → Package 菜单,创建一个名为"com.mrsoft"的包。

② 在名为"com.mrsoft"的包中,创建一个表示灯类的名为"Light"的 java 文件。在这个 java 文件中,有一个用于点亮灯的方法,即 lighten() 方法。在 lighten() 方法中,使用输出语句把"灯被点亮了!"打印在控制台上。

③ 在名为"com.mrsoft"的包中,创建一个表示交通红绿灯的名为"TrafficLights"的 java 文件。在这个 java 文件中,包含一个私有的属性 colorNow(表示"现在被点亮的灯的颜色")和一个私有的 Light 类对象以及一个用于点亮灯的方法(即 isLightenedNow() 方法)。为属性 colorNow 和 Light 类对象提供 Getters and Setters 方法。TrafficLights.java 中的代码如下所示。

```java
01  package com.mrsoft;
02
03  public class TrafficLights {
04      private String colorNow;  // 现在被点亮的灯的颜色
05      private Light light;  // 灯类的对象
06      // 为私有属性 colorNow 设置 Getters and Setters 方法
07      public String getColorNow() {
08          return colorNow;
09      }
10
11      public void setColorNow(String colorNow) {
12          this.colorNow = colorNow;
13      }
14      // 为私有对象 light 设置 Getters and Setters 方法
15      public Light getLight() {
16          return light;
17      }
18
19      public void setLight(Light light) {
20          System.out.println("灯类的对象: " + light);
21          this.light = light;
22      }
23
24      public void isLightenedNow() {  // 交通信号灯被点亮的方法
25          System.out.print(colorNow);  // 打印现在被点亮的灯的颜色
26          light.lighten();  // 调用灯类中用于点亮灯的方法
27      }
28  }
```

④ 在名为"com.mrsoft"的包中,再创建一个名为"Main"的 java 文件。在这个 java 文件中,先使用 ClassPathXmlApplicationContext() 方法创建一个 ApplicationContext 容器,同时加载一个 Bean 的配置文件;再使用这个容器调用 getBean() 方法,获取一个可以转换为实际对象的通用对象。

⑤ 在步骤④中,提到了 Bean 的配置文件。它是一个 XML 文件,需要被创建在 src 目录下。在 <bean> 元素下已经嵌套的 <property> 元素中,再次使用 <bean> 元素。这样,通过 Getters and Setters 方法,即可实现注入内部 Bean。Beans.xml 的代码如下所示。

```
01 <?xml version="1.0" encoding="UTF-8"?>
02
03 <beans xmlns="http://www.springframework.org/schema/beans"
04     xmlns:xsi="http://www.w3.org/2001/XMLSchema-instance"
05     xsi:schemaLocation="http://www.springframework.org/schema/beans
06     http://www.springframework.org/schema/beans/spring-beans.xsd">
07     <bean id="trafficLights" class="com.mrsoft.TrafficLights">
08         <property name="colorNow" value="绿"></property>
09         <property name="light">
10             <!-- 内部 Bean-->
11             <bean class="com.mrsoft.Light">
12             </bean>
13         </property>
14     </bean>
15 </beans>
```

运行结果如图 3.6 所示。

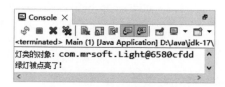

图 3.6　运行结果

3.5　Spring 注入集合

为了向 Bean 注入多个值（例如 Java 语言中的 4 种类型的集合，即 List、Set、Map 和 Properties），Spring 框架提供了与 4 种类型的集合对应的配置元素，具体内容如表 3.2 所示。

表 3.2　Spring 框架提供的与 4 种类型的集合对应的配置元素及其说明

元素	说明
<list>	用于注入 list 类型的值，允许重复
<set>	用于注入 set 类型的值，不允许重复
<map>	用于注入 key-value 的集合，其中 key 和 value 都可以是任意类型
<props>	用于注入 key-value 的集合，其中 key 和 value 都是字符串类型

为了使用表 3.2 中的某一种或者某几种配置元素配置 Java 集合类型的属性或者参数，只需把这一种或者这几种配置元素放置在 <bean> 元素下已经嵌套的 <property> 元素中即可。

下面就通过一个实例，演示如何使用与 4 种类型的集合对应的配置元素向 Bean 注入多个值。

实例 3.7　打印现有员工信息（实例位置：资源包 \Code\03\07）

① 在名为 "SpringHelloWord" 的项目中，有一个 src 目录。鼠标右键单击 src 目录，选择 New → Package 菜单，创建一个名为 "com.mrsoft" 的包。

② 在名为 "com.mrsoft" 的包中，创建一个表示交通红绿灯的名为 "TrafficLights" 的

java 文件。在这个 java 文件中，包含一个用于存储员工年龄的 List 集合、一个用于存储员工编号的 Set 集合、一个用于存储员工编号和员工姓名的 Map 集合以及一个用于存储员工姓名和员工性别的 Properties 集合。为这 4 个集合提供 Getters and Setters 方法。Employees.java 中的代码如下所示。

```java
package com.mrsoft;

import java.util.List;
import java.util.Map;
import java.util.Properties;
import java.util.Set;

public class Employees {
    List ages;                  // 用于存储员工年龄
    Set employeeID;             // 用于存储员工编号
    Map IDandName;              // 用于存储员工编号和员工姓名
    Properties NameandSex;      // 用于存储员工姓名和员工性别

    // 为用于存储员工年龄的 List 集合提供 Getters and Setters 方法
    public List getAges() {
        System.out.println("员工年龄" + ages);
        return ages;
    }

    public void setAges(List ages) {
        this.ages = ages;
    }

    // 为用于存储员工编号的 Set 集合提供 Getters and Setters 方法
    public Set getEmployeeID() {
        System.out.println("员工编号" + employeeID);
        return employeeID;
    }

    public void setEmployeeID(Set employeeID) {
        this.employeeID = employeeID;
    }

    // 为用于存储员工编号和员工姓名的 Map 集合提供 Getters and Setters 方法
    public Map getIDandName() {
        System.out.println("员工编号和员工姓名" + IDandName);
        return IDandName;
    }

    public void setIDandName(Map iDandName) {
        this.IDandName = iDandName;
    }

    // 为用于存储员工姓名和员工性别的 Properties 集合提供 Getters and Setters 方法
    public Properties getNameandSex() {
        System.out.println("员工姓名和员工性别" + NameandSex);
        return NameandSex;
    }

    public void setNameandSex(Properties nameandSex) {
        this.NameandSex = nameandSex;
    }
}
```

③ 在名为"com.mrsoft"的包中，再创建一个名为"Main"的 java 文件。在这个 java 文件中，先使用 ClassPathXmlApplicationContext() 方法创建一个 ApplicationContext 容器，同时加载一个 Bean 的配置文件；再使用这个容器调用 getBean() 方法，获取一个可以转换为实际对象的通用对象；接着，通过转换得到的实际对象，调用 Employees 类中的 Getters 方法。Main.java 中的代码如下所示。

```java
01 package com.mrsoft;
02
03 import org.springframework.context.ApplicationContext;
04 import org.springframework.context.support.ClassPathXmlApplicationContext;
05
06 public class Main {
07     public static void main(String[] args) {
08         ApplicationContext context = new ClassPathXmlApplicationContext("Beans.xml");
09         Employees emp = (Employees) context.getBean("employees");
10         emp.getAges();
11         emp.getEmployeeID();
12         emp.getIDandName();
13         emp.getNameandSex();
14     }
15 }
```

④ 在步骤③中，提到了 Bean 的配置文件。它是一个 XML 文件，需要被创建在 src 目录下。在 \<bean\> 元素下已经嵌套的 \<property\> 元素中，使用表 3.2 中与 4 种类型的集合对应的配置元素分别配置 Employees 类中的 Java 集合类型的属性。这样，即可实现向 Bean 注入集合（多个值）。Beans.xml 的代码如下所示。

```xml
01 <?xml version="1.0" encoding="UTF-8"?>
02
03 <beans xmlns="http://www.springframework.org/schema/beans"
04     xmlns:xsi="http://www.w3.org/2001/XMLSchema-instance"
05     xsi:schemaLocation="http://www.springframework.org/schema/beans
06     http://www.springframework.org/schema/beans/spring-beans.xsd">
07
08     <bean id="employees" class="com.mrsoft.Employees">
09         <property name="ages">
10             <list>
11                 <value>24</value>
12                 <value>31</value>
13                 <value>28</value>
14                 <value>24</value>
15             </list>
16         </property>
17
18         <property name="employeeID">
19             <set>
20                 <value>1</value>
21                 <value>2</value>
22                 <value>5</value>
23                 <value>7</value>
24             </set>
25         </property>
26
27         <property name="IDandName">
28             <map>
29                 <entry key="1" value=" 张三 "/>
30                 <entry key="2" value=" 李四 "/>
```

```
31              <entry key="5" value="小丽"/>
32              <entry key="7" value="王五"/>
33          </map>
34      </property>
35
36      <property name="NameandSex">
37          <props>
38              <prop key="张三">男</prop>
39              <prop key="李四">男</prop>
40              <prop key="小丽">女</prop>
41              <prop key="王五">男</prop>
42          </props>
43      </property>
44  </bean>
45 </beans>
```

运行结果如图 3.7 所示。

图 3.7　运行结果

3.6　综合案例

除了可以向 Bean 注入属性、对象、集合外，Spring 框架还可以把 Null 值和空字符串注入 Bean。下面就通过一个实例，演示如何把 Null 值和空字符串注入 Bean。

① 在名为"SpringHelloWord"的项目中，有一个 src 目录。鼠标右键单击 src 目录，选择 New → Package 菜单，创建一个名为"com.mrsoft"的包。

② 在名为"com.mrsoft"的包中，创建一个名为"NullandEmpty"的 java 文件。在这个 java 文件中，包含一个表示 Null 值的私有属性和一个表示空字符串的私有属性。为这 2 个私有属性提供 Getters and Setters 方法。NullandEmpty.java 中的代码如下所示。

```
01 package com.mrsoft;
02
03 public class NullandEmpty {
04     private String valueNull; // Null 值
05     private String strEmpty; // 空字符串
06
07     // 为私有属性 valueNull 设置 Getters and Setters 方法
08     public void getValueNull() {
09         System.out.println("valueNull = " + valueNull);
10     }
11
12     public void setValueNull(String valueNull) {
13         this.valueNull = valueNull;
```

```
14      }
15
16      // 为私有属性 strEmpty 设置 Getters and Setters 方法
17      public void getStrEmpty() {
18          System.out.println("strEmpty = \"" + strEmpty + "\"");
19      }
20
21      public void setStrEmpty(String strEmpty) {
22          this.strEmpty = strEmpty;
23      }
24 }
```

③ 在名为 "com.mrsoft" 的包中，再创建一个名为 "Main" 的 java 文件。在这个 java 文件中，先使用 ClassPathXmlApplicationContext() 方法创建一个 ApplicationContext 容器，同时加载一个 Bean 的配置文件；再使用这个容器调用 getBean() 方法，获取一个可以转换为实际对象的通用对象；接着，通过转换得到的实际对象，调用 NullandEmpty 类中的 Getters 方法。Main.java 中的代码如下所示。

```
01 package com.mrsoft;
02
03 import org.springframework.context.ApplicationContext;
04 import org.springframework.context.support.ClassPathXmlApplicationContext;
05
06 public class Main {
07     public static void main(String[] args) {
08         ApplicationContext context = new ClassPathXmlApplicationContext("Beans.xml");
09         NullandEmpty nae = (NullandEmpty) context.getBean("nullandEmpty");
10         nae.getValueNull();
11         nae.getStrEmpty();
12     }
13 }
```

④ 在步骤③中，提到了 Bean 的配置文件。它是一个 XML 文件，需要被创建在 src 目录下。在 <bean> 元素下已经嵌套的 <property> 元素中，先使用 <null/> 元素将 Null 值注入 Bean，再把被赋予空字符串的空参数注入 Bean。Beans.xml 的代码如下所示。

```
01 <?xml version="1.0" encoding="UTF-8"?>
02
03 <beans xmlns="http://www.springframework.org/schema/beans"
04     xmlns:xsi="http://www.w3.org/2001/XMLSchema-instance"
05     xsi:schemaLocation="http://www.springframework.org/schema/beans
06     http://www.springframework.org/schema/beans/spring-beans.xsd">
07
08     <bean id="nullandEmpty" class="com.mrsoft.NullandEmpty">
09         <!-- 使用 null 元素向 Bean 注入 Null 值 -->
10         <property name="valueNull">
11             <null/>
12         </property>
13         <!-- 使用 "" 向 Bean 注入空字符串 -->
14         <property name="strEmpty" value=""></property>
15     </bean>
16 </beans>
```

运行结果如图 3.8 所示。

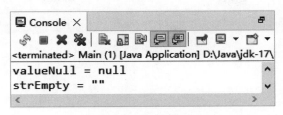

图 3.8　运行结果

3.7　实战练习

① 创建一个年级类和学生类。在年级类中，有一个表示年级的私有属性和一个重写的 toString() 方法；在学生类中，有一个表示学生学号的私有属性、一个表示学生姓名的私有属性和一个重写的 toString() 方法。分别使用有参构造函数和 Getters and Setters 方法实现依赖注入，并在控制台上打印学生学号、姓名和所在年级等信息。

② 修改练习①中的 Beans.xml 配置文件中的配置信息，分别使用有参构造函数和 Getters and Setters 方法，实现注入内部 Bean，并在控制台上打印学生学号、姓名和所在年级等信息。

第 4 章
Spring Beans 自动装配

扫码获取本书
资源

　　所谓装配，指的是 Spring 在 Bean 与 Bean 之间建立依赖关系的行为。通过学习第 3 章，已经掌握了在 <bean> 元素内，使用 <constructor-arg> 元素和 <property> 元素中的 ref 属性，在 Bean 与 Bean 之间建立依赖关系。如果在 <bean> 元素内不使用 <constructor-arg> 元素和 <property> 元素中的 ref 属性，能否在 Bean 与 Bean 之间建立依赖关系呢？这就是本章要解决的问题。

4.1　Beans 自动装配概述

　　Spring IoC 容器虽然功能很强大，但其本身只是一个空壳。使用 Spring IoC 容器时，需要先把各个 Bean 放进 Spring IoC 容器内，并在 Bean 与 Bean 之间建立依赖关系。随着应用程序实现的功能越来越多，Spring IoC 容器中的 Bean 的数量也越来越多，Bean 与 Bean 之间的依赖关系也越来越复杂。这不但会导致 XML 配置文件的可读性差，而且在编写 XML 配置文件的过程中会非常容易出错。为此，Spring 框架提供了"Beans 自动装配"的功能。

　　Spring 框架提供的"Beans 自动装配"功能能够简化 XML 配置文件：在 <bean> 元素内，即使不使用 <constructor-arg> 元素和 <property> 元素中的 ref 属性，也可以在 Bean 与 Bean 之间建立依赖关系。在默认情况下，Spring 框架是不支持"Beans 自动装配"功能的；要想启用"Beans 自动装配"的功能，需要在 XML 配置文件中，使用 <bean> 元素中的 autowire 属性予以设置。

　　Spring 框架提供的"Beans 自动装配"功能，可以让 Spring IoC 容器依据某种规则，在 AppplicationContext 容器中为某一个 Bean 查找其依赖的 Bean，进而自动在 Bean 与 Bean 之间建立依赖关系。

　　Spring 框架提供了 5 种实现"Beans 自动装配"功能的规则。这 5 种规则分别对应着 autowire 属性的 5 个属性值，这 5 个属性值及其说明如表 4.1 所示。

表 4.1　autowire 属性的 5 个属性值及其说明

属性值	说　　明
byName	按名称自动装配 Spring 框架会根据 Java 类对象的名称在应用程序的 AppplicationContext 容器中查找 Bean。如果某个 Bean 的 id 属性或者 name 属性的值与这个 Java 类对象的名称相同，就获取这个 Bean，并在这个 Bean 和与当前 Java 类对象对应的 Bean 之间建立依赖关系
byType	按数据类型自动装配 Spring 框架会根据 Java 类对象的数据类型在应用程序的 AppplicationContext 容器中查找 Bean。如果某个 Bean 的 class 属性的值与这个 Java 类对象的数据类型相匹配，就获取这个 Bean，并在这个 Bean 和与当前 Java 类对象对应的 Bean 之间建立依赖关系
constructor	按构造函数自动装配 Spring 框架会根据 Java 类的构造函数在应用程序的 AppplicationContext 容器中查找 Bean。如果没有找到与这个 Java 类的构造函数一致的 Bean，那么应用程序将抛出异常
default	表示默认采用上一级 <beans> 元素设置的自动装配规则（default-autowire）
no	默认值，表示不使用 Beans 自动装配。此时，Bean 和 Bean 之间的依赖关系须在 <bean> 元素内，使用 <constructor-arg> 和 <property> 元素中的 ref 属性予以建立

4.2　byName 自动装配

　　byName 自动装配表示的是按对象的名称自动装配；在 XML 配置文件的 <bean> 元素中，须把 autowire 属性的值设置为 byName。Spring 框架会根据 Java 类对象的名称，在应用程序的 AppplicationContext 容器中查找 Bean。如果某个 Bean 的 id 属性或者 name 属性的值与这个 Java 类对象的名称相同，就获取这个 Bean，并在这个 Bean 和与当前 Java 类对象对应的 Bean 之间建立依赖关系。

　　下面就通过一个实例，演示如何依据 byName 规则实现 "Beans 自动装配" 的功能。

实例 4.1　控制台打印学生信息（实例位置：资源包 \Code\04\01）

　　① 在名为 "SpringHelloWord" 的项目中，有一个 src 目录。鼠标右键单击 src 目录，选择 New → Package 菜单，创建一个名为 "com.mrsoft" 的包。

　　② 在名为 "com.mrsoft" 的包中，创建一个表示年级、班级信息的名为 "GradeandClass" 的 java 文件。在这个 java 文件中，有一个表示年级的私有属性 gradeNo 和一个表示班级的私有属性 classNo。为属性 gradeNo 和 classNo 提供 Getters and Setters 方法。此外，重写 toString() 方法，把属性 gradeNo 和 classNo 的值打印在控制台上。GradeandClass.java 中的代码如下所示。

```
01  package com.mrsoft;
02
03  public class GradeandClass {
04      private String gradeNo;  // 年级
05      private String classNo;  // 班级
06
07      // 为年级提供 Getters and Setters 方法
08      public String getGradeNo() {
```

```
09          return gradeNo;
10      }
11
12      public void setGradeNo(String gradeNo) {
13          this.gradeNo = gradeNo;
14      }
15
16      // 为班级提供 Getters and Setters 方法
17      public String getClassNo() {
18          return classNo;
19      }
20
21      public void setClassNo(String classNo) {
22          this.classNo = classNo;
23      }
24
25      @Override
26      public String toString() {
27          return "年级：" + gradeNo + "，班级：" + classNo;
28      }
29 }
```

③ 在名为"com.mrsoft"的包中，创建一个表示学生的名为"Student"的 java 文件。在这个 java 文件中，有一个表示学号的私有属性 stuID、一个表示学生姓名的私有属性 stuName 和一个表示年级与班级信息的私有对象 gac。定义 Student 类的无参构造函数，并为属性 gradeNo 和 classNo 以及对象 gac 提供 Getters and Setters 方法。此外，重写 toString() 方法，把属性 gradeNo 和 classNo 以及对象 gac 的值打印在控制台上。Student.java 中的代码如下所示。

```
01 package com.mrsoft;
02
03 public class Student {
04     private String stuID; // 学号
05     private String stuName; // 学生姓名
06     private GradeandClass gac; // 年级、班级信息
07
08     public Student() { // 无参构造函数
09
10     }
11
12     // 为学号提供 Getters and Setters 方法
13     public String getStuID() {
14         return stuID;
15     }
16
17     public void setStuID(String stuID) {
18         this.stuID = stuID;
19     }
20
21     // 为学生姓名提供 Getters and Setters 方法
22     public String getStuName() {
23         return stuName;
24     }
25
26     public void setStuName(String stuName) {
27         this.stuName = stuName;
28     }
29
30     // 为年级、班级信息提供 Getters and Setters 方法
```

```
31    public GradeandClass getGac() {
32        return gac;
33    }
34
35    public void setGac(GradeandClass gac) {
36        this.gac = gac;
37    }
38
39    @Override
40    public String toString() {
41        return "学号: " + stuID + ", 学生姓名: " + stuName + ", " + gac;
42    }
43 }
```

④ 在名为 "com.mrsoft" 的包中，再创建一个名为 "Main" 的 java 文件。在这个 java 文件中，先使用 ClassPathXmlApplicationContext() 方法创建一个 ApplicationContext 容器，同时加载一个 Bean 的配置文件；再使用这个容器调用 getBean() 方法，获取一个可以转换为实际对象的通用对象；最后，使用输出语句在控制台上打印转换后的实际对象。Main.java 中的代码如下所示。

```
01 package com.mrsoft;
02
03 import org.springframework.context.ApplicationContext;
04 import org.springframework.context.support.ClassPathXmlApplicationContext;
05
06 public class Main {
07     public static void main(String[] args) {
08         ApplicationContext context = new ClassPathXmlApplicationContext("Beans.xml");
09         Student student = (Student) context.getBean("student");
10         System.out.println(student);
11     }
12 }
```

⑤ 在步骤④中，提到了 Bean 的配置文件。它是一个 XML 文件，需要被创建在 src 目录下。在 Beans.xml 文件中，依据 byName 规则（autowire="byName"），在与 GradeandClass 类对象对应的 Bean 和与 Student 类对象对应的 Bean 之间建立依赖关系。在 Student 类中，有一个 GradeandClass 类对象 gac。为了让 Spring 框架在 AppplicationContext 容器中找到与 GradeandClass 类对象对应的 Bean，须让这个 Bean 的 id 属性的值与 GradeandClass 类对象的名称保持一致，即 gac。Beans.xml 的代码如下所示。

```
01 <?xml version="1.0" encoding="UTF-8"?>
02
03 <beans xmlns="http://www.springframework.org/schema/beans"
04     xmlns:xsi="http://www.w3.org/2001/XMLSchema-instance"
05     xsi:schemaLocation="http://www.springframework.org/schema/beans
06 http://www.springframework.org/schema/beans/spring-beans.xsd">
07
08     <bean id="gac" class="com.mrsoft.GradeandClass">
09         <property name="gradeNo" value="三年级"></property>
10         <property name="classNo" value="三班"></property>
11     </bean>
12
13     <bean id="student" class="com.mrsoft.Student"
14         autowire="byName">
15         <property name="stuID" value="010"></property>
```

```
16        <property name="stuName" value="张三"></property>
17    </bean>
18
19 </beans>
```

运行结果如图 4.1 所示。

图 4.1　运行结果

4.3　byType 自动装配

　　byType 自动装配表示的是按对象的数据类型进行装配；Spring 框架会根据 Java 类对象的数据类型，在应用程序的 AppplicationContext 容器中查找 Bean。如果某个 Bean 的 class 属性的值与这个 Java 类对象的数据类型相匹配，就获取这个 Bean，并在这个 Bean 和与当前 Java 类对象对应的 Bean 之间建立依赖关系。

　　下面就通过一个实例，演示如何依据 byType 规则实现"Beans 自动装配"的功能。

实例 4.2　控制台打印学生的选课信息（实例位置：资源包 \Code\04\02）

　　① 在名为"SpringHelloWord"的项目中，有一个 src 目录。鼠标右键单击 src 目录，选择 New → Package 菜单，创建一个名为"com.mrsoft"的包。

　　② 在名为"com.mrsoft"的包中，创建一个表示课程信息的名为"CourseInfo"的 java 文件。在这个 java 文件中，有一个表示课程编号的私有属性 courseID 和一个表示课程名称的私有属性 courseName。为属性 courseID 和 courseName 提供 Getters and Setters 方法。此外，重写 toString() 方法，把属性 courseID 和 courseName 的值打印在控制台上。CourseInfo.java 中的代码如下所示。

```
01 package com.mrsoft;
02
03 public class CourseInfo {
04     private String courseID;   // 课程编号
05     private String courseName; // 课程名称
06
07     // 为课程编号提供 Getters and Setters 方法
08     public String getCourseID() {
09         return courseID;
10     }
11
12     public void setCourseID(String courseID) {
13         this.courseID = courseID;
14     }
15
16     // 为课程名称提供 Getters and Setters 方法
17     public String getCourseName() {
```

```
18          return courseName;
19      }
20
21      public void setCourseName(String courseName) {
22          this.courseName = courseName;
23      }
24
25      @Override
26      public String toString() {
27          return "课程编号: " + courseID + ", 课程名称: " + courseName;
28      }
29 }
```

③ 在名为 "com.mrsoft" 的包中，创建一个表示学生的名为 "Student" 的 java 文件。在这个 java 文件中，有一个表示学号的私有属性 stuID、一个表示学生姓名的私有属性 stuName 和一个表示课程信息的私有对象 cio。定义 Student 类的无参构造函数，并为属性 stuID 和 stuName 以及对象 cio 提供 Getters and Setters 方法。此外，重写 toString() 方法，把属性 stuID 和 stuName 以及对象 cio 的值打印在控制台上。Student.java 中的代码如下所示。

```
01 package com.mrsoft;
02
03 public class Student {
04     private String stuID; // 学号
05     private String stuName; // 学生姓名
06     private CourseInfo cio; // 课程信息
07
08     public Student() { // 无参构造函数
09
10     }
11
12     // 为学号提供 Getters and Setters 方法
13     public String getStuID() {
14         return stuID;
15     }
16
17     public void setStuID(String stuID) {
18         this.stuID = stuID;
19     }
20
21     // 为学生姓名提供 Getters and Setters 方法
22     public String getStuName() {
23         return stuName;
24     }
25
26     public void setStuName(String stuName) {
27         this.stuName = stuName;
28     }
29
30     // 为课程信息提供 Getters and Setters 方法
31     public CourseInfo getCio() {
32         return cio;
33     }
34
35     public void setCio(CourseInfo cio) {
36         this.cio = cio;
37     }
38
39     @Override
```

```
40    public String toString() {
41        return "学号:" + stuID + ",学生姓名:" + stuName + "," + cio;
42    }
43 }
```

④ 在名为"com.mrsoft"的包中,再创建一个名为"Main"的java文件。在这个java文件中,先使用ClassPathXmlApplicationContext()方法创建一个ApplicationContext容器,同时加载一个Bean的配置文件;再使用这个容器调用getBean()方法,获取一个可以转换为实际对象的通用对象;最后,使用输出语句在控制台上打印转换后的实际对象。Main.java中的代码如下所示。

```
01 package com.mrsoft;
02
03 import org.springframework.context.ApplicationContext;
04 import org.springframework.context.support.ClassPathXmlApplicationContext;
05
06 public class Main {
07     public static void main(String[] args) {
08         ApplicationContext context = new ClassPathXmlApplicationContext("Beans.xml");
09         Student student = (Student) context.getBean("student");
10         System.out.println(student);
11     }
12 }
```

⑤ 在步骤④中,提到了Bean的配置文件。它是一个XML文件,需要被创建在src目录下。在Beans.xml文件中,依据byType规则(autowire="byType"),在与CourseInfo类对象对应的Bean和与Student类对象对应的Bean之间建立依赖关系。在Student类中,有一个CourseInfo类对象cio。为了让Spring框架在AppplicationContext容器中找到与CourseInfo类对象对应的Bean,须让这个Bean的class属性的值与CourseInfo类对象的数据类型保持一致,即CourseInfo。Beans.xml的代码如下所示。

```
01 <?xml version="1.0" encoding="UTF-8"?>
02
03 <beans xmlns="http://www.springframework.org/schema/beans"
04     xmlns:xsi="http://www.w3.org/2001/XMLSchema-instance"
05     xsi:schemaLocation="http://www.springframework.org/schema/beans
06     http://www.springframework.org/schema/beans/spring-beans.xsd">
07
08     <bean id="cio_01" class="com.mrsoft.CourseInfo">
09         <property name="courseID" value="0101"></property>
10         <property name="courseName" value="Java"></property>
11     </bean>
12
13     <bean id="student" class="com.mrsoft.Student"
14         autowire="byType">
15         <property name="stuID" value="010"></property>
16         <property name="stuName" value="张三"></property>
17     </bean>
18
19 </beans>
```

运行结果如图4.2所示。

这里要特别注意一个问题:当依据byType规则实现"Beans自动装配"的功能时,在Beans.xml文件中,如果同时存在多个与CourseInfo类对象对应的Bean,就会导致注入Bean失败,并抛出异常。

图 4.2　运行结果

下面以实例 4.2 的 Beans.xml 文件为例，演示在 Beans.xml 文件中，当存在多个与 CourseInfo 类对象对应的 Bean 时，会导致注入 Bean 失败，并抛出异常。

在实例 4.2 的 Beans.xml 文件中，依据 byType 规则，在与 CourseInfo 类对象对应的 Bean 和与 Student 类对象对应的 Bean 之间建立依赖关系。其中，包含了两个与 CourseInfo 类对象对应的 Bean。Beans.xml 的代码如下所示。

```xml
01  <?xml version="1.0" encoding="UTF-8"?>
02
03  <beans xmlns="http://www.springframework.org/schema/beans"
04      xmlns:xsi="http://www.w3.org/2001/XMLSchema-instance"
05      xsi:schemaLocation="http://www.springframework.org/schema/beans
06  http://www.springframework.org/schema/beans/spring-beans.xsd">
07
08      <bean id="cio_01" class="com.mrsoft.CourseInfo">
09          <property name="courseID" value="0101"></property>
10          <property name="courseName" value="Java"></property>
11      </bean>
12      <bean id="cio_02" class="com.mrsoft.CourseInfo">
13          <property name="courseID" value="0105"></property>
14          <property name="courseName" value="Python"></property>
15      </bean>
16
17      <bean id="student" class="com.mrsoft.Student"
18          autowire="byType">
19          <property name="stuID" value="010"></property>
20          <property name="stuName" value="张三"></property>
21      </bean>
22
23  </beans>
```

运行结果如图 4.3 所示。

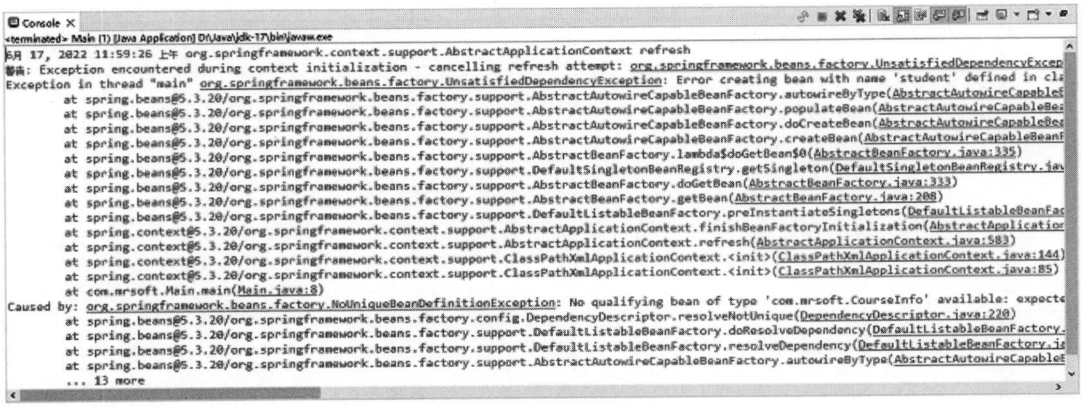

图 4.3　运行结果

4.4 构造函数自动装配

依据构造函数规则实现"Beans 自动装配"功能，指的是 Spring 框架会根据 Java 类的构造函数，在应用程序的 ApplicationContext 容器中查找 Bean。如果没有找到与这个 Java 类的构造函数一致的 Bean，就会抛出异常。

下面就通过一个实例，演示如何依据构造函数规则实现"Beans 自动装配"的功能。

实例 4.3　控制台打印手机的商品信息（实例位置：资源包 \Code\04\03）

① 在名为"SpringHelloWord"的项目中，有一个 src 目录。鼠标右键单击 src 目录，选择 New → Package 菜单，创建一个名为"com.mrsoft"的包。

② 在名为"com.mrsoft"的包中，创建一个表示商品信息的名为"ProductInfo"的 java 文件。在这个 java 文件中，有一个表示商品名称的私有属性 productName 和一个表示商品价格的私有属性 productPrice。先为 ProductInfo 类提供有参构造函数，再为属性 productName 和 productPrice 提供 Getters and Setters 方法。此外，重写 toString() 方法，把属性 productName 和 productPrice 的值打印在控制台上。ProductInfo.java 中的代码如下所示。

```java
01  package com.mrsoft;
02
03  public class ProductInfo {
04      private String productName;  // 商品名称
05      private String productPrice; // 商品价格
06
07      // 有参构造函数
08      public ProductInfo(String productName, String productPrice) {
09          this.productName = productName;
10          this.productPrice = productPrice;
11      }
12
13      // 为商品名称提供 Getters and Setters 方法
14      public String getProductName() {
15          return productName;
16      }
17
18      public void setProductName(String productName) {
19          this.productName = productName;
20      }
21
22      // 为商品价格提供 Getters and Setters 方法
23      public String getProductPrice() {
24          return productPrice;
25      }
26
27      public void setProductPrice(String productPrice) {
28          this.productPrice = productPrice;
29      }
30
31      @Override
32      public String toString() {
33          return "商品名称:" + productName + ",商品价格:" + productPrice;
34      }
35  }
```

③ 在名为"com.mrsoft"的包中，创建一个表示移动手机的名为"MobilePhone"的 java 文件。在这个 java 文件中，有一个表示品牌的私有属性 brand、一个表示颜色的私有属性 color、一个表示 SIM 卡数量的私有属性 simNums 和一个表示商品信息的私有对象 pio。先为 MobilePhone 类提供有参构造函数，再为属性 brand、color 和 simNums 以及对象 pio 提供 Getters and Setters 方法。此外，重写 toString() 方法，把属性 brand、color 和 simNums 以及对象 pio 的值打印在控制台上。MobilePhone.java 中的代码如下所示。

```java
01 package com.mrsoft;
02
03 public class MobilePhone {
04     private String brand; // 品牌
05     private String color; // 颜色
06     private int simNums; // SIM 卡数量
07     private ProductInfo pio; // 商品信息
08
09     // 有参构造函数
10     public MobilePhone(String brand, String color, int simNums, ProductInfo pio) {
11         this.brand = brand;
12         this.color = color;
13         this.simNums = simNums;
14         this.pio = pio;
15     }
16
17     // 为品牌提供 Getters and Setters 方法
18     public String getBrand() {
19         return brand;
20     }
21
22     public void setBrand(String brand) {
23         this.brand = brand;
24     }
25
26     // 为颜色提供 Getters and Setters 方法
27     public String getColor() {
28         return color;
29     }
30
31     public void setColor(String color) {
32         this.color = color;
33     }
34
35     // 为 SIM 卡数量提供 Getters and Setters 方法
36     public int getSimNums() {
37         return simNums;
38     }
39
40     public void setSimNums(int simNums) {
41         this.simNums = simNums;
42     }
43
44     // 为商品信息提供 Getters and Setters 方法
45     public ProductInfo getPio() {
46         return pio;
47     }
48
49     public void setPio(ProductInfo pio) {
50         this.pio = pio;
51     }
```

```
52
53      @Override
54      public String toString() {
55          return " 品牌: " + brand + ", 颜色: " + color +
56                  ", SIM 卡数量: " + simNums + ", " + pio;
57      }
58 }
```

④ 在名为"com.mrsoft"的包中，再创建一个名为"Main"的 java 文件。在这个 java 文件中，先使用 ClassPathXmlApplicationContext() 方法创建一个 ApplicationContext 容器，同时加载一个 Bean 的配置文件；再使用这个容器调用 getBean() 方法，获取一个可以转换为实际对象的通用对象；最后，使用输出语句在控制台上打印转换后的实际对象。Main.java 中的代码如下所示。

```
01 package com.mrsoft;
02
03 import org.springframework.context.ApplicationContext;
04 import org.springframework.context.support.ClassPathXmlApplicationContext;
05
06 public class Main {
07     public static void main(String[] args) {
08         ApplicationContext context = new ClassPathXmlApplicationContext("Beans.xml");
09         MobilePhone phone = (MobilePhone) context.getBean("mobilePhone");
10         System.out.println(phone);
11     }
12 }
```

⑤ 在步骤④中，提到了 Bean 的配置文件。它是一个 XML 文件，需要被创建在 src 目录下。在 Beans.xml 文件中，依据构造函数规则（autowire="constructor"），在与 ProductInfo 类对象对应的 Bean 和与 MobilePhone 类对象对应的 Bean 之间建立依赖关系。为此，须先确定已经为 ProductInfo 类和 MobilePhone 类提供有参构造函数，再在 <bean> 元素内嵌套 <constructor-arg> 元素，对构造函数内的属性或者对象进行赋值。Beans.xml 的代码如下所示。

```
01 <?xml version="1.0" encoding="UTF-8"?>
02
03 <beans xmlns="http://www.springframework.org/schema/beans"
04     xmlns:xsi="http://www.w3.org/2001/XMLSchema-instance"
05     xsi:schemaLocation="http://www.springframework.org/schema/beans
06     http://www.springframework.org/schema/beans/spring-beans.xsd">
07
08     <bean id="pio_01" class="com.mrsoft.ProductInfo">
09         <constructor-arg name="productName" value=" 移动电话 "></constructor-arg>
10         <constructor-arg name="productPrice" value="5999"></constructor-arg>
11     </bean>
12
13     <bean id="mobilePhone" class="com.mrsoft.MobilePhone"
14         autowire="constructor">
15         <constructor-arg name="brand" value="Apple iPhone 13"></constructor-arg>
16         <constructor-arg name="color" value=" 午夜黑 "></constructor-arg>
17         <constructor-arg name="simNums" value="2"></constructor-arg>
18     </bean>
19
20 </beans>
```

运行结果如图 4.4 所示。

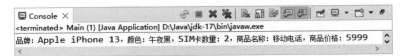

图 4.4　运行结果

4.5　综合案例

通过学习前 4 节的内容，已经掌握了如何依据 byName 规则（autowire="byName"）、依据 byType 规则（autowire="byType"）或者依据构造函数规则（autowire="constructor"）实现"Beans 自动装配"的功能。但是，在表 4.1 中，包含了 autowire 属性的 5 个属性值。除表示不使用"Beans 自动装配"功能的默认值 no 外，还有一个表示默认采用上一级 <beans> 元素设置的自动装配规则，即 default。

下面就通过一个实例，演示如何依据 default 规则实现"Beans 自动装配"的功能。

当依据 default 规则实现"Beans 自动装配"功能时，需要在 Beans.xml 文件的 <beans> 元素中导入如下的 XML 约束。

```
default-autowire="byType"
```

① 在名为"SpringHelloWord"的项目中，有一个 src 目录。鼠标右键单击 src 目录，选择 New → Package 菜单，创建一个名为"com.mrsoft"的包。

② 在名为"com.mrsoft"的包中，创建一个表示诗人信息的名为"Poet"的 java 文件。在这个 java 文件中，有一个表示诗人姓名的私有属性 poetName 和一个表示诗人所处朝代的私有属性 poetDynasty。为属性 poetName 和 poetDynasty 提供 Getters and Setters 方法。此外，重写 toString() 方法，把属性 poetName 和 poetDynasty 的值打印在控制台上。Poet.java 中的代码如下所示。

```
01  package com.mrsoft;
02
03  public class Poet {
04      private String poetName; // 诗人姓名
05      private String poetDynasty; // 诗人所处朝代
06
07      // 为诗人姓名提供 Getters and Setters 方法
08      public String getPoetName() {
09          return poetName;
10      }
11
12      public void setPoetName(String poetName) {
13          this.poetName = poetName;
14      }
15
16      // 为诗人所处朝代提供 Getters and Setters 方法
17      public String getPoetDynasty() {
18          return poetDynasty;
19      }
20
21      public void setPoetDynasty(String poetDynasty) {
22          this.poetDynasty = poetDynasty;
23      }
24
25      @Override
```

```
26    public String toString() {
27        return "诗人姓名：" + poetName + "，诗人所处朝代：" + poetDynasty;
28    }
29 }
```

③ 在名为"com.mrsoft"的包中，创建一个表示古诗的名为"Poem"的java文件。在这个java文件中，有一个表示诗名的私有属性poemName、一个表示类别的私有属性classification和一个表示诗人信息的私有对象poet。为属性poemName和classification以及对象poet提供Getters and Setters方法。此外，重写toString()方法，把属性poemName和classification以及对象poet的值打印在控制台上。Poem.java中的代码如下所示。

```
01 package com.mrsoft;
02
03 public class Poem {
04     private String poemName; // 诗名
05     private String classification; // 类别
06     private Poet poet; // 诗人信息
07
08     // 为诗名提供Getters and Setters方法
09     public String getPoemName() {
10         return poemName;
11     }
12
13     public void setPoemName(String poemName) {
14         this.poemName = poemName;
15     }
16
17     // 为类别提供Getters and Setters方法
18     public String getClassification() {
19         return classification;
20     }
21
22     public void setClassification(String classification) {
23         this.classification = classification;
24     }
25
26     // 为诗人信息提供Getters and Setters方法
27     public Poet getPoet() {
28         return poet;
29     }
30
31     public void setPoet(Poet poet) {
32         this.poet = poet;
33     }
34
35     @Override
36     public String toString() {
37         return "诗名：" + poemName + "，类别：" + classification + "，" + poet;
38     }
39 }
```

④ 在名为"com.mrsoft"的包中，再创建一个名为"Main"的java文件。在这个java文件中，先使用ClassPathXmlApplicationContext()方法创建一个ApplicationContext容器，同时加载一个Bean的配置文件；再使用这个容器调用getBean()方法，获取一个可以转换为实际对象的通用对象；最后，使用输出语句在控制台上打印转换后的实际对象。Main.java中的代码如下所示。

```
01 package com.mrsoft;
02
```

```
03 import org.springframework.context.ApplicationContext;
04 import org.springframework.context.support.ClassPathXmlApplicationContext;
05
06 public class Main {
07     public static void main(String[] args) {
08         ApplicationContext context = new ClassPathXmlApplicationContext("Beans.xml");
09         Poem poem = (Poem) context.getBean("poem");
10         System.out.println(poem);
11     }
12 }
```

⑤ 在步骤④中，提到了 Bean 的配置文件。它是一个 XML 文件，需要被创建在 src 目录下。在 Beans.xml 文件中，依据 default 规则（autowire="default"），在与 Poet 类对象对应的 Bean 和与 Poem 类对象对应的 Bean 之间建立依赖关系。为此，先在 <beans> 元素中导入 XML 约束；再在 <bean> 元素内嵌套 <property> 元素，对 Java 类中的属性或者对象进行赋值。Beans.xml 的代码如下所示。

```
01 <?xml version="1.0" encoding="UTF-8"?>
02
03 <beans xmlns="http://www.springframework.org/schema/beans"
04     xmlns:xsi="http://www.w3.org/2001/XMLSchema-instance"
05     xsi:schemaLocation="http://www.springframework.org/schema/beans
06     http://www.springframework.org/schema/beans/spring-beans.xsd"
07     default-autowire="byType">
08
09     <bean id="poet" class="com.mrsoft.Poet">
10         <property name="poetName" value="王昌龄"></property>
11         <property name="poetDynasty" value="唐朝"></property>
12     </bean>
13
14     <bean id="poem" class="com.mrsoft.Poem" autowire="default">
15         <property name="poemName" value="《出塞》"></property>
16         <property name="classification" value="绝句"></property>
17     </bean>
18
19 </beans>
```

运行结果如图 4.5 所示。

图 4.5　运行结果

4.6　实战练习

① 先创建一个表示省份信息的类，在这个类中包含省、市、区 3 个私有属性；再创建一个表示大学的类，在这个类中包含学校名称、学校等级 2 个私有属性。分别使用 byName 自动装配和 byType 自动装配，在与上述两个类对应的 Bean 之间建立依赖关系。

② 以练习①的两个类为基础，分别使用构造函数自动装配和 default 自动装配，在与练习①中的两个类对应的 Bean 之间建立依赖关系。

第 5 章
Spring AOP

扫码获取本书
资源

除 Spring IoC 容器和 Spring 依赖注入外，Spring 框架还提供了面向切面编程（简称"AOP"）。AOP 的全称为"Aspect Oriented Programming"，与 Java 基础中的面向对象编程类似，面向切面编程也是一种编程思想。面向切面编程是面向对象编程的一种延伸。使用面向切面编程可以解决使用面向对象编程遇到的问题。

5.1 AOP 概述

AOP 是通过横向的抽取机制予以实现的。AOP 会把应用程序中的一些非业务的通用功能抽取出来，对其进行单独维护，并通过 XML 配置文件，把已经抽取出来的这些非业务的通用功能按照指定的方式应用在应用程序中。

Spring 框架的一个关键组件是 AOP 框架。通常情况下，AOP 框架又被称作 AOP 实现。为了更好地应用 AOP 技术，AOP 联盟应运而生。AOP 联盟定义了一套用于规范 AOP 框架的底层 API。因为底层 API 的表现形式主要是接口，所以各个 AOP 框架都是这些接口的具体实现。因此，凭借着底层 API，使得各个 AOP 框架可以相互移植。

当下较为流行的 AOP 框架主要有两个，即 Spring AOP 和 AspectJ。Spring AOP 和 AspectJ 的相关说明如表 5.1 所示。

表 5.1 当下较为流行的两个 AOP 框架及其说明

AOP 框架	说明
Spring AOP	Spring AOP 是一款基于 AOP 的框架，它能够有效地减少重复代码，达到松耦合的目的。 Spring AOP 使用 Java 予以实现，不需要专门的编译过程和类加载器。Spring AOP 支持两种代理方式，即基于接口的 JDK 动态代理和基于继承的 CGLIB 动态代理。在程序运行期间，通过 Spring AOP 支持的代理方式向目标类植入增强的代码
AspectJ	AspectJ 是一款基于 Java 语言的 AOP 框架。从 Spring 2.0 开始，Spring AOP 引入了对 AspectJ 的支持。AspectJ 扩展了 Java 语言，提供了一个专门的编译器，在编译时提供横向代码的植入

为了更加高效地使用 AOP 技术，AOP 提供了 7 个术语。这 7 个术语及其说明如表 5.2 所示。

第 5 章 Spring AOP

表 5.2 AOP 提供的 7 个术语及其说明

术语名称	说　明
Joinpoint（连接点）	AOP 的核心概念，指的是程序执行期间明确定义的某个位置，例如类初始化前、后，类的某个方法被调用前、后，方法抛出异常后等。 Spring 只支持类的某个方法被调用前、后和方法抛出异常后的连接点
Pointcut（切入点）	又称切点，如果把连接点当作数据库中的记录，那么切点就是查找该记录的查询条件。 切点指要对哪些 Joinpoint 进行拦截，即被拦截的连接点
Advice（通知）	为拦截到的 Joinpoint 添加一些特殊的功能，即对切点增强的内容
Target（目标）	指需要进行增强的目标对象，通常也被称作被通知（advised）对象
Weaving（织入）	指把增强代码应用到目标对象上，生成代理对象的过程
Proxy（代理）	一个类被 AOP 织入后生成出了一个结果类，它是融合了原类和增强逻辑的代理类，即生成的代理对象
Aspect（切面）	由切点（Pointcut）和通知（Advice）组成

在表 5.2 中，Advice 被直译为"通知"，也有程序开发人员将其翻译为"增强处理"。Advice 有 5 种通知类型，这 5 种通知类型及其说明如表 5.3 所示。

表 5.3 Advice 的 5 种通知类型及其说明

通知类型	说　明
before（前置通知）	在目标方法被调用前执行通知方法
after（后置通知）	在目标方法被调用后（不论抛出异常还是执行成功）执行通知方法
after-returning（返回后通知）	在目标方法被成功地执行后执行通知方法
after-throwing（抛出异常通知）	在目标方法抛出异常后执行通知方法
around（环绕通知）	通知方法会将目标方法封装起来。也就是说，在目标方法被调用前、后，均可执行通知方法

AOP 可以被分为两个不同的类型：动态 AOP 和静态 AOP。

动态 AOP 的织入过程是在应用程序运行时动态执行的。最具代表性的动态 AOP 框架是 Spring AOP，它会为所有被通知的对象创建代理对象，并通过代理对象对原对象进行增强。

与静态 AOP 相比较，动态 AOP 的性能通常较差，但随着技术的不断发展，它的性能也在稳步提升。动态 AOP 的优点是它可以轻松地对应用程序的所有切面进行修改，无须对主程序代码进行重新编译。

静态 AOP 是通过修改或者扩展应用程序的 Java 代码实现织入过程的。最具代表性的静态 AOP 框架是 AspectJ。

与动态 AOP 相比较，静态 AOP 性能较好。但是，它也有一个明显的缺点，即对切面的任何修改都需要重新编译整个应用程序。

在 Spring 框架中使用 AOP 主要有以下几个优势。

① 提供声明式企业服务，这种服务是声明式事务管理。

② 允许用户实现自定义切面。在某些不适合使用面向对象编程的场景中，使用面向切面编程来实现。

③ 对业务逻辑的各个部分进行隔离，降低了业务逻辑各个部分间的耦合度。这样，既可以提高程序的可重用性，又可以提高开发效率。

5.2 AOP 编程

Spring AOP 是 Spring 框架的核心模块之一，它使用 Java 予以实现，不需要专门的编译过程和类加载器，可以在程序运行期间通过代理的方式向目标类织入增强代码。

5.2.1 Spring AOP 的代理机制与连接点

Spring 在应用程序运行期间会为目标对象生成一个动态代理对象。在这个动态代理对象中，实现对目标对象的增强。Spring AOP 的底层是通过两种动态代理机制为目标对象（Target Bean）执行横向织入的。这两种动态代理机制及其说明如表 5.4 所示。

表 5.4 Spring AOP 的两种动态代理机制及其说明

动态代理机制	说　　明
JDK 动态代理机制	Spring AOP 默认的动态代理方式，若目标对象实现了若干接口，Spring 框架就会使用 JDK 的 java.lang.reflect.Proxy 类进行代理
CGLIB 动态代理机制	若目标对象没有实现任何接口，Spring 框架就会使用 CGLIB 库生成目标对象的子类，以实现对目标对象的代理

> **注意**
>
> 由于被 final 修饰的方法是无法进行覆盖的，因此这类方法不管是通过 JDK 动态代理机制还是 CGLIB 动态代理机制，都是无法完成代理的。

Spring AOP 并没有像其他 AOP 框架（例如 AspectJ）一样提供完整的 AOP 功能，它是 Spring 框架提供的一种简化版的 AOP 框架。其中，最明显的简化就是 Spring AOP 只支持一种连接点类型，即方法调用连接点。

方法调用连接点是迄今为止最有用的连接点，通过它可以实现日常编程中绝大多数与 AOP 框架相关的功能。如果需要使用其他类型的连接点（例如成员变量连接点），可以将 Spring AOP 与其他的 AOP 框架一起使用，最常见的组合就是 Spring AOP + ApectJ。

5.2.2 Spring AOP 的通知类型和切面类型

AOP 联盟为通知（Advice）定义了一个 org.aopalliance.aop.Interface.Advice 接口。Spring AOP 根据通知（Advice）织入到目标类方法的连接点位置，为 Advice 接口提供了 6 个子接口。这 6 个子接口及其说明如表 5.5 所示。

表 5.5 Advice 接口中的 6 个子接口及其说明

通知类型	子接口	说 明
前置通知	org.springframework.aop.MethodBeforeAdvice	在执行目标方法前实施增强
后置通知	org.springframework.aop.AfterReturningAdvice	在执行目标方法后实施增强
后置返回通知	org.springframework.aop.AfterReturningAdvice	在完成执行目标方法并返回一个值后实施增强
环绕通知	org.aopalliance.intercept.MethodInterceptor	在执行目标方法前、后实施增强
异常通知	org.springframework.aop.ThrowsAdvice	在方法抛出异常后实施增强
引入通知	org.springframework.aop.IntroductionInterceptor	在目标类中添加一些新的方法和属性

Spring 框架使用 org.springframework.aop.Advisor 接口表示切面的概念，实现对通知（Adivce）和连接点（Joinpoint）的管理。在 Spring AOP 中，切面可以分为 3 类：一般切面、切点切面和引介切面。这 3 类切面及其说明如表 5.6 所示。

表 5.6 Spring AOP 中的 3 类切面及其说明

切面类型	子接口	说 明
一般切面	org.springframework.aop.Advisor	Spring AOP 默认的切面类型。 　　由于 Advisor 接口仅包含一个 Advice（通知）类型的属性，且没有定义 PointCut（切点），因此它表示一个不带切点的简单切面。 　　这样的切面会对目标对象（Target）中的所有方法进行拦截并织入增强代码。由于这个切面太过宽泛，因此一般不会直接使用
切点切面	org.springframework.aop.PointcutAdvisor	Advisor 的子接口，用来表示带切点的切面，该接口在 Advisor 的基础上还维护了一个 PointCut（切点）类型的属性。 　　使用它，可以通过包名、类名、方法名等信息更加灵活地定义切面中的切点，提供更具有适用性的切面
引介切面	org.springframework.aop.IntroductionAdvisor	Advisor 的子接口，用来表示引介切面，引介切面是对应引介增强的特殊的切面，它应用于类层面上，所以引介切面适用 ClassFilter 进行定义

说明

在这 3 种类型的切面中，一般切面和切点切面更加常用。因此，下一小节将通过具体的实例着重讲解如何实现一般切面的 AOP 开发和切点切面的 AOP 开发。

5.2.3 一般切面的 AOP 开发

在使用 Spring AOP 开发时，若没有对切面进行定义，Spring AOP 首先会通过 Advisor 接口定义一个不带切点的一般切面，然后对目标对象（Target）中的所有方法连接点进行拦截，并植入增强代码。

下面就通过一个实例，演示如何实现一般切面的 AOP 开发。

实例 5.1 对 6 和 3 这两个数执行加、减、乘、除运算（实例位置：资源包 \Code\05\01）

① 在名为 "SpringHelloWord" 的项目中，有一个 src 目录。鼠标右键单击 src 目录，选择 New → Package 菜单，创建一个名为 "com.mrsoft" 的包。

② 在名为"com.mrsoft"的包中，创建一个表示小学阶段基本运算的名为"PrimaryOperation"的接口。在这个接口中，包含了一个表示加法的plus()方法、一个表示减法的subtract()方法、一个表示乘法的multiply()方法和一个表示除法的divide()方法。PrimaryOperation.java中的代码如下所示。

```java
01  package com.mrsoft;
02
03  public interface PrimaryOperation {// 小学阶段基本运算
04      public void plus();// 加法
05      public void subtract();// 减法
06      public void multiply();// 乘法
07      public void divide();// 除法
08  }
```

③ 在名为"com.mrsoft"的包中，创建一个名为"PryOptImpl"的"PrimaryOperation"接口的实现类。在这个实现类中，不仅定义了一个表示第一个操作数的int型的私有属性a和一个表示第二个操作数的int型的私有属性b，而且为属性a和属性b提供Getters and Setters方法，还重写了"PrimaryOperation"接口中的4个方法。PryOptImpl.java中的代码如下所示。

```java
01  package com.mrsoft;
02
03  // PrimaryOperation 的实现类
04  public class PryOptImpl implements PrimaryOperation {
05      private int a; // 第一个操作数
06      private int b; // 第二个操作数
07      // 为第一个操作数 a 设置 Getters and Setters 方法
08      public int getA() {
09          return a;
10      }
11      public void setA(int a) {
12          this.a = a;
13      }
14      // 为第二个操作数 b 设置 Getters and Setters 方法
15      public int getB() {
16          return b;
17      }
18      public void setB(int b) {
19          this.b = b;
20      }
21      @Override
22      public void plus() {
23          System.out.println(a + " + " + b + " = "  + (a + b));
24      }
25      @Override
26      public void subtract() {
27          System.out.println(a + " - " + b + " = "  + (a - b));
28      }
29      @Override
30      public void multiply() {
31          System.out.println(a + " x " + b + " = "  + (a * b));
32      }
33      @Override
34      public void divide() {
35          System.out.println(a + " ÷ " + b + " = "  + (a / b));
36      }
37  }
```

④ 在名为"com.mrsoft"的包中，创建一个名为"PryOptBeforeAdvice"的实现 MethodBeforeAdvice 接口的前置增强类。在这个前置增强类中，重写 before() 方法。PryOptBeforeAdvice.java 中的代码如下所示。

```
01  package com.mrsoft;
02  import java.lang.reflect.Method;
03  import org.springframework.aop.MethodBeforeAdvice;
04
05  // 前置增强类
06  public class PryOptBeforeAdvice implements MethodBeforeAdvice {
07      @Override
08      public void before(Method arg0, Object[] arg1, Object arg2)
09              throws Throwable {
10          System.out.println(" 实现前置增强操作的代码要编写在 PryOptBeforeAdvice 类中！ ");
11      }
12  }
```

⑤ 在名为"com.mrsoft"的包中，创建一个名为"Main"的 java 文件。在这个 java 文件中，先使用 ClassPathXmlApplicationContext() 方法创建一个 ApplicationContext 容器，同时加载一个 Bean 的配置文件；再使用这个容器调用 getBean() 方法，获取一个代理 PrimaryOperation 接口的代理对象。最后，通过这个代理对象调用 PrimaryOperation 接口中的 4 个方法。Main.java 中的代码如下所示。

```
01  package com.mrsoft;
02  import org.springframework.context.ApplicationContext;
03  import org.springframework.context.support.ClassPathXmlApplicationContext;
04
05  public class Main {
06      public static void main(String[] args) {
07          // 获取 ApplicationContext 容器
08          ApplicationContext context = new ClassPathXmlApplicationContext("Beans.xml");
09          // 获取代理 PrimaryOperation 接口的代理对象
10          PrimaryOperation pot =
11                  (PrimaryOperation) context.getBean("primaryOperationProxy");
12          // 调用 PrimaryOperation 接口中的各个方法
13          pot.plus();
14          pot.subtract();
15          pot.multiply();
16          pot.divide();
17      }
18  }
```

⑥ 在步骤⑤中，提到了 Bean 的配置文件。它是一个 XML 文件，需要被创建在 src 目录下。在 Beans.xml 文件中，首先使用 <bean> 元素定义目标对象（即 PryOptImpl 类对象），并在其中嵌套 <property> 元素，对 PryOptImpl 类中的属性进行赋值；然后使用 <bean> 元素定义前置增强类（即 PryOptBeforeAdvice 类）；最后，使用 <bean> 元素通过配置生成代理 PrimaryOperation 接口的代理对象。为了生成代理 PrimaryOperation 接口的代理对象，需要先设置目标对象，再设置实现的接口，而后使用 value 属性指定与前置增强类对应的 Bean 的名称。Beans.xml 的代码如下所示。

```
01  <?xml version="1.0" encoding="UTF-8"?>
02  <beans xmlns="http://www.springframework.org/schema/beans"
03      xmlns:xsi="http://www.w3.org/2001/XMLSchema-instance"
04      xmlns:context="http://www.springframework.org/schema/context"
```

```xml
05    xsi:schemaLocation="http://www.springframework.org/schema/beans
06       http://www.springframework.org/schema/beans/spring-beans.xsd
07       http://www.springframework.org/schema/context
08          http://www.springframework.org/schema/context/spring-context.xsd">
09    <!--*****Advisor：代表一般切面，Advice 本身就是一个切面。
10    对目标类所有方法进行拦截(* 不带有切点的切面。针对所有方法进行拦截)******* -->
11    <!-- 定义目标（target）对象 -->
12    <bean id="pryOptImpl" class="com.mrsoft.PryOptImpl">
13       <property name="a" value="6"></property>
14       <property name="b" value="3"></property>
15    </bean>
16    <!-- 定义增强 -->
17    <bean id="pryOptBeforeAdvice"
18       class="com.mrsoft.PryOptBeforeAdvice"></bean>
19    <!-- 通过配置生成代理 PrimaryOperation 接口的代理对象 -->
20    <bean id="primaryOperationProxy"
21       class="org.springframework.aop.framework.ProxyFactoryBean">
22       <!-- 设置目标对象 -->
23       <property name="target" ref="pryOptImpl" />
24       <!-- 设置实现的接口，value 中写 PrimaryOperation 接口的全路径 -->
25       <property name="proxyInterfaces"
26          value="com.mrsoft.PrimaryOperation" />
27       <!-- 需要使用 value：增强 Bean 的名称 -->
28       <property name="interceptorNames" value="pryOptBeforeAdvice" />
29    </bean>
30 </beans>
```

运行结果如图 5.1 所示。

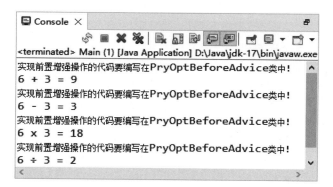

图 5.1 运行结果

Spring 框架能够基于 org.springframework.aop.framework.ProxyFactoryBean 类，根据目标对象的类型（是否实现了接口）自动选择使用 JDK 动态代理机制或者 CGLIB 动态代理机制，为目标对象（Target Bean）生成代理对象（Proxy Bean）。ProxyFactoryBean 的常用属性及其说明如表 5.7 所示。

表 5.7 ProxyFactoryBean 的常用属性及其说明

常用属性	说 明
target	需要代理的目标对象
proxyInterfaces	代理需要实现的接口，如果需要实现多个接口，可以通过 <list> 元素进行赋值

第 5 章　Spring AOP

续表

常用属性	说　明
proxyTargetClass	针对类的代理,该属性的默认值为 false(可省略),表示的是使用 JDK 动态代理机制;当该属性取值为 true 时,表示的是使用 CGLIB 动态代理机制
interceptorNames	拦截器的名字,该属性的值不仅可以是拦截器,而且可以是 Advice(通知)类型的 Bean,还可以是切面(Advisor)的 Bean
singleton	返回的代理对象是否为单例模式,默认值为 true
optimize	是否对创建的代理进行优化(只适用于 CGLIB 动态代理机制)

5.2.4　切点切面的 AOP 开发

PointCutAdvisor 是 Adivsor 接口的子接口,用以表示带切点的切面。如果使用带切点的切面,就可以通过包名、类名、方法名等信息更加灵活地定义切面中的切入点。

Spring 框架提供了多个 PointCutAdvisor 接口的实现类。其中,常用的实现类及其说明如表 5.8 所示。

表 5.8　PointCutAdvisor 接口常用的实现类及其说明

常用实现类	说　明
NameMatchMethodPointcutAdvisor	指定应用到 Advice 的目标方法名称
RegExpMethodPointcutAdvisor	使用正则表达式来定义切点(PointCut)。RegExpMethodPointcutAdvisor 包含一个 pattern 属性,该属性使用正则表达式描述需要拦截的方法

下面就通过一个实例,演示如何实现切点切面的 AOP 开发。

实例 5.2　使用切点切面拦截实例 5.1 中的加运算和除运算（实例位置：资源包\Code\05\02）

① 在名为"SpringHelloWord"的项目中,有一个 src 目录。鼠标右键单击 src 目录,选择 New → Package 菜单,创建一个名为"com.mrsoft"的包。

② 在名为"com.mrsoft"的包中,创建一个名为"PrimaryOperationCls"的 java 文件。在这个 java 文件中,不仅定义了一个表示第一个操作数的 int 型的私有属性 a 和一个表示第二个操作数的 int 型的私有属性 b,而且为属性 a 和属性 b 提供 Getters and Setters 方法,还定义了一个表示加法的 plus() 方法、一个表示减法的 subtract() 方法、一个表示乘法的 multiply() 方法和一个表示除法的 divide() 方法。PrimaryOperationCls.java 中的代码如下所示。

```
01 package com.mrsoft;
02
03 public class PrimaryOperationCls {
04     private int a;  // 第一个操作数
05     private int b;  // 第二个操作数
06     // 为第一个操作数 a 设置 Getters and Setters 方法
07     public int getA() {
08         return a;
09     }
10     public void setA(int a) {
11         this.a = a;
```

083

```
12      }
13      // 为第二个操作数 b 设置 Getters and Setters 方法
14      public int getB() {
15          return b;
16      }
17      public void setB(int b) {
18          this.b = b;
19      }
20      public void plus() {  // 对两个操作数执行加法运算
21          System.out.println(a + " + " + b + " = " + (a + b));
22      }
23      public void subtract() {  // 对两个操作数执行减法运算
24          System.out.println(a + " - " + b + " = " + (a - b));
25      }
26      public void multiply() {  // 对两个操作数执行乘法运算
27          System.out.println(a + " x " + b + " = " + (a * b));
28      }
29      public void divide() {  // 对两个操作数执行除法运算
30          System.out.println(a + " ÷ " + b + " = " + (a / b));
31      }
32  }
```

③ 在名为"com.mrsoft"的包中，创建一个名为"PryOptAroundAdvice"的实现 MethodInterceptor 接口的环绕增强类。在这个环绕增强类中，重写 invoke() 方法。PryOptAroundAdvice.java 中的代码如下所示。

```
01  package com.mrsoft;
02  import org.aopalliance.intercept.MethodInterceptor;
03  import org.aopalliance.intercept.MethodInvocation;
04
05  // 环绕增强类
06  public class PryOptAroundAdvice implements MethodInterceptor {
07      @Override
08      public Object invoke(MethodInvocation arg0) throws Throwable {
09          System.out.println(" 实现环绕增强前 ");
10          Object result = arg0.proceed();
11          System.out.println(" 实现环绕增强后 ");
12          return result;
13      }
14  }
```

④ 在名为"com.mrsoft"的包中，创建一个名为"MainCls"的 java 文件。在这个 java 文件中，先使用 ClassPathXmlApplicationContext() 方法创建一个 ApplicationContext 容器，同时加载一个 Bean 的配置文件；再使用这个容器调用 getBean() 方法，获取一个代理 PrimaryOperationCls 类的代理对象。最后，通过这个代理对象调用 PrimaryOperationCls 类中的 4 个方法。MainCls.java 中的代码如下所示。

```
01  package com.mrsoft;
02  import org.springframework.context.ApplicationContext;
03  import org.springframework.context.support.ClassPathXmlApplicationContext;
04
05  public class MainCls {
06      public static void main(String[] args) {
07          // 获取 ApplicationContext 容器
08          ApplicationContext context = new ClassPathXmlApplicationContext("BeansCls.xml");
09          // 获取代理 PrimaryOperationCls 类的代理对象
```

```
10          PrimaryOperationCls potCls =
11              (PrimaryOperationCls) context.getBean("primaryOperationClsProxy");
12          // 调用 PrimaryOperationCls 类中的各个方法
13          potCls.plus();
14          potCls.subtract();
15          potCls.multiply();
16          potCls.divide();
17      }
18 }
```

⑤ 在步骤④中，提到了 Bean 的配置文件。它是一个 XML 文件，需要被创建在 src 目录下。在 BeansCls.xml 文件中，首先使用 <bean> 元素定义目标对象（即 PrimaryOperationCls 类对象），并在其中嵌套 <property> 元素，对 PrimaryOperationCls 类中的属性进行赋值；然后使用 <bean> 元素定义环绕增强类（即 PryOptAroundAdvice 类）；接着，使用 <bean> 元素定义切面，通过切面对 PrimaryOperationCls 类中的 plus() 方法和 divide() 方法进行拦截；最后，使用 <bean> 元素通过配置生成代理 PrimaryOperationCls 类的代理对象。为了生成代理 PrimaryOperationCls 类的代理对象，需要先设置目标对象，再选择使用 CGLIB 动态代理机制，而后使用 value 属性指定与切点切面对应的 Bean 的名称。BeansCls.xml 的代码如下所示。

```xml
01 <?xml version="1.0" encoding="UTF-8"?>
02 <beans xmlns="http://www.springframework.org/schema/beans"
03     xmlns:xsi="http://www.w3.org/2001/XMLSchema-instance"
04     xmlns:context="http://www.springframework.org/schema/context"
05     xsi:schemaLocation="http://www.springframework.org/schema/beans
06     http://www.springframework.org/schema/beans/spring-beans.xsd
07     http://www.springframework.org/schema/context
08            http://www.springframework.org/schema/context/spring-context.xsd">
09     <!-- 带切点的切面 -->
10     <!-- 定义目标（target）对象 -->
11     <bean id="primaryOperationCls" class="com.mrsoft.PrimaryOperationCls">
12         <property name="a" value="6"></property>
13         <property name="b" value="3"></property>
14     </bean>
15     <!-- 定义增强 -->
16     <bean id="aroundAdvice" class="com.mrsoft.PryOptAroundAdvice"></bean>
17     <!-- 定义切面 -->
18     <bean id="pointCutAdvisor"
19         class="org.springframework.aop.support.RegexpMethodPointcutAdvisor">
20         <!-- 定义表达式，对 plus() 方法和 divide() 方法进行拦截。
21         "com.mrsoft.PrimaryOperationCls.*" 表示对所有方法进行拦截 -->
22         <!--<property name="pattern" value=".*"></property> -->
23         <property name="patterns"
24             value="com.mrsoft.PrimaryOperationCls.plus,
25             com.mrsoft.PrimaryOperationCls.divide">
26         </property>
27         <property name="advice" ref="aroundAdvice"></property>
28     </bean>
29     <!-- 通过配置生成代理 PrimaryOperationCls 类的代理对象 -->
30     <bean id="primaryOperationClsProxy"
31         class="org.springframework.aop.framework.ProxyFactoryBean">
32         <!-- 设置目标对象 -->
33         <property name="target" ref="primaryOperationCls"></property>
34         <!-- 针对类的代理，该属性取值为 true，表示的是使用 CGLIB 动态代理 -->
35         <property name="proxyTargetClass" value="true"></property>
36         <!-- 在目标上应用增强 -->
37         <property name="interceptorNames" value="pointCutAdvisor"></property>
```

```
38        </bean>
39 </beans>
```

运行结果如图 5.2 所示。

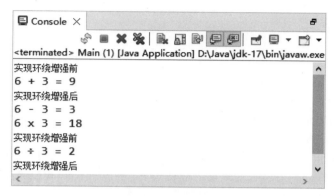

图 5.2　运行结果

5.3　综合案例

在实例 5.1 和实例 5.2 中，目标对象（Target Bean）的代理对象（Proxy Bean）都是在 XML 配置文件中通过 ProxyFactoryBean 创建的。在实际开发中，一个项目中会包含很多个目标对象（Target Bean）。如果每个目标对象（Target Bean）都通过 ProxyFactoryBean 创建与其对应的代理对象（Proxy Bean），那么会导致 XML 配置文件的易读性变差，维护成本增加。

为了解决这个问题，Spring 框架提供了自动代理的方案。所谓自动代理，即在创建 Bean 的过程中完成增强，并将目标对象替换为自动生成的代理对象。

Spring 框架提供了 3 种自动代理方案，这 3 种自动代理方案及其说明如表 5.9 所示。

表 5.9　Spring 框架提供的 3 种自动代理方案及其说明

自动代理方案	说　　明
BeanNameAutoProxyCreator	根据 Bean 的名称自动创建代理对象
DefaultAdvisorAutoProxyCreator	根据切面包含的信息自动创建代理对象
AnnotationAwareAspectJAutoProxyCreator	基于 Bean 中的 AspectJ 注解进行自动创建代理对象

下面在实例 5.1 和实例 5.2 的基础上，演示如何使用 BeanNameAutoProxyCreator 方案，根据 Bean 的名称创建自动代理对象。

① 在名为"com.mrsoft"的包中，创建一个名为"MainTwo"的 java 文件。在这个 java 文件中，先使用 ClassPathXmlApplicationContext() 方法创建一个 ApplicationContext 容器，同时加载一个 Bean 的配置文件（即 BeansTwo.xml）；再使用这个容器调用两次 getBean() 方法，分别获取一个代理 PrimaryOperation 接口的代理对象和一个代理 PrimaryOperationCls 类的代理对象；最后，通过这两个代理对象调用 PrimaryOperation 接口中的 4 个方法和 PrimaryOperationCls 类中的 4 个方法。MainCls.java 中的代码如下所示。

```
01  package com.mrsoft;
02  import org.springframework.context.ApplicationContext;
03  import org.springframework.context.support.ClassPathXmlApplicationContext;
04
05  public class MainTwo {
06      public static void main(String[] args) {
07          // 获取 ApplicationContext 容器
08          ApplicationContext context = new ClassPathXmlApplicationContext("BeansTwo.xml");
09          // 获取代理 PrimaryOperation 接口的代理对象
10          PrimaryOperation pot = (PrimaryOperation) context.getBean("implPryOpt");
11          // 获取代理 PrimaryOperationCls 类的代理对象
12          PrimaryOperationCls potCls = (PrimaryOperationCls) context.getBean("clsPryOpt");
13          // 调用 PrimaryOperation 接口中的各个方法
14          pot.plus();
15          pot.subtract();
16          pot.multiply();
17          pot.divide();
18          // 调用 PrimaryOperationCls 类中的各个方法
19          potCls.plus();
20          potCls.subtract();
21          potCls.multiply();
22          potCls.divide();
23      }
24  }
```

② 在步骤①中，提到了 Bean 的配置文件（即 BeansTwo.xml）。它是一个 XML 文件，需要被创建在 src 目录下。在 BeansTwo.xml 文件中，首先使用 <bean> 元素定义两个目标对象（PrimaryOperation 接口的实现类对象和 PrimaryOperationCls 类对象），在其中嵌套 <property> 元素，分别对 PrimaryOperation 接口的实现类和 PrimaryOperationCls 类中的属性进行赋值；然后使用 <bean> 元素定义前置增强类（即 PryOptBeforeAdvice 类）和环绕增强类（即 PryOptAroundAdvice 类）；最后，使用 <bean> 元素根据 Bean 的名称创建自动代理对象。BeansCls.xml 的代码如下所示。

```
01  <?xml version="1.0" encoding="UTF-8"?>
02  <beans xmlns="http://www.springframework.org/schema/beans"
03      xmlns:xsi="http://www.w3.org/2001/XMLSchema-instance"
04      xmlns:context="http://www.springframework.org/schema/context"
05      xsi:schemaLocation="http://www.springframework.org/schema/beans
06      http://www.springframework.org/schema/beans/spring-beans.xsd
07      http://www.springframework.org/schema/context
08          http://www.springframework.org/schema/context/spring-context.xsd">
09      <!-- 定义目标（target）对象 -->
10      <bean id="implPryOpt" class="com.mrsoft.PryOptImpl">
11          <property name="a" value="6"></property>
12          <property name="b" value="3"></property>
13      </bean>
14      <bean id="clsPryOpt" class="com.mrsoft.PrimaryOperationCls">
15          <property name="a" value="6"></property>
16          <property name="b" value="3"></property>
17      </bean>
18      <!-- 定义增强 -->
19      <bean id="beforeAdvice" class="com.mrsoft.PryOptBeforeAdvice"></bean>
20      <bean id="aroundAdvice" class="com.mrsoft.PryOptAroundAdvice"></bean>
21      <!--Spring 自动代理：根据 Bean 名称创建代理对象 -->
22      <bean
23          class="org.springframework.aop.framework.autoproxy.BeanNameAutoProxyCreator">
```

```
24        <property name="beanNames" value="*PryOpt"></property>
25        <property name="interceptorNames"
26            value="beforeAdvice,aroundAdvice"></property>
27    </bean>
28 </beans>
```

 说明 在运行 MainCls.java 文件前,需要确保 PrimaryOperation.java、PryOptBeforeAdvice.java、PryOptImpl.java、PrimaryOperationCls.java 和 PryOptAroundAdvice.java 这 5 个 java 文件在 "com.mrsoft" 的包中。

由于运行结果篇幅太长,因此用图 5.3 和图 5.4 进行展示。

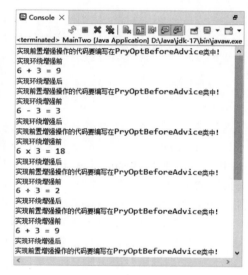

图 5.3 运行结果(上)

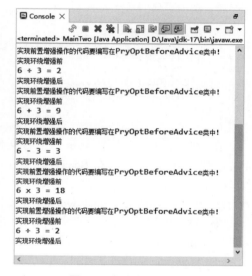

图 5.4 运行结果(下)

接下来,仍然在实例 5.1 和实例 5.2 的基础上,演示如何使用 DefaultAdvisorAutoProxyCreator 方案,根据切面包含的信息自动创建代理对象。

这里只需要对 XML 配置文件(即 BeansTwo.xml 文件)进行修改。

不需要修改的内容有两个:一个是使用 <bean> 元素定义两个目标对象(PrimaryOperation 接口的实现类对象和 PrimaryOperationCls 类对象),在其中嵌套 <property> 元素,分别对 PrimaryOperation 接口的实现类和 PrimaryOperationCls 类中的属性进行赋值;另一个是使用 <bean> 元素定义前置增强类(即 PryOptBeforeAdvice 类)和环绕增强类(即 PryOptAroundAdvice 类)。

需要修改的内容也有两个:一个是使用 <bean> 元素定义切面,通过切面对 PrimaryOperationCls 类中的 plus() 方法和 divide() 方法进行拦截;另一个是使用 <bean> 元素根据切面包含的信息自动创建代理对象。BeansCls.xml 的代码如下所示。

```
01 <?xml version="1.0" encoding="UTF-8"?>
02 <beans xmlns="http://www.springframework.org/schema/beans"
03     xmlns:xsi="http://www.w3.org/2001/XMLSchema-instance"
04     xmlns:context="http://www.springframework.org/schema/context"
```

第 5 章 Spring AOP

```xml
05    xsi:schemaLocation="http://www.springframework.org/schema/beans
06    http://www.springframework.org/schema/beans/spring-beans.xsd
07    http://www.springframework.org/schema/context
08        http://www.springframework.org/schema/context/spring-context.xsd">
09    <!-- 定义目标（target）对象 -->
10    <bean id="implPryOpt" class="com.mrsoft.PryOptImpl">
11        <property name="a" value="6"></property>
12        <property name="b" value="3"></property>
13    </bean>
14    <bean id="clsPryOpt" class="com.mrsoft.PrimaryOperationCls">
15        <property name="a" value="6"></property>
16        <property name="b" value="3"></property>
17    </bean>
18    <!-- 定义增强 -->
19    <bean id="beforeAdvice" class="com.mrsoft.PryOptBeforeAdvice"></bean>
20    <bean id="aroundAdvice" class="com.mrsoft.PryOptAroundAdvice"></bean>
21    <!-- 定义切面 -->
22    <bean id="pointCutAdvisor"
23        class="org.springframework.aop.support.RegexpMethodPointcutAdvisor">
24        <!-- 定义表达式，对 plus() 方法和 divide() 方法进行拦截。
25        "com.mrsoft.PrimaryOperationCls.*" 表示对所有方法进行拦截 -->
26        <!--<property name="pattern" value=".*"></property> -->
27        <property name="patterns"
28            value="com.mrsoft.PrimaryOperationCls.plus,
29            com.mrsoft.PrimaryOperationCls.divide"></property>
30        <property name="advice" ref="aroundAdvice"></property>
31    </bean>
32    <!--Spring 自动代理：根据切面 pointCutAdvisor 中的信息自动创建代理对象 -->
33    <bean
34        class=
35        "org.springframework.aop.framework.autoproxy.DefaultAdvisorAutoProxyCreator">
36    </bean>
37 </beans>
```

先确保 PrimaryOperation.java、PryOpt-BeforeAdvice.java、PryOptImpl.java、PrimaryOperationCls.java 和 PryOpt-AroundAdvice.java 这 5 个 java 文件都在"com.mrsoft"的包中后，再运行 MainCls.java 文件。运行结果如图 5.5 所示。

图 5.5 运行结果

5.4 实战练习

① 按如下所述的内容进行建模，实现一般切面的 AOP 开发：使用跑、跳、站立、行走等动词描述学生的动作；现将这些动词用指定的方法予以表示，并将这些方法存储在一个接口里。

② 按如下所述的内容进行建模，实现切点切面的 AOP 开发：使用说话、喝水、吃饭、睡觉等动词描述学生的动作；现将这些动词用指定的方法予以表示，并将这些方法存储在一个表示学生的类中。

第 6 章
Spring JDBC

扫码获取本书
资源

在使用 Java 实现 JDBC 编程的过程中，会编写大量的用于执行处理异常、打开和关闭数据库等操作的代码。为了减少用于执行这些操作的代码量，Spring 框架提供了着眼于底层细节的 Spring JDBC。这些底层细节负责执行打开数据库、准备和执行 SQL 语句、处理异常、处理事务、关闭数据库等操作。这样，当从数据库中获取数据时，程序开发人员只需定义必要的参数、指定要执行的 SQL 语句即可。

6.1 JdbcTemplate 类概述

为了简化 JDBC 编程的开发过程，Spring JDBC 负责执行加载驱动、打开数据库、准备和执行 SQL 语句、处理异常、处理事务、关闭数据库等操作。因此，Spring JDBC 提供了多个实用的数据库访问工具。其中，被经常使用的数据库访问工具是 JdbcTemplate 类。

在 Spring JDBC 中，有一个名为"core"的核心包。在这个核心包中，有一个名为"JdbcTemplate"的核心类。JdbcTemplate 类能够通过 XML 配置文件、注解、Java 类等形式获取数据库的相关信息。

在 Spring JDBC 中，JdbcTemplate 类的全限定命名为"org.springframework.jdbc.core.JdbcTemplate"。JdbcTemplate 类提供了大量用于查询、更新数据库相关信息的方法，这些方法中的常用方法及其说明如表 6.1 所示。

表 6.1 JdbcTemplate 类中的常用方法及其说明

常用方法	说明
public int update(String sql)	用于执行新增、修改、删除等 SQL 语句。 sql：需要执行的 SQL 语句；
public int update(String sql,Object... args)	args：表示需要传入到 SQL 语句的参数
public void execute(String sql)	能够执行任意的 SQL 语句，但一般用于执行 DDL 语句。 sql：需要执行的 SQL 语句；
public T execute(String sql, PreparedStatementCallback action)	action：表示执行 SQL 语句后需要调用的函数

续表

常用方法	说　明
public \<T> List\<T> query(String sql, RowMapper\<T> rowMapper, @Nullable Object... args)	用于执行查询的 SQL 语句。 sql：需要执行的 SQL 语句； rowMapper：用于确定返回的结果集的集合类型； args：表示需要传入到 SQL 语句的参数
public \<T> T queryForObject(String sql, RowMapper\<T> rowMapper, @Nullable Object... args)	
public int[] batchUpdate(String sql, List\<Object[]> batchArgs, final int[] argTypes)	用于批量执行新增、修改、删除等 SQL 语句。 sql：需要执行的 SQL 语句； argTypes：需要注入的 SQL 参数的 JDBC 类型； batchArgs：表示需要传入到 SQL 语句的参数

下面将通过拆解的方式，对如何使用 JdbcTemplate 类编写一个 Spring JDBC 程序进行讲解。

6.2　创建数据库和数据表

首先，需要明确本章使用的数据库是 MySQL 数据库（即 MySQL 5.7）。然后，使用如下的 SQL 语句在 MySQL 数据库中创建一个名为"db_SpringJDBC"的数据库实例。

```
CREATE DATABASE db_SpringJDBC;
```

创建了 db_SpringJDBC 这个数据库实例后，接下来要解决的问题是如何使用它。使用 db_SpringJDBC 这个数据库实例的 SQL 语句如下所示。

```
USE db_SpringJDBC;
```

在这个数据库实例中创建一个表示员工信息的名为"employee"的数据表。在这个数据表中，包含 4 个字段，即表示员工编号的 id、表示员工姓名的 name、表示员工年龄的 age 和表示员工所在部门的 department。创建 employee 数据表的 SQL 语句如下所示。

```
01  CREATE TABLE `employee` (
02    `id` int NOT NULL AUTO_INCREMENT COMMENT '员工编号',
03    `name` varchar(255) DEFAULT NULL COMMENT '员工姓名',
04    `age` int NOT NULL COMMENT '员工年龄',
05    `department` varchar(255) DEFAULT NULL COMMENT '员工所在部门',
06    PRIMARY KEY (`id`)
07  ) ENGINE=InnoDB AUTO_INCREMENT=1 DEFAULT CHARSET=utf8;
```

6.3　创建实体类

在 employee 数据表中，包含 4 个字段，即表示员工编号的 id、表示员工姓名的 name、表示员工年龄的 age 和表示员工所在部门的 department。

下面根据 employee 数据表中的 4 个字段，在名为"com.mrsoft"的包中，创建一个表示员工类的名为"Employee"的 java 文件。在这个 java 文件中，包含一个表示员工编号的私有属性 id、一个表示员工姓名的私有属性 name、一个表示员工年龄的私有属性 age 和一个表示员工所在部门的私有属性 department。分别为这 4 个私有属性提供 Getters and Setters 方法。Employee.java 中的代码如下所示。

```java
01 package com.mrsoft;
02
03 public class Employee { // 员工类
04     private int id; // 员工编号
05     private String name; // 员工姓名
06     private int age; // 员工年龄
07     private String department; // 员工所在部门
08     // 为私有属性 id 设置 Getters and Setters 方法
09     public int getId() {
10         return id;
11     }
12     public void setId(int id) {
13         this.id = id;
14     }
15     // 为私有属性 name 设置 Getters and Setters 方法
16     public String getName() {
17         return name;
18     }
19     public void setName(String name) {
20         this.name = name;
21     }
22     // 为私有属性 age 设置 Getters and Setters 方法
23     public int getAge() {
24         return age;
25     }
26     public void setAge(int age) {
27         this.age = age;
28     }
29     // 为私有属性 department 设置 Getters and Setters 方法
30     public String getDepartment() {
31         return department;
32     }
33     public void setDepartment(String department) {
34         this.department = department;
35     }
36 }
```

使用 interface 关键字，创建一个用于访问 employee 数据表中的数据、名为 "EmployeeDao" 的接口。在这个接口中，定义了 3 个方法，即用于设置数据库连接池的 setDataSource() 方法，用于执行新增员工操作的 addEmployee() 方法和用于查询所有员工的返回值是 List<Employee> 类型的 selectAllEmployees() 方法。EmployeeDao.java 中的代码如下所示。

```java
01 package com.mrsoft;
02 import java.util.List;
03 import javax.sql.DataSource;
04
05 public interface EmployeeDao { // 用于访问数据
06     public void setDataSource(DataSource ds); // 设置数据库连接池
07     public void addEmployee(String name, int age, String department); // 新增员工
08     public List<Employee> selectAllEmployees(); // 查询所有员工
09 }
```

6.4 创建接口实现类

RowMapper 接口是由 Spring 框架提供的，其作用是把获取到的每一行数据封装成用户自定义的类。在 RowMapper 接口中，有一个 mapRow() 方法，其作用是封装用户自定义的类。

掌握了 RowMapper 接口后，下面创建一个实现 RowMapper 接口的用于把获取到的每一行数据封装成员工类的名为"EmployeeMapper"的 Java 类。在 EmployeeMapper 类中，需要重写 mapRow() 方法。在 mapRow() 方法中，首先创建一个 Employee 类（表示员工类）的对象，然后调用为 Employee 类中的各个私有属性提供的 Setters 方法，以实现把获取到的每一行数据封装成 Employee 类的目的。EmployeeMapper.java 中的代码如下所示：

```java
01  package com.mrsoft;
02  import java.sql.ResultSet;
03  import java.sql.SQLException;
04  import org.springframework.jdbc.core.RowMapper;
05  // 用于把每一行数据封装成员工类
06  public class EmployeeMapper implements RowMapper<Employee> {
07      @Override
08      public Employee mapRow(ResultSet arg0, int arg1) throws SQLException {
09          Employee employee = new Employee();  // 创建员工类的对象
10          employee.setId(arg0.getInt("id"));  // 设置员工编号
11          employee.setName(arg0.getString("name"));  // 设置员工姓名
12          employee.setAge(arg0.getInt("age"));  // 设置员工年龄
13          employee.setDepartment(arg0.getString("department"));  // 设置员工所在部门
14          return employee;
15      }
16  }
```

在 6.3 节中，已经创建了一个用于访问 employee 数据表中的数据、名为"EmployeeDao"的接口。在这个接口中，定义了 3 个方法。

下面创建一个实现 EmployeeDao 接口、使用 JdbcTemplate 类操作 employee 数据表中的数据、名为"EmployeeJDBCTemplate"的 Java 类。在这个 Java 类中，有一个表示数据库连接池的私有的 DataSource 类对象和一个私有的 JdbcTemplate 类对象。通过重写 setDataSource() 方法，初始化数据库连接池，并借助 DataSource 类对象创建 JdbcTemplate 类对象。在重写的 addEmployee() 方法中，定义用于新增员工的 SQL 语句，并通过 JdbcTemplate 类对象调用 update() 方法执行这条 SQL 语句。在重写的 selectAllEmployees() 方法中，定义用于查询所有员工的 SQL 语句，并通过 JdbcTemplate 类对象调用 query() 方法执行这条 SQL 语句。EmployeeJDBCTemplate.java 文件中的代码如下所示。

```java
01  package com.mrsoft;
02  import java.util.List;
03  import javax.sql.DataSource;
04  import org.springframework.jdbc.core.JdbcTemplate;
05
06  public class EmployeeJDBCTemplate implements EmployeeDao {
07      private DataSource ds;  // 数据库连接池
08      private JdbcTemplate jt;  // JdbcTemplate 类的对象
09      @Override
10      public void setDataSource(DataSource ds) {  // 设置数据库连接池
11          this.ds = ds;
12          this.jt = new JdbcTemplate(ds);
```

```
13      }
14      @Override
15      public void addEmployee(String name, int age, String department) {
16          // 用于新增员工的 SQL 语句
17          String sql = "insert into employee (name, age, department) values (?, ?, ?)";
18          // 执行 SQL 语句
19          jt.update(sql, name, age, department);
20          // 控制台输出提示信息
21          System.out.println(" 操作成功：已向 " + department + " 新增一名员工！ ");
22      }
23      @Override
24      public List<Employee> selectAllEmployees() {
25          // 用于查询所有员工的 SQL 语句
26          String sql = "select * from employee";
27          // 执行 SQL 语句，并获取所有员工的列表
28          List<Employee> employees = jt.query(sql, new EmployeeMapper());
29          return employees;
30      }
31  }
```

6.5 创建应用程序运行类

在 "com.mrsoft" 包下，创建一个名为 "Main" 的 java 文件。在这个 java 文件中，定义程序的入口，即 main() 方法。在 main() 方法中，首先使用 ClassPathXmlApplicationContext() 方法创建一个 ApplicationContext 容器，同时加载一个配置文件；然后使用这个容器调用 getBean() 方法，获取 EmployeeJDBCTemplate 类的对象；接着，通过这个对象调用 EmployeeJDBCTemplate 类中的 addEmployee() 方法，执行新增员工的操作；而后，通过这个对象调用 EmployeeJDBCTemplate 类中的 selectAllEmployees() 方法，执行查询所有员工的操作，从而得到用于存储所有员工的列表；最后，使用 for 循环，遍历用于存储所有员工的列表，并且分别在控制台上打印 "员工编号" "员工姓名" "员工年龄" 和 "员工所在部门"。Main.java 中的代码如下所示。

```
01  package com.mrsoft;
02  import java.util.List;
03  import org.springframework.context.ApplicationContext;
04  import org.springframework.context.support.ClassPathXmlApplicationContext;
05
06  public class Main {
07      public static void main(String[] args) {
08          // 创建一个 ApplicationContext 容器
09          ApplicationContext context = new ClassPathXmlApplicationContext("Beans.xml");
10          // 获取 EmployeeJDBCTemplate 类的对象
11          EmployeeJDBCTemplate ejt =
12                  (EmployeeJDBCTemplate) context.getBean("employeeJDBCTemplate");
13          System.out.println(" 开始执行新增员工的操作！ ");
14          // 执行新增员工的操作
15          ejt.addEmployee(" 张三 ", 28, " 开发部 ");
16          ejt.addEmployee(" 李四 ", 23, " 运营部 ");
17          ejt.addEmployee(" 小丽 ", 29, " 售后部 ");
18          ejt.addEmployee(" 小石 ", 35, " 后勤部 ");
19          System.out.println(" 公司所有员工的信息如下所示： ");
20          // 执行查询所有员工的操作
```

```
21          List<Employee> employees = ejt.selectAllEmployees();
22          // 遍历存储所有员工的列表
23          for (Employee employee : employees) {
24              // 控制台打印"员工编号"
25              System.out.print("员工编号 : " + employee.getId());
26              // 控制台打印"员工姓名"
27              System.out.print(", 员工姓名 : " + employee.getName());
28              // 控制台打印"员工年龄"
29              System.out.print(", 员工年龄 : " + employee.getAge());
30              // 控制台打印"员工所在部门"
31              System.out.println(", 员工所在部门 : " + employee.getDepartment());
32          }
33      }
34 }
```

6.6 创建配置文件

在"SpringHelloWord"项目中的 src 目录下，创建一个名为"Beans.xml"的 XML 配置文件。在 Beans.xml 文件中，首先在一个 <bean> 元素中嵌套 <property> 元素，定义与数据库连接池对应的 Bean；然后在另一个 <bean> 元素中嵌套 <property> 元素，定义与 EmployeeJDBCTemplate 类对应的 Bean。Beans.xml 中的代码如下所示。

```
01 <?xml version="1.0" encoding="UTF-8"?>
02 <beans xmlns="http://www.springframework.org/schema/beans"
03     xmlns:xsi="http://www.w3.org/2001/XMLSchema-instance"
04     xsi:schemaLocation="http://www.springframework.org/schema/beans
05     http://www.springframework.org/schema/beans/spring-beans.xsd">
06     <!-- 定义与数据库连接池对应的 Bean -->
07     <bean id="dataSource"
08         class="org.springframework.jdbc.datasource.DriverManagerDataSource">
09         <!-- 数据库的连接地址 -->
10         <property name="url" value="jdbc:mysql://127.0.0.1:3306/db_SpringJDBC"/>
11         <!-- 连接数据库的用户名 -->
12         <property name="username" value="root"/>
13         <!-- 连接数据库的密码 -->
14         <property name="password" value="root"/>
15         <!-- 加载数据库的驱动 -->
16         <property name="driverClassName" value="com.mysql.jdbc.Driver"/>
17     </bean>
18     <!-- 定义与 EmployeeJDBCTemplate 类对应的 Bean -->
19     <bean id="employeeJDBCTemplate"
20         class="com.mrsoft.EmployeeJDBCTemplate">
21         <!-- 把与数据库连接池对应的 Bean 注入到与 EmployeeJDBCTemplate 类对应的 Bean 中 -->
22         <property name="dataSource" ref="dataSource"></property>
23     </bean>
24 </beans>
```

① 在编写 XML 配置文件前，需要把用于连接 MySQL 数据库的驱动 jar 包导入到 "SpringHelloWord" 项目中。
② 为了管理数据库连接池，Spring 框架提供了 DriverManagerDataSource 类；在 Spring 框架的 XML 配置文件中，可以把与 DriverManagerDataSource 类对应的 Bean 注入到与 JdbcTempate 类对应的 Bean 中。

这样，通过上述内容，就成功地编写了一个 Spring JDBC 的实例。因为程序的入口（即 main() 方法）在 "com.mrsoft" 包下的 Main.java 文件中，所以为了得到这个实例的运行结果，需要运行 Main.java 文件。这个实例的运行结果如图 6.1 所示。

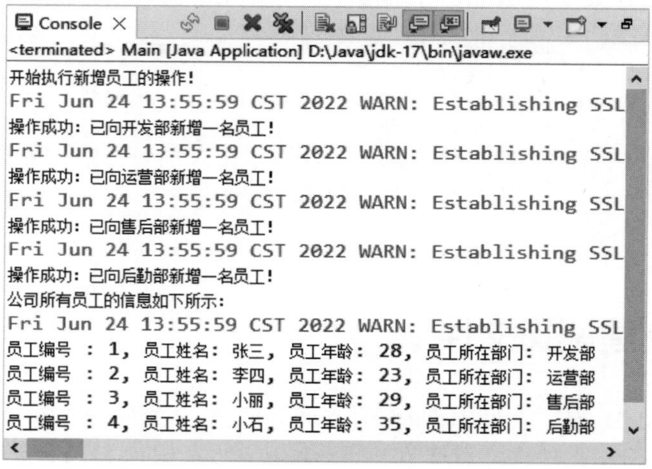

图 6.1 运行结果

观察图 6.1 可知，虽然已经得到了运行结果，但是控制台打印了几行相同的警告信息。出现这些警告信息的原因是 MySQL 5.5 之后的版本对安全性的要求更高，连接数据库时默认采用的连接方式是 SSL 连接，而用于连接 MySQL 数据库的驱动在连接数据库时并没有提供相关的配置。

清楚了出现这些警告信息的原因后，如何消除它们呢？这时，需要把 Beans.xml 文件中的用于连接数据库的地址：

```
<property name="url" value="jdbc:mysql://127.0.0.1:3306/db_SpringJDBC"/>
```

修改为如下的连接地址：

```
<property name="url" value="jdbc:mysql://127.0.0.1:3306/db_SpringJDBC?useSSL=false"/>
```

为了查看修改连接地址后的运行结果，需要先删除 employee 数据表中的数据，再运行 Main.java 文件，运行结果如图 6.2 所示。

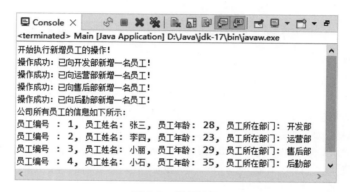

图 6.2 运行结果

6.7 综合案例

在上面的实例中，已经实现了如下的两个功能：执行新增员工的操作和执行查询所有员工的操作。但是关于数据库的操作还有很多，例如按照某个字段查找数据，修改一条数据中的某个字段，按照某个字段删除数据，等等。

下面就在本章实例的基础上，对 employee 数据表中的数据执行以下的操作。

① 查找员工编号为 3 的员工；
② 把员工编号为 3 的员工的所在部门修改为运营部；
③ 删除员工编号为 2 的员工；
④ 查询所有员工。

在 EmployeeDao 接口中，已经定义了 3 个方法，即用于设置数据库连接池的 setDataSource() 方法、用于执行新增员工操作的 addEmployee() 方法和用于查询所有员工且返回值是 List<Employee> 类型的 selectAllEmployees() 方法。

为了完成 6.7 节要求的对 employee 数据表中的数据执行的其他操作，还需要在 EmployeeDao 接口中定义 3 个新的方法，即用于按照员工编号查找一位员工的、返回值是 Employee 类型的 selectAEmployee() 方法，用于按照员工编号更改员工的所在部门的 update() 方法和用于按照员工编号删除员工的 delete() 方法。EmployeeDao.java 中的代码如下所示。

```
01  package com.mrsoft;
02  import java.util.List;
03  import javax.sql.DataSource;
04
05  public interface EmployeeDao {    // 用于访问数据
06      public void setDataSource(DataSource ds);    // 设置数据库连接池
07      public void addEmployee(String name, int age, String department);    // 新增员工
08      public List<Employee> selectAllEmployees();    // 查询所有员工
09      public Employee selectAEmployee(int id);    // 按照员工编号查找一位员工
10      public void update(int id, String department);    // 更改员工所在部门
11      public void delete(int id);    // 删除员工
12  }
```

因为在 EmployeeDao 接口中定义了 3 个新的方法，所以需要在 EmployeeJDBCTemplate 类中重写这 3 个方法。在重写的 selectAEmployee() 方法中，定义了用于按照员工编号查找一位员工的 SQL 语句，并调用 JdbcTemplate 类中的 queryForObject() 方法执行这条 SQL 语句。在重写的 update() 方法中，定义了用于按照员工编号更改员工所在部门的 SQL 语句，并调用 JdbcTemplate 类中的 update() 方法执行这条 SQL 语句。在重写的 delete() 方法中，定义了用于按照员工编号删除员工的 SQL 语句，并调用 JdbcTemplate 类中的 update() 方法执行这条 SQL 语句。EmployeeJDBCTemplate.java 文件中的完整代码如下所示。

```
01  package com.mrsoft;
02  import java.util.List;
03  import javax.sql.DataSource;
04  import org.springframework.jdbc.core.JdbcTemplate;
05
06  public class EmployeeJDBCTemplate implements EmployeeDao {
07      private DataSource ds;    // 数据库连接池
08      private JdbcTemplate jt;    // JdbcTemplate 类的对象
09      @Override
```

```java
10      public void setDataSource(DataSource ds) { // 设置数据库连接池
11          this.ds = ds;
12          this.jt = new JdbcTemplate(ds);
13      }
14      @Override
15      public void addEmployee(String name, int age, String department) {
16          // 用于新增员工的 SQL 语句
17          String sql = "insert into employee (name, age, department) values (?, ?, ?)";
18          // 执行 SQL 语句
19          jt.update(sql, name, age, department);
20          // 控制台输出提示信息
21          System.out.println("操作成功：已向" + department + "新增一名员工！");
22      }
23      @Override
24      public List<Employee> selectAllEmployees() {
25          // 用于查询所有员工的 SQL 语句
26          String sql = "select * from employee";
27          // 执行 SQL 语句，并获取所有员工的列表
28          List<Employee> employees = jt.query(sql, new EmployeeMapper());
29          return employees;
30      }
31      @Override
32      public Employee selectAEmployee(int id) {
33          // 用于查找指定员工编号的员工的 SQL 语句
34          String sql = "select * from employee where id = ?";
35          // 执行 SQL 语句
36          Employee employee =
37                  jt.queryForObject(sql, new Object[]{id}, new EmployeeMapper());
38          return employee;
39      }
40      @Override
41      public void update(int id, String department) {
42          // 用于修改指定员工编号的员工的所在部门的 SQL 语句
43          String sql = "update employee set department = ? where id = ?";
44          // 执行 SQL 语句
45          jt.update(sql, department, id);
46          System.out.println("操作成功：已把编号为" + id
47                  + "的员工的部门修改为" + department + "！");
48      }
49      @Override
50      public void delete(int id) {
51          // 用于删除指定员工编号的员工的 SQL 语句
52          String sql = "delete from employee where id = ?";
53          // 执行 SQL 语句
54          jt.update(sql, id);
55          System.out.println("操作成功：已删除编号为" + id + "的员工！");
56      }
57  }
```

接下来，着重修改"com.mrsoft"包下的 Main.java 文件。在 main() 方法中：

① 使用 ClassPathXmlApplicationContext() 方法创建一个 ApplicationContext 容器，同时加载一个配置文件。

② 使用这个容器调用 getBean() 方法，获取 EmployeeJDBCTemplate 类的对象。

③ 通过 EmployeeJDBCTemplate 类的对象调用 EmployeeJDBCTemplate 类中的 selectAEmployee() 方法，执行查找员工编号为 3 的员工的操作。

④ 通过 EmployeeJDBCTemplate 类的对象调用 EmployeeJDBCTemplate 类中的 update() 方法，执行修改员工的所在部门的操作。

⑤ 通过 EmployeeJDBCTemplate 类的对象调用 EmployeeJDBCTemplate 类中的 delete() 方法，执行删除员工的操作。

⑥ 通过 EmployeeJDBCTemplate 类的对象调用 EmployeeJDBCTemplate 类中的 selectAllEmployees() 方法，执行查询所有员工的操作，从而得到用于存储所有员工的列表。

⑦ 使用 for 循环，遍历用于存储所有员工的列表，并且分别在控制台上打印"员工编号""员工姓名""员工年龄"和"员工所在部门"。

Main.java 中的代码如下所示。

```
01  package com.mrsoft;
02  import java.util.List;
03  import org.springframework.context.ApplicationContext;
04  import org.springframework.context.support.ClassPathXmlApplicationContext;
05
06  public class Main {
07      public static void main(String[] args) {
08          // 创建一个 ApplicationContext 容器
09          ApplicationContext context = new ClassPathXmlApplicationContext("Beans.xml");
10          // 获取 EmployeeJDBCTemplate 类的对象
11          EmployeeJDBCTemplate ejt =
12                  (EmployeeJDBCTemplate) context.getBean("employeeJDBCTemplate");
13
14          System.out.println(" 开始查找员工编号为 3 的员工！ ");
15          Employee emp = ejt.selectAEmployee(3);
16          // 控制台打印"员工编号"
17          System.out.print(" 员工编号 : " + emp.getId());
18          // 控制台打印"员工姓名"
19          System.out.print(", 员工姓名 : " + emp.getName());
20          // 控制台打印"员工年龄"
21          System.out.print(", 员工年龄 : " + emp.getAge());
22          // 控制台打印"员工所在部门"
23          System.out.println(", 员工所在部门 : " + emp.getDepartment());
24
25          System.out.println("\n 开始把员工编号为 " + emp.getId()
26                  + " 的员工的所在部门修改为运营部！ ");
27          ejt.update(3, " 运营部 "); // 修改员工的所在部门
28
29          System.out.println("\n 开始删除员工编号为 2 的员工！ ");
30          ejt.delete(2); // 删除员工编号为 2 的员工
31
32          System.out.println("\n 公司所有员工的信息如下所示：");
33          // 执行查询所有员工的操作
34          List<Employee> employees = ejt.selectAllEmployees();
35          // 遍历存储所有员工的列表
36          for (Employee employee : employees) {
37              // 控制台打印"员工编号"
38              System.out.print(" 员工编号 : " + employee.getId());
39              // 控制台打印"员工姓名"
40              System.out.print(", 员工姓名 : " + employee.getName());
41              // 控制台打印"员工年龄"
42              System.out.print(", 员工年龄 : " + employee.getAge());
43              // 控制台打印"员工所在部门"
44              System.out.println(", 员工所在部门 : " + employee.getDepartment());
45          }
46      }
47  }
```

运行结果如图 6.3 所示。

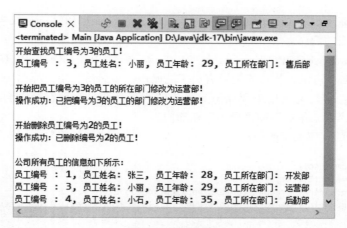

图 6.3　运行结果

6.8　实战练习

① 在本章实例的基础上，向 employee 数据表新增多位员工后，只在控制台上打印开发部的员工。

② 在本章实例的基础上，向 employee 数据表新增多位个员工后，在控制台上打印年龄在 25~30 岁的员工。

扫码获取本书
资源

第 7 章
Spring MVC

Spring MVC 是 Spring 框架提供的一个基于 MVC 设计模式的应用于轻量级 Web 开发的框架。Spring MVC 的实现过程需要 Servlet、JSP 和 JavaBean 予以支持，这使得 Spring MVC 中的角色划分更加清晰，角色分工更加明确。此外，Spring MVC 还能够与 Spring 框架无缝结合。因此，Spring MVC 既成了当今业内主流的 Web 开发框架，又成了热门的开发技能。

7.1 MVC 设计模式概述

顾名思义，MVC 可以被拆解为 3 个英文字母，即 M、V 和 C，这 3 个英文字母的含义如下：

① M，即 Model，表示的是数据模型层。数据模型通常由 POJO（即 Java 对象）组成，其中封装了应用程序所需的数据。

② V，即 View，表示的是视图层。视图的作用是在浏览器呈现的界面上展示数据模型中的各项数据。

③ C，即 Controller，表示的是控制层。控制层的作用是接收、处理、转发用户请求。

在 Web 项目的开发过程中，能够及时、准确地响应用户的请求是至关重要的。例如，用户在某个网页上，通过单击一个 URL 路径发送了一个请求；控制层获取了这个请求，先对其进行解析，待得到处理结果后，再把这个结果转发给视图层；在浏览器呈现的界面上，显示由控制层转发的处理结果。

凡事都有利弊，MVC 也不例外。MVC 的优点体现在以下几个方面。

① 多视图可以共享一个数据模型，从而提高代码的重用性；

② MVC 中的三个模块相互独立；

③ 控制器提高了应用程序的灵活性和可配置性；

④ 有利于软件工程化管理。

MVC 的缺点在如下的几个方面也有所体现：

① 原理复杂；

② 增加了系统结构和实现过程的复杂性；

③ 视图对模型数据的低效率访问。

Spring MVC 是一个典型的教科书式的 MVC 设计模式。如图 7.1 所示，Spring MVC 的实现过程需要 Servlet、JSP 和 JavaBean 予以支持。其中，Servlet 相当于 Controller，JSP 相当于 View，JavaBean 相当于 Model。通过 Servlet、JSP 和 JavaBean，既可以实现数据模型层和视图层的代码分离，又可以将控制层单独划分出来，专门负责业务流程的控制、接收请求、创建所需的 JavaBean、将处理后的数据转发给视图层进行展示等操作内容。

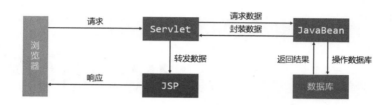

图 7.1　Spring MVC 的实现过程

为了更好地理解 Spring MVC 的使用方法，本章将通过编写"第一个 Spring MVC 程序"，对它的架构模型和处理请求的流程进行讲解。

7.2　下载、配置 Tomcat

Tomcat 是由 Apache 公司推出的一个轻量级应用服务器，是一款免费开源、运行在 Java 虚拟机上的 Servlet 容器，可绑定 IP 地址并监听 TCP 端口，可实现 JavaWeb 程序的装载。本节将要讲解的内容有 3 个，即下载 Tomcat、配置 Tomcat 的环境变量和在 Eclipse 中配置 Tomcat。

7.2.1　下载 Tomcat

① 打开浏览器，访问如图 7.2 所示的 Apache Tomcat 的官网首页。

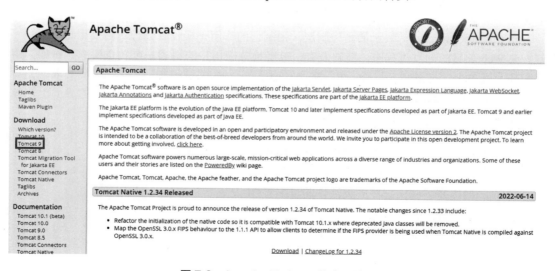

图 7.2　Apache Tomcat 的官网首页

② 单击如图 7.2 所示的页面左侧导航栏中的 Download 下的"Tomcat 9"超链接，页面将跳转到如图 7.3 所示的 Tomcat 9 的下载页面。

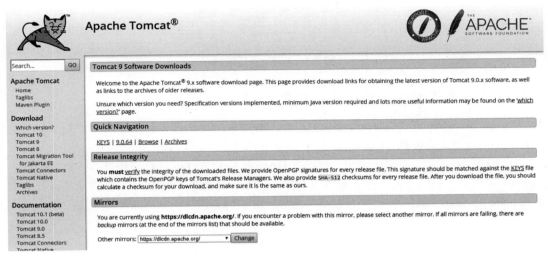

图 7.3　Tomcat 9 的下载页面

③ 使用鼠标滚轮向下查看如图 7.3 所示的 Tomcat 9 的下载页面，找到如图 7.4 所示的 Tomcat 9 的版本号，即"9.0.64"。笔者因为使用的是 64 位的 Win 10 系统，所以单击的是如图 7.4 所示的 Binary Distributions 下的"64-bit Windows zip (pgp, sha512)"超链接。这时，会弹出"新建下载任务"对话框，笔者把 zip 压缩包下载到 D 盘根目录下的名为"Apache"的文件夹中。

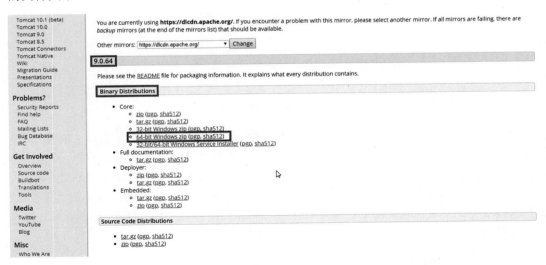

图 7.4　单击"64-bit Windows zip (pgp, sha512)"超链接

④ 如图 7.5 所示，apache-tomcat-9.0.64-windows-x64.zip 压缩包下载完成后，将其解压到当前文件夹（即 D 盘根目录下的名为"Apache"的文件夹）中。

图 7.5 解压 zip 压缩包

7.2.2 配置 Tomcat 的环境变量

把 apache-tomcat-9.0.64-windows-x64.zip 压缩包解压到 D 盘根目录下名为 "Apache" 的文件夹中后，下面将要执行的操作是配置 Tomcat 的环境变量。

① 如图 7.6 所示，在第 1 章中，已经把 Open JDK 17 的 bin 目录的路径（即 D:\Java\jdk-17\bin）填写到 "系统变量" 栏中 Path 变量中。但是，在配置 Tomcat 的环境变量之前，需要修改 JDK 的环境变量。

图 7.6 JDK 的环境变量

② 在桌面上的 "此电脑" 图标上单击鼠标右键，在弹出的快捷菜单中选择 "属性"，在弹出的窗体左侧单击 "高级系统设置" 超链接。在弹出的 "系统属性" 对话框中，单击 "环境变量" 按钮。在弹出的 "环境变量" 对话框中，单击 "系统变量" 栏下的 "新建" 按钮。在弹出的如图 7.7 所示的 "编辑系统变量" 对话框中，先把 "JAVA_HOME" 输入到 "变量名" 后的文本框中，再把 Open JDK 17 的 Zip 压缩包解压后的路径（即 D:\Java\jdk-17）输入到 "变量值" 后的文本框中，最后单击 "确定" 按钮。

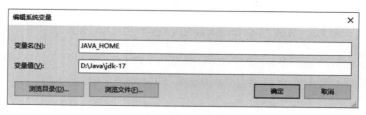

图 7.7 "编辑系统变量" 对话框

③ 选中"系统变量"栏中 Path 变量后，单击"系统变量"栏下方的"编辑"按钮。在弹出的"编辑环境变量"对话框中，先选中如图 7.6 所示的"D:\Java\jdk-17\bin"，再单击"编辑"按钮，将其修改为如图 7.8 所示的"%JAVA_HOME%\bin"，最后单击"确定"按钮。

图 7.8　修改 Open JDK 17 的、bin 目录的路径

④ 在弹出的"环境变量"对话框中，再次单击"系统变量"栏下的"新建"按钮。在弹出的如图 7.9 所示的"编辑系统变量"对话框中，先把"CATALINA_HOME"输入到"变量名"后的文本框中，再把 apache-tomcat-9.0.64-windows-x64.zip 压缩包解压后的路径（即"D:\Apache\apache-tomcat-9.0.64"）输入到"变量值"后的文本框中，最后单击"确定"按钮。

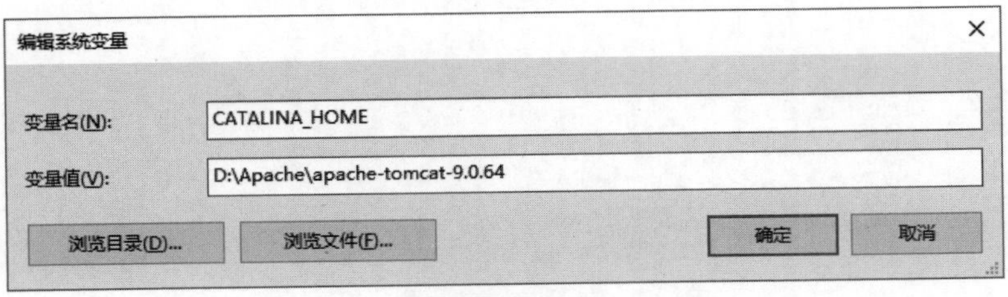

图 7.9　"编辑系统变量"对话框

⑤ 选中"系统变量"栏中 Path 变量后，再次单击"系统变量"栏下方的"编辑"按钮。在弹出的如图 7.10 所示的"编辑环境变量"对话框中，先单击"新建"按钮，这时会在列表中出现一个空的环境变量；再将"%CATALINA_HOME%\bin"填写到这个空的环境变量中；最后，单击对话框下方的"确定"按钮。

⑥ 通过步骤②～⑤，已经完成了配置 Tomcat 9 的环境变量的相关操作。下面测试一下 Tomcat 的环境变量是否配置成功。通过 <⊞图标 + R> 快捷键，可以打开如图 7.11 所示的"运行"对话框。因为"startup.bat"是 Tomcat 9 的启动文件，所以把"startup.bat"输入到"打开"

图 7.10 输入"%CATALINA_HOME%\bin"

图 7.11 打开"运行"对话框

后的文本框中。最后，单击"确定"按钮。

⑦ Tomcat 9 启动后，会弹出如图 7.12 所示的对话框。在对话框中，会输出 Tomcat 9 的启动信息。

图 7.12 输出 Tomcat 9 的启动信息

⑧ 待 Tomcat 9 的启动信息输出完毕后，打开浏览器，输入网址"localhost:8080"或"127.0.0.1:8080"，按下回车，就会弹出如图 7.13 所示的页面，这说明已经成功配置了 Tomcat 9 的环境变量。

第 7 章　Spring MVC

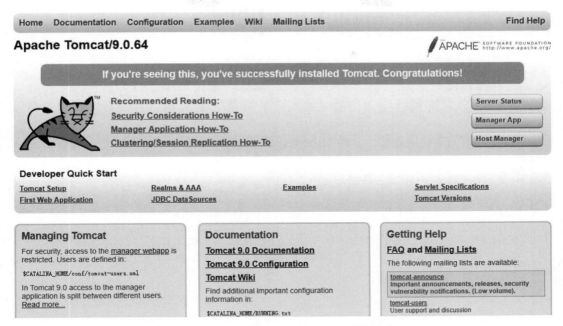

图 7.13　Apache Tomcat 9.0.64 的首页

⑨ 当如图 7.12 所示的对话框显示在屏幕上时，通过 <Ctrl + C> 快捷键，即可将其关闭。

7.2.3　在 Eclipse 中配置 Tomcat

通过 7.2.2 节，已经成功配置了 Tomcat 9 的环境变量，但这仅完成了配置 Tomcat 的第一步。下面将要执行的操作是配置 Tomcat 的第二步，即在 Eclipse 中配置 Tomcat。

① 打开 Eclipse，选择 Window → Preference 菜单。在弹出的如图 7.14 所示的"Preferences"对话框的左侧菜单中，找到并展开 Server 菜单，单击 Runtime Environments 子菜单。单击右侧的"Add"按钮添加新的 Server。

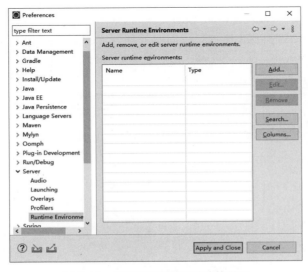

图 7.14　打开添加服务器的功能界面

107

② 在弹出的如图 7.15 所示的对话框中，找到并展开 Apache 文件夹，单击如图 7.16 所示的"Apache Tomcat v9.0"子文件。单击"Next"按钮。

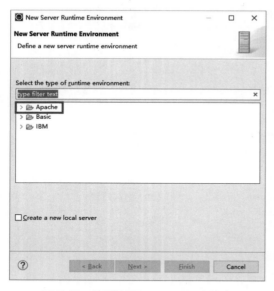
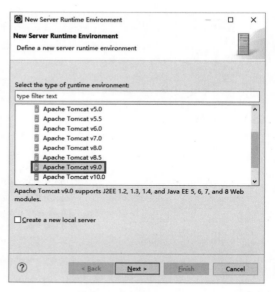

图 7.15　找到并展开 Apache 文件夹　　　图 7.16　单击"Apache Tomcat v9.0"子文件

③ 在弹出的如图 7.17 所示的对话框中，先通过单击"Browse"按钮，指定 apache-tomcat-9.0.64-windows-x64.zip 压缩包解压后的路径（即"D:\Apache\apache-tomcat-9.0.64"）；再通过下拉菜单，指定 JRE（即 jdk-17）；最后，单击"Finish"按钮。

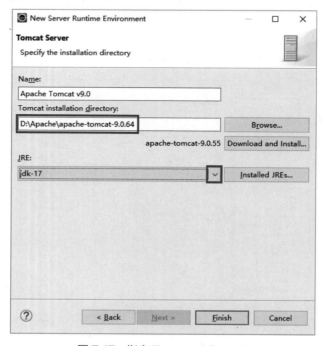

图 7.17　指定 Tomcat 9 和 JRE

第 7 章 Spring MVC

④ 完成步骤③的操作后，单击如图 7.18 所示的 Eclipse 下方的"Servers"选项中的"No servers are available. Click this link to create a new server…"超链接。

图 7.18 单击"No servers are available. Click this link to create a new server..."超链接

⑤ 在弹出的如图 7.19 所示的对话框中，找到并展开 Apache 文件夹。

⑥ 单击如图 7.20 所示的"Tomcat v9.0 Server"子文件后，单击"Finish"按钮。

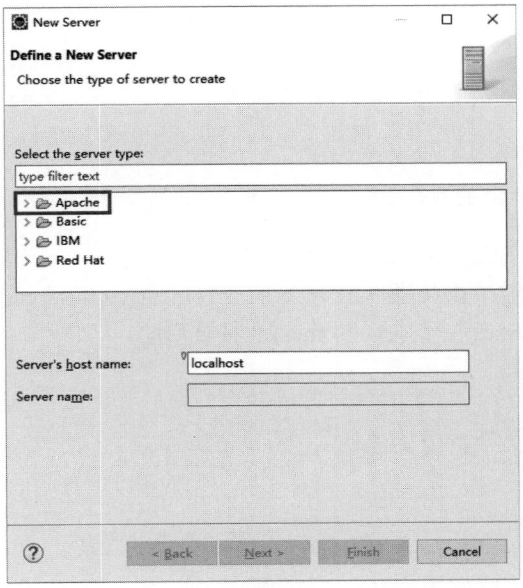

图 7.19 找到并展开 Apache 文件夹 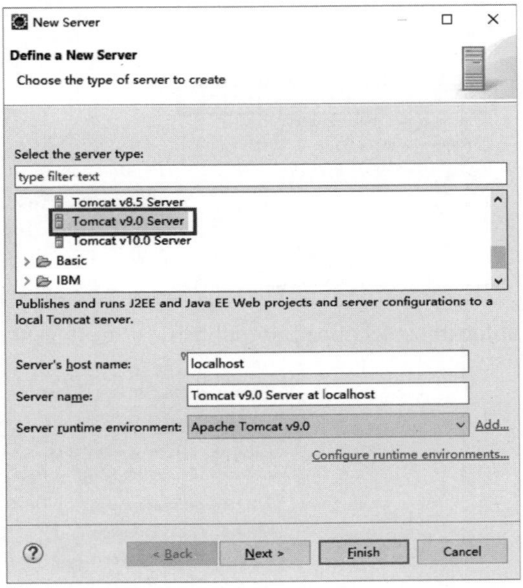　　　　图 7.20 单击"Tomcat v9.0 Server"子文件

⑦ 完成步骤⑥的操作后，如图 7.18 所示的 Eclipse 下方的"Servers"选项中的超链接会被修改为如图 7.21 所示的"Tomcat v9.0 Server at localhost [Stopped, Republish]"。此外，如图 7.22 所示，在 Eclipse 的"Project Explorer"中，会新生成一个名为"Servers"的文件夹。这个文件夹就是已经配置的 Tomcat 9。

图 7.21 修改后的"Servers"选项

图 7.22 在"Project Explorer"中新生成"Servers"的文件夹

⑧ 双击如图 7.21 所示的"Tomcat v9.0 Server at localhost [Stopped, Republish]"。在如图 7.23 所示的界面中，先找到并勾选"Use Tomcat installation (takes control of Tomcat installation)"，再找到并勾选"Publish module contexts to separate XML Files"，最后通过<Ctrl + S>快捷键保存修改后的相关配置。

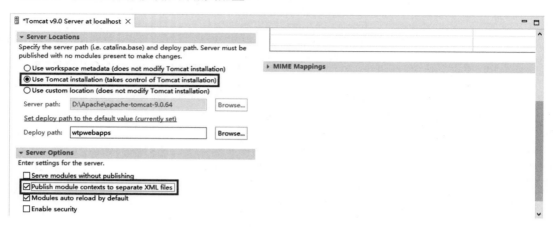

图 7.23　修改 Tomcat 的相关配置

⑨ 通过以上操作，已经完成了在 Eclipse 中配置 Tomcat 的操作。下面在 Eclipse 中测试一下 Tomcat 是否配置成功。如图 7.24 所示，右键单击如图 7.21 所示的"Tomcat v9.0 Server at localhost [Stopped, Republish]"，选择并单击"Start"。这时，Tomcat 9 将被启动。

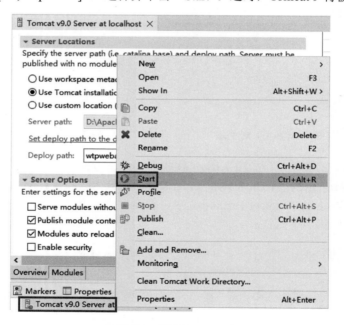

图 7.24　启动 Tomcat 9

⑩ Tomcat 9 启动后，在 Eclipse 的控制台上会打印如图 7.25 所示的 Tomcat 9 的启动信息。

⑪ 待 Tomcat 9 的启动信息在控制台上打印完毕后，打开浏览器，输入网址"localhost:8080"或"127.0.0.1:8080"，按下回车，就会弹出如图 7.26 所示的页面，这说明已经成功地在 Eclipse 中配置了 Tomcat。

第 7 章　Spring MVC

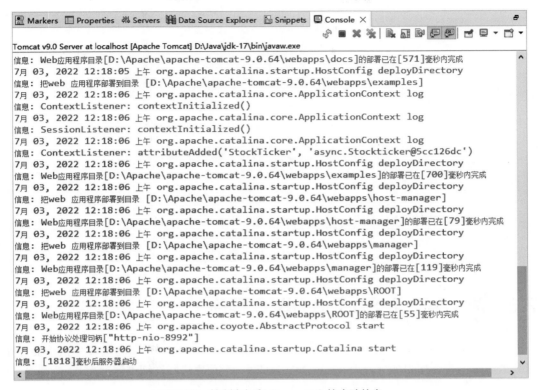

图 7.25　控制台打印 Tomcat 9 的启动信息

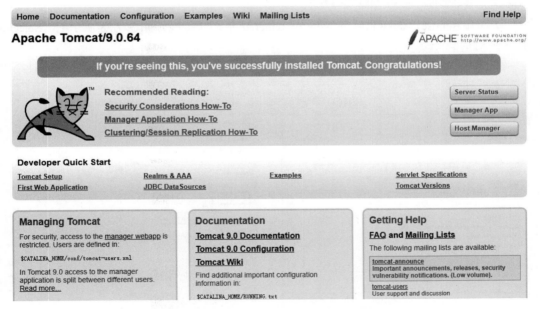

图 7.26　Apache Tomcat 9.0.64 的首页

⑫ 当需要终止 Tomcat 9 运行时，如图 7.27 所示，右键单击 Eclipse 下方的"Servers"选项中的"Tomcat v9.0 Server at localhost [Started, Synchronized]"，选择并单击"Stop"。这时，Tomcat 9 将被终止运行。

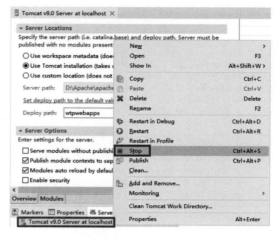

图 7.27　终止 Tomcat 9 运行

7.3　第一个 Spring MVC 程序

通过上述内容，已经成功地下载了 Tomcat、配置了 Tomcat 的环境变量和在 Eclipse 中配置了 Tomcat。下面就对如何使用 Spring MVC 编写一个程序进行详细讲解。

7.3.1　创建动态 Web 项目

① 打开 Eclipse，选择 File → New → Other 菜单，即可打开如图 7.28 所示的"Select a wizard"对话框。

② 找到并展开 Web 文件夹，单击如图 7.29 所示的"Dynamic Web Project"子文件。单击"Next"按钮。

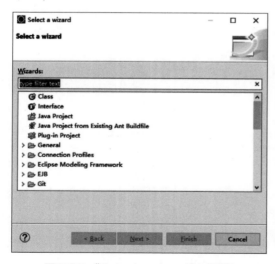

图 7.28　"Select a wizard"对话框

图 7.29　单击 Web 文件夹中的"Dynamic Web Project"子文件

第 7 章　Spring MVC

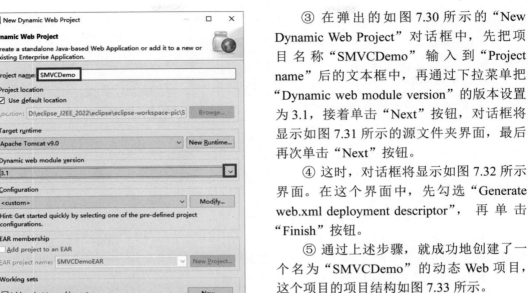

③ 在弹出的如图 7.30 所示的"New Dynamic Web Project"对话框中，先把项目名称"SMVCDemo"输入到"Project name"后的文本框中，再通过下拉菜单把"Dynamic web module version"的版本设置为 3.1，接着单击"Next"按钮，对话框将显示如图 7.31 所示的源文件夹界面，最后再次单击"Next"按钮。

④ 这时，对话框将显示如图 7.32 所示界面。在这个界面中，先勾选"Generate web.xml deployment descriptor"，再单击"Finish"按钮。

⑤ 通过上述步骤，就成功地创建了一个名为"SMVCDemo"的动态 Web 项目，这个项目的项目结构如图 7.33 所示。

图 7.30　输入项目名称、确定动态 Web 模块的版本

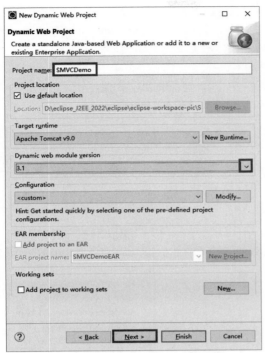

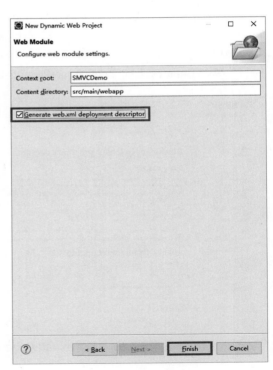

图 7.31　源文件夹界面

图 7.32　在 Web 项目中的 WEB-INF 文件夹下创建 web.xml 文件

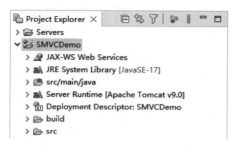

图 7.33　SMVCDemo 项目的项目结构

7.3.2　导入 jar 包

在编写用于实现动态 Web 项目的代码的过程中，需要依赖第三方库文件（简称 jar 包）。这时，就要解决如下的两个问题：一个是把哪些 jar 包导入到动态 Web 项目中；另一个是如何把 jar 包导入到动态 Web 项目中。本节将解决这两个问题。

如图 7.34 所示，把 jar 包复制、粘贴到 SMVCDemo 项目中的 WEB-INF 文件夹中的 lib 文件夹下。先来看后 7 个 jar 包，它们都被存储在 spring-5.3.20-dist.zip 压缩包（通过第 1 章，已经对其完成了下载）中；再来看 commons-

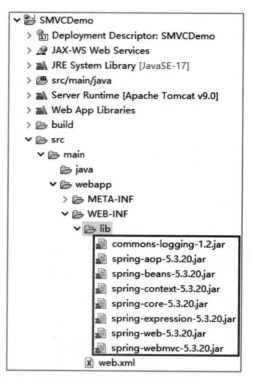

图 7.34　把 jar 包存储在 WEB-INF 文件夹中的 lib 文件夹下

logging-1.2.jar，在浏览器中输入网址 https://commons.apache.org/proper/commons-logging/download_logging.cgi，访问如图 7.35 所示的"Download Apache Commons Logging"页面，找到并单击 Binaries 下的"commons-logging-1.2-bin.zip"超链接进行下载。

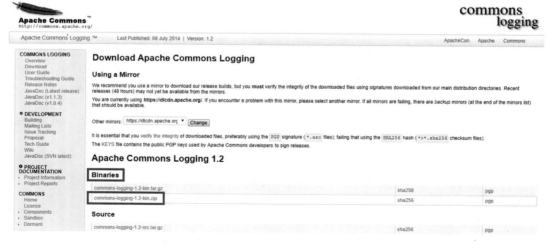

图 7.35　"Download Apache Commons Logging"页面

如图 7.36 所示，把 SMVCDemo 项目中的 WEB-INF 文件夹中的 lib 文件夹下的 8 个 jar 包全部选中后，在其中一个 jar 包上单击右键，先选择"Build Path"，再选择并单击"Add to Build Path"。

第 7 章　Spring MVC

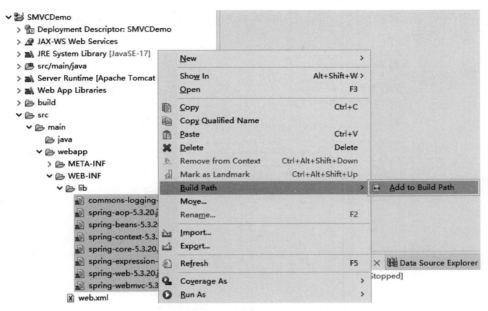

图 7.36　把 jar 包导入到项目中的操作步骤

如图 7.37 所示，待这 8 个 jar 包全部导入到项目中后，就会在 SMVCDemo 项目中新生成一个名为"Referenced Libraries"的类库。在这个类库中，存储的就是已经导入到项目中的 8 个 jar 包。

7.3.3　编写控制器类

在第一个 Spring MVC 程序中，控制器类被命名为"ViewController"，存储在"com.mr.controller"的包中。因此，在编写控制器类之前，需要创建名为"com.mr.controller"的包。

首先如图 7.38 所示，右键单击 SMVCDemo 项目中的"src/main/java"，选择"New"，选择并单击"Package"。

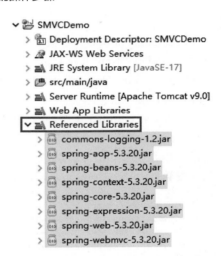

图 7.37　把 jar 包导入到项目中后的结果

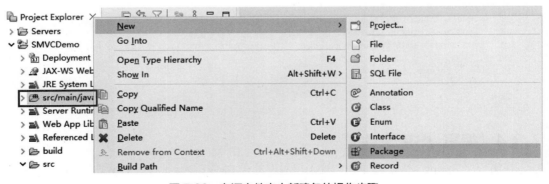

图 7.38　在源文件夹中新建包的操作步骤

115

然后如图 7.39 所示，把包名称"com.mr.controller"输入到"Name"后的文本框中，单击"Finish"按钮。

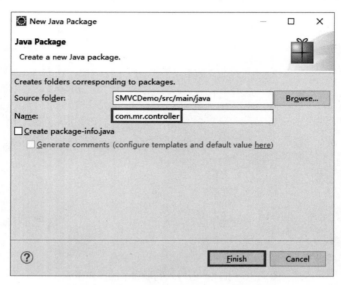

图 7.39 "New Java Package"对话框

"com.mr.controller"包被创建后，使用右键单击它，选择"New"，选择并单击"Class"。这时，会弹出"New Java Class"对话框。把类名称"ViewController"输入到"Name"后的文本框中，单击"Finish"按钮。这样，就在"com.mr.controller"包中创建了控制器类，即 ViewController 类。

在 ViewController 类中，需要使用两个注解，即"@Controller"和"@RequestMapping"。其中，@Controller 注解的作用是说明 ViewController 类是一个控制器；@RequestMapping 注解的作用是映射 URL 地址请求。此外，还要使用 Model 类中的 addAttribute() 方法，向视图层转发数据。ViewController.java 文件中的代码如下所示。

```
01 package com.mr.controller;
02 import org.springframework.stereotype.Controller;
03 import org.springframework.ui.Model;
04 import org.springframework.web.bind.annotation.RequestMapping;
05
06 @Controller
07 public class ViewController {
08     @RequestMapping(value = "/index")
09     public String hello(Model model) {
10         model.addAttribute("greeting", "Hello Spring MVC");// 网页 title 为 Hello Spring MVC
11         return "index";
12     }
13 }
```

7.3.4 编写 JSP 文件

在第一个 Spring MVC 程序中，视图层对应的是 SMVCDemo 项目中 WEB-INF 文件夹中的 jsp 文件夹下的 index.jsp。下面就先创建 index.jsp，再编写 index.jsp。

第 7 章　Spring MVC

首先如图 7.40 所示，找到并右键单击 SMVCDemo 项目中的 WEB-INF 文件夹，选择"New"，选择并单击"Folder"。

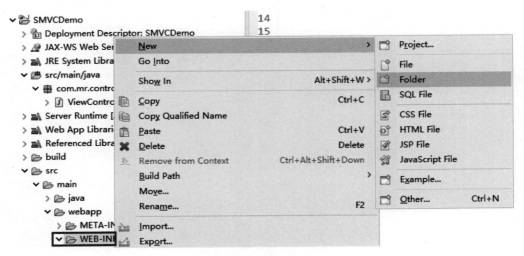

图 7.40　新建文件夹

这时，会弹出如图 7.41 所示的"New Folder"对话框。把文件夹名称"jsp"输入到"Folder name"后的文本框中，单击"Finish"按钮。

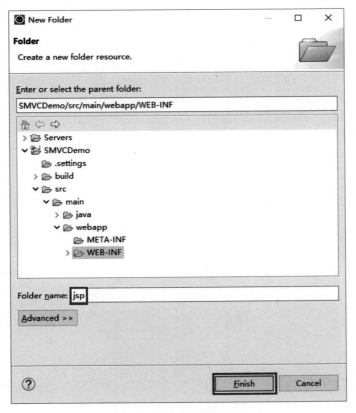

图 7.41　为新建文件夹命名

117

然后如图7.42所示，右键单击jsp文件夹，选择"New"，选择并单击"JSP File"。

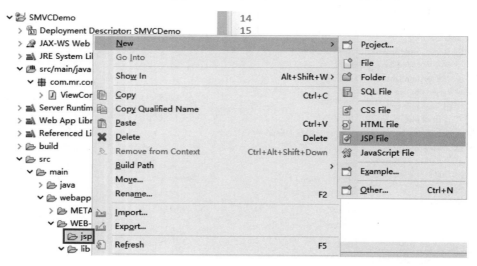

图7.42 新建JSP文件

这时，会弹出如图7.43所示的"New JSP File"对话框。把JSP文件名称"index.jsp"输入到"File name"后的文本框中，单击"Finish"按钮。

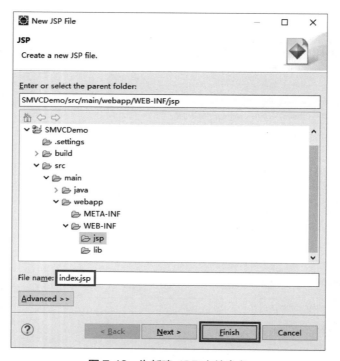

图7.43 为新建JSP文件命名

index.jsp被创建后，即可在index.jsp中编写代码。对于SMVCDemo项目而言，index.jsp有如下两个功能：一个是设置网页title，另一个是在网页上显示"Hello, SpringMVC!"的内容。index.jsp文件中的代码如下所示。

第 7 章　Spring MVC

```
01 <%@ page language="java" contentType="text/html; charset=UTF-8"
02     pageEncoding="UTF-8"%>
03 <html>
04 <head>
05 <meta http-equiv="Content-Type" content="text/html; charset=UTF-8">
06 <title>${greeting}</title>
07 </head>
08 <body>
09     Hello, SpringMVC!
10 </body>
11 </html>
```

7.3.5　编写 XML 文件

在 SMVCDemo 项目中的 WEB-INF 文件夹下，有 3 个 XML 文件，即 applicationContext.xml、web.xml 和 springmvc-servlet.xml。下面将对这 3 个 XML 文件各自发挥的作用及其实现代码进行讲解。

在讲解 applicationContext.xml 文件的作用及其实现代码之前，需要在 SMVCDemo 项目中的 WEB-INF 文件夹下对其进行创建。如图 7.44 所示，右键单击 WEB-INF 文件夹，选择"New"，选择并单击"Other"。

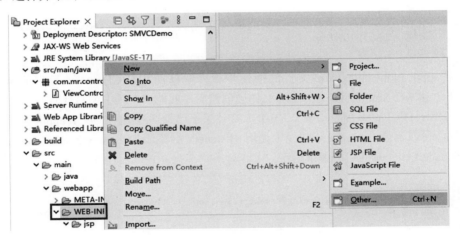

图 7.44　打开"Select a wizard"对话框

这时，会弹出如图 7.45 所示的"Select a wizard"对话框。在对话框中找到并展开"XML"文件夹后，先单击其中的"XML File"，再单击"Next"按钮。

在弹出的如图 7.46 所示的"New XML File"对话框中，把 XML 文件名称"applicationContext.xml"输入到"File name"后的文本框中，单击"Finish"按钮。

applicationContext.xml 文件被创建后，即可在其中编写代码。applicationContext.xml 文件是 Spring 框架的全局配置文件，用于启动并初始化 Spring 框架的一些基础组件。applicationContext.xml 文件中的代码如下所示。

```
01 <?xml version="1.0" encoding="UTF-8"?>
02 <beans xmlns="http://www.springframework.org/schema/beans"
03     xmlns:xsi="http://www.w3.org/2001/XMLSchema-instance"
04     xsi:schemaLocation="http://www.springframework.org/schema/beans
```

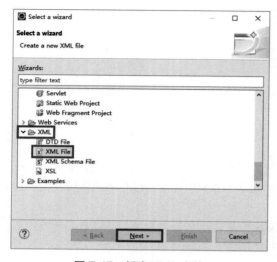

图 7.45 新建 XML 文件

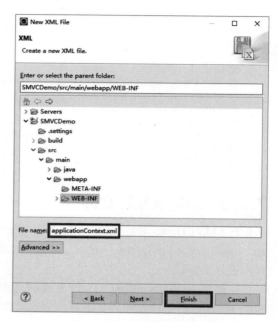

图 7.46 为新建 XML 文件命名

```
05      http://www.springframework.org/schema/beans/spring-beans.xsd">
06  </beans>
```

按照 applicationContext.xml 文件的创建步骤，即可在 SMVCDemo 项目中的 WEB-INF 文件夹下创建 web.xml 文件。web.xml 文件被创建后，就能够在其中编写代码。

因为在 SMVCDemo 项目中的 WEB-INF 文件夹下已经通过编码实现了 applicationContext.xml 文件，所以需要在 web.xml 文件中使用 <listener> 标签添加 ContextLoaderListener。添加 ContextLoaderListener 的代码如下所示。

```
01  <listener>
02      <listener-class>org.springframework.web.context.ContextLoaderListener
03      </listener-class>
04  </listener>
```

此外，在 web.xml 文件中，还要实现如下 3 个功能：一个是使用 <servlet> 标签部署 DispatcherServlet，拦截所有请求；一个是使用 <servlet-mapping> 标签请求 URL 地址；一个是使用 <context-param> 标签配置一组键值对，告知 ContextLoaderListener 读取在 contextConfigLocation 中定义的 applicationContext.xml 文件，对其中的配置信息执行加载操作。web.xml 文件中的代码如下所示。

```
01  <?xml version="1.0" encoding="UTF-8"?>
02  <web-app xmlns:xsi="http://www.w3.org/2001/XMLSchema-instance"
03      xmlns="http://xmlns.jcp.org/xml/ns/javaee"
04      xsi:schemaLocation="http://xmlns.jcp.org/xml/ns/javaee
05      http://xmlns.jcp.org/xml/ns/javaee/web-app_3_1.xsd"
06      id="WebApp_ID" version="3.1">
07
08      <display-name>SMVCDemo</display-name>
```

```
09
10      <!-- 部署 DispatcherServlet, 拦截所有请求 -->
11      <servlet>
12          <servlet-name>springmvc</servlet-name>
13          <servlet-class>org.springframework.web.servlet.DispatcherServlet</servlet-class>
14          <load-on-startup>1</load-on-startup>
15      </servlet>
16
17      <servlet-mapping>
18          <servlet-name>springmvc</servlet-name>
19          <url-pattern>/</url-pattern>
20      </servlet-mapping>
21
22      <context-param>
23          <param-name>contextConfigLocation</param-name>
24          <param-value>/WEB-INF/applicationContext.xml</param-value>
25      </context-param>
26
27      <listener>
28          <listener-class>org.springframework.web.context.ContextLoaderListener
29          </listener-class>
30      </listener>
31
32 </web-app>
```

因为 springmvc-servlet.xml 文件也在 SMVCDemo 项目中的 WEB-INF 文件夹下，所以需要按照 applicationContext.xml 文件的创建步骤对其进行创建。

说明

因为在 web.xml 文件中使用 <servlet-name> 标签设置了 servlet 的名称（即 springmvc），所以 Spring MVC 的配置文件的文件名须是"springmvc-servlet.xml"。

springmvc-servlet.xml 文件是 Spring MVC 的配置文件。当 Spring MVC 初始化时，程序就会在 SMVCDemo 项目中的 WEB-INF 文件夹下查找这个配置文件。springmvc-servlet.xml 文件中的代码如下所示。

```
01 <?xml version="1.0" encoding="UTF-8"?>
02 <beans xmlns="http://www.springframework.org/schema/beans"
03     xmlns:xsi="http://www.w3.org/2001/XMLSchema-instance"
04     xmlns:p="http://www.springframework.org/schema/p"
05     xmlns:context="http://www.springframework.org/schema/context"
06     xmlns:mvc="http://www.springframework.org/schema/mvc"
07     xsi:schemaLocation="http://www.springframework.org/schema/beans
08         http://www.springframework.org/schema/beans/spring-beans.xsd
09         http://www.springframework.org/schema/context
10         http://www.springframework.org/schema/context/spring-context.xsd
11         http://www.springframework.org/schema/mvc
12         http://www.springframework.org/schema/mvc/spring-mvc.xsd">
13     <!-- 扫包 -->
14     <context:component-scan
15         base-package="com.mr.controller">
16     </context:component-scan>
17
18     <bean
19         class="org.springframework.web.servlet.view.InternalResourceViewResolver">
```

```
20          <!-- 指定页面存放的路径 -->
21          <property name="prefix" value="/WEB-INF/jsp/"></property>
22          <!-- 文件的后缀 -->
23          <property name="suffix" value=".jsp"></property>
24       </bean>
25   </beans>
```

7.3.6 运行 Spring MVC 程序

通过 7.3 节的内容，已经成功地编写了第一个 Spring MVC 程序。那么，如何查看这个程序的运行结果呢？本节将解答这个问题。

首先如图 7.47 所示，右键单击 SMVCDemo 项目，选择"Run As"，选择并单击"Run on Server"。

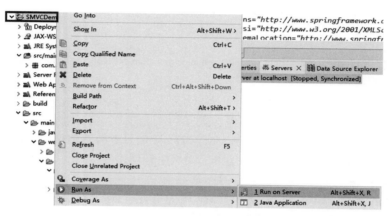

图 7.47　选择并单击"Run on Server"

然后在弹出的如图 7.48 所示的"Run on Server"对话框中，先找到并展开"localhost"文件夹，再单击"Tomcat v9.0 Server at localhost"，最后单击"Next"按钮。

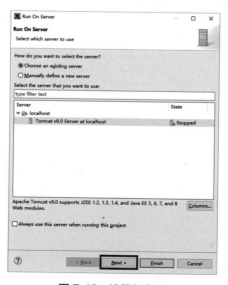

图 7.48　选择服务器

第 7 章　Spring MVC

最后对话框显示的界面会跳转到如图 7.49 所示的"Add and Romove"界面，先确认已经把即将被运行的 SMVCDemo 项目添加到 Tomcat 9 后，再单击"Finish"按钮。

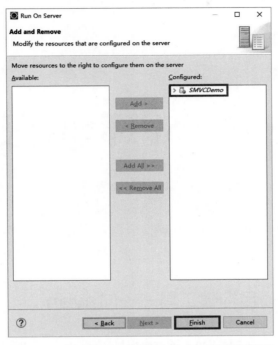

图 7.49　确认已经把即将被运行的项目添加到服务器

待 Tomcat 9 的启动信息在控制台上打印完毕后，打开浏览器，输入网址"localhost:8080/SMVCDemo/index"后，按下回车，就会弹出如图 7.50 所示的页面，这就是第一个 Spring MVC 程序的运行结果。

图 7.50　第一个 Spring MVC 程序的运行结果。

 说明　因为笔者的 8080 端口被其他程序占用，所以把链接 Tomcat 的端口号修改为 8992。

123

第 8 章
Spring Boot 环境搭建

扫码获取本书资源

Maven 是 Apache 公司推出的一款项目构建管理工具，是一个非常小的软件，非常适合初学者快速上手。开发者只需在 XML 配置文件中填写当前 Java 项目需要使用的 jar 文件的名称、版本号等信息，Maven 就可以自动从服务器下载并导入这些 jar 文件。

8.1 安装项目构建工具——Maven

Maven 是一款绿色软件，只需要先下载压缩包，再将已经下载完成的压缩包解压到本地硬盘即可。下面讲解一下如何下载、安装 Maven。

8.1.1 下载压缩包

① 打开浏览器，输入 Maven 的官方网址，打开如图 8.1 所示的主页之后，在左侧的菜单栏中单击"Download"超链接，进入下载页面。

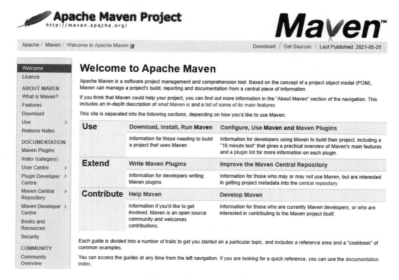

图 8.1　Maven 的主页

② 进入下载页面之后，Files 标题下的内容就是 Maven 的下载链接。找到"Binary zip archive"对应的"Link"链接，例如本书下载的 Maven 版本为 3.8.1，所以单击"apache-maven-3.8.1-bin.zip"，即可开启下载任务，位置如图 8.2 所示。

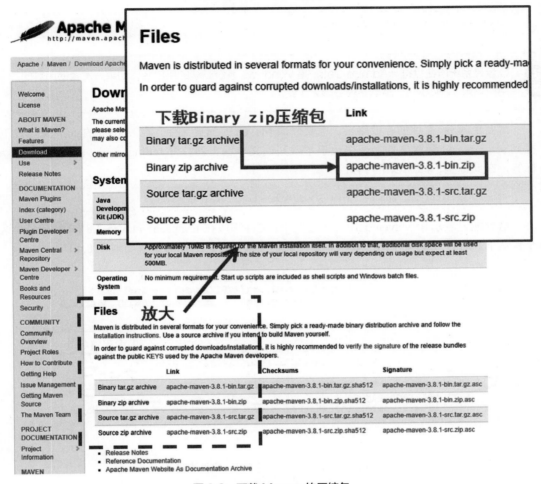

图 8.2　下载 Maven 的压缩包

③ 下载完 zip 压缩包之后，将其解压到本地硬盘上，如图 8.3 所示。这样完成了下载与安装的工作，下一步将对 Maven 进行配置，指定存放 jar 文件的路径以及下载采用的服务器。

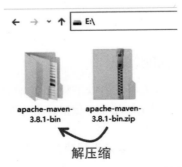

图 8.3　解压缩 Maven 的 zip 压缩包

8.1.2 修改 jar 文件的存放位置

Maven 自动下载 jar 文件后，会将这些 jar 文件存放在本地硬盘上。如果不指定存放目录，Maven 会默认将 jar 文件存放在如下位置。

```
C:\Users\Administrator\.m2\repository
```

 C 盘是系统所在盘符，Administrator 是 Windows 系统默认的用户名，如果开发者使用其他用户登录 Windows，默认路径会随之改变。

想要更改 jar 文件的存放路径，需要修改 Maven 的配置文件。在 Maven 的 conf 文件夹下找到 settings.xml 配置文件，使用记事本或其他文本编辑器打开 settings.xml，找到 <settings> 标签，在此标签下添加以下内容。

```
<localRepository>E:/apache-maven-3.8.1/Maven-lib</localRepository>
```

这行配置表示让 Maven 把所有下载的 jar 文件都放在 E:/apache-maven-3.8.1/Maven-lib 这个目录下。若该目录不存在，Maven 会自动创建该目录。添加的位置类似图 8.4 所示。

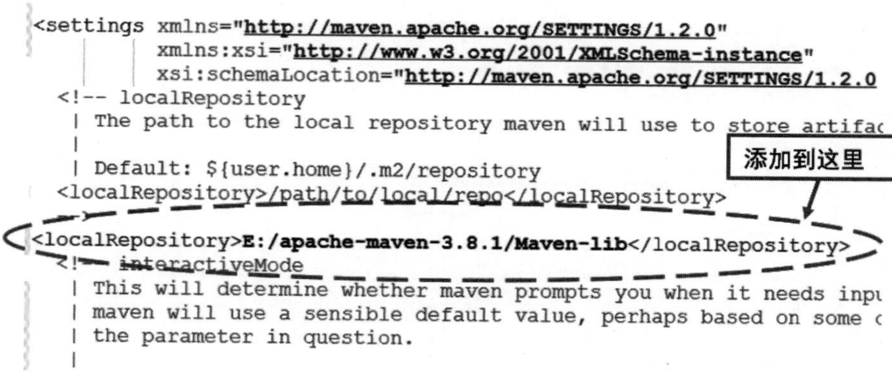

图 8.4 指定 Maven 存放 jar 文件的路径

 ① <!-- --> 是 XML 文件的注释标签，请不要在此标签内写配置内容。
② 推荐读者使用免费的文本编辑软件 Notepad++ 对配置文件进行编辑，图 8.4 正是 Notepad++ 编辑时的效果。

8.1.3 添加阿里云中央仓库镜像

因为 Maven 默认连接国外的服务器，所以下载 jar 文件的速度会很慢。开发者可以通过修改镜像配置的方式，让 Maven 从国内的阿里云 Maven 中央仓库下载 jar 文件，下载速度会比默认服务器快很多。

阿里云 Maven 中央仓库为"阿里云云效"提供的公共代理仓库，在主页中可以找到如图 8.5 所示的 Maven 配置指南。

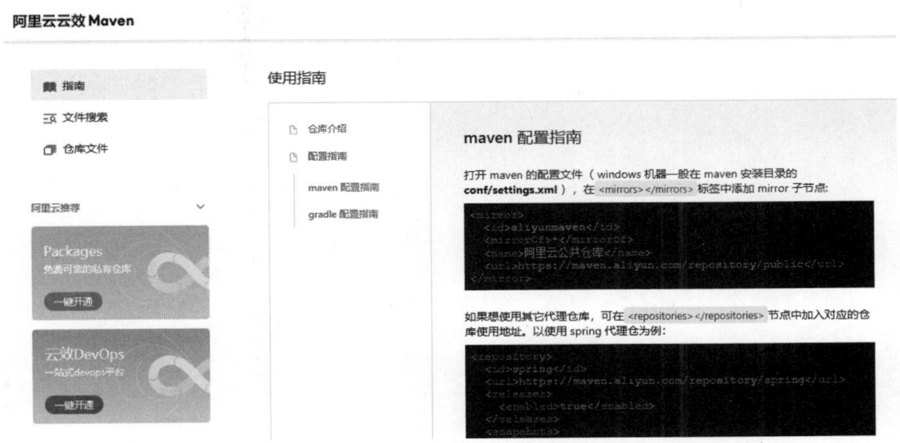

图 8.5　阿里云云效 Maven 主页的配置指南页面

在配置指南中列出了阿里云 Maven 中央仓库的镜像节点，内容如下：

```
01 <mirror>
02     <id>aliyunmaven</id>
03     <mirrorOf>*</mirrorOf>
04     <name>阿里云公共仓库</name>
05     <url>https://maven.aliyun.com/repository/public</url>
06 </mirror>
```

参照 8.1.2 小节的操作，再次打开并编辑 settings.xml 配置文件，找到 <mirrors> 标签，将阿里云 Maven 中央仓库的镜像节点文本粘贴在该标签下，位置类似图 8.6 所示。

```xml
<mirrors>
    <!-- mirror
     | Specifies a repository mirror site to use instead of a given repository. The reposit
     | this mirror serves has an ID that matches the mirrorOf element of this mirror. IDs a
     | for inheritance and direct lookup purposes, and must be unique across the set of mi
     |
    <mirror>
      <id>mirrorId</id>
      <mirrorOf>repositoryId</mirrorOf>
      <name>Human Readable Name for this Mirror.</name>
      <url>http://my.repository.com/repo/path</url>
    </mirror>
     -->
    <mirror>
      <id>aliyunmaven</id>
      <mirrorOf>*</mirrorOf>
      <name>阿里云公共仓库</name>
      <url>https://maven.aliyun.com/repository/public</url>
    </mirror>

    <mirror>
      <id>maven-default-http-blocker</id>
      <mirrorOf>external:http:*</mirrorOf>
      <name>Pseudo repository to mirror external repositories initially using HTTP.</name>
      <url>http://0.0.0.0/</url>
      <blocked>true</blocked>
    </mirror>
</mirrors>
```

图 8.6　配置 Maven 镜像

保存并关闭 settings.xml 配置文件之后，Maven 就会自动从阿里云仓库下载 jar 文件。开发者也可以使用阿里云仓库主页的 "文件搜索" 功能，查询仓库是否可提供某个依赖，以及该依赖的 ID 和版本号等信息，效果如图 8.7 所示。

图 8.7　阿里云云效 Maven 的文件搜索功能页面

8.2　配置 Maven 环境

之前介绍了如何下载并配置 Maven，但没有介绍如何使用 Maven 命令，这是因为 Eclipse 支持 Maven 项目，可以自动调用 Maven 的各项功能，所以不需要开发者手动执行 Maven 命令了。

在创建或导入 Maven 项目之前，首先要为 Eclipse 配置本地安装好的 Maven，步骤如下：

① 选择 Window → Preference 菜单，在打开的首选项窗口的左侧菜单中，展开 Maven 菜单，选中 Installation 子菜单。选中之后可以看到当前 Eclipse 使用的是哪个 Maven 环境，单击右侧的"Add"按钮添加新的 Maven 环境。操作步骤如图 8.8 所示。

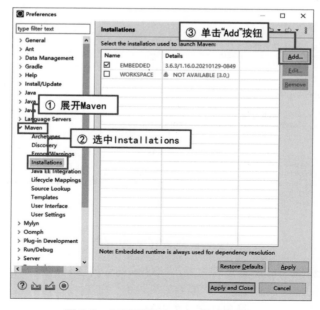

图 8.8　打开配置 Maven 的功能界面

② 在弹出的窗口中单击"Directory"按钮，选中已安装好的 Maven 的根目录，填写完毕之后单击"Finish"按钮。操作如图 8.9 和图 8.10 所示。

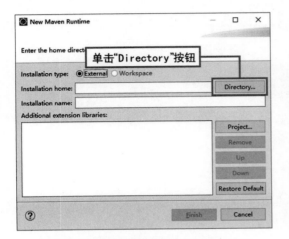

图 8.9　填写已在本地安装的 Maven 路径

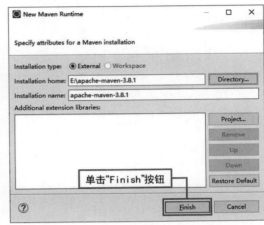

图 8.10　已填写本地 Maven 路径

③ 回到首选项界面，可以看到配置完的 Maven 环境显示在了列表中，鼠标左键选中刚才配置好的 Maven 环境，再单击下方的"Apply"按钮，让配置生效，操作如图 8.11 所示。

图 8.11　选中已配置好的 Maven

注意

单击的不是最下面的"Apply and Close"按钮。

④ 选中 Maven 菜单的 User Settings 子菜单，在右侧窗口中单击第二个"Browse"按钮，操作如图 8.12 所示。

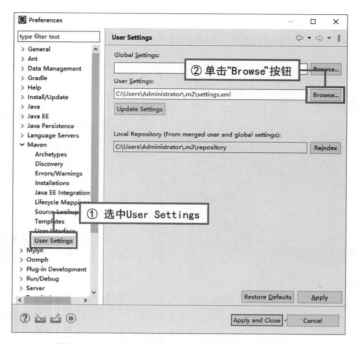

图 8.12　打开设置 Maven 配置文件的功能界面

⑤ 在弹出来的如图 8.13 所示的窗口中，选中本地已安装好的 Maven 的 settings.xml 配置文件，文件的完整路径会自动填写进去，然后单击下面的"Update Settting"按钮，更新 Eclipse 的 Maven 配置（如果开发者修改了 Maven 的配置文件，需要在 Eclipse 中重复此操作）。最后单击下方的"Apply and Close"按钮，完成 Eclipse 的 Maven 环境配置。

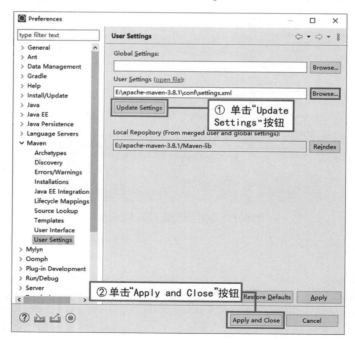

图 8.13　完成 Maven 配置

8.3 接口测试工具——Postman

Postman 是一款功能强大的网络接口测试工具，它可以模拟各种网络场景，发送各式各样的请求。Spring Boot 是一个专门编写服务器接口的框架，一些特殊场景很难用前端页面模拟，因此推荐使用 Postman 来完成复杂场景的测试工作。

Postman 下载及安装步骤如下：

① 打开浏览器，进入 Postman 官网，网页会自动识别所用操作系统，给出适合操作系统的安装包。例如，在 Windows 系统中打开此网页，显示页面如图 8.14 所示。单击左侧的"Download the App"按钮，会弹出"Windows 32-bit"和"Windows 64-bit"两个选项，选择与系统位数相同的选项，即可开始下载任务。

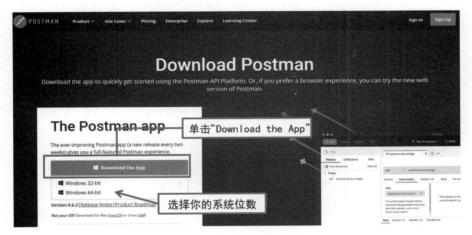

图 8.14　Postman 下载页面

② 下载完成之后，双击安装包，软件会自动安装。安装完成后会在桌面生成如图 8.15 所示的快捷图标。

③ 双击打开 Postman，首先会让用户登录或注册，此时单击下方的"skip and go to the app"超链接，位置如图 8.16 所示，跳过登录，直接进入软件。

图 8.15　桌面上的 Postman 快捷图标

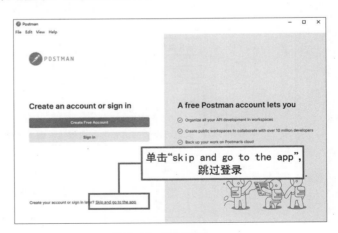

图 8.16　跳过登录

④ 在软件主界面中，单击如图 8.17 所示的"New"按钮，创建新的连接测试。

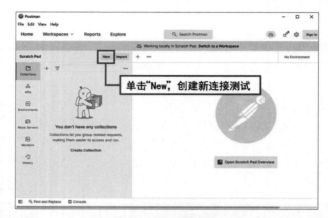

图 8.17　创建新连接测试

⑤ 新的连接测试选择 HTTP Request 类型，如图 8.18 所示。

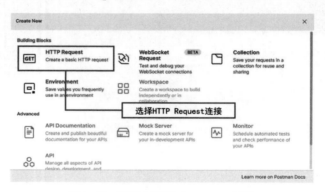

图 8.18　选择 HTTP Request 连接

⑥ 选择完之后，在主界面右侧即可看到如图 8.19 所示的功能面板。开发者只需在此功能面板中填写 URL 地址，设置好请求类型、请求参数等，单击"Send"按钮即可向服务器发送一条请求。服务器返回的内容会在面板底部展示。

图 8.19　发送请求功能面板

8.4 编写第一个 Spring Boot 程序

Spring 官方提供了一个自动创建 Spring Boot 项目的网页，可以为开发者省下大量的配置操作。下面讲解这个网页在编写 Spring Boot 项目时发挥的作用。

8.4.1 在 Spring 官网生成初始项目文件

Spring 官方提供了一个自动创建 Spring Boot 项目的网页，可以为开发者省下大量的配置操作。使用该网页创建 Spring Boot 项目的步骤如下：

① 打开浏览器，输入 Spring 官方网址，在这个页面中填写项目各种配置和基本信息，效果如图 8.20 所示。

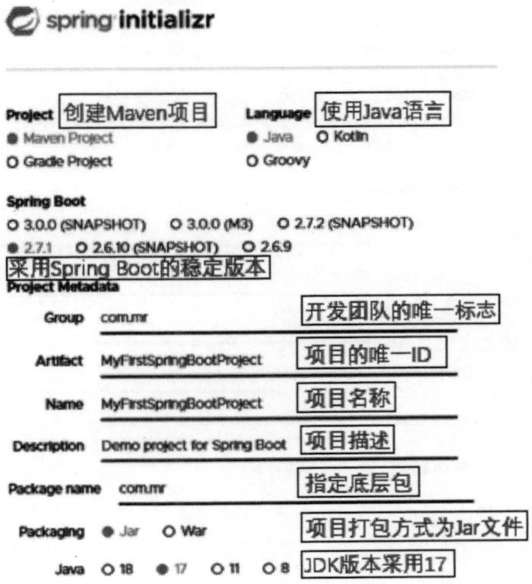

表单中的相关标签说明如下：

☑ Project，表示创建什么类型的项目。书中使用 Maven 作为项目构建工具，所以这里选择 Maven Project，也就 Maven 项目。

☑ Language，表示使用哪种开发语言。这里选择 Java。

☑ Spring Boot，表示使用哪个版本的 Spring Boot。SNAPSHOT 表示仍在开发过程中的试用版，RELEASE 表示稳定版，表单中未做任何标注的版本则认为是 RELEASE 稳定版，因此选择最新的稳定版本 2.5.2。

图 8.20 填写 Spring Boot 项目的相关内容

说明

Spring 官方一直在不断更新 Spring Boot，读者打开网站时看到稳定版本可能会高于 2.5.2，可以下载最新的稳定版本。若在使用过程中发现新版与旧版存在不兼容问题，建议换成本书所使用的 2.5.2 稳定版。

☑ Project Metadata 下的 Group，这是开发团队或公司的唯一标志。命名规则通常为团队/公司主页域名的转置，例如域名为 www.mr.com，Group 就应该写成 com.mr，忽略域名前缀。

☑ Project Metadata 下的 Artifact，表示项目的唯一 ID。因为同一个团队下可能有多个项目，这个 ID 就是用来区分不同项目的。图中填写的是 MyFirstSpringBootProject。

☑ Project Metadata 下的 Name，是项目的名称，也是导入 Eclipse 之后看到的项目名。图中填写的是 MyFirstSpringBootProject。

☑ Project Metadata 下的 Description，是该项目的描述。对于学习者来说使用默认值即可。

☑ Project Metadata 下的 Package name，用于指定 Spring Bootd 的底层包，也就是 Spring Boot 启动类所在的包。图中填写的是 com.mr。

☑ Project Metadata 下的 Packaging，表示项目以哪种格式打包。项目如果打包成 jar 文件，可以直接在 JRE 环境中启动运行；如果打包成 War 文件，可以直接部署到服务器容器中。这里推荐大家打包成 jar 文件，便于学习。

☑ Project Metadata 下的 Java，用于指定项目使用哪个版本的 JDK，这里选择 JDK17，或根据已安装的 JDK 版本进行选择。

② 因为 Spring Boot 主要用于 Web 项目开发，所以还需要给项目添加 Web 依赖。单击页面右侧的"ADD DEPENDENCIES"按钮，列出可选的依赖项。位置如图 8.21 所示。

图 8.21　为项目添加依赖

③ 在列出的依赖项中，鼠标左键单击 Spring Web 选项，位置如图 8.22 所示。

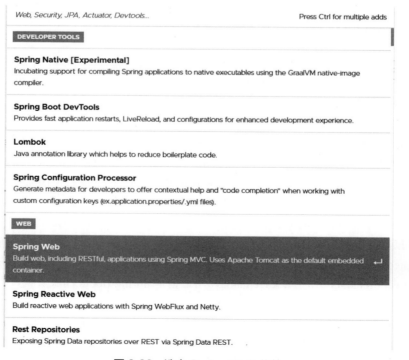

图 8.22　选中 Spring Web 依赖

④ 完成以上操作，可以看到页面右侧已经添加了 Spring Web 依赖，此时单击页面下方的"GENRATE"按钮，位置如图 8.23 所示，下载自动生成的项目压缩包。

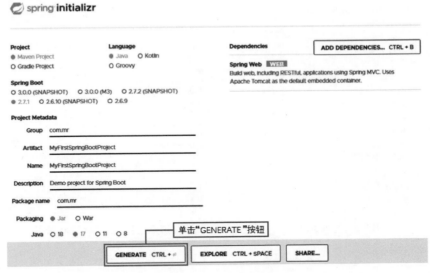

图 8.23　生成并下载初始项目

⑤ 如图 8.24 所示，将下载完成的压缩包解压至本地硬盘后，就完成了初始项目的准备工作。

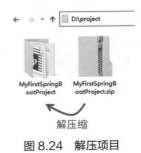

图 8.24　解压项目

8.4.2　Eclipse 导入 Spring Boot 项目

Eclipse 支持导入 Maven 项目，不过导入 Maven 项目的方式与导入普通 Java 项目不太一样，本节将演示 Eclipse 导入 Maven 项目的具体步骤。

① 依次选择 File → Import 菜单，位置如图 8.25 所示。在导入的类型中，选中 Maven 菜单下的 Existing Maven Projects 子菜单，然后单击"Next"按钮，步骤如图 8.26 所示。

② 在弹出的窗口中，单击右侧的"Browse"按钮，位置如图 8.27 所示。找到上一节下载并解压完毕的项目目录，项目目录确认成功后，单击下方的"Finish"按钮完成导入，位置如图 8.28 所示。

③ 导入完成后，Eclipse 会自动启动 Maven 下载 jar 文件的操作，此时 Eclipse 右下方出现一个滚动条，显示下载进度，开发者可以点击滚动条右侧的图标查看下载明细。位置如图 8.29 所示。

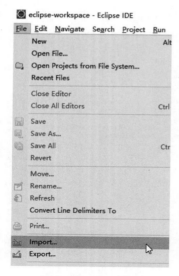

图 8.25 导入菜单 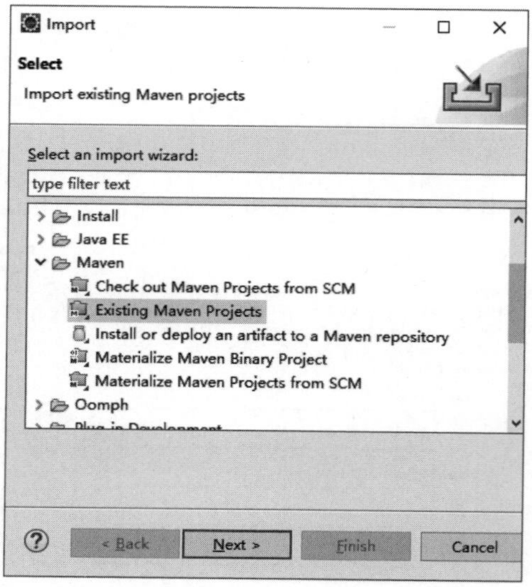　　　　图 8.26 选择已存在的 Maven 项目

图 8.27 找到项目所在目录

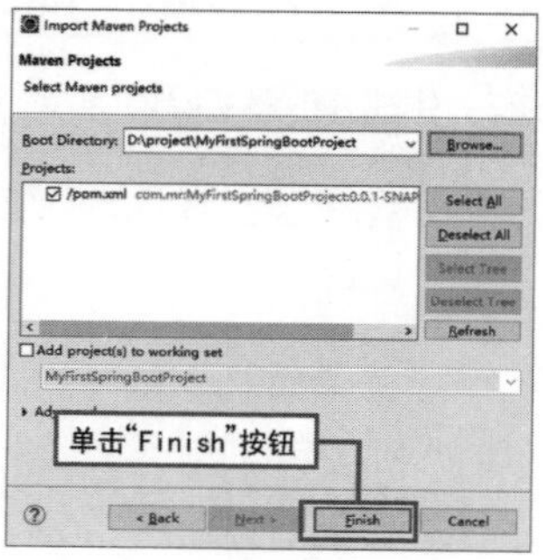

图 8.28 确认导入

图 8.29 Maven 自动下载 jar 文件

导入之后的项目结构如图 8.30 所示。

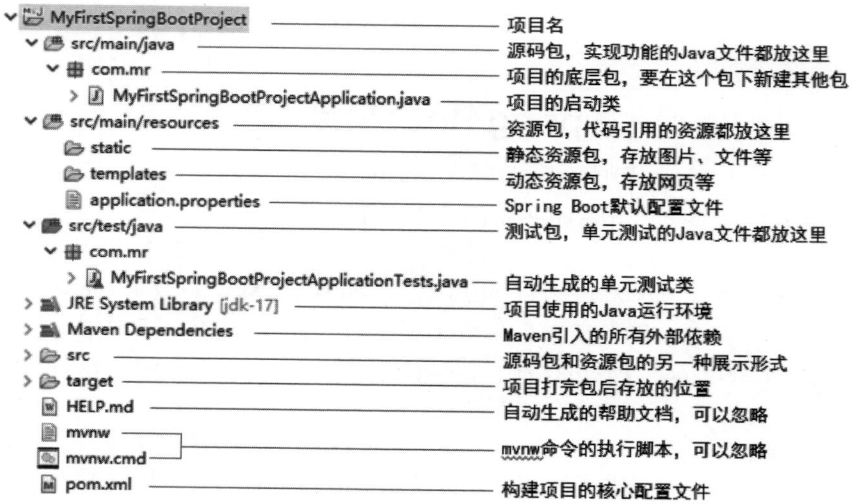

```
▼ MyFirstSpringBootProject ──────────── 项目名
  ▼ src/main/java ────────────── 源码包，实现功能的Java文件都放这里
    ▼ com.mr ──────────── 项目的底层包，要在这个包下新建其他包
      > MyFirstSpringBootProjectApplication.java ── 项目的启动类
  ▼ src/main/resources ──────────── 资源包，代码引用的资源都放这里
      static ──────────────── 静态资源包，存放图片、文件等
      templates ─────────────── 动态资源包，存放网页等
      application.properties ─────── Spring Boot默认配置文件
  ▼ src/test/java ──────────── 测试包，单元测试的Java文件都放这里
    ▼ com.mr
      > MyFirstSpringBootProjectApplicationTests.java ── 自动生成的单元测试类
  > JRE System Library [jdk-17] ──────── 项目使用的Java运行环境
  > Maven Dependencies ──────────── Maven引入的所有外部依赖
  > src ─────────────────── 源码包和资源包的另一种展示形式
  > target ────────────────── 项目打完包后存放的位置
    HELP.md ─────────────── 自动生成的帮助文档，可以忽略
    mvnw ────────────┐
    mvnw.cmd ─────────┴── mvnw命令的执行脚本，可以忽略
    pom.xml ─────────────── 构建项目的核心配置文件
```

图 8.30 初始项目的文件结构

> **说明**
>
> Eclipse 有两种常用的项目结构视图风格：一种叫 Project Explorer；另一种叫 Package Explorer。这两种风格如图 8.31 和图 8.32 所示。读者可以按照自己的习惯选择哪种视图。如果在 Eclipse 中找不到任何一种视图，可以点击 Eclipse 右上角的搜索按钮，在弹出搜索框中输入"explorer"就可以看到这两个种视图选项了，操作如图 8.33 和图 8.34 所示。 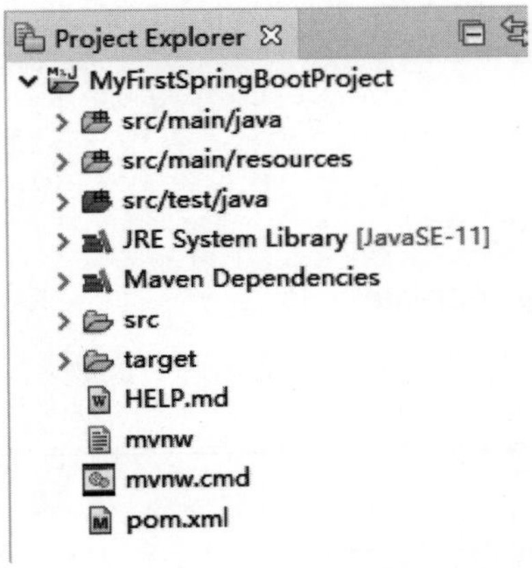
>
> 图 8.31　Project Explorer 视图 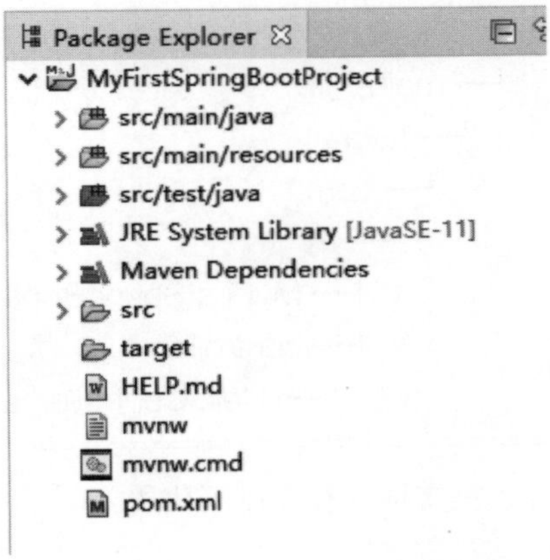　　　图 8.32　Package Explorer 视图 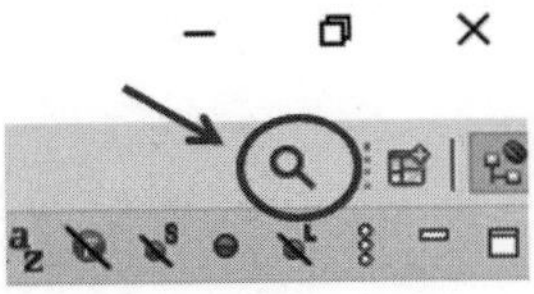
>
> 图 8.33　eclipse 的搜索按钮 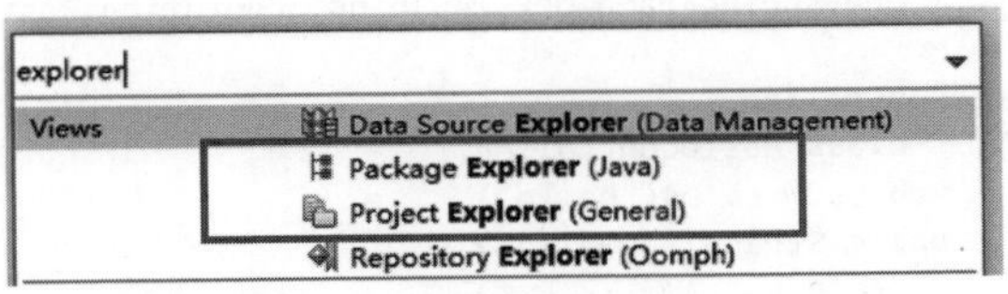　　　图 8.34　在搜索框里搜索 explorer

8.4.3　编写简单的跳转功能

Spring Boot 自带 Tomcat 容器，无须部署项目就可以直接启动 Web 服务。下面将演示如何编写一个简单的跳转功能，当用户访问一个网址后，页面会展示一段开发者自己编写的文字。

① 首先在 com.mr 包下创建子包 controller，然后在该子包中创建名为 HelloController 的类，所在位置如图 8.35 所示。

图 8.35　创建的类所在位置

> **注意**
>
> 在 A 包下创建 B 包后，B 包就是 A 的子包。虽然 Spring Boot 项目中看到的 com.mr 包和 com.mr.controller 包好像是平级的，但它们实际上是上下级的关系，Eclipse 没有很好地展现出来。读者可以到本地的项目文件夹中去查看，项目的真实文件结构是这样的：
> ```
> MyFirstSpringBootProject
>  └── src
>       └── main
>            └── java
>                 └── com
>                      └── mr
>                           ├── MyFirstSpringBootProjectApplication.java
>                           └── controller
>                                └── HelloController.java
> ```

② 打开该类文件，补充以下代码。

```
01 package com.mr.controller;
02 import org.springframework.web.bind.annotation.RequestMapping;
03 import org.springframework.web.bind.annotation.RestController;
04
05 @RestController
06 public class HelloController {
07     @RequestMapping("hello")
08     public String sayHello() {
09         return " 你好，这是我的第一个 Spring Boot 项目 ";
10     }
11 }
```

 说明 在代码中使用快捷键< Ctrl + = >可以放大代码字体。

③ 运行 com.mr 包下的 MyFirstSpringBootProjectApplication.java 文件（即项目的启动类），可以在控制台中看到如图 8.36 所示的启动日志。

图 8.36　项目的启动日志

其中，日志"Started MyFirstSpringBootProjectApplication in 1.767 seconds"表示项目启动成功，耗时 1.767s，这样就可以在浏览器里访问 Web 服务了。

打开浏览器，访问"http://127.0.0.1:8080/hello"地址，就可以在页面中看到代码返回的字符串，效果如图 8.37 所示。

图 8.37　在浏览器中访问得到的结果

如果使用 Postman 测试此接口，只需在 URL 的位置填写 http://127.0.0.1:8080/hello，单击右侧"Send"按钮，在底部可看到服务器返回的结果，如图 8.38 所示，该结果与用户在网页端看到的内容相同。

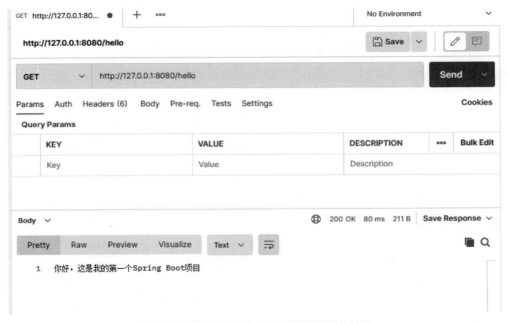

图 8.38　使用 Postman 发送请求看到的结果

8.4.4　打包项目

Spring Boot 可以将所有依赖都打包到一个 jar 文件中，只需要执行这一个 jar 文件就可以启动完整的 Spring Boot 项目。这为开发者省去了不少配置和部署的工作。本节介绍如何在 Eclipse 环境中为 Spring Boot 项目打包。步骤如下：

① 在项目上单击鼠标右键，依次选择 Run As → Maven install 菜单，位置如图 8.39 所示。选中之后 Maven 会自动下载打包所需要的 jar 文件。

② 打包时控制台会打印大量日志，当打包程序结束，日志出现如图 8.40 所示的"BUILD SUCCESS"字样时，表示打包成功。

③ 在项目上点击鼠标右键，在弹出的菜单中选择"ReFresh"（或按下键盘的＜F5＞键）刷新项目，就可以在 target 文件夹下看到很多文件，其中 jar 文件就是本项目打包生成的执行文件，位置如图 8.41 所示。

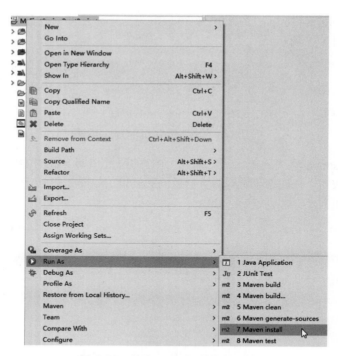

图 8.39 使用 Maven 的打包功能

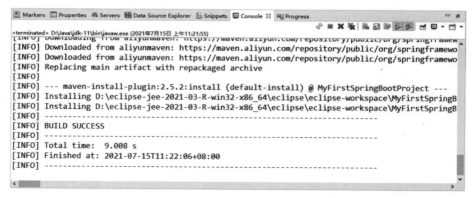

图 8.40 打包成功日志

图 8.41 项目打包生成的 jar 文件

④ 将这个 jar 文件保存到 D 盘根目录，再打开 CMD 命令行，输入以下命令：

```
01  d:
02  java -jar MyFirstSpringBootProject-0.0.1-SNAPSHOT.jar
```

命令执行结果如图 8.42 所示，可以看到 Spring Boot 项目成功启动，启动日志与 Eclipse 控制台中打印的日志相同。此时就打开浏览器访问项目资源了。

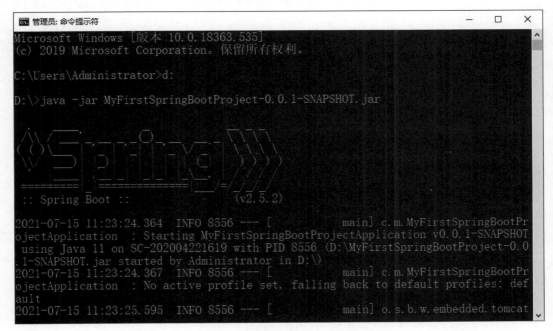

图 8.42　在命令行中启动的效果

第 9 章
Spring Boot 基础

扫码获取本书
资源

相比较 Spring，Spring Boot 的特点是非常明显的，即代码非常少、配置非常简单、可以自动部署、易于单元测试、集成了各种流行的第三方框架或软件和启动项目的速度很快等。因此，Spring Boot 受到广大 Java 技术人员的青睐。现在市面上越来越多的企业使用 Spring Boot 作为项目架构的框架。Spring 推出了 Spring Cloud 云服务框架集合，使得 Spring Boot 在微服务技术领域占据了一席之地。

9.1 常用注解

早期的 Spring 框架都需要把配置内容写在 XML 文件中，从 Spring 2.0 版本开始推出了大量可替代 XML 文件的注解。直至今日，Spring Boot 在原有的 Spring 框架之上将注解驱动编程发扬光大，作为一个流行框架大集合，也自然成了一个支持海量注解的框架（虽然很多注解是由其他框架提供的）。

注解的用法非常灵活，几乎可以标注在任何位置。注入 Bean 的时候可以写在变量的上面，例如：

```
01 @Autowired
02 private String name;
```

同样也可以写在变量左边，例如：

```
@Autowired private String name;
```

注解不仅可以用来标注类、属性和方法，还可以标注方法中的参数，例如：

```
01 @RequestMapping("/user")
02 @ResponseBody
03 public String getUser(@RequestParam Integer id) {
04     return "success";
05 }
```

Spring Boot 自带的常用注解如表 9.1 所示，这些注解的具体用法会在后面的文章中做详细介绍。

表 9.1　Spring Boot 的常用注解

注解	标注位置	功能
@Autowired	成员变量	自动注入依赖
@Bean	方法	用 @Bean 标注方法等价于 XML 中配置的 Bean，用于注册 Bean
@Component	类	用于注册组件。当不清楚注册类属于哪个模块时就用这个注解
@ComponentScan	类	开启组件扫描器
@Configuration	类	声明配置类
@ConfigurationProperties	类	用来加载额外的 properties 配置文件
@Controller	类	声明控制器类
@ControllerAdvice	类	可用于声明全局异常处理类和全局数据处理类
@EnableAutoConfiguration	类	开启项目的自动配置功能
@ExceptionHandler	方法	用于声明处理全局异常的方法
@Import	类	用来导入一个或者多个 @Configuration 注解标注的类
@ImportResource	类	用来加载 XML 配置文件
@PathVariable	方法参数	让方法参数从 URL 中的占位符中取值
@Qualifier	成员变量	与 @Autowired 配合使用，当 Spring 容器中有多个类型相同的 Bean 时，可以用 @Qualifier("name") 来指定注入哪个名称的 Bean
@RequestMapping	方法	指定方法可以处理哪些 URL 请求
@RequestParam	方法参数	让方法参数从 URL 参数中取值
@Resource	成员变量	与 @AutoWired 功能类似，但是有 name 和 type 两个参数，可根据 Spring 配置的 Bean 的名称进行注入
@ResponseBody	方法	表示方法的返回结果直接写入 HTTP response body 中。如果返回值是字符串，则直接在网页上显示该字符串
@RestController	类	相当于 @Controller 和 @ResponseBody 的合集，表示这个控制器下的所有方法都被 @ResponseBody 标注
@Service	服务的实现类	用于声明服务的实现类
@SpringBootApplication	主类	用于声明项目主类
@Value	成员变量	动态注入，支持 "#{ }" 与 "${ }" 表达式

9.2　启动类

每一个 Spring Boot 项目中都有一个启动类，该类的写法是固定的，必须被 @SpringBootApplication 注解标注，并使用 SpringApplication.run() 方法启动。

例如，第 1 章中编写的一个 Spring Boot 项目中，com.mr 包下的 MyFirstSpringBootProjectApplication 类就是该项目的启动类，其代码如下：

```
01  package com.mr;
02  import org.springframework.boot.SpringApplication;
03  import org.springframework.boot.autoconfigure.SpringBootApplication;
```

```
04
05 @SpringBootApplicatio
06 public class MyFirstSpringBootProjectApplication {
07     public static void main(String[] args) {
08         SpringApplication.run(MyFirstSpringBootProjectApplication.class, args);
09     }
10 }
```

执行此类中的 main 方法，就可以启动整个项目。启动过程中会自动加载项目中的所有配置和组件，并启动 Spring Boot 自带的 Tomcat 服务。整个项目会自动完成所有部署操作，耗时非常短。

@SpringBootApplication 注解虽然重要，但使用起来非常简单，因为这个注解是由多个功能强大的注解整合而成的。打开 @SpringBootApplication 注解的源码，可以看到它被很多其他注解标注，其中最核心的三个注解分别是：

① @SpringBootConfiguration 注解，让项目采用基于 Java 注解的配置方式，而不是传统的 XML 文件配置。当然，如果开发者写了传统的 XML 配置文件，Spring Boot 也是能够读取这些 XML 文件并识别里面的内容的。

② @EnableAutoConfiguration 注解，开启自动配置。这样 Spring Boot 在启动的时候就可以自动加载所有配置文件和配置类了。

③ @ComponentScan 注解，启用组件扫描器。这样项目才能自动发现并创建各个组件的 Bean，包括 Web 控制器（@Controller）、服务（@Service）、配置类（@Configuration）和其他组件（@Component）。

注意

> 一个项目可以有多个启动类，但这样的代码毫无意义。一个项目应该只使用一次 @SpringBootApplication 注解。

@SpringBootApplication 有一个使用要求：只能扫描底层包及其子包中的代码。底层包就是启动类所在的包。如果启动类在 com.mr 包下，其他类应该写在 com.mr 包或其子包中，否则无法被扫描器找到，就等同于无效代码。例如在图 9.1 和图 9.2 中，Controller 类所在的位置是可以被扫描到的。而图 9.3 和图 9.4 中，Controller 类的位置就无法被扫描到了。

图 9.1　Controller 类在 com.mr 的子包中

图 9.2　Controller 类与启动类在同一个包

图 9.3　Controller 类不在 com.mr 的子包中

图 9.4　Controller 类不在任何包中

9.3 命名规范

Spring Boot 采用标准的 Java 编程规范，使用驼峰命名法，名称里不能有中文。使用 Spring Boot 还应遵守模块化命名规范，每一个包和类应该在名称上体现出各自的功能。

很多项目在设计阶段会制定出一套代码命名规范，如果这套规范是完整、清晰、层次分明、容易阅读的，就认为这套规范是合理、可行的，项目开发人员应该自觉遵守。因此不同的项目组可能会有不同的命名风格。下面介绍一些比较常见的命名规范供大家参考。

9.3.1 包的命名

包的命名有以下两种风格。

① 以业务场景进行分类。以业务场景名称作为包名，同一个业务场景中所使用的核心代码都要放在同一个包下。例如，将用户登录业务的相关代码都放在 com.mr.user.login 包下。该包可能包含：UserLoginController（用户登录控制器）、UserLoginService（用户登录服务）、UserLoginDTO（用户业务实体类）等 Java 文件。这样开发人员或维护人员想要修改登录业务时，就可以直接在这个包下找到相关代码。

② 以功能模块进行分类。以模块名称作为包名，所有业务场景中相同功能的代码都放在同一个包下。例如，负责页面跳转的 Controller（控制器）都放在 com.mr.controller 包下，该包可能包含 UserLoginController（用户登录控制器）、ErrorPageController（错误页控制器）等。负责处理业务的 Service（业务）都放在 com.mr.service 包下，该包可能包含 UserLoginService（用户登录服务）、ShoppingCartService（购物车业务）等。

本书将会以模块名称作为包名来编写实例代码，以下是项目中可能会涉及的模块包。

（1）配置包

配置包用于存放配置类，所有被 @Configuration 标注的类都要放到配置包下。配置包可以命名为 config 或 configuration，例如：

```
com.mr.config
com.mr.configuration
```

> **注意**
>
> 配置包中只能存放配置类，不可以存放其他配置文件。例如 application.properties 配置文件应该放在 src/main/resources 目录下。

（2）公共类包

公共类用于存放供其他模块使用的组件、工具、枚举等代码。公共类包可以命名为 common，例如：

```
com.mr.common
```

如果包中存放都是被 @Component 标注的组件类，包名也可以叫 component，例如：

```
com.mr.component
```

145

```
com.mr.common.component
```

如果包中存放的都是工具类，可以命名为 utils 或者 tools，例如：

```
com.mr.utils
com.mr.tools
com.mr.common.utils
com.mr.common.tools
```

如果包中存放的都是常量类，可以命名为 constant，例如：

```
com.mr.constant
com.mr.common.constant
```

（3）控制器包

控制器包用来存放 Spring MVC 的控制器类。控制器包可以命名为 control 或者 controller，例如：

```
com.mr.control
com.mr.controller
```

（4）服务包

服务包用于存放所有实现业务的服务接口或服务类。服务包可以命名为 service，例如：

```
com.mr.service
```

如果服务包下存放的是服务接口，那么这些接口的实现类都应该放在服务包的子包当中，子包名为 impl，例如：

```
com.mr.service.impl
```

 impl 是实现类的意思。

（5）数据库访问接口包

数据库访问接口也就是持久层接口，专门执行读写数据库的操作。持久层接口通常命名为 dao，所以包名也叫 dao，例如：

```
com.mr.dao
```

如果项目使用 MyBatis 作为持久层框架，MyBatis 会把持久层接口命名为 mapper（映射器），所以包名也可以叫 mapper，例如：

```
com.mr.mapper
```

同样，如果数据库访问接口也有具体的实现类，这些实现类都应该放在数据库访问接口包的 impl 子包下。

（6）数据实体包

数据实体包的名称在编程历史上有很多版本。早期 Java EE 版本的数据实体类都被统一叫作 JavaBean，常用于 JSP + Servlet + JDBC 技术当中，实体类会放在 javabean 或 bean 包下。

随着技术的发展，开源框架慢慢替代了传统的 Java EE，例如 SSH（Spring + Struts + Hibernate）整合框架开始流行，实体类就通常被叫作 POJO，所以实体类及其映射关系文件都会放在 pojo 包下。

后来 Spring 推出的 Spring MVC 框架渐渐地取代了 SSH，组建了新的 SSM（Spring + Spring MVC + MyBatis）整合框架，实体类通常会放在 model 包下。

MyBatis 框架将实体类称为 entity，所以使用 MyBatis 的项目也有可能会将实体类放在 entity 包下。实体类的映射文件可能会与实体类同在 entity 包下，也有可能会在另一个 mapper 包下。

随着业务场景越来越复杂，需求越来越细化，虽然实体类的功能没发生改变，但根据数据的来源和去处，对实体类进行了更详细的划分，不同场景的实体类可能会放在名为 po、dto、bo、vo 等包下，这些简称具体代表什么含义会在下一节"Java 文件的命名"中做详细介绍。

开发者可以根据自己的项目规模、采用的技术种类来决定如何为数据实体包命名。

> **注意**
>
> 包名不能命名为 do，因为这是关键字。

（7）过滤器包

过滤器包用于存放过滤器类，通常都命名为 filter，例如：

```
com.mr.filter
```

（8）监听包

监听器包与过滤器包类似，专门存放监听器实现类，通常都命名为 listener，例如：

```
com.mr.listener
```

9.3.2 Java 文件的命名

Java 文件也就是项目中的源码文件，包括类、接口、枚举和注解的源码。所有 Java 文件都使用"驼峰命名法"，就是每一个单词的首字母都大写，其他字母都小写，单词之间没有下划线。每一个 Java 文件的名字都要体现其功能，通常以"业务 + 模块"的方式命名。例如，实现用户登录服务的 Java 文件就应该命名为 UserLoginService.java，service 后缀表示这个文件属于服务模块，user login 表示它专门用于处理用户登录业务。

下面会列出一些常见的文件命名方式供大家参考。

（1）控制器类

控制器类的名字要以"Control"或"Controller"结尾。例如，错误页面跳转控制器可以命名为 ErrorPageController。

（2）服务接口／类

服务可以是接口，也可以是类，但都要以"Service"结尾。例如，订单服务可以命名为 OrderService。

（3）接口的实现类

接口的实现类必须以"Impl"结尾。例如，如果 OrderService（订单服务）是接口，那么它的实现类应该命名为 OrderServiceImpl。

（4）工具类

工具类就是封装了一些常用的算法、正则校验、文本格式化、日期格式化之类的方法。工具类的名称通常以"Util"结尾，很少会用"Tool"结尾。名称前半部分要体现出这是什么工具，例如字符串工具可以叫 StringUtil。

（5）配置类

被 @Configuration 标注的类就是配置类，通常配置类应该以"Config"或"Configuration"结尾。例如，异常页面跳转配置类可以命名为 ErrorPageConfig。

（6）组件类

被 @Component 标注的类就是组件类，通常组件类应该以"Component"结尾。例如，ActiveMQ 消息队列的初始化组件可以命名为 ActiveMQComponent。

（7）异步消息处理类

异步消息处理是这样一个场景：A 线程发出一条数据，B 线程会接收并处理这条数据。A 线程和 B 线程是异步执行的。异步消息处理类就是 B 线程中接收并处理数据的类，这种类通常以"Handler"结尾。例如，项目中专门捕捉全局空指针异常的类可以命名为 NullPointerExceptionHanlder，只要项目触发了空指针异常，NullPointerExceptionHanlder 就会立刻执行相关的处理方法。

（8）实体类

实体类是专门用来存放数据的类，类的属性用来保存具体的值。每一个实体类都要提供无参构造方法，每一个属性都要提供 Getter/Setter 方法，除此之外开发者可以根据项目需求重写 hashCode()、equals() 和 toString() 方法。

实体名必须是名词。例如，颜色的实体类应该叫 Color，而不应该用形容词 Colorful。

实体名称可以直接作为类名，不同的应用场景下可以在类名后面拼接不同的后缀，例如 User、UserDTO、UserVO，这些都是用户实体类。下面为大家列出几个场景划分比较详细的后缀名供参考。

① PO（Persinstens Object）：持久层对象。PO 实体类的属性与数据表中的字段一一对应，通常直接用表名为实体类命名，例如 t_user 表的实体类命名为 UserPO，t_student_info 表的实体类命名为 StudentInfoPO。

② DO（Data Object）：数据对象，与 PO 用法类似，区别是 PO 用来封装持久保存的数据（例如 MySQL 中的数据），DO 通常用来封装非持久的数据（例如 Redis 缓存中的数据）。

③ DTO（Data Transfer Object）：数据传输对象，是服务模块向外传输的业务数据对象，通常用业务名作前缀。业务对象的属性不一定全来源于一张表，可能是由多张表的数据加工而成的。例如，登录模块发送的 UserDTO 对象，除了包含用户名、昵称以外，还有可能包含用户的邮箱、IP 地址、权限认证等数据，这些数据都来自于不同的表，甚至来自不同的数据库。

④ BO（Business Object）：业务对象，与 DTO 类似。

⑤ VO（View Object）：显示层对象，直接用于在网页上展示的数据对象，对象中包含的属性必须全部在页面中展示出来，不应该有页面不需要的数据。例如，学生成绩单可以命名为 SchoolReportVO，类中保存的数据除了学生基本信息之外就是各科成绩，像学生的兴趣爱好、家庭住址等成绩单中没有的数据不应该保存在类中。

除了上述后缀名之外，还有以下几个不推荐大家使用的后缀名。

① Bean（JavaBean 的简称）：简单的实体类。Bean 的含义太广泛了，容易让学习者产生混淆。但有很多早期的项目代码中习惯用 Bean 做实体类的后缀名。

② POJO（Plain Ordinary Java Object）：简易 Java 对象。与 Bean 一样，含义太广泛。上文中提到的 PO、DO、DTO、BO、VO 都属于 POJO。

③ Entity：实体的直译，但很少会用 Entity 作为类名的后缀，通常用来命名包。Entity 包下的所有类不管叫什么面名字，都属于实体类。

> 很多项目的实体类没有任何后缀，只用包名做了区分，这也是合理的。开发者了解这些简称的含义即可。

（9）枚举

所有的枚举都应该以 Enum 结尾，表明这个 Java 文件是枚举，而不是类或接口。例如，性别枚举可以命名为 GenderEnum。

9.4 为项目添加依赖

Spring 生成项目的网页中可自动添加的依赖项很少，有些依赖需要开发者手动添加。本书采用 Maven 作为项目构建工具，这一节就来介绍如何手动为 Maven 项目添加依赖。

9.4.1 修改 pom.xml 配置文件

pom.xml 是 Maven 构建项目的核心配置文件，开发人员可以在此文件中为项目添加新的依赖，添加的位置在 <dependencies> 标签内部，作为其子标签，格式如下：

```
<dependency>
    <groupId> 所属团队 </groupId>
    <artifactId> 项目 ID </artifactId>
    <version> 版本号 </version>
    <scope> 使用范围（可选）</scope>
</dependency>
```

注意

> <dependency> 是 <dependencies> 的子标签。

例如，Spring Boot 项目自带的 Web 依赖和 Junit 单元测试依赖，其在 pom.xml 中填写的位置如图 9.5 所示。开发者只需要仿照这种格式在 <dependencies> 标签内部添加其他依赖，然后保存 pom.xml 文件，Maven 就会自动下载依赖中的 jar 文件并自动引入到项目中。

在 pom.xml 文件中添加依赖有以下两点要注意的事项。

① 直接在 pom.xml 文件中粘贴文本很有可能会将原文本的格式粘贴进来，Maven 无法自动忽略这些格式或其他非法字符，会导致 pom.xml 校验错误。如果出现了莫名其妙的校验错误，开发者需要使用 <Ctrl + Z> 快捷键撤回粘贴的内容。如果撤回之后仍然有校验错误，可以尝试重启 Eclipse。

为了避免出现非法字符的问题，建议读者使用 Eclipse 自带的添加依赖的功能。在 pom.xml 的代码窗口下方找到 Dependencies 分页标签，位置如图 9.6 所示。

图 9.5　Spring Boot 自带的依赖及其填写的位置

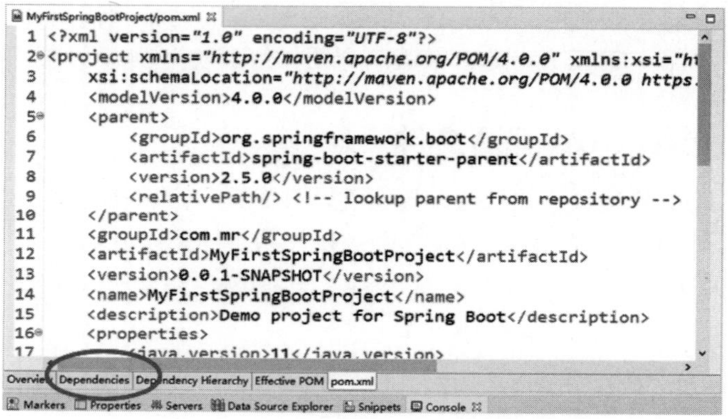

图 9.6　Dependencies 分页标签的位置

在新的界面中单击左侧的"Add"按钮来添加依赖，位置如图 9.7 所示。

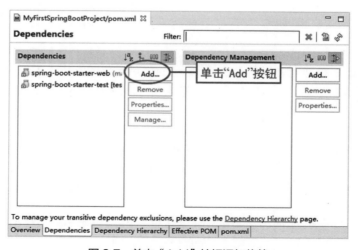

图 9.7　单击"Add"按钮添加依赖

第 9 章 Spring Boot 基础

在弹出的窗体中填写 XML 格式中的 Group Id、Artifact Id 和 Version 三个值，Scope 若无特殊要求默认即可。填写完毕之后单击底部的"OK"按钮，窗体如图 9.8 所示。

正确填写所有内容之后，就可以在左侧一栏看到新添加的依赖，效果如图 9.9 所示。但此时 Eclipse 尚未保存 pom.xml 文件，开发者需要主动保存 <Ctrl+S> 快捷键，才能让 Maven 开始下载依赖的 jar 文件。

图 9.8 填写依赖内容

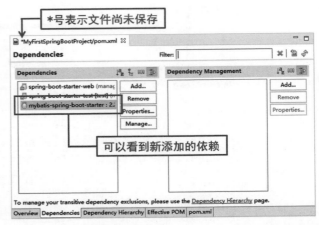

图 9.9 可以看到新添加的依赖，但 pom.xml 文件尚未保存

② 开发者添加完依赖之后，pom.xml 有可能会报一些类似"添加失败""无法识别"之类的错误，这些错误可能是 Maven 项目没有自动更新引起的，开发者只需要在项目上单击鼠标右键，依次选择 Maven → Update Project 菜单手动更新项目，操作如图 9.10 所示。更新完毕之后错误就消失了。

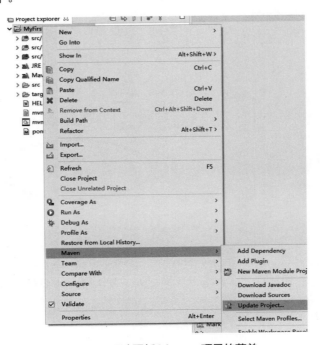

图 9.10 手动更新 Maven 项目的菜单

151

9.4.2 如何查找依赖的版本号

如果开发者不知道自己要填写的依赖的 ID 和版本是什么，可以到 MVNrepository 或阿里云云效 Maven 去查找。查询结果如图 9.11 所示。

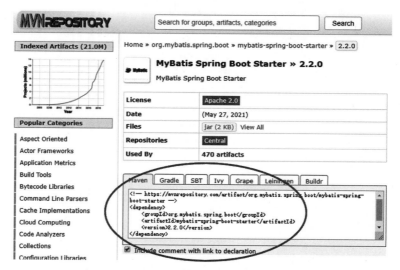

图 9.11 到 MVNrepository 中查找 Maven 依赖

阿里云云效 Maven 虽然不会直接显示 XML 文本，但可以看到 group Id、artifact Id 和 version 这三个值，效果如图 9.12 所示。

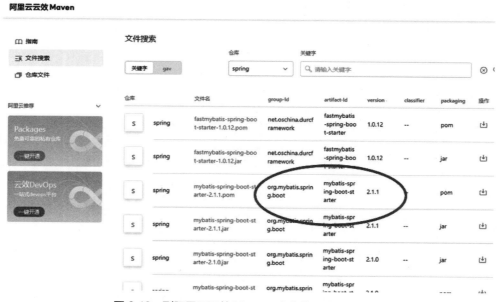

图 9.12 到阿里云云效 Maven 中查找 Maven 依赖

第 10 章 配置项目

扫码获取本书资源

Spring Boot 项目有一个默认的配置文件，被存放在 src/main/resources 目录下。这个配置文件的文件名是固定的，即"application.properties"。当项目被启动时，Spring Boot 会根据配置文件中的内容完成自动装配。如果配置文件中没有任何内容，Spring Boot 会采用一套默认的配置。本章将介绍配置文件的用法和一些特性。

10.1 配置文件

Spring Boot 支持多种格式的配置文件，最常用的是 properties 格式（默认格式）和比较新颖的 yml 格式。下面分别介绍这两种格式的特点。

10.1.1 properties 格式和 yml 格式

properties 格式是经典的键值文本格式，语法非常简单，"="左侧为键（key），右侧为值（value），每个键独占一行，其语法如下：

```
key=value
```

如果多个键之间存在层级关系，需要用"父键.子键"的格式表示。例如，为有三层关系的键赋值的语法如下：

```
key1.key2.key3=value
```

例如，将项目启动的 Tomcat 端口号改为 8081，可以在 application.properties 中填写如下内容：

```
server.port=8081
```

启动项目之后，就可以在控制台看到如下一行日志：

```
Tomcat started on port(s): 8081 (http) with context path ''
```

这行日志表明 Tomcat 根据用户的配置开启的 8081 端口。

properties 文件使用"#"作为注释符号，例如：

```
01  # 修改 Tomcat 接口
02  server.port=8081
```

> **注意**
> "#"必须写在"="之前才有注释功能，若写在"="之后则表示"#"字符。

properties 文件不支持中文，如果开发者在 properties 文件中编写中文，Eclipse 会自动将其转化为 Unicode 码，将鼠标悬停在 Unicode 码可以看到对应的中文。效果如图 10.1 所示。

图 10.1　在 properties 文件中编写中文会自动转为 Unicode 码

properties 文件不支持中文不代表不能保存中文字符。在 properties 文件上单击鼠标右键，依次选择 Open With → Text Editor，步骤如图 10.2 所示，以文本的形式进行编辑就可以插入中文字符了。但这样插入的字符是无法被正常读取的，所以中文只能用于写注释。

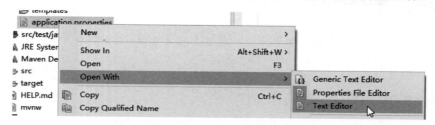

图 10.2　以文本的形式编辑 application.properties 文件

Yml 是 YAML 的缩写，这是一种可读性高、用来表达数据序列化的文本格式。yml 文件的语法比较像 Python 语言，通过缩进表示层级关系。英文":"左侧为键（key），右侧为值（value）。其语法如下：

```
key: value
```

> **注意**
> ":"与值之间必须有至少一个空格。

yml 只能用空格缩进，不能用 <Tab> 键缩进。空格数量表示各层的层级关系。例如，properties 文件中的三层关系：

```
key1.key2.key3=value
```

在 yml 文件中的写法如下：

```
key1:
  key2:
    key3: value
```

在 properties 文件中，即使父键相同，每一个子键赋值时都要单独占一行，且要把父键写完整，例如：

```
01 com.mr.strudent.name=tom
02 com.mr.strudent.age=21
```

相同的配置，在 yml 中只需要编写一次父键，然后保证两个子键缩进关系相同即可，上述配置对应的 yml 写法如下：

```
01 com:
02   mr:
03     student:
04       name: Tom
05       age: 21
```

properties 文件和 yml 文件都支持保存数组结构和键值结构的数据。
① 在 properties 文件中创建数组结构的语法如下：

```
01 com.mr.people.name[0]=zhangsan
02 com.mr.people.name[1]=lisi
```

这两行配置表示创建了一个以"com.mr.people"为前缀、以"name"为数组名的数组，数组中第一个元素为 zhangsan，第二个元素为 lisi。
在 yml 文件中创建数组结构的语法如下：

```
01 com:
02   mr:
03     people:
04       name:
05         - zhangsan
06         - lisi
```

除了用空格表示层级关系之外，英文"-"符号表示该数值为数组元素。此 yml 格式配置的内容与刚才 properties 格式配置的内容完全一致。

 这种配置语法不仅可以表示数组格式，还可以用来表示 List 格式。

② 在 properties 文件中创建键值结构的语法如下：

```
01 com.mr.student.grade[chinese]=95
02 com.mr.student.grade[math]=91
03 com.mr.student.grade[english]=86
```

这种格式与数组格式比较像，只不过方括号内的值从数字改成了字符串，字符串表示键。这三行配置表示创建了一个类似于"{"chinese" : "95", "math" : "91", "english" : "86"}"键值结构的数据。这种数据可以用 Map 对象保存。

yml 文件也可以创建键值结构，但没有出现特殊语法，只要对齐缩进即可。

```
01  com:
02    mr:
03      student:
04        grade:
05          chinese: 95
06          math: 91
07          english: 86
```

10.1.2 常用配置

用户可以在配置文件编写任何自定义的配置项，Spring Boot 也有一些约定好的配置项，设置这些配置项之后可以更改一些项目属性。常用的配置如下：

```
01  # Tomcat 使用的端口号
02  server.port=8088
03
04  # 配置 context-path
05  server.servlet.context-path=/
06
07  # 错误页地址
08  server.error.path=/error
09
10  # session 超时时间（分钟），默认为 30 分钟
11  server.servlet.session.timeout=60
12
13  # 服务器绑定的 IP 地址，如果本机不在此 IP 地址则启动失败
14  server.address=192.168.1.1
15
16  # Tomcat 最大线程数，默认为 200
17  server.tomcat.threads.max=100
18
19  # Tomcat 的 URI 字符编码
20  server.tomcat.uri-encoding=UTF-8
```

10.2 读取配置项的值

如果用户在配置文件中保存了一些自定义的配置项，想在写代码时把这些配置项的值读出来，可以采用 Spring Boot 提供的三种读取方法，下面分别介绍。

10.2.1 使用 @Value 注解注入

@Value 注解在第 2 章曾经介绍过，它可以向类属性注入常量、Bean 或配置文件中的值。@Value 注解获取配置项值的语法下：

```
@Value("${ 配置项 }")
```

例如，读取 Tomcat 使用的端口号，代码如下：

```
01  @Value("${server.port}")
02  Integer port;
```

实例 10.1 读取配置文件中记录的学生信息（源码位置：资源包 \Code\10\01）

创建一个名为 ValueDemo 的 Spring Boot 项目，创建 com.mr.controller.ValueController 类。项目的源码结构如图 10.3 所示。

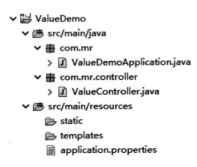

图 10.3　项目中源码文件结构

打开 application.properties 配置文件，写入以下内容。

```
01 com.mr.name=\u5F20\u4E09
02 com.mr.age=21
03 com.mr.gender=\u7537
```

这三行内容分别记录了一个学生的姓名、年龄和性别数据。

com.mr.controller 包下的 ValueController 是项目里唯一的控制器类，在该类中编写了三个属性，分别使用 @Value 注解注入配置文件中的姓名、年龄和性别数据。在 getPeople() 方法中映射了 "/people" 地址，当用户访问该地址时，在页面打印三个属性的值。ValueController 类的代码如下：

```java
01 package com.mr.controller;
02 import org.springframework.beans.factory.annotation.Value;
03 import org.springframework.web.bind.annotation.RequestMapping;
04 import org.springframework.web.bind.annotation.RestController;
05
06 @RestController
07 public class ValueController {
08     @Value("${com.mr.name}")
09     private String name;
10
11     @Value("${com.mr.age}")
12     private Integer age;
13
14     @Value("${com.mr.gender}")
15     private String gender;
16
17     @RequestMapping("/people")
18     public String getPeople() {
19         StringBuilder report = new StringBuilder();
20         report.append("<li>名称:" + name + "</li>");
21         report.append("<li>年龄:" + age + "</li>");
22         report.append("<li>性别:" + gender + "</li>");
23         System.out.println(gender);
24         return report.toString();
25     }
26 }
```

启动项目，打开浏览器访问"http://127.0.0.1:8080/people"地址，可以看到如图 10.4 所示的结果。

图 10.4　网页展示的结果

如果使用 @Value 注入一个不存在的配置项，例如：

```
01 @Value("${com.mr.school}")
02 private String school;
```

项目启动时就会抛出如下异常：

```
java.lang.IllegalArgumentException: Could not resolve placeholder 'com.mr.school' in value "${com.mr.school}"
```

这个异常说的是程序无法找到与"'com.mr.school'"相匹配的值，因此在使用 @Value 读取配置项时一定要确保配置项名称无误。

10.2.2　使用 Environment 环境组件

如果配置文件经常被修改的话，使用 @Value 注入配置项反而成了项目中的隐患。Spring Boot 提供了一个更灵活的 org.springframework.core.env.Environment 环境组件接口来读取配置项。即使 Environment 尝试读取一个不存在的配置项，也不会触发任何异常。

Environment 对象是由 Spring Boot 自动创建的，开发者可以直接注入并使用，注入方式如下：

```
01 @Autowired
02 Environment env;
```

Environment 组件提供了丰富的 API，下面列举几个常用的方法。

```
containsProperty(String key);
```

参数 key：配置文件中配置项的名称。
返回值：如果配置文件存在名为 key 的配置项，则返回 true，否则返回 false。

```
getProperty(String key)
```

参数 key：配置文件中配置项的名称。
返回值：配置文件中 key 对应的值。如果配置文件中没有名为 key 的配置项，则返回 null。

```
getProperty (String key, Class<T> targetType)
```

参数 key：配置文件中配置项的名称。
参数 targetType：方法返回值封装成哪种类型。

返回值：配置文件中 key 对应的值，并封装成 targetType 类型。

```
getProperty(String key, String defaultValue);
```

参数 key：配置文件中配置项的名称。
参数 defaultValue：默认值。
返回值：配置文件中 key 对应的值，如果配置文件中没有名为 key 的配置项，则返回 defaultValue。

> **注意**
>
> 如果配置文件中存在某个配置项，但等号右侧没有任何值（例如"name="），Environment 组件会认为此配置项存在，但只能取出空字符串。

实例 10.2 读取配置文件中个人的简历信息（源码位置：资源包 \Code\10\02）

创建一个名为 EnvironmentDemo 的 Spring Boot 项目，项目 application.properties 配置文件中只记录了某个姓名和所学课程这两个信息，代码如下：

```
01  com.mr.name=\u5F20\u4E09
02  com.mr.subject=Java
```

com.mr.controller 包下的 EnvironmentDemoController 是项目的控制器类，在该类的方法中读取了 4 个配置项（只有第 1 和第 4 个配置项是存在的），前两个配置项通过 containsProperty() 方法判断其是否存在，后两个配置项则给出了默认值。EnvironmentDemoController 类的代码如下：

```
01  package com.mr.controller;
02  import org.springframework.beans.factory.annotation.Autowired;
03  import org.springframework.core.env.Environment;
04  import org.springframework.web.bind.annotation.RequestMapping;
05  import org.springframework.web.bind.annotation.RestController;
06
07  @RestController
08  public class EnvironmentDemoController {
09      @Autowired
10      private Environment env;// 注入环境组件
11
12      @RequestMapping("/env")
13      public String env() {
14          StringBuilder report = new StringBuilder();// 将在页面打印的内容
15          if (env.containsProperty("com.mr.name")) {// 如果配置文件存在 com.mr.name 配置项
16              String name = env.getProperty("com.mr.name");// 取出 com.mr.name 配置项的值
17              report.append("<li>姓名:" + name + "</li>");
18          }
19          if (env.containsProperty("com.mr.age")) {
20              int age = env.getProperty("com.mr.age", Integer.class);
21              report.append("<li>年龄:" + age + "</li>");
22          }
23          // 取出 com.mr.school 配置项的值，如果取不到值则用默认值
24          String school = env.getProperty("com.mr.school", "明日学院");
25          report.append("<li>学校:" + school + "</li>");
26
```

```
27          String subject = env.getProperty("com.mr.subject", "编程");
28          report.append("<li>所学课程：" + subject + "</li>");
29
30          return report.toString();
31      }
32 }
```

启动项目，打开浏览器访问"http://127.0.0.1:8080/env"地址，可以看到如图 10.5 所示的结果。从这个结果可以看出，配置文件中不存在的 com.mr.age 配置项没有出现在页面中。不存在的 com.mr.school 配置项采用了默认值，存在的 com.mr.subject 配置项采用了原本的值而不是默认值。

图 10.5　网页展示的结果

10.2.3　创建配置文件的映射对象

除了 @Value 和 Environment，Spring Boot 还提供了 @ConfigurationProperties 注解，用于声明配置数据的映射类，供其他组件使用。

（1）映射类与对应的配置格式

封装配置文件数据的类叫作映射类，映射类中的属性就是配置文件中的各个配置项。根据配置项书写的格式，还可以将配置项进一步封装。下面介绍 4 个常见的格式及其映射类的写法。

① 映射普通格式　通常一个配置项的名称包含多个层级关系，前几层可以放在一起统称为"前缀"，最后一层的名称对应映射类的属性名，其语法如下：

```
前缀.属性名 = 值
```

例如，配置文件中有如下两个配置项。

```
01 com.mr.people.name=zhangsan
02 com.mr.people.age=21
```

这两个配置项的前缀相同，都是 com.mr.people，可以将其封装成一个 People 类。配置项最后一层的名称作为 People 类的属性名，然后为每个属性添加 Getter/Setter 方法。映射类的代码如下：

```
01 public class People {
02     private String name;
03     private Integer age;
04     public String getName() {
05         return name;
06     }
07     public void setName(String name) {
08         this.name = name;
09     }
```

```
10      public Integer getAge() {
11          return age;
12      }
13      public void setAge(Integer age) {
14          this.age = age;
15      }
16  }
```

② 映射数组格式　数组格式与普通格式唯一区别就是在结尾加了一对方括号，方括号内写的是数组的索引值，语法如下：

前缀.属性名[索引]=值

"前缀.属性名"相同配置项表示同一数组，索引值从 0 开始计算，依次递增，不能中断也不能重复。例如，配置文件中有如下两个配置项。

```
01  com.mr.people.array[0]=1
02  com.mr.people.array[1]=2
```

这两个配置项可以映射为 People 类下的一个名为 array 的数组，映射类代码如下：

```
01  public class People {
02      private String[] array;
03      // 省略 array 属性的 Getter/Setter 方法
04  }
```

数组格式不仅可以映射成 Java 中的数组，还可以映射成 List 对象，所以映射类也可以写成如下形式：

```
01  import java.util.List;
02  public class People {
03      private List<String> array;
04      // 省略 array 属性的 Getter/Setter 方法
05  }
```

③ 映射键值格式　键值格式对应 Java 中的 Map 键值对，其语法如下：

前缀.属性名[键]=值

键值格式与数组格式很像，数组格式的方括号内写的是索引，键值格式的方括号内写的是键。如果键是 10 以内的整数，就很容易与数组格式混淆，所以开发者应该避开使用数字作键。例如，配置文件中有如下三个配置项。

```
01  com.mr.people.map[name]=zhangsan
02  com.mr.people.map[age]=21
03  com.mr.people.map[gender]=male
```

这三个配置可以映射为 People 类下名为 map 的 Map 对象，映射类代码如下：

```
01  import java.util.Map;
02  public class People {
03      private Map<String,String> map;
04      // 省略 map 属性的 Getter/Setter 方法
05  }
```

④ 映射内部类格式　内部类格式实际上就是普通格式，只不过要在层级关系中体现出

外部类与内部类的关系。其语法如下：

> 前缀 .. 外部类属性名 . 内部类属性名 = 值

例如，配置文件中有如下两个配置项。

```
01 com.mr.outer.inner.name=zhangsan
02 com.mr.outer.inner.age=21
```

"com.mr.outer"是前缀，"inner"是外部类属性名，该属性是一个内部类对象，"name"和"age"是内部类的属性名。这个映射类可以写成如下形式。

```
01 public class OuterClass {
02     private InnerClass inner;// 内部类对象作为外部类的属性 F
03     public class InnerClass {// 内部类
04         private String name;// 内部类的属性
05         private Integer age;
06         // 省略 name 属性和 age 属性的 Getter/Setter 方法
07     }
08     // 省略 inner 属性的 Getter/Setter 方法
09 }
```

（2）@ConfigurationProperties 的用法

上一小节介绍了配置文件与映射类的写法，这一小节介绍 @ConfigurationProperties 注解的用法。@ConfigurationProperties 注解的用法有两种，下面分别介绍。

① 将映射类注册为组件。@ConfigurationProperties 可以直接标注在类上面，表示此类是配置文件的映射类。映射类同时也被 @Component 注解标注，这样映射类才能被注册为组件，其他类通过注入的方式即可获得映射类对象。

@ConfigurationProperties 注解有一个 prefix 属性，用于指定映射的配置项的前缀名，只有前缀一致的配置项才会被映射。

例如，配置文件内容如下。

```
01 server.port=8080
02 com.mr.people.name=zhangsan
03 com.mr.people.age=21
```

为后两个配置项创建映射类的代码如下：

```
01 @Component
02 @ConfigurationProperties( prefix = "com.mr.people") // 映射以 com.mr.people 为前缀的配置内容
03 public class People {
04     private String name;    // 属性与配置项同名
05     private Integer age;
06     // 省略 name 属性和 age 属性的 Getter/Setter 方法
07 }
```

其他类想要读取配置文件中的值，注入 People 类的对象即可，代码如下：

```
01 @Autowired
02 People someone;// 注入映射配置文件的 Bean
```

直接调用 someone.getName() 方法就可以得到配置文件中 com.mr.people.name 对应的值。

② 将映射类的对象注册为 Bean。将映射类的对象注册为 Bean 是推荐大家使用的写法。映射类不使用任何注解标注，就是一个单纯的实体类，例如：

```
01 public class People {
02     private String name;    // 属性与配置项同名
03     private Integer age;
04     // 省略 name 属性和 age 属性的 Getter/Setter 方法
05 }
```

创建一个组件类，在组件类中编写一个返回映射类对象的方法，使用 @ConfigurationProperties 注解标注该方法，表示该方法的返回值是配置文件的映射对象，然后将返回结果注册成 Bean。例如：

```
01 @Component
02 public class ConfigMapperComponent {
03     @Bean("people")
04     // 映射以 com.mr.people 为前缀的配置内容
05     @ConfigurationProperties(prefix = "com.mr.people")
06     public People getConfigMapper() {
07         return new People();
08     }
09 }
```

这样写的好处是可以为映射对象的 Bean 起别名，并且可以对所有映射对象做统一管理。

注意

@ConfigurationProperties 注解的两种用法不能同时使用，否则会出现两个相同的 Bean，导致 Spring Boot 无法自动识别。

10.3 同时拥有多个配置文件

application.properties 是项目默认配置文件，但并不意味着项目中只能有这一个配置文件。Spring Boot 支持多配置文件，开发者可以将不同类型的配置项放在不同的配置文件中。下面介绍两种多配置文件的应用场景。

说明　src/main/resources 目录在 Spring Boot 中的抽象路径为"classpath"。

10.3.1 加载多个配置文件

application.properties 是主配置文件，通常只用于保存项目的核心配置项，自定义的静态数据要尽量放在其他配置文件中。

@PropertySource 注解可以让 Spring Boot 项目在启动时主动加载其他配置项。@PropertySource 需要标注在项目的启动类上，其语法如下：

@PropertySource(value= {"classpath:XX.properties"," classpath:XXXX.properties "......})

value 属性是字符串数组类型（注意圆括号和大括号的位置），数组的元素为自定义配置文件的抽象地址，以"classpath:"开头表示该文件在 src/main/resources 目录下。如果 @

PropertySource 中仅使用 value 这一个属性，value 字样可以省略，简化的语法如下：

```
@PropertySource({"classpath:XX.properties", " classpath:XXXX.properties " ......})
```

例如，让 Spring Boot 项目启动时加载 demo.properties 配置文件，启动类的代码如下：

```
01  @SpringBootApplication
02  @PropertySource({"classpath:demo.properties"})  // 启动时加载 demo.properties 配置文件
03  public class DemoApplication {
04      public static void main(String[] args) {
05          SpringApplication.run(DemoApplication.class, args);
06      }
07  }
```

如果自定义的配置文件在 classpath 的子目录中（如图 10.6 所示），

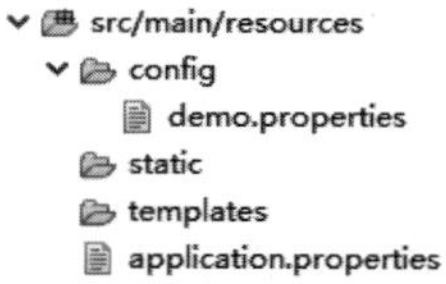

```
▼ 📂 src/main/resources
    ▼ 📂 config
            📄 demo.properties
        📂 static
        📂 templates
        📄 application.properties
```

图 10.6 demo.properties 文件在 src/main/resources 下的 config 文件夹中

那么读取 demo.properties 的写法如下：

```
@PropertySource({"classpath:config/demo.properties"})
```

如果自定义的配置文件使用特殊字符编码格式，可以通过 @PropertySource 的 encoding 属性指定加载的字符编码格式。例如：

```
@PropertySource(value = { "classpath:demo.properties" }, encoding = "UTF-8")
```

注意

此时要显示调用 value 属性，以保证和 encoding 属性区分开。

实例 10.3 读取自定义配置文件中的静态数据（源码位置：资源包 \Code\10\03）

创建一个名为 PropertySourceDemo 的 Spring Boot 项目，源码结构如图 10.7 所示。

图 10.7 项目中源码文件结构

src/main/resources 目录下除了 application.properties 主配置文件外，再创建两个自定义的配置文件。people.properties 配置文件用于保存人员信息的静态数据，其配置内容如下：

```
01 people.name=zhangsan
02 people.age=21
```

user.properties 配置文件用于保存用户账户的静态数据，其配置内容如下：

```
01 com.mr.username=mr
02 com.mr.password=123456
```

在启动类中加载这两个自定义配置文件，启动类代码如下：

```java
01
02 package com.mr;
03 import org.springframework.boot.SpringApplication;
04 import org.springframework.boot.autoconfigure.SpringBootApplication;
05 import org.springframework.context.annotation.PropertySource;
06
07 @SpringBootApplication
08 @PropertySource({"classpath:people.properties","classpath:user.properties"})
09 public class PropertySourceDemoApplication {
10     public static void main(String[] args) {
11         SpringApplication.run(PropertySourceDemoApplication.class, args);
12     }
13 }
```

在 com.mr.controller 下的 PropertySourceController 是控制器类，该类注入环境组件对象，当用户访问"/env"地址时，取出请求中的 name 参数值，如果这个值是有效字符串，则在页面打印 name 参数值对应的配置项的值。PropertySourceController 类的代码如下：

```java
01 package com.mr.controller;
02 import org.springframework.beans.factory.annotation.Autowired;
03 import org.springframework.core.env.Environment;
04 import org.springframework.web.bind.annotation.RequestMapping;
05 import org.springframework.web.bind.annotation.RestController;
06
07 @RestController
08 public class PropertySourceController {
09     @Autowired
10     private Environment env;
11
12     @RequestMapping("/env")
13     public String getEnv(String name) {// 映射 URL 中的 name 参数
14         if (null == name || name.isBlank()) {// 如果 name 参数是空的
15             return "name 参数为空 ";
16         } else {
17             return name + "=" + env.getProperty(name);
18         }
19     }
20 }
```

启动项目，打开浏览器访问"http://127.0.0.1:8080/env"和"http://127.0.0.1:8080/env?name="这两个地址，提交空参数值请求，可以看到图 10.8 和图 10.9 所示的结果。

访问"http://127.0.0.1:8080/env?name=people.name"地址，程序会读取到 people.properties 配置文件中的 people.name 配置项，然后将该配置项的值展示在页面中，结果如图 10.10 所示。

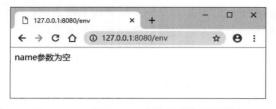

图 10.8　不写 name 参数得到的页面结果

图 10.9　name 参数为空时得到的页面结果

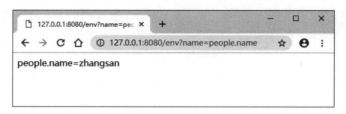

图 10.10　name 参数值为 people.name 时得到的页面结果

访问"http://127.0.0.1:8080/env?name=com.mr.usermame"地址，程序会读取到 user.properties 配置文件中的 com.mr.usermame 配置项，然后将该配置项的值展示在页面中，结果如图 10.11 所示。

图 10.11　name 参数值为 com.mr.usermame 时得到的页面结果

10.3.2　切换多环境配置文件

开发一个大型商业项目需要搭建多套环境，测试环境用于研发或测试新功能，生产环境用于部署稳定版的程序。Spring Boot 支持加载多个配置文件，也支持切换不同的版本的配置文件。

在 application.properties 主配置文件中填写 spring.profiles.active 配置项，可以指定当前项目除了加载 application.properties 文件以外，还会激活哪些配置文件。spring.profiles.active 配置项的语法如下：

```
spring.profiles.active=suffix1, suffix2, suffix3, ……
```

spring.profiles.active 可以赋予多个值，不同值之间用英文逗号分隔。每一个值都表示一个后缀，每一个后缀都表示一个名为 application-{suffix}.properties 配置文件。{suffix} 就是开发者填写的后缀。符合此命名规则的配置文件将处于激活状态，会在项目启动时被自动加载。

例如，spring.profiles.active 配置项赋予的值如下：

```
spring.profiles.active=a, school
```

项目启动时会自动加载的配置文件如图 10.12 所示。

图 10.12　项目启动时可以被加载的配置文件

注意

①配置文件的前缀名"application-"是固定的，最后一个字符是英文减号。② 虽然后缀中可以有空格，但是英文减号与后缀之间不允许有空格。③不要将上文中提到"后缀"与文件后缀名".properties"搞混。

实例 10.4　创建生产和测试两套环境的配置文件，切换两套环境后启动项目（源码位置：资源包\Code\10\04）

创建一个名为 MultipleEnvironmentDemo 的 Spring Boot 项目，源码结构如图 10.13 所示。

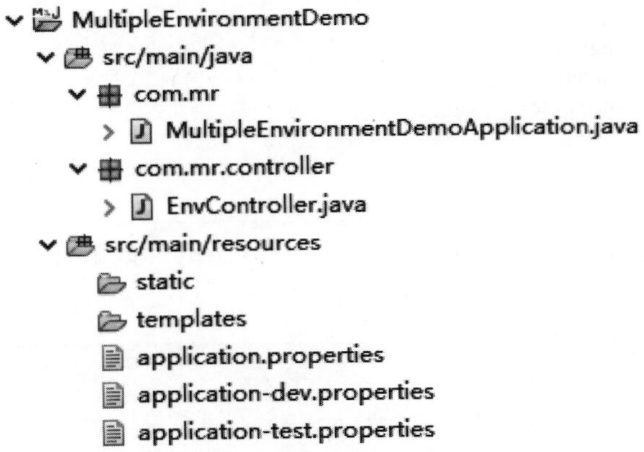

```
MultipleEnvironmentDemo
  src/main/java
    com.mr
      MultipleEnvironmentDemoApplication.java
    com.mr.controller
      EnvController.java
  src/main/resources
    static
    templates
    application.properties
    application-dev.properties
    application-test.properties
```

图 10.13　项目中源码文件结构

application.properties 为主配置文件，只包含下面这一个配置项。

```
spring.profiles.active=dev
```

application-dev.properties 是生产环境的配置文件，是默认激活的配置文件，生产环境采用 8081 端口，环境名称为 dev。application-dev.properties 中的内容如下：

```
01 server.port=8081
02 env=dev
```

application-test.properties 是测试环境的配置文件，测试环境采用 8080 端口，环境名称为 test。application- test.properties 中的内容如下：

```
01 server.port=8080
02 env=test
```

com.mr.controller 包下的 EnvController 类是控制器类，该类注入环境组件对象，当用户提交 URL 请求时，控制器类会根据配置文件中的 env 配置项来判断当前环境是生产环境还是测试环境，最后将判断结果展示在页面中。EnvController 类的代码如下：

```
01 package com.mr.controller;
02 import org.springframework.beans.factory.annotation.Autowired;
03 import org.springframework.core.env.Environment;
04 import org.springframework.web.bind.annotation.RequestMapping;
05 import org.springframework.web.bind.annotation.RestController;
06
07 @RestController
08 public class EnvController {
09     @Autowired
10     private Environment env;
11
12     @RequestMapping("env")
13     public String getEnv() {
14         StringBuilder report = new StringBuilder();
15         report.append(" 当前环境 =");
16         String envName = env.getProperty("env");
17         if ("dev".equals(envName)) {
18             report.append(" 生产环境 ");
19         }
20         if ("test".equals(envName)) {
21             report.append(" 测试环境 ");
22         }
23         report.append("<br/> 打开的端口 =");
24         report.append(env.getProperty("server.port"));
25         return report.toString();
26
27     }
28 }
```

启动项目，打开浏览器访问"http://127.0.0.1:8081/env"地址可以看到图 10.14 结果。注意默认环境为开发环境，所以要访问 8081 端口号。

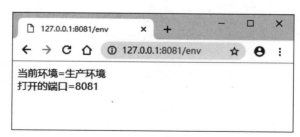

图 10.14 开发环境配置文件被激活

10.4 @Configuration 配置类

Spring Boot 在启动时会自动创建很多涉及项目配置的 Bean，开发者可以通过定义配置类来重写这些 Bean。Spring 框架提供了 @Configuration 注解来声明配置类，配置类替代了传统的 XML 配置文件，并且能提供比 application.properties 配置文件更多、更细致的功能。只不过 application.properties 配置文件是基于文本的，容易修改，@Configuration 注解是基于 Java 代码的，当项目编译之后就不能再修改了。

@Configuration 注解本身被 @Component 注解标注，说明配置类也属于 Spring Boot 的组件之一，在 Spring Boot 项目启动时可以被扫描器自动扫描到。

@Configuration 注解的用法与 @Component 注解基本相同，下面通过一个实例来演示如何在项目中编写配置类。

实例 10.5　自定义项目的错误页面（源码位置：资源包 \Code\10\05）

创建一个名为 ErrorPageDemo 的 Spring Boot 项目，源码结构如图 10.15 所示。

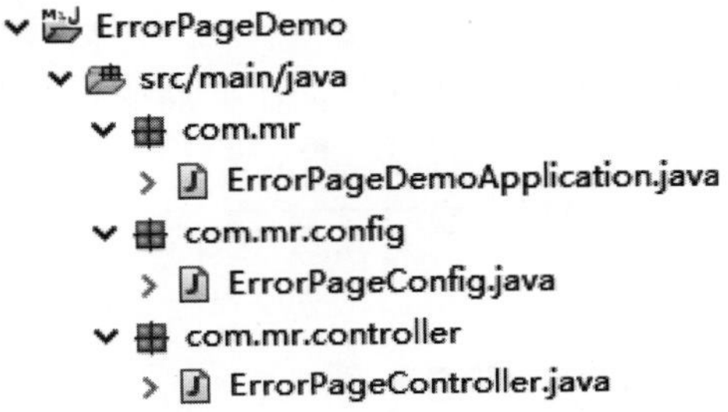

```
▼ 📁 ErrorPageDemo
    ▼ 📁 src/main/java
        ▼ 📦 com.mr
            > 🗋 ErrorPageDemoApplication.java
        ▼ 📦 com.mr.config
            > 🗋 ErrorPageConfig.java
        ▼ 📦 com.mr.controller
            > 🗋 ErrorPageController.java
```

图 10.15　项目中源码文件结构

com.mr.controller 包下的 ErrorPageController 是控制器类，该类中有 3 个方法，分别处理"/404""/500"和"/hello"这 3 个地址发来的请求。处理"/hello"地址请求的方法会故意抛出算术异常。ErrorPageController 类的具体 d 代码如下：

```
01 package com.mr.controller;
02 import org.springframework.web.bind.annotation.RequestMapping;
03 import org.springframework.web.bind.annotation.RestController;
04
05 @RestController
06 public class ErrorPageController {
07
08     @RequestMapping("/404")
09     public String to404() {
10         return "哎呀，页面找不到了！去哪了呢？";
11     }
12
13     @RequestMapping("/500")
14     public String to500() {
15         return "页面出错了，程序员给您道歉了！";
16     }
17
18     @RequestMapping("/hello")
19     public String hello() {
20         int result = 1 / 0;// 创造算术异常，零不可以作除数，否则会触发 500 错误
21         return "1 除以 0 的结果是 " + result;
22     }
23 }
```

启动项目，打开浏览器访问项目中未提供映射的地址，例如"http://127.0.0.1:8081/123456"，就可以看到如图 10.16 所示的 404 错误页面。

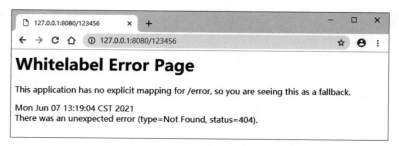

图 10.16　Spring Boot 显示默认 404 错误页面

 此错误页面是由 Chrome 浏览器展示的，其他浏览器可能会看到另一种风格的错误页。

访问"http://127.0.0.1:8081/hello"地址触发服务器的算术异常，就可以看到如图 10.17 所示的 500 错误页面。

图 10.17　Spring Boot 显示默认 500 错误页面

关闭项目，回到源码当中。在 com.mr.config 包下创建 ErrorPageConfig 类，用 @Configuration 注解标注。在类中创建返回 ErrorPageRegistrar 对象的方法，将其返回值注册成 Bean。ErrorPageRegistrar 是 Spring Boot 中的登记错误页的组件，重新覆盖这个 Bean，让其在触发 404 错误和 500 错误时不要显示 Spring Boot 默认的错误页面，而是跳转至 ErrorPageController 控制器所映射的"/404"和"/500"地址，由开发者来决定出现这些错误时会显示什么内容。ErrorPageConfig 配置类的代码如下：

```
01 package com.mr.config;
02 import org.springframework.boot.web.server.ErrorPage;
03 import org.springframework.boot.web.server.ErrorPageRegistrar;
04 import org.springframework.boot.web.server.ErrorPageRegistry;
05 import org.springframework.context.annotation.Bean;
06 import org.springframework.context.annotation.Configuration;
07 import org.springframework.http.HttpStatus;
08
09 @Configuration
10 public class ErrorPageConfig {
11     @Bean
12     public ErrorPageRegistrar getErrorPageRegistrar() {
13         return new ErrorPageRegistrar() {   // 创建错误页登记接口的匿名实现类
14             @Override
15             public void registerErrorPages(ErrorPageRegistry registry) {
16                 // 创建错误页，当 Web 资源找不到时，跳转至 /404 地址
17                 ErrorPage error404 = new ErrorPage(HttpStatus.NOT_FOUND, "/404");
```

```
18              // 创建错误页,当底层代码出现错误或异常时,跳转至 /500 地址
19              ErrorPage error500 =
20                  new ErrorPage(HttpStatus.INTERNAL_SERVER_ERROR, "/500");
21              registry.addErrorPages(error404, error500);// 登记错误页
22          }
23      };
24  }
25 }
```

重启项目,在浏览器中访问"http://127.0.0.1:8081/123456"地址,可以看到如图 10.18 所示的页面,原先的 404 错误页面被替换成 ErrorPageController 的 to404() 方法所返回的文字内容。

图 10.18　出现 404 错误时,跳转至用户自定义的错误页面

访问"http://127.0.0.1:8081/hello"地址触发服务器的算术异常,可以看到如图 10.19 所示的 500 错误页面。原先的 500 错误页面被替换成 ErrorPageController 的 to500() 方法所返回的文字内容。

图 10.19　出现 500 错误时,跳转至用户自定义的错误页面

> 说明
> HttpStatus 是 HTTP 请求状态枚举,每一个枚举都对应一个 HTTP 状态。例如 HttpStatus.NOT_FOUND 定义如下:
>   NOT_FOUND(404, Series.CLIENT_ERROR, "Not Found"),
> 这表示 HttpStatus.NOT_FOUND 对应了 HTTP 请求中的 404 状态,是一种客户端错误类型,错误原因为"找不到",也就是访问的资源不存在。
> 在 HttpStatus 的源码中,每一个状态码都有明确的注释说明,读者可以自行查看。

10.5　综合案例

本实例将把配置文件中的信息封装成学生对象。具体实现步骤如下所示。
① 创建一个名为 ConfigurationPropertiesDemo 的 Spring Boot 项目,源码结构如图 10.20 所示。

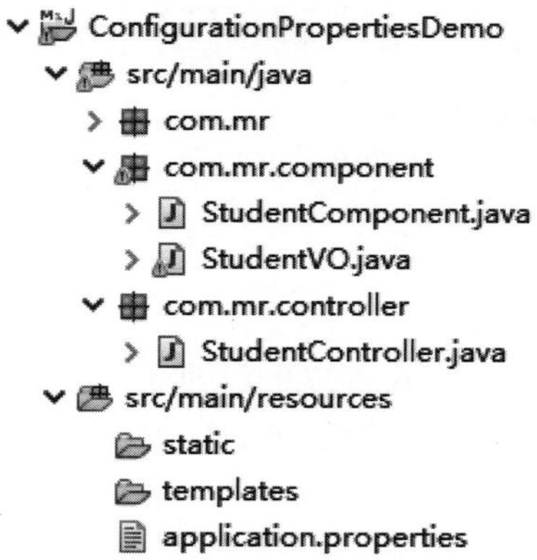

```
ConfigurationPropertiesDemo
  src/main/java
    com.mr
    com.mr.component
      StudentComponent.java
      StudentVO.java
    com.mr.controller
      StudentController.java
  src/main/resources
    static
    templates
    application.properties
```

图 10.20　项目中源码文件结构

② 在 application.properties 配置文件中保存一个学生的完整信息，其代码如下：

```
01 com.mr.student.name=zhangsan
02 com.mr.student.age=21
03 # 兴趣爱好
04 com.mr.student.speciality[0]=swim
05 com.mr.student.speciality[1]=music
06 # 考试成绩
07 com.mr.student.grade[chinese]=95
08 com.mr.student.grade[math]=91
09 com.mr.student.grade[english]=86
10 # 联系方式
11 com.mr.student.concat.phone=123456789
12 com.mr.student.concat.email=zhangsan@mr.com
13 com.mr.student.concat.qq=100000
```

③ com.mr.component 包下的 StudentVO 是学生信息的实体类，该类对配置文件中的配置项做了封装。其中，兴趣爱好封装成了 List 类型，考试成绩封装成了 Map 类型，联系方式则用内部类的方式封装。StudentVO 类的具体代码如下：

```java
01 package com.mr.component;
02 import java.util.List;
03 import java.util.Map;
04 import org.springframework.boot.context.properties.ConfigurationProperties;
05 import org.springframework.stereotype.Component;
06
07 public class StudentVO {
08     private String name;// 属性与配置项同名
09     private Integer age;
10     private List<String> speciality;// 特长
11     private Map<String, Integer> grade;// 成绩
12     private Concat concat = new Concat();// 联系方式
13
14     public class Concat {// 联系方式内部类
15         private String phone;// 电话
16         private String email;// 邮箱
17         private String qq;// QQ 号
18         // 此处省略了 Concat 类所有属性的 Getter/Setter 方法
19     }
20     // 此处省略了 StudentVO 类所有属性的 Getter/Setter 方法
21 }
```

④ com.mr.component 包下的 StudentComponent 是组件类，该类中创建了学生实体类的对象，并通过 @ConfigurationProperties 注解将此对象与 "com.mr.student" 前缀的配置项做了映射，并将实体类对象注册成 Bean。StudentComponent 的具体代码如下：

```java
01 package com.mr.component;
02 import org.springframework.boot.context.properties.ConfigurationProperties;
03 import org.springframework.context.annotation.Bean;
04 import org.springframework.stereotype.Component;
05
06 @Component
07 public class StudentComponent {
08     @Bean
09     // 采用以 com.mr.student 为前缀的配置内容
10     @ConfigurationProperties(prefix = "com.mr.student")
11     public StudentVO getStudent() {
12         return new StudentVO();
13     }
14 }
```

⑤ com.mr.controller 包下的 StudentController 是控制器类，该类注入了学生实体类对象，并在处理 URL 请求的方法中将学生的所有信息打印在页面中。StudentController 的具体代码如下：

```java
01 package com.mr.controller;
02 import java.util.Map;
03 import org.springframework.beans.factory.annotation.Autowired;
04 import org.springframework.web.bind.annotation.RequestMapping;
05 import org.springframework.web.bind.annotation.RestController;
06 import com.mr.component.StudentVO;
07
08 @RestController
09 public class StudentController {
10     @Autowired
11     StudentVO stu;// 注入映射配置文件的 Bean
12
13     @RequestMapping("/student")
14     public String getStudent1() {
15         StringBuilder report = new StringBuilder();
16         report.append("<h2> 学生姓名 </h2>");
17         report.append(stu.getName());
18         report.append("<h2> 年龄 </h2>");
19         report.append(stu.getAge());
20         report.append("<h2> 特长 </h2>");
21         for (String speciality : stu.getSpeciality()) {// 获取所有特长
22             report.append("<li>" + speciality + "</li>");
23         }
24         report.append("<h2> 成绩 </h2>");
25         Map<String, Integer> grades = stu.getGrade();// 获取所有成绩
26         for (String key : grades.keySet()) {
27             report.append("<li>" + key + " : " + grades.get(key) + "</li>");
28         }
29         report.append("<h2> 联系方式 </h2>");
30         report.append("<li> 电话：" + stu.getConcat().getPhone() + "</li>");
31         report.append("<li> 电子邮箱：" + stu.getConcat().getEmail() + "</li>");
32         report.append("<li>QQ 号码：" + stu.getConcat().getQq() + "</li>");
33         return report.toString();
34     }
35 }
```

⑥ 启动项目，打开浏览器访问"http://127.0.0.1:8080/student"地址，可以看到如图 10.21 所示的结果。页面中展示的信息均是从配置文件中获得的。

图 10.21　网页展示的结果

10.6　实战练习

① 使用两种方式，读取配置文件中的车辆信息。
② 编写一个程序，将 404 错误页面替换成自定义的文字内容。

扫码获取本书资源

第 11 章
Controller 控制器

控制器的英文名字是 Controller，它是 MVC 架构中的 C 层，专门用来接收和响应用户发送的请求。在 Java Web 开发中，Controller 控制器最典型的应用就是处理 HTTP 请求，即根据发送请求的 URL 地址将请求交给不同的业务代码来处理。本章将分别介绍 Spring Boot 中映射 URL 请求的常用注解及其使用方法、在控制器类中各种传递参数的用法。

11.1 映射 URL 请求

在 Spring Boot 中，映射 URL 请求的常用注解包括 @Controller、@RequestMapping、@ResponseBody 和 @RestController。此外，通过重定向，也可以让原 URL 地址发来的请求指向新的 URL 地址。本节将分别介绍上述 4 种常用注解及其使用方法和重定向的使用方法。

11.1.1 @Controller

@Controller 注解来自 Spring MCV 框架，是控制器的核心注解。被 @Controller 标注的类称为控制器类。控制器类可以处理用户发送的 HTTP 请求，就是用户通过 URL 地址向服务器发送的请求。Spring Boot 会将不同的用户请求分发给不同的控制器。控制器可以将处理结果反馈给用户。@Controller 可以说是一个简化版的"Servlet"。

@Controller 本身被 @Component 标注，因此控制器类属于组件，可以在项目启动时被扫描器自动扫描，开发者可以在控制器类中注入 Bean。例如，在控制器中注入环境组件，代码如下：

```
01 @Controller
02 public class TestController {
03     @Autowired
04     Environment env;
05 }
```

11.1.2 @RequestMapping

@Controller 注解要结合 @RequestMapping 注解一起使用。@RequestMapping 用于标注类和方法，表示该类或方法可以处理指定 URL 地址发送来的请求。下面介绍 @RequestMapping 的使用方法。

（1）@RequestMapping 的属性

@RequestMapping 有几个常用属性，下面分别介绍。

① value 属性　value 用于指定映射的 URL 地址，它是 @RequestMapping 的默认属性，单独使用时可以隐式调用，其语法如下：

```
@RequestMapping("test")
@RequestMapping("/test")
@RequestMapping(value= "/test")
@RequestMapping(value={"/test"})
```

上面这 4 种语法所映射的地址均为"域名 /test"，域名是项目所在的域，例如在 Eclipse 中启动 Spring Boot 项目，域名就是 127.0.0.1:8080，所以完整的映射地址为"http://127.0.0.1:8080/test"。

实例 11.1　访问指定地址进入主页（源码位置：资源包 \Code\11\01）

创建 TestController 控制器类，用户访问"/index"地址时显示问候字符串。TestController 类的代码如下：

```
01 package com.mr.controller;
02 import org.springframework.stereotype.Controller;
03 import org.springframework.web.bind.annotation.RequestMapping;
04 import org.springframework.web.bind.annotation.ResponseBody;
05
06 @Controller
07 public class TestController {
08     @RequestMapping("/index") // 映射地址为 index
09     @ResponseBody // 直接将字符串显示在页面上
10     public String test() {
11         return " 欢迎来到我的主页 ";
12     }
13 }
```

在浏览器中访问"http://127.0.0.1:8080/index"地址，可以看到页面展示了方法返回的字符串，效果如图 11.1 所示。

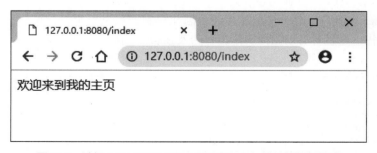

图 11.1　访问 http://127.0.0.1:8080/index 地址看到的结果

@ResponseBody 注解表示该方法返回的字符串不作为跳转地址，而直接作为页面中显示内容。该注解会在 11.1.3 小节中详细介绍。

@RequestMapping 映射的地址可以是多层的，例如：

```
@RequestMapping("/shop/books/computer")
```

这样写的话，映射的完整地址为"http://127.0.0.1:8080/shop/books/computer"。如果访问的 URL 地址缺少任何一层都会引发 404 错误。

@RequestMapping 也可以让一个方法同时映射多个地址，其语法如下：

```
@RequestMapping(value = { "/address1", "/address2", "/address3", ....... })
```

@RequestMapping 的 path 属性与 value 属性功能相同，在此不多做介绍。

② method 属性　　method 属性可以指定 @RequestMapping 映射的请求类型，可以让不同的方法处理同一地址的不同类型请求。

注意

当同时为两个属性赋值时，value 属性必须显式调用。

实例 11.2　根据请求类型显示不同的页面（源码位置：资源包 \Code\11\02）

创建 TestController 控制器类，如果"/index"地址发来是 GET 请求，则打印"处理 GET 请求"；如果发来的是 POST 请求，则打印"处理 POST 请求"。TestController 类的代码如下：

```
01  package com.mr.controller;
02  import org.springframework.stereotype.Controller;
03  import org.springframework.web.bind.annotation.RequestMapping;
04  import org.springframework.web.bind.annotation.RequestMethod;
05  import org.springframework.web.bind.annotation.ResponseBody;
06
07  @Controller
08  public class TestController {
09      @RequestMapping(value = "/index" ,method = RequestMethod.GET)
10      @ResponseBody
11      public String get() {
12          return " 处理 GET 请求 ";
13      }
14      @RequestMapping(value = "/index" ,method = RequestMethod.POST)
15      @ResponseBody
16      public String post() {
17          return " 处理 POST 请求 ";
18      }
19  }
```

使用 Postman 模拟 GET 请求和 POST 请求，可以看到如图 11.2 和图 11.3 所示结果。如果发送的请求既不是 GET 类型也不是 POST 类型，则会触发 405 错误，如图 11.4 所示。

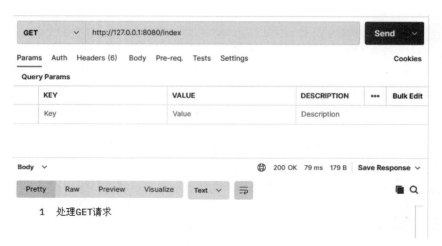

图 11.2　Postman 模拟 GET 请求

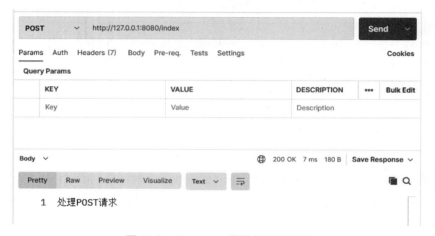

图 11.3　Postman 模拟 POST 请求

图 11.4　Postman 模拟 PUT 请求触发 405 错误

上述代码中用于表示请求类型的 RequestMethod 枚举还可以表示多种请求类型，其源码如下：

```
01  public enum RequestMethod {
02      GET, HEAD, POST, PUT, PATCH, DELETE, OPTIONS, TRACE
03  }
```

③ params 属性　params 属性可以指定 @RequestMapping 映射的请求中必须包含某些参数。params 属性的类型为字符串数组，可以同时指定多个参数。

实例 11.3　用户发送的请求必须包含 name 参数和 id 参数（源码位置：资源包\Code\11\03）

创建 TestController 控制器类，如果用户发来的请求中有 name 参数和 id 参数，则交给 haveParams() 方法处理；如果请求不包含任何参数，则交给 noParams() 方法处理。TestController 类的代码如下：

```
01  package com.mr.controller;
02  import org.springframework.stereotype.Controller;
03  import org.springframework.web.bind.annotation.RequestMapping;
04  import org.springframework.web.bind.annotation.ResponseBody;
05
06  @Controller
07  public class TestController {
08      @RequestMapping(value = "/index", params = { "name", "id" })
09      @ResponseBody
10      public String haveParams() {
11          return "欢迎回来";
12      }
13      @RequestMapping(value = "/index")
14      @ResponseBody
15      public String noParams() {
16          return "你忘了传参数哦";
17      }
18  }
```

使用 Postman 模拟用户请求，如果请求中包含 name 参数和 id 参数，则可以看到如图 11.5 所示的由 haveParams() 方法返回结果。如果请求中只包含一个参数或不包含任何参数，则看到如图 11.6 和图 11.7 所示的由 noParams() 方法返回结果。

图 11.5　请求中包含 name 和 id 参数

图 11.6　请求中只包含一个参数

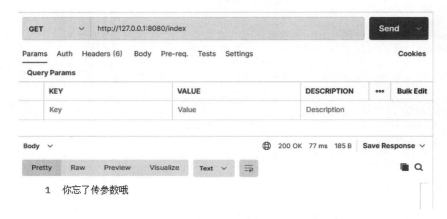

图 11.7　请求中不包含任何参数，触发 400 错误

④ headers 属性　headers 属性可以指定 @RequestMapping 映射的请求中必须包含某些指定的请求头。请求头就是 HTTP 请求报文的报文头，里面保存若干属性值，服务器可以根据此报文头得知客户端的一些信息，例如，请求是从哪个操作系统发出的？是由哪个浏览器发送的？请求的 Cookie 是什么？

请求头属性的格式如下：

```
键：值
```

在 @RequestMapping 要写成如下格式：

```
@RequestMapping(headers = {" 键 1= 值 1", " 键 2= 值 2", ......})
```

实例 11.4　获取用户客户端 Cookie 中的 Session id，判断用户是否为自动登录（源码位置：资源包 \Code\11\04）

如果用户在登录界面勾选了"自动登录"选项，服务器就会将用户登录的 Session ID 写在浏览器的 Cookie 中。在控制器类中编写两个用于实现如下功能的方法，如果用户发送的请求头中包含"Cookie:JSESSIONID=12345678"值，则让用户直接进入欢迎界面，如果请求头中不包含此值，就让用户进入登录的界面。控制器类的代码如下：

第 11 章 Controller 控制器

```
01 package com.mr.controller;
02 import org.springframework.stereotype.Controller;
03 import org.springframework.web.bind.annotation.RequestMapping;
04 import org.springframework.web.bind.annotation.ResponseBody;
05
06 @Controller
07 public class TestController {
08     @RequestMapping(value = "/index")
09     @ResponseBody
10     public String haveParams() {
11         return "请重新登录";
12     }
13     @RequestMapping(value = "/index", headers = { "Cookie=JSESSIONID=123456789" })
14     @ResponseBody
15     public String noParams() {
16         return "欢迎回来";
17     }
18 }
```

使用 Postman 模拟用户请求，在请求头不包含任何内容的情况下访问 "http://127.0.0.1:8080/index" 地址，可以看到如图 11.8 所示要求用户登录的结果。如果为请求头添加 Cookie，值为 "JSESSIONID=123456789"，再访问同一地址可以看到如图 11.9 所示的结果。

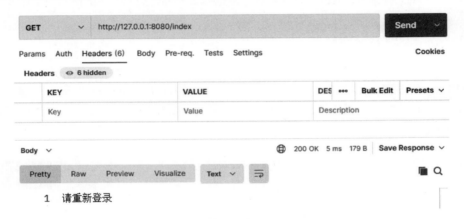

图 11.8　请求头为空则要求用户登录

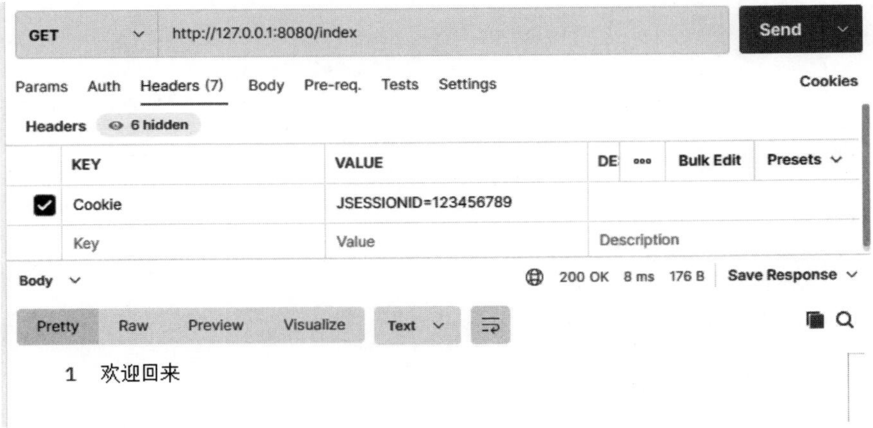

图 11.9　请求头中包含 JSESSIONID 这个 Cookie 值，用户自动登录

⑤ consumes 属性　consumes 属性可以指定 @RequestMapping 映射请求的内容类型，常见的有"application/json""text/html"等类型。

实例 11.5　要求用户发送的数据必须是 JSON 格式（源码位置：资源包 \Code\11\05）

将 @RequestMapping 注解的 consumes 属性设为"application/json"，只有用户发送的数据是 JSON 串形式，则提示"成功进入接口"，否则进入其他方法提示"您发送的数据格式有误！"。控制器类的代码如下：

```
01 package com.mr.controller;
02 import org.springframework.stereotype.Controller;
03 import org.springframework.web.bind.annotation.RequestMapping;
04 import org.springframework.web.bind.annotation.ResponseBody;
05
06 @Controller
07 public class TestController {
08     @RequestMapping(value = "/index")
09     @ResponseBody
10     public String formatError() {
11         return " 您发送的数据格式有误！ ";
12     }
13     @RequestMapping(value = "/index", consumes = "application/json")
14     @ResponseBody
15     public String hello() {
16         return " 成功进入接口 ";
17     }
18 }
```

使用 Postman 模拟用户请求，直接访问"http://127.0.0.1:8080/index"地址，则会看到如图 11.10 所示的结果。如果在请求体（Body）中填写 JSON 数据，再访问同一地址就可以看到如图 11.11 所示的访问成功结果了。

图 11.10　用户的请求没有任何请求体

图 11.11　用户的请求体是 JSON 格式

⑥ produces 属性　produces 属性用于指定 @RequestMapping 返回的内容的类型，不过这个属性的使用场景比较少。例如，为防止请求返回的中文内容出现乱码，将请求返回的字符编码设定为 UTF-8，写法如下：

```
01 @RequestMapping(value = "/index", produces = "text/html;charset=UTF-8")
02 @ResponseBody
03 public String hello() {
04     return " 成功进入接口 ";
05 }
```

如果请求返回的不是 HTML 页面，而是 JSON 字符串，写法如下：

```
01 @RequestMapping(value = "/index", produces = "application/json;charset=UTF-8")
02 @ResponseBody
03 public String hello() {
04     return " 成功进入接口 ";
05 }
```

（2）包含层级关系的映射方式

通常一个 HTTP 请求不是只有简单一层地址，而是根据业务分类形成的多层地址。例如，在某电商平台查看某一本图书的详情页，其地址可能是 "/shop/books/123456.html"。"/shop" 是该公司的电商平台地址；"/books" 表示进入图书分类；最后的 "/123456.html" 表示编号为 123456 的商品详情页。如果该电商平台还卖食品，可能就会有 "/foods" 地址。

要处理这样的多层级 URL 地址，在控制器类中可以写成下面这种方式。

```
01 @Controlle
02 public class TestController {
03     @RequestMapping("/shop/books")
04     @ResponseBody
05     public String book() {
06         return " 进入图书分类 ";
07     }
08     @RequestMapping("/shop/foods")
```

```
09      @ResponseBody
10      public String food() {
11          return " 进入食品分类 ";
12      }
13  }
```

该类中每一个方法都映射了一个多层的 URL 地址，但这种写法存在两个问题。

① 重复代码太多。每个方法映射的上层 URL 地址是完全一样的，只有底层有差别。

② 如果开发者写错某个方法的上层地址，就会导致某种业务的请求全部都变成了 404 错误（地址不对，找不到资源）。

这两个问题解决起来非常容易，@RequestMapping 注解不仅可以标注方法，也可以标注类。如果控制器类被 @RequestMapping 标注，就为该控制器类下的所有映射方法都添加了上层地址。

实例 11.6　为电商平台设置上层地址（源码位置：资源包 \Code\11\06）

还是上文中介绍的电商平台控制器类，将所有方法的"/shop"上层地址提取出来，放在类中标注，代码如下：

```
01  package com.mr.controller;
02  import org.springframework.stereotype.Controller;
03  import org.springframework.web.bind.annotation.RequestMapping;
04  import org.springframework.web.bind.annotation.ResponseBody;
05
06  @Controller
07  @RequestMapping("/shop")
08  public class TestController {
09      @RequestMapping("/books")
10      @ResponseBody
11      public String book() {
12          return " 进入图书分类 ";
13      }
14      @RequestMapping("/foods")
15      @ResponseBody
16      public String food() {
17          return " 进入食品分类 ";
18      }
19  }
```

这样每一个方法映射的实际上仍然是一个多层的 URL 地址。例如，访问"http://127.0.0.1:8080/books"地址看到的是如图 11.12 所示的 404 错误，必须访问"http://127.0.0.1:8080/shop/books"地址才能看到如图 11.13 所示的正确页面。

图 11.12　只访问"/books"触发 404 错误

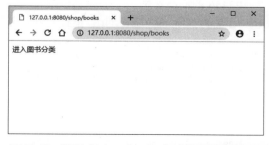

图 11.13　访问"/shop/books"才能看到正确页面

11.1.3 @ResponseBody

上文中所有的方法都被 @ResponseBody 注解标注，该注解的作用是把方法的返回值直接当作页面的数据。如果方法返回的是字符串，页面就会显示相应的字符串；如果方法的返回值是其他类型，则会自动封装成 JSON 格式的字符串展示在页面中。

如果方法没有被 @ResponseBody 标注，则表示方法的返回值是即将转的目标地址。例如：

```
@Controller
public class TestController {
    @RequestMapping("/index") // 映射 "/index" 地址，未标注 @ResponseBody
    public ModelAndView index() {
        return new ModelAndView("/welcome");// 跳转至 "/welcome" 地址
    }
}
```

该方法的返回值是 org.springframework.web.servlet.ModelAndView 类型。如果仅用于跳转页面，可以将返回值简写成 String 类型，代码等同于：

```
@Controller
public class TestController {
    @RequestMapping("/index") // 映射 "/index" 地址，未标注 @ResponseBody
    public String index() {
        return "/welcome";// 跳转至 "/welcome" 地址
    }
}
```

给该类添加映射 "/welcome" 地址的方法，就可以看到跳转的效果了，代码如下：

```
@Controller
public class TestController {
    @RequestMapping("/index") // 映射 "/index" 地址，未标注 @ResponseBody
    public String index() {
        return "/welcome";// 跳转至 "/welcome" 地址
    }
    @RequestMapping("/welcome")
    @ResponseBody     // 直接在页面中显示方法返回的字符串
    public String welcome() {
        return " 欢迎来到我的主页 ";
    }
}
```

如果访问 "http://127.0.0.1:8080/index" 地址，就可以看到如图 11.14 所示的内容。

图 11.14　访问 "/index" 地址会跳转至 "/welcome" 地址的欢迎页

@ResponseBody 注解也可以标注控制器类，表示该控制器下的所有方法的返回值都会直接显示在页面中。例如，修改之前的代码，将 @ResponseBody 注解标注在控制器类上，代码如下：

```
01 @Controller
02 @ResponseBody   // 将注解标注在类上
03 public class TestController {
04     @RequestMapping("/index")
05     public String index() {
06         return "/welcome";
07     }
08     @RequestMapping("/welcome")
09     public String welcome() {
10         return " 欢迎来到我的主页 ";
11     }
12 }
```

此时再访问"http://127.0.0.1:8080/index"地址，看到的结果就如图 11.15 所示了。

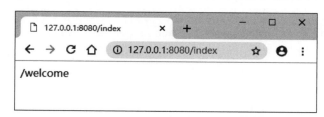

图 11.15　页面没有发生跳转，而是直接将返回值显示了出来

11.1.4　@RestController

@RestController 是 Spring Boot 新增的注解，它实际上就是 @Controller 和 @ResponseBody 的综合体。该注解可简化开发者的代码，例如下面这段代码：

```
01 @Controller
02 @ResponseBody
03 public class TestController {
04 }
```

等效于：

```
01 @RestControlle
02 public class TestController {
03 }
```

11.1.5　重定向

重定向就是让原 URL 地址发来的请求指向新的 URL 地址，原请求中的数据不会被保留。类似于服务器把用户推到其他网站上了。

如果方法没有被 @ResponseBody 标注，则表示方法返回的字符串是跳转的目标地址。如果在该目标地址前加上"redirect:"字样，则表示重定向到这个地址。

实例 11.7　将请求重定向为百度首页（方法一）（源码位置：资源包 \Code\11\07）

创建 TestController 控制器类，当用户访问"/bd"地址时，使用"redirect:"前缀将请求重定向至百度搜索首页，代码如下：

```
01 package com.mr.controller;
02 import org.springframework.stereotype.Controller;
03 import org.springframework.web.bind.annotation.RequestMapping;
04 @Controller
05 public class TestController {
06     @RequestMapping("/bd")
07     public String bd() {
08         return "redirect:http://www.baidu.com";
09     }
10 }
```

在浏览器中访问"http://127.0.0.1:8080/bd"地址,浏览器会自动跳转至百度首页,并且地址栏中显示的也是如图11.16所示的百度首页地址。原先的URL地址已经看不到了。

图 11.16　重定向至百度首页

11.2　传递参数

Spring Boot 有一个非常实用功能,就是可以自动为方法参数注入值。开发者只需要在方法中创建指定类型、指定名称的参数,Spring Boot 就可以在 Spring 容器中找到符合该参数的 Bean 并注入进去,甚至可以直接解析 URL 地址,将地址中的参数值注入到方法的参数中。本节将介绍在控制器类中各种传递参数的用法。

11.2.1　自动识别请求的参数

想要获取 HTTP 请求中的参数,只需在方法中设置同名、同类型的方法参数即可。Spring Boot 可以自动解析 HTTP 请求中的参数,并将值注入到方法参数当中。

例如,URL 地址为"http://127.0.0.1:8080/index?name=tom"的请求,想要获取请求中的 name 参数,可以在控制器类的方法中定义 name 参数,代码如下:

```
01 @RequestMapping("/index")
02 @ResponseBody
03 public String test(String name) {
04     System.out.println("name=" + name);
05     return "success";
06 }
```

当请求进入 test() 方法时,Spring Boot 会自动将请求中的参数注入到同名的方法参数中。上面这段代码将会在控制台输出:

```
name=tom
```

使用这种自动识别请求的参数的功能时，要注意以下几点。
☑ Spring Boot 可以识别各种类型请求中的参数，包括 GET、POST、PUT 等请求。
☑ 参数名区分大小写。
☑ 参数没有顺序要求，Spring Boot 会以参数名称作为识别条件。
☑ 请求参数的数量可以与方法参数的数量不一致，只有名称相同的参数才会被注入。
☑ 方法参不应采用基本数据类型。例如，整数应采用 Integer 类型，而不是 int 类型。
☑ 如果方法参数没有被注入值，则采用默认值，引用类型默认值为 null。如果方法的某一参数值为 null，要么是前端未发送此参数，要么就是参数名称不匹配。
☑ 请求的参数（Request Param）不是请求体（Request Body）。

实例 11.8 验证用户发送的账号、密码是否正确（源码位置：资源包 \Code\11\08）

创建 TestController 控制器类，当用户访问 "/login" 地址时需要向服务发送账号密码。如果账号是"张三"，密码是"123456"，则提示用户登录成功，否则提示用户登录失败。代码如下：

```
01 package com.mr.controller;
02 import org.springframework.web.bind.annotation.RequestMapping;
03 import org.springframework.web.bind.annotation.RestController;
04
05 @RestController
06 public class TestController {
07     @RequestMapping("/login")
08     public String login(String username, String password) {
09         if (username != null && password != null) {
10             if ("张三".equals(username) && "123456".equals(password)) {
11                 return username + "，欢迎回来 ";
12             }
13         }
14         return "您的账号或密码错误 ";
15     }
16 }
```

使用 Postman 模拟用户请求，访问的地址为 "http://127.0.0.1:8080/login"，为请求设置 username 和 password 这两个参数，参数值均为正确值，单击 "Send" 按钮可以看到如图 11.17 所示的登录成功结果。如果删除 password 参数，则可以看到如图 11.18 所示的登录失

图 11.17 发送正确账号密码，提示登录成功

败结果。如果发送的账号密码是错误的，则可以看到如图 11.19 所示的登录失败结果。

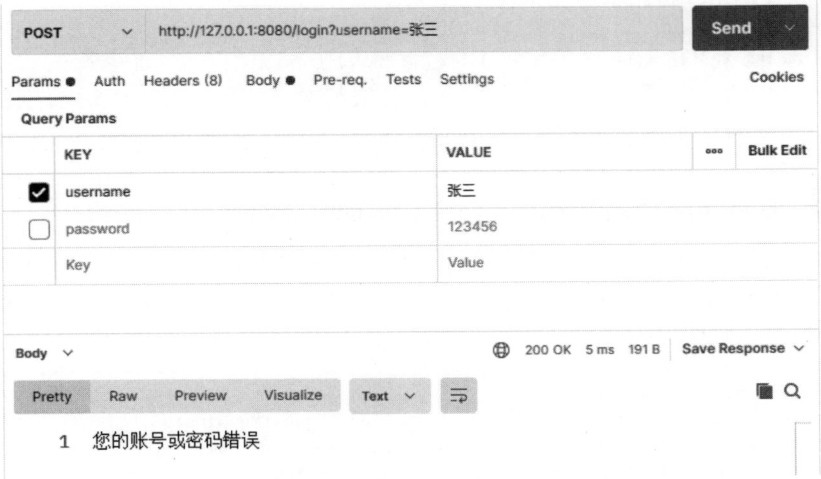

图 11.18　缺少 password 参数，提示登录失败

图 11.19　发送错误账号密码，提示登录失败

11.2.2　@RequestParam

@RequestParam 注解用于标注方法参数，可显式地指定请求参数与方法参数之间的映射关系。@RequestParam 注解在代码中的位置如下：

```
01 @RequestMapping("/test")
02 public String test(@RequestParam String value1, @RequestParam String value2) {
03     return "";
04 }
```

@RequestParam 注解有很多属性，下面分别介绍。

（1）value 属性

@RequestParam 注解允许方法参数与请求参数不同名，value 属性用于指定请求参数的名称，方法参数会自动注入与 value 属性同名的参数值。value 是 @RequestParam 注解的默认属性，可以隐式调用，使用语法如下：

```
public String test(@RequestParam("n") String name) { }
public String test(@RequestParam(value = "n") String name) { }
```

其中"n"就是请求中的参数名，这样标注之后，name 就可以得到参数 n 的值。

实例 11.9　获取用户发送的 token 口令（源码位置：资源包 \Code\11\09）

用户向服务器发送 token 口令时，为了缩短数据报的长度，经常把 token 缩写成"tk""tn"或"t"。创建 TestController 控制器类，将用户请求中的 tk 参数值注入到 token 参数中，打印此口令值，代码如下：

```
01 package com.mr.controller;
02 import org.springframework.web.bind.annotation.RequestMapping;
03 import org.springframework.web.bind.annotation.RequestParam;
04 import org.springframework.web.bind.annotation.RestController;
05
06 @RestController
07 public class TestController {
08     @RequestMapping("/login")
09     public String login(@RequestParam(value = "tk") String token) {
10         return "前端传递的口令为：" + token;
11     }
12 }
```

打开浏览器，访问"http://127.0.0.1:8080/login?tk=dh6wd84n"地址（tk 参数的值可随机输入），可以看到如图 11.20 所示的结果，说明方法中的 token 参数得到了 tk 参数的值。

图 11.20　向服务器发送 tk 参数

@RequestParam 的 name 属性与 value 属性功能相同，在此不多做介绍。

（2）required 属性

required 属性表示被 @RequestParam 标注的方法参数是否必须传值。required 属性的默认值为 true，也就是说被 @RequestParam 标注且没写"required=false"的方法参数，一律强制注入请求发送的参数，如果前端没有发送此参数，则会抛出"MissingServletRequestParameterException"（丢失请求参数）异常。

下面这段代码：

```
public String test(@RequestParam(value = "n") String name) { }
```

等同于：

```
public String test(@RequestParam(value = "n" , required = true) String name) { }
```

而下面这段代码:

```
public String test(@RequestParam(required = false) String name) { }
```

等同于不用 @RequestParam 标注的代码：

```
public String test(String name) { }
```

（3）defaultValue 属性

defaultValue 属性可以用来指定方法参数的默认值，如果前端没有发来 @RequestParam 指定的请求参数，@RequestParam 会将默认值赋值给方法参数。

实例 11.10 如果用户没有发送用户名，则用"游客"称呼用户（源码位置：资源包 \Code\11\10）

创建 TestController 控制器类，给 name 参数设定默认值，如果前端没有发送 name 参数，则让其 username 取"游客"值，代码如下：

```
01  package com.mr.controller;
02  import org.springframework.web.bind.annotation.RequestMapping;
03  import org.springframework.web.bind.annotation.RequestParam;
04  import org.springframework.web.bind.annotation.RestController;
05  
06  @RestController
07  public class TestController {
08      @RequestMapping("/login")
09      public String login
10          (@RequestParam(value = "name", defaultValue = " 游客 ") String username) {
11          return username + " 您好，欢迎光临 XXX 网站 ";
12      }
13  }
```

打开浏览器，访问"http://127.0.0.1:8080/login?name= 张三"，可以看到如图 11.21 所示结果，请求发送的名字是什么，页面就会用什么名字称呼用户。如果不发送任何参数，看到的结果如图 11.22 所示，页面会称呼用户为游客。

图 11.21　传的名字是什么，就会以什么来称呼用户

图 11.22　没传任何名字，就称呼用户为游客

11.2.3 @RequestBody

@RequestBody 的作用类似于 @RequestParam，但 @RequestBody 会将请求体中的数据注入方法参数中。如果请求体中的数据是 JSON 类型，@RequestBody 可以将 JSON 数据直接封装成的实体类对象。

实例 11.11 将前端发送的 JSON 数据封装成 People 类对象（源码位置：资源包\Code\11\11）

首先要定义前端发送的 JSON 数据的结构，JSON 中只包含两个 key，分别是 id 和 name，例如：

```
{ "id": 98, "name": "张三" }
```

然后定义此结构对应的实体类，在 com.mr.model 包下创建 People 类，类中包含 id 和 name 这两个属性，代码如下：

```
01  package com.mr.model;
02  public class People {
03      private Integer id;
04      private String name;
05      public Integer getId() {
06          return id;
07      }
08      public void setId(Integer id) {
09          this.id = id;
10      }
11      public String getName() {
12          return name;
13      }
14      public void setName(String name) {
15          this.name = name;
16      }
17  }
```

实体类的属性与 JSON 中的字段一一对应，就可以利用 @RequestBody 将 JSON 数据封装成 People 对象。在 com.mr.controller 包下创建 TestController 控制器类，映射方法的参数为 People 类型，并用 RequestBody 标注。最后方法返回参数对象中的 id 和 name 值。代码如下：

```
01  package com.mr.controller;
02  import org.springframework.web.bind.annotation.RequestBody;
03  import org.springframework.web.bind.annotation.RequestMapping;
04  import org.springframework.web.bind.annotation.RestController;
05  import com.mr.model.People;
06
07  @RestController
08  public class TestController {
09      @RequestMapping("/index")
10      public String index(@RequestBody People someone) {
11          return "编号：" + someone.getId() + "，用户名：" + someone.getName();
12      }
13  }
```

使用 Postman 模拟用户请求，访问"http://127.0.0.1:8080/index"地址，在请求体中设置 JSON 数据，点击"Send"按钮，可以看到服务器成功获取到 JSON 中的数据，效果如图 11.23 所示。

1 编号：98，用户名：张三

图 11.23　向服务器发送 JSON 数据，服务器成功获取并解析数据

11.2.4　获取 Servlet 的内置对象

学习 Java EE 的同学都知道 Servlet 有九大内置对象，其中 request、response 和 session 是使用频率最高的三个对象。在 Spring Boot 中获取这些对象的方法有两种。

（1）注入属性

Spring Boot 会自动创建 request 和 response 的 Bean，控制器类可以直接注入这两个 Bean，例如：

```
01 @Controller
02 public class TestController {
03     @Autowired
04     HttpServletRequest request;
05     @Autowired
06     HttpServletResponse response;
07 }
```

这样就可以直接在方法中调用请求的 request 和 response 对象，然后通过下面这行代码获得请求中的 session 对象：

```
HttpSession session= request.getSession();
```

（2）注入参数

这种获取方法源于 Spring MVC，也是 Spring Boot 推荐使用的方法。直接在控制器类的映射请求的方法中添加 HttpServletRequest、HttpServletResponse 和 HttpSession 类型的参数，Spring Boot 在分发请求的同时会自动将这些对象注入到对应的参数中。例如，同时在一个映射请求的方法中调用 request、response 和 session 对象，代码如下：

```
01 @Controller
02 public class TestController {
03     @RequestMapping("/index")
```

```
04      @ResponseBody
05      public String index
06          (HttpServletRequest request, HttpServletResponse response, HttpSession session)
{
07          request.setAttribute("id", "test");
08          response.setHeader("Host", "www.mingrisoft.com");
09          session.setAttribute("userLogin", true);
10          return "";
11      }
12 }
```

这三个参数只对参数类型有要求，对参数名称、参数顺序没有要求，可以写成下面的形式：

```
public String index( HttpServletResponse rp,HttpSession s,HttpServletRequest rq) { }
```

Servlet 内置对象参数可以与其他参数混用，例如：

```
public String index(@RequestParam("tk") String token, HttpServletRequest rq,Integer id) { }
```

实例 11.12　服务器返回图片（源码位置：资源包 \Code\11\12）

开发者可以通过 response 对象的输出流向前端发送任何类型的数据，包括文字、图片、文件等。如果向前端发送的是图片数据流，前端的浏览器可以直接显示图片中的内容。

创建 TestController 控制器类，映射 "/image" 地址，读取请求发来的 massage 参数值。然后通过 BufferedImage 类创建图片对象，将 massage 参数中的文字写在图片中，最后使用 ImageIO 工具类将图片对象以流的方式写入 response 对象输出流中。TestController 类的代码如下：

```
01 package com.mr.controller;
02 import java.awt.*;
03 import java.awt.image.BufferedImage;
04 import java.io.IOException;
05 import javax.imageio.ImageIO;
06 import javax.servlet.http.HttpServletResponse;
07 import org.springframework.stereotype.Controller;
08 import org.springframework.web.bind.annotation.RequestMapping;
09 import org.springframework.web.bind.annotation.ResponseBody;
10
11 @Controller
12 public class TestController {
13      @RequestMapping("/image")
14      @ResponseBody
15      public void image(String massage, HttpServletResponse response) {
16          // 创建宽 300、高 100 的缓冲图片
17          BufferedImage image = new BufferedImage(300, 100, BufferedImage.TYPE_INT_RGB);
18          Graphics g = image.getGraphics();// 获取绘图对象
19          g.setColor(Color.BLUE);// 画笔为蓝色
20          g.fillRect(0, 0, 300, 100);// 覆盖图片的实心矩形
21          g.setColor(Color.WHITE);// 画笔为白色
22          g.setFont(new Font("宋体", Font.BOLD, 22));// 字体
23          g.drawString(massage, 10, 50);// 将参数字符串绘制在指定坐标上
24          try {
25              // 将绘制好的图片，写入 response 的输出流中
26              ImageIO.write(image, "jpg", response.getOutputStream());
27          } catch (IOException e) {
28              e.printStackTrace();
```

```
29        }
30     }
31 }
```

打开浏览器，访问"http://127.0.0.1:8080/image?massage= 重要通知：该学习了"地址，可以看到如图 11.24 所示效果，若用户修改了 massage 参数的值并再次访问，图片中的文字会变成用户输入的值。

图 11.24　访问地址后看到的内容是一张图片

11.3　综合案例

　　Rest 是一种软件架构规则，其全称是"Representational State Transfer"，中文直译叫作"表述性状态传递"，可以简单地理解成"让请求用最简洁、最直观的方式来表达自己想要做什么"。基于 REST 构建的 API 就属于 RESTful 风格。

　　很多网站的 HTTP 请求参数都是通过 GET 方式发送。例如，访问电商网站的"/details"地址，获取编号为 5678 的图书的详细信息，需要传入商品编号和商品类型参数，URL 地址可能是这样的：

```
http://127.0.0.1:8080/shop/details?id=5678&item_type=book
```

　　但如果后台服务采用 RESTful 风格，获取商品详情就不需要传入任何参数了，其 URL 地址可能会是这样的：

```
http://127.0.0.1:8080/shop/book/5678
```

　　从这个地址可以看出，商品的类型和编号从请求参数变成了 URL 地址的其中一层。这种地址也被叫作资源地址（URI），它看起来更像是在访问一处 Web 资源而不是提交一个请求。目前互联网上已经可以看到很多 RESTful 风格的网站了，例如京东商城查看具体商品的地址：

```
https://item.jd.com/12185501.html
```

在 GitHub 上访问某个开源软件的地址：

```
https://github.com/spring-projects/spring-boot
```

URI 全名为 "Uniform Resource Identifier"，翻译过来叫 "统一资源标识符"。URL 的全名为 "Uniform Resource Locator"，翻译过来叫 "统一资源定位器"。注意两者的区别。

这种简洁风格也存在一个问题：仅从 URL 地址上看不出这个请求是要查询商品还是删除商品。在 REST 规则中，以提交请求的类型来决定请求要进行哪种业务。例如，同一个 URL 地址，提交的请求类型为 GET 请求，则表示查询指定商品的数据；若为 POST 请求，则表示向数据库添加指定商品；若为 DELETE 请求，则表示删除指定商品。HTTP 请求包含多种类型，常用类型及其相关内容如表 11.1 所示。

表 11.1 常用请求类型及其相关内容

请求类型	约定的业务	对应枚举	对应注解
GET	查询资源	RequestMethod.GET	@GetMapping
POST	创建资源	RequestMethod.POST	@POSTMapping
PUT	更新资源	RequestMethod.PUT	@PutMapping
PATCH	只更新资源中一部分内容	RequestMethod.PATCH	@PATCHMapping
DELETE	删除资源	RequestMethod.DELETE	@DELETEMapping

各请求类型枚举用于为 @RequestMapping 注解的 method 属性赋值，可以指定映射的请求类型。例如，只映射 POST 请求的写法如下：

```
@RequestMapping(value="/index",method = RequestMethod.POST)
```

各请求类型对应的注解则是在 @RequestMapping 注解的基础上延伸出来的新注解，这些注解的功能与 @RequestMapping 注解相同，但只能映射固定类型的请求。例如下面这个注解：

```
@GetMapping(value="/index")
```

等同于：

```
@RequestMapping(value="/index",method = RequestMethod.GET)
```

并不是所有的前端技术都支持发送多种请求类型，例如 HTML 仅支持发送 GET 请求和 POST 请求，其他类型请求需要借助 JavaScript 技术发送。

如果服务器使用 RESTful 风格，就意味着控制器类所映射的地址不是唯一的，每一个数据的 URL 地址都不同，这就需要让控制器类能够映射动态 URL 地址。Spring Boot 使用 "{}" 作为动态地址中的占位符，例如 "/shop/book/{type}" 就表示这个地址中前面的 "/shop/book/" 是固定的，后面的 "/{type}" 是动态的，该动态地址可以成功匹配下面这些地址。

```
http://127.0.0.1:8080/shop/book/music
http://127.0.0.1:8080/shop/book/FOOD
http://127.0.0.1:8080/shop/book/123456789
http://127.0.0.1:8080/shop/book/+-*_!#&$
http://127.0.0.1:8080/shop/book/{}()<>
```

```
http://127.0.0.1:8080/shop/book/ 数学
http://127.0.0.1:8080/shop/book/( 空格 )
```

但是无法匹配下面这些地址。

```
http://127.0.0.1:8080/shop/book/
http://127.0.0.1:8080/shop/book/computer/123
http://127.0.0.1:8080/shop/book/?
http://127.0.0.1:8080/shop/book/%
http://127.0.0.1:8080/shop/book/^
http://127.0.0.1:8080/shop/book/[]
http://127.0.0.1:8080/shop/book/|
```

@PathVariable 注解的用法与 @RequestParam 注解很像，可以用来解析动态 URL 地址中的占位符，可以将 URL 相应位置的值注入给方法参数。例如下面这段代码：

```
01  @RequestMapping(value = "/shop/{type}/{id}")
02  public String shop(@PathVariable String type, @PathVariable String id) { }
```

@PathVariable 可以将 URL 为中 {type} 这个占位符对应位置的值传递给方法中的 type 参数，{id} 对应位置的值传递给方法中的 id 参数。@PathVariable 会根据名称进行匹配，所以参数的先后顺序不影响注入结果。

开发者也可以指定方法参数对应哪个占位符，只需将 @PathVariable 注解的 value 属性赋值为占位符名称即可。例如，方法参数叫 goodsType，要匹配的占位符叫 {type}，可以写成下面这种形式。

```
01  @RequestMapping(value = "/shop/{type}/{id}")
02  public String shop
03          (@PathVariable("type") String goodsType, @PathVariable("id") String goodsID) { }
```

也可以显式地调用 value 属性，代码如下：

```
01  @RequestMapping(value = "/shop/{type}/{id}")
02  public String shop(@PathVariable(value = "type") String goodsType,
03          @PathVariable(value = "id") String goodsID) { }
```

服务器操作用户数据的地址为 "/user/{id}"，{id} 是用户编号的占位符。服务器要实现以下几个功能。

① 如果前端向 "/user" 地址发送 GET 请求，就返回所有用户的信息。

② 如果前端向 "/user/{id}" 地址发送 GET 请求，服务器返回此 id 对应的用户信息；如果没有此 id 的数据，就提示 "该用户不存在"。

③ 如果前端向 "/user/{id}/{name}" 地址发送 POST 请求，就根据 {id} 和 {name} 的值创建一个新用户，然后展示当前所有的用户信息。

④ 如果前端向 "/user/{id}" 地址发送 DELETE 请求，就删除此 id 的用户的数据，然后展示当前所有的用户信息。

要实现以上几个功能需要先准备初始数据。在 com.mr.component 包下创建 UserComponent 组件类，在该类中创建一个保存初始数据的 Map 对象，并将此对象注册成 Bean。UserComponent 的代码如下：

```
01  package com.mr.component;
02  import java.util.HashMap;
```

```
03 import java.util.Map;
04 import org.springframework.context.annotation.Bean;
05 import org.springframework.stereotype.Component;
06
07 @Component
08 public class UserComponent {
09     @Bean
10     public Map<String, String> users() {        // 创建保存用户列表数据的 Bean
11         Map<String, String> map = new HashMap<>();
12         map.put("10", "张三");
13         map.put("20", "李四");
14         map.put("30", "王五");
15         return map;
16     }
17 }
```

有了数据之后就可以编写控制器类了。在 com.mr.controller 包下创建 TestController 控制器类。先在该类中注入保存初始数据的 Map 对象，再创建各功能的实现方法。处理两个 GET 请求的方法需要用 @ResponseBody 注解。处理 POST 请求和 DELETE 请求的方法在修改完数据之后，通过重定向的方式跳转至 "/user" 地址。TestController 类的代码如下：

```
01 package com.mr.controller;
02 import java.util.Map;
03 import org.springframework.beans.factory.annotation.Autowired;
04 import org.springframework.stereotype.Controller;
05 import org.springframework.web.bind.annotation.DeleteMapping;
06 import org.springframework.web.bind.annotation.GetMapping;
07 import org.springframework.web.bind.annotation.PathVariable;
08 import org.springframework.web.bind.annotation.PostMapping;
09 import org.springframework.web.bind.annotation.ResponseBody;
10
11 @Controller
12 public class TestController {
13     @Autowired
14     Map<String, String> users;// 注入 UserComponent 提供的 Bean
15     @GetMapping("/user/{id}") // 映射 GET 请求，表示查询
16     @ResponseBody
17     public String select(@PathVariable() String id) {// 根据 id 查询员工姓名
18         if (users.containsKey(id)) {// 如果用户列表中有此 id 值
19             return "您好，" + users.get(id);
20         }
21         return "该用户不存在";
22     }
23     @GetMapping("/user") // 映射上层地址
24     @ResponseBody
25     public String all() {// 查询所有员工姓名
26         StringBuilder report = new StringBuilder();
27         for (String id : users.keySet()) {// 遍历 Map 中所有编号
28             String name = users.get(id);// 根据编号取出姓名
29             report.append("[" + id + ":" + name + "]");// 拼接每一个员工的数据
30         }
31         return report.toString();
32     }
33     @PostMapping("/user/{id}/{name}") // 映射 POST 请求，表示添加
34     public String add(@PathVariable String id, @PathVariable String name) {// 添加新员工
35         users.put(id, name);// 在 Map 中添加新员工数据
36         return "redirect:/user";// 重定向，查看所有员工
37     }
38     @DeleteMapping("/user/{id}") // 映射 DELETE 请求，表示删除
```

```
39    public String delete(@PathVariable() String id) {// 删除老新员工
40        users.remove(id);// 删除 Map 中指定编号的员工
41        return "redirect:/user";// 重定向,查看所有员工
42    }
43 }
```

使用 Postman 模拟用户请求,向"http://127.0.0.1:8080/user"地址发送 GET 请求,可以看到所有初始化的用户信息,效果如图 11.25 所示。

图 11.25　查询所有用户信息

如果向"http://127.0.0.1:8080/user/20"地址发送 GET 请求,则可以看到编号为 20 的用户信息,效果如图 11.26 所示。

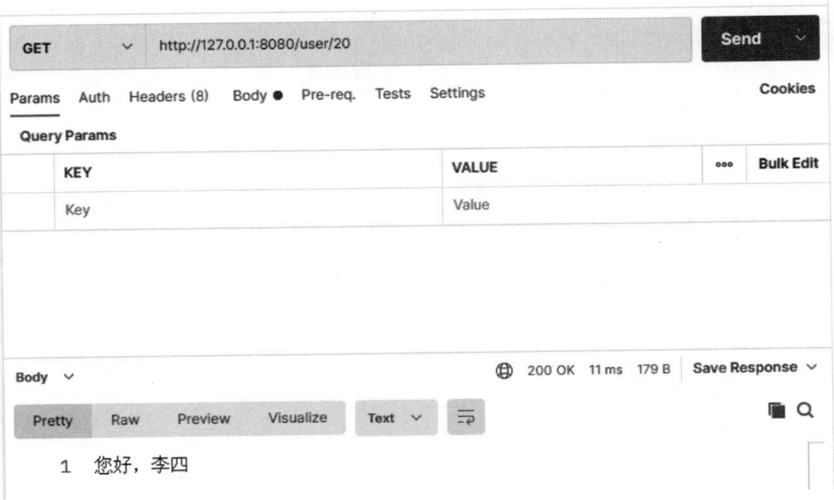

图 11.26　查看编号为 20 的用户信息

如果向"http://127.0.0.1:8080/user/50/ 小胖"地址发送 POST 请求,则会创建一个编号为 50、名称为小胖的用户,然后在所有用户信息中就可以看到这个新用户,效果如图 11.27 所示。

图 11.27　添加编号为 50、名称为小胖的用户

如果向"http://127.0.0.1:8080/user/20"地址发送 DELETE 请求，就会删除编号为 20 的员工，在所有用户信息中就找不到这个用户了，效果如图 11.28 所示。

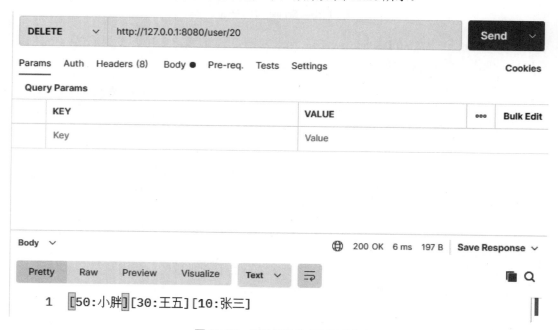

图 11.28　删除编号为 20 的用户

同样，如果该用户已被删除，向"http://127.0.0.1:8080/user/20"地址发送 GET 请求也看不到任何用户数据，效果如图 11.29 所示。

图 11.29　无法再查询到被删除的用户

11.4 实战练习

① 创建 TestController 控制器类，无论用户访问 "/home" "/index" 还是 "/main"，都会显示 "欢迎来到我的主页"。

② 在 Spring Boot 中，可以使用传统的 Servlet 内置对象，首先在方法中创建 HttpServletResponse 类型的参数，然后调用该参数对象的 sendRedirect() 指定重定向的地址即可。此操作会让方法的返回值失效，所以可以将返回类型定义成 void 或其他任何类型。创建 TestController 控制器类，当用户访问 "/bd" 地址时，使用 response 对象将请求重定向至百度首页。

第 12 章
请求的过滤、拦截与监听

过滤器主要是对用户的一些请求进行一些预处理,并在服务器响应后再进行预处理,返回给用户。拦截器基本上都是 AOP,当某个方法或字段被访问时执行拦截操作,在这个方法或者字段之前或者之后加入某些操作。监听器用于监听 servletContext、HttpSession 和 servletRequest 等对象的创建和销毁事件,可以在这些事件发生前和发生后进行处理。

12.1 过滤器

Spring Boot 支持 Servlet 的过滤器功能。过滤器是请求进入 Servlet 之前的预处理环节,可以实现一些认证识别、编码转换等业务。开发者自定义的滤器类要实现 Filter 接口,该接口包含以下 3 个方法。

(1) init()

init() 方法是过滤器初始化时会调用的方法,此方法是默认方法,实现类可以不重写。方法定义如下:

```
public default void init(FilterConfig filterConfig) throws ServletException {}
```

(2) doFilter()

doFilter 是过滤器的核心方法,开发者可以在这个方法中实现过滤业务。方法中的 chain 参数是过滤链对象,前一个过滤器完成任务之后需要调用 "chain.doFilter(request, response);" 代码将请求交给链中的后一个过滤器。doFilter() 方法定义如下:

```
public void doFilter(ServletRequest request, ServletResponse response, FilterChain chain)
    throws IOException, ServletException;
```

此方法为抽象方法,实现类必须重写。

(3) destroy()

destroy() 是过滤器销毁时会调用的方法,此方法是默认方法,实现类可以不重写。方法定义如下:

```
public default void destroy() {}
```

Spring Boot 支持两种创建过滤器的方法，一种是通过配置类注册过滤器，另一种是通过注解注册过滤器，下面分别介绍。

12.1.1 通过配置类注册

Spring 容器中的众多 Bean 中有一个 FilterRegistrationBean 专门用于注册过滤器。FilterRegistrationBean 在 org.springframework.boot.web.servlet 包下，是 Spring Boot 提供的类。

FilterRegistrationBean<T> 类有一个泛型，T 表示被注册的过滤器类型。因为一个项目可能同时注册多个过滤器，所以会注册多个 FilterRegistrationBean，使用不同泛型可以有效防止这些 Bean 发生冲突。

FilterRegistrationBean 类的常用方法如表 12.1 所示。

表 12.1　FilterRegistrationBean 类的常用方法

返回值	方法	说明
void	addUrlPatterns(String... urlPatterns)	设置过滤的路径
void	setName(String name)	设置过滤器名称
void	setEnabled(boolean enabled)	是否启用此过滤器，默认为 true
boolean	isEnabled()	此过滤器是否已启用
void	setFilter(T filter)	设置要注册的过滤器对象
T	getFilter()	获得已注册的过滤器对象
void	setOrder(int order)	设置过滤器的优先级，值越小优先级越高，1 表示顶级过滤器
int	getOrder()	获取过滤器优先级

下面举两个实例演示如何注册过滤器。

实例 12.1　用过滤器实现检查用户登录是否登录（源码位置：资源包 \Code\12\01）

大多数网站都会要求用户登录之后再浏览网站内容，如果用户在未登录状态下直接访问网站资源，会提示用户先登录，这个功能使用过滤器就可以实现。

创建 LoginFilter 登录过滤类实现 Filter 接口，在 doFilter() 方法中获取 session 的 "user" 属性，如果属性值为 null，则表示没有任何登录记录，就强制请求转发至登录页面。LoginFilter 的代码如下：

```
01 package com.mr.filter;
02 import java.io.IOException;
03 import javax.servlet.Filter;
04 import javax.servlet.FilterChain;
05 import javax.servlet.ServletException;
06 import javax.servlet.ServletRequest;
07 import javax.servlet.ServletResponse;
08 import javax.servlet.http.HttpServletRequest;
09
10 public class LoginFilter implements Filter {
```

```
11    @Override
12    public void doFilter
13        (ServletRequest request, ServletResponse response, FilterChain chain)
14            throws IOException, ServletException {
15        HttpServletRequest req = (HttpServletRequest) request;
16        Object user = req.getSession().getAttribute("user");
17        if (user == null) {
18            req.getRequestDispatcher("/login").forward(request, response);
19        }else {
20            chain.doFilter(request, response);
21        }
22    }
23 }
```

编写完过滤器之后，再编写注册过滤器的 FilterConfig 类，该类用 @Configuration 标注。在类中创建返回 FilterRegistrationBean 的方法，创建 FilterRegistrationBean 对象，并注册写好的 LoginFilter 过滤器，让过滤器过滤 "/main" 下的所有子路径。FilterConfig 类的代码如下：

```
01 package com.mr.config;
02 import javax.servlet.Filter;
03 import org.springframework.boot.web.servlet.FilterRegistrationBean;
04 import org.springframework.context.annotation.Bean;
05 import org.springframework.context.annotation.Configuration;
06 import com.mr.filter.LoginFilter;
07
08 @Configuration
09 public class FilterConfig {
10     @Bean
11     public FilterRegistrationBean getFilter() {
12         FilterRegistrationBean bean = new FilterRegistrationBean<>();
13         bean.setFilter(new LoginFilter());
14         bean.addUrlPatterns("/main/*");// 过滤 "/main" 下的所有子路径
15         bean.setName("loginfilter");
16         return bean;
17     }
18 }
```

注册完过滤器之后，编写 LoginController 控制器类，"/main/index" 为需要用户登录之后才能访问的资源，"/login" 为用户登录的地址。LoginController 类的代码如下：

```
01 package com.mr.controller;
02 import org.springframework.web.bind.annotation.RequestMapping;
03 import org.springframework.web.bind.annotation.RestController;
04
05 @RestController
06 public class LoginController {
07     @RequestMapping("/main/index")
08     public String index() {
09         return " 欢迎来到 XXX 网站 ";
10     }
11     @RequestMapping("/login")
12     public String login() {
13         return " 请先登录您的账号！";
14     }
15 }
```

打开浏览器，访问 "http://127.0.0.1:8080/main/index" 地址可以看到如图 12.1 所示页面，因为 session 中没有用户登录记录，所以直接跳转到了登录页。

图 12.1　访问主页时要求用户先登录

12.1.2　通过 @WebFilter 注解注册

@WebFilter 是由 Servlet 3.0 提供的注解，可以快速注册过滤器，但功能没有 FilterRegistrationBean 多。使用 @WebFilter 标注的类必须同时使用 @Component 标注，否则 Spring Boot 项目启动时无法扫描到此过滤器类。

@WebFilter 的 urlPattern 属性为过滤器所过滤的地址，语法如下：

```
@WebFilter(urlPatterns= "/index")
@WebFilter(urlPatterns = { "/index", "/main", "/main/*" })
```

 @WebFilter 的 value 属性功能等同于 urlPattern 属性。

实例 12.2　用过滤器统计资源访问数量（源码位置：资源包 \Code\12\02）

访问量就是某个网络资源被访问的次数，也可以理解为点击率，使用过滤器可以统计某个 URL 地址的访问次数。

创建 CountFilter 类，实现 Filter 接口。使用 @Component 和 @WebFilter 标注该类，@WebFilter 指定映射地址为 "/vedio/123456.mp4"（模拟一个在线的视频文件）。在过滤器初始化时向上下文对象中一个名为 "count"、值为 0 的属性，此属性用于统计访问次数。此过滤器每过滤一次请求，count 属性的值就会 +1。CountFilter 类的代码如下：

```
01 package com.mr.filter;
02 import java.io.IOException;
03 import javax.servlet.Filter;
04 import javax.servlet.FilterChain;
05 import javax.servlet.FilterConfig;
06 import javax.servlet.ServletContext;
07 import javax.servlet.ServletException;
08 import javax.servlet.ServletRequest;
09 import javax.servlet.ServletResponse;
10 import javax.servlet.annotation.WebFilter;
11 import javax.servlet.http.HttpServletRequest;
12 import org.springframework.stereotype.Component;
13
14 @Component
15 @WebFilter(urlPatterns = "/vedio/123456.mp4")
16 public class CountFilter implements Filter {
17     // 重写过滤器初始化方法
18     @Override
19     public void init(FilterConfig filterConfig) throws ServletException {
```

```
20          ServletContext context = filterConfig.getServletContext();// 获取上下文对象
21          context.setAttribute("count", 0);// 计数器初始值为0
22      }
23      @Override
24      public void doFilter
25          (ServletRequest request, ServletResponse response, FilterChain chain)
26              throws IOException, ServletException {
27          HttpServletRequest req = (HttpServletRequest) request;
28          ServletContext context = req.getServletContext();// 获取上下文对象
29          Integer count = (Integer) context.getAttribute("count"); // 获取计数器的值
30          context.setAttribute("count", ++count); // 让计数器自增
31          chain.doFilter(request, response);
32      }
33  }
```

创建 CountController 控制器类，映射 "/vedio/123456.mp4" 地址，显示此地址已被访问的次数。CountController 类的代码如下：

```
01 package com.mr.controller;
02 import javax.servlet.ServletContext;
03 import javax.servlet.http.HttpServletRequest;
04 import org.springframework.web.bind.annotation.RequestMapping;
05 import org.springframework.web.bind.annotation.RestController;
06
07 @RestController
08 public class CountController {
09     @RequestMapping("/vedio/123456.mp4")
10     public String index(HttpServletRequest request) {
11         ServletContext context = request.getServletContext();
12         Integer count = (Integer) context.getAttribute("count");
13         return " 当前访问量：" + count;
14     }
15 }
```

打开浏览器，访问 "http://127.0.0.1:8080/vedio/123456.mp4" 地址，可以看到如图 12.2 所示的页面，每次刷新该页面，访问量都会递增。即使重启浏览器后再次访问该地址，仍然可以看到累计的访问量。

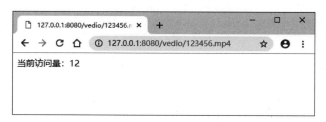

图 12.2　不断刷新地址，访问量随之递增

 拦截器

拦截器是基于 Java 反射机制实现的技术。与过滤器不同，拦截器是面向切面的，如图 12.3 所示，拦截器可以在请求进入 Controller 方法前将请求拦截，也可以在完成方法后和请求结束时这两处位置插入代码。拦截器可以按照开发者设定的条件阻断请求。多个拦截器可

以组成一个拦截链,链中任何一个拦截器都能中断请求,同时整个拦截链也会中断。

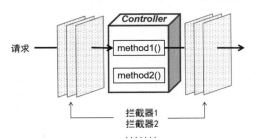

图12.3 拦截器基于面向切面编程

HandlerInterceptor 接口是由 Spring MVC 提供的拦截器接口,包含以下 3 个方法。

(1) preHandle() 方法

该方法会在进入控制器类之前执行,方法的定义如下:

```
boolean preHandle(HttpServletRequest request, HttpServletResponse response, Object handler) throws Exception
```

request 和 response 的是 Servlet 传递过来的请求对象,handler 是请求的处理程序对象,通常是封装方法的 HandlerMethod 对象,可以用此对象得知请求进入了 Controller 的哪个方法,但有些情况下 handler 也有可能是处理静态资源的 ResourceHttpRequestHandler 对象,所以在转换 handler 类型之前应加上类型判断。

如果方法返回 true,则表示请求通过,正常执行,如果返回 false,则表示阻止请求继续执行。

(2) postHandle() 方法

该方法会在控制器类执行完之后执行,但此时视图还没有解析,仍然可以修改 ModelAndView 对象(Spring Boot 通常不返回此对象),方法定义如下:

```
void postHandle(HttpServletRequest request, HttpServletResponse response, Object handler, @Nullable ModelAndView modelAndView) throws Exception
```

(3) afterCompletion() 方法

该方法在整个请求结束之后执行,可以在此释放一些资源,方法定义如下:

```
afterCompletion(HttpServletRequest request, HttpServletResponse response, Object handler, @Nullable Exception ex)
```

说明 "/*" 表示匹配一层地址,例如 "/login" "/add" 等;"/**" 表示匹配多层地址,例如 "/add/user" "/add/goods" 等。

下面通过一个例子演示拦截器拦截请求的效果。

实例 12.3 分别在控制器类执行前和执行后以及请求结束后拦截请求(源码位置:资源包\Code\12\03)

创建自定义的 MyInterceptor 拦截器类,实现 HandlerInterceptor 接口,在 preHandle() 方法中输出请求将要进入控制器类的哪一个方法,并读取请求中 value 参数的值是什么;

当控制器类处理完请求后,利用拦截器查看一下请求中 value 参数值是否发生了变化。MyInterceptor 类的代码如下:

```java
01 package com.mr.interceptor;
02 import javax.servlet.http.HttpServletRequest;
03 import javax.servlet.http.HttpServletResponse;
04 import org.springframework.lang.Nullable;
05 import org.springframework.web.method.HandlerMethod;
06 import org.springframework.web.servlet.HandlerInterceptor;
07 import org.springframework.web.servlet.ModelAndView;
08
09 public class MyInterceptor implements HandlerInterceptor {
10     public boolean preHandle
11         (HttpServletRequest request, HttpServletResponse response, Object handler)
12             throws Exception {
13         if (handler instanceof HandlerMethod) {// 如果是操作方法的对象
14             HandlerMethod method = (HandlerMethod) handler;
15             System.out.println("(1) 请求访问的方法是: "
16                     + method.getMethod().getName() + "()");
17             Object value = request.getAttribute("value");// 读取请求某个属性,默认为 null
18             System.out.println(" 执行方法前: value=" + value);
19             return true;
20         }
21         return false;
22     }
23     public void postHandle
24         (HttpServletRequest request, HttpServletResponse response, Object handler,
25             @Nullable ModelAndView modelAndView) throws Exception {
26         Object value = request.getAttribute("value");// 执行完请求,再读取此属性
27         System.out.println("(2) 执行方法后: value=" + value);
28     }
29     public void afterCompletion
30         (HttpServletRequest request, HttpServletResponse response, Object handler,
31             @Nullable Exception ex) throws Exception {
32         request.removeAttribute("value");
33         System.out.println("(3) 整个请求都执行完毕,在此做一些资源释放工作 ");
34     }
35 }
```

创建 InterceptorConfig 类注册 MyInterceptor 拦截器,让其拦截所有地址。InterceptorConfig 类的代码如下:

```java
01 package com.mr.config;
02 import org.springframework.context.annotation.Configuration;
03 import org.springframework.web.servlet.config.annotation.InterceptorRegistration;
04 import org.springframework.web.servlet.config.annotation.InterceptorRegistry;
05 import org.springframework.web.servlet.config.annotation.WebMvcConfigurer;
06 import com.mr.interceptor.MyInterceptor;
07
08 @Configuration
09 public class InterceptorConfig implements WebMvcConfigurer {
10     @Override
11     public void addInterceptors(InterceptorRegistry registry) {
12         InterceptorRegistration regist = registry.addInterceptor(new MyInterceptor());
13         regist.addPathPatterns("/**");// 拦截所有地址
14     }
15 }
```

创建 TestController 控制器类,映射 "/index" 地址和 "/login" 地址,并在处理 "/login"

地址的方法中为请求的 value 参数赋值。TestController 类的代码如下：

```
01  package com.mr.controller;
02  import javax.servlet.http.HttpServletRequest;
03  import org.springframework.web.bind.annotation.RequestMapping;
04  import org.springframework.web.bind.annotation.RestController;
05
06  @RestController
07  public class TestController {
08      @RequestMapping("/index")
09      public String index() {
10          return " 这里是主页 ";
11      }
12      @RequestMapping("/login")
13      public String login(HttpServletRequest request) {
14          request.setAttribute("value", " 登录前在这里保存了一些值 ");// 向请求中插入一个属性值
15          return " 这里是登录页 ";
16      }
17  }
```

打开浏览器，访问"http://127.0.0.1:8080/index"地址，可以看到如图 12.4 所示的页面。

图 12.4　http://127.0.0.1:8080/index 地址的页面

此时拦截器会拦截请求，并在控制台中会打印如图 12.5 所示的结果，可以看出拦截器的三个方法都执行了，但请求中没有 value 属性值，所以读出的是 null。

```
2021-06-25 11:05:36.353   INFO 1260 --- [                ma
2021-06-25 11:05:36.353   INFO 1260 --- [                ma
2021-06-25 11:05:36.415   INFO 1260 --- [                ma
2021-06-25 11:05:36.415   INFO 1260 --- [                ma
2021-06-25 11:05:36.704   INFO 1260 --- [                ma
2021-06-25 11:05:36.712   INFO 1260 --- [                ma
2021-06-25 11:05:39.589   INFO 1260 --- [nio-8080-exec
2021-06-25 11:05:39.589   INFO 1260 --- [nio-8080-exec
2021-06-25 11:05:39.590   INFO 1260 --- [nio-8080-exec
（1）请求访问的方法是：index()
执行方法前：value=null
（2）执行方法后：value=null
（3）整个请求都执行完毕，在此做一些资源释放工作
```

图 12.5　控制台打印的日志

访问"http://127.0.0.1:8080/login"地址，可以看到如图 12.6 所示的页面。

此时拦截器依然会再次拦截请求，控制台会继续打印如图 12.7 所示的内容，可以看出控制器在请求进入 login() 前，请求的 value 参数依然是 null，但请求从 login() 出来之后，value 参数就有值了。这个值就是 login() 中获得的。

图 12.6　http://127.0.0.1:8080/index 地址的页面

```
2021-06-25 11:05:36.704  INFO 1260 --- [           mai
2021-06-25 11:05:36.712  INFO 1260 --- [           mai
2021-06-25 11:05:39.589  INFO 1260 --- [nio-8080-exec-
2021-06-25 11:05:39.589  INFO 1260 --- [nio-8080-exec-
2021-06-25 11:05:39.590  INFO 1260 --- [nio-8080-exec-
（1）请求访问的方法是：index()
执行方法前：value=null
（2）执行方法后：value=null
（3）整个请求都执行完毕，在此做一些资源释放工作
（1）请求访问的方法是：login()
执行方法前：value=null
（2）执行方法后：value=登录前在这里保存了一些值
（3）整个请求都执行完毕，在此做一些资源释放工作
```

图 12.7　控制台打印的日志

12.3　监听器

监听器就像一个监控摄像头在时时刻刻盯着正在运行的程序，监听器能够捕捉到一些特定的事件，例如创建或销毁会话、请求等。

监听器不像过滤器和拦截器那样需要注册，开发者自定义的拦截器类只需实现特定的监听接口并用 @Component 标注即可生效。Servlet 中主要包含以下 8 个监听接口。

① ServletRequestListener 接口可以监听请求的初始化与销毁，接口包含以下 2 个方法。

- ☑ requestInitalized（ServletRequestEvent sre）：请求初始化时触发。
- ☑ requestDestroyed（ServletRequestEvent sre）：请求被销毁时触发。

② HttpSessionListener 接口可以监听会话的创建与销毁，接口包含以下 2 个方法。

- ☑ sessionCreated（HttpSessionEvent se）：会话已经被加载及初始化时触发。
- ☑ sessionDestroyed（HttpSessionEvent se）：会话被销毁后触发。

③ ServletContextListener 接口可以监听上下文的初始化与销毁，接口包含以下 2 个方法。

- ☑ contextInitialized(ServletContextEvent sce)：上下文初始化时触发。
- ☑ contextDestroyed(ServletContextEvent sce)：上下文被销毁时触发。

④ ServletRequestAttributeListener 接口可以监听请求属性发生的增、删、改事件，接口包含以下 3 个方法。

- ☑ attributeAdded（ServletRequestAttributeEvent srae）：请求添加新属性时触发。
- ☑ attributeRemoved（ServletRequestAttributeEvent srae）：请求删除旧属性时触发。
- ☑ attributeReplaced（ServletRequestAttributeEvent srae）：请求修改旧属性时触发。

⑤ HttpSessionAttributeListener 接口可以监听会话属性发生的增、删、改事件，接口包含以下 3 个方法。

☑ attributeAdded(HttpSessionBindingEvent se)：会话添加新属性时触发。
☑ attributeRemoved(HttpSessionBindingEvent se)：会话删除旧属性时触发。
☑ attributeReplaced(HttpSessionBindingEvent se)：会话修改旧属性时触发。

⑥ ServletContextAttributeListener 接口可以监听上下文属性发生的增、删、改事件，接口包含以下 3 个方法。

☑ attributeAdded(ServletContextAttributeEvent scae)：上下文添加新属性时触发。
☑ attributeRemoved(ServletContextAttributeEvent scae)：上下文删除旧属性时触发。
☑ attributeReplaced(ServletContextAttributeEvent scae)：上下文修改旧属性时触发。

⑦ HttpSessionBindingListener 接口可以为开发者自定义的类添加会话绑定监听，当 session 保存或移除此类的对象时触发此监听。接口包含以下 2 个方法。

☑ valueBound(HttpSessionBindingEvent event)：当 session 通过 setAttribute() 方法保存对象时，触发该对象的此方法。
☑ valueUnbound(HttpSessionBindingEvent event)：当 session 通过 removeAttribute() 方法移除对象时，触发该对象的此方法。

⑧ HttpSessionActivationListener 接口可以为开发者自定义的类添加序列化监听，当保存在 session 中的自定义类对象被序列化或反序列化时触发此监听。此监听通常会配合 HttpSessionBindingListener 监听一起使用。接口包含以下 2 个方法。

☑ sessionWillPassivate(HttpSessionEvent se)：自定义对象被序列化之前触发。
☑ sessionDidActivate(HttpSessionEvent se)：自定义对象被反序列化之后触发。

说明 对象变成字节序列的过程被称为序列化，例如将内存中的对象保存到硬盘文件中，这个过程也被称为 passivate、钝化、持久化；字节序列变成对象的过程被称为反序列化，例如从文件中读取数据并封装成一个对象并保存在内存中，这个过程也被称为 activate、活化。

实例 12.4　监听每一个前端请求的 URL、IP 和 session id（源码位置：资源包\Code\12\04）

开发一个面向公网的网站，必须能够记录每一个请求的来源和行为。服务器可以通过监听器在请求刚创建的时候记录请求的特征，例如请求的 IP、session id 以及请求访问的 URL 地址等。

创建自定义的 MyRequestListener 监听类，实现 ServletRequestListener 接口来监听请求的初始化事件。使用 @Component 标注 MyRequestListener 以保证 Spring Boot 可以注册此监听器。

在 MyRequestListener 类实现的监控方法中，一旦请求被初始化，就将请求的 IP 地址、session id 和 URL 打印在控制台上；如果请求销毁，则在控制台中提示该请求已被销毁。MyRequestListener 类的代码如下：

```
01 package com.mr.listener;
02
03 import javax.servlet.ServletRequestEvent;
04 import javax.servlet.ServletRequestListener;
05 import javax.servlet.http.HttpServletRequest;
06 import org.springframework.stereotype.Component;
07
08 @Component
09 public class MyRequestListener implements ServletRequestListener {// 请求监听
```

```
10    public void requestInitialized(ServletRequestEvent sre) {
11        HttpServletRequest request = (HttpServletRequest) sre.getServletRequest();
12        String ip = request.getRemoteAddr();// 获取请求的 IP
13        String url = request.getRequestURL().toString();// 获取请求访问的地址
14        String sessionID = request.getSession().getId();// 获取 session id
15
16        System.out.println("前端请求的 IP 地址为: " + ip);
17        System.out.println("前端请求的 URL 地址为: " + url);
18        System.out.println("前端请求的 session id 为: " + sessionID);
19    }
20    public void requestDestroyed(ServletRequestEvent sre) {
21        HttpServletRequest request = (HttpServletRequest) sre.getServletRequest();
22        String sessionID = request.getSession().getId();
23        System.out.println("session id 为 " + sessionID + " 的请求已销毁 ");
24    }
25 }
```

创建 WelcomeController 控制器类，映射 "/index" 地址，代码如下：

```
01 package com.mr.controller;
02 import org.springframework.web.bind.annotation.RequestMapping;
03 import org.springframework.web.bind.annotation.RestController;
04
05 @RestController
06 public class WelcomeController {
07     @RequestMapping("/index")
08     public String index() {
09         return " 欢迎来到 XXXX";
10     }
11 }
```

打开浏览器，访问 "http://127.0.0.1:8080/index" 地址，可以看到如图 12.8 所示的页面。

图 12.8　http://127.0.0.1:8080/index 地址的页面

此时可以在控制台看到如图 12.9 所指示的内容，服务器获取了请求的一些信息。

```
2021-06-25 10:58:02.695  INFO 5672 --- [           main] org.apache.catalina.core.S
2021-06-25 10:58:02.769  INFO 5672 --- [           main] o.a.c.c.C.[Tomcat].[localh
2021-06-25 10:58:02.769  INFO 5672 --- [           main] w.s.c.ServletWebServerAppl
2021-06-25 10:58:03.053  INFO 5672 --- [           main] o.s.b.w.embedded.tomcat.Tc
2021-06-25 10:58:03.061  INFO 5672 --- [           main] com.mr.ListenerDemo1Applic
2021-06-25 10:58:05.443  WARN 5672 --- [nio-8080-exec-1] o.a.c.util.SessionIdGenera
前端请求的IP地址为: 127.0.0.1
前端请求的URL地址为: http://127.0.0.1:8080/index
前端请求的session id为: 10B0D469552B0973D2259671A58E7BAA
2021-06-25 10:58:05.449  INFO 5672 --- [nio-8080-exec-1] o.a.c.c.C.[Tomcat].[localh
2021-06-25 10:58:05.449  INFO 5672 --- [nio-8080-exec-1] o.s.web.servlet.Dispatcher
2021-06-25 10:58:05.450  INFO 5672 --- [nio-8080-exec-1] o.s.web.servlet.Dispatcher
session id为10B0D469552B0973D2259671A58E7BAA的请求已销毁
```

图 12.9　控制台打印的日志内容

session id 是由服务器随机生成的,每个会话的 session id 都不一样。但只要用户不关闭浏览器,用户的 session id 就不会改变。

12.4 综合案例

通过监听 session 的创建次数,就可以实现统计当前页面在线人数的功能。创建自定义的 CountListener 监听类,实现 HttpSessionListener 会话监听接口来监听 session 的创建时间。使用 @Component 标注 CountListener 以保证 Spring Boot 可以注册此监听器。

在 CountListener 类中创建一个整型的 count 属性,用来统计 session 的创建次数。每当一个 session 被创建,count 的值就加 1,并将最新的 count 值保存在上下文属性中。这样,就能够对某一网站的当前访问人数进行监听。

CountListener 类的代码如下:

```
01 package com.mr.listener;
02 import javax.servlet.http.HttpSessionEvent;
03 import javax.servlet.http.HttpSessionListener;
04 import org.springframework.stereotype.Component;
05
06 @Component
07 public class CountListener implements HttpSessionListener {
08     private Integer count = 0;
09     public void sessionCreated(HttpSessionEvent se) {
10         count++;
11         se.getSession().getServletContext().setAttribute("count", count);
12     }
13     public void sessionDestroyed(HttpSessionEvent se) {
14         count--;
15         se.getSession().getServletContext().setAttribute("count", count);
16     }
17 }
```

创建 WelcomeController 控制器类,映射"/index"地址,从上下文中读取在线人数并展示在页面中。WelcomeController 类的代码如下:

```
01 package com.mr.controller;
02 import javax.servlet.ServletContext;
03 import javax.servlet.http.HttpServletRequest;
04 import org.springframework.web.bind.annotation.RequestMapping;
05 import org.springframework.web.bind.annotation.RestController;
06
07 @RestController
08 public class WelcomeController {
09     @RequestMapping("/index")
10     public String index(HttpServletRequest request) {
11         request.getSession();// 主动调用 session 对象,触发创建 session 的事件
12         ServletContext context = request.getServletContext();
13         Integer count = (Integer) context.getAttribute("count");
14         return " 当前在线人数:" + count;
15     }
16 }
```

打开浏览器，访问"http://127.0.0.1:8080/index"地址，例如笔者使用 Chrome 浏览器看到如图 12.10 所示的页面。不管用户如何刷新页面，当前在线人数始终不变。

图 12.10　使用 Chrome 浏览器访问

与此同时打开另一款浏览器软件，同样访问"http://127.0.0.1:8080/index"地址，例如笔者使用 Edge 浏览器可以看到如图 12.11 所示的内容。因为浏览器不同，所以请求的 session id 不同，统计出的在线人数就增加了。

图 12.11　换成 Edge 浏览器访问，在线人数变成了 2

> **注意**
>
> 此实例仅演示最简单的实现方法，如果用户重启浏览器，服务器会分配新的 session id，在线人数也会递增。商业项目对在线人数的统计方式会更为复杂，通常会让用户登录，然后统计在线状态人数，也可以利用 Cookie 记录 session id 的方式让浏览器始终发送同一个 session id。

12.5　实战练习

① 创建 FirstFilter、SecondFilter 和 ThirdFilter 这 3 个过滤器，当同一个请求依次经过三个过滤器时，每个过滤器都会在控制台上打印一行文字。

② 创建 MyInterceptor 作为高频访问的拦截器类，实现 HandlerInterceptor 接口。在 preHandle() 方法中首先获得上下文对象，然后将拦截到的会话的 session id 作为键、会话的访问时间作为值保存在上下文中。如果相同的 session id 再次提交请求，则比对两次请求的间隔时间是否大于 1s，如果小于或等于 1s 则认为请求过于频繁，拒绝对方请求继续执行。

> 说明
>
> 高频访问是指某一个用户访问某一个接口的频率超出真实用户的操作极限。例如某用户在"双十一"抢购特价商品时，仅在 1s 就提交了 100 次下单请求。高频访问通常都是由网络爬虫机器人技术实现的，如果服务器不能及时发现并拦截这种"入侵行为"，则会极大地消耗系统资源甚至导致服务器崩溃。每一个会话都有一个独立的 session id，开发者可以统计每一个 session id 的访问频率或者会话时间间隔来决定是否拒绝对方的请求。

第 13 章
Service 服务

扫码获取本书
资源

　　服务层是分层系统中的一个概念，服务层提供了各种各样的抽象接口，开发人员只需调用这些接口中的方法就可以完成某些业务处理。在 Spring 框架当中，服务层被称为 Service，它处于控制层与持久层之间，负责完成一些数据的校验、加工等操作。用户在视图层的页面上或窗口中执行操作后，控制层会先接收前端发来的请求，再将请求分发给服务层中的指定业务；服务层从持久层中读取数据后，先将业务处理的结果返回给控制层，再由控制层发送给前端。本章将围绕 @Service 注解来介绍如何设计 Spring Boot 中的服务层。

13.1　@Service 注解

　　@Service 是 Spring 框架提供的注解，用于标注服务类，属于 Component 组件，可以被 Spring Boot 的组件扫描器扫描到。Spring Boot 启动时会自动创建服务类对象并将其注册成 Bean。

　　大多数项目通过采用接口模式创建服务模块，也就是先创建服务接口（名称以 Service 结尾），在接口中定义服务的内容，再创建接口的实现类（名称以 Impl 结尾），并在实现类上标注 @Service。这样其他组件就可以直接注入 Service Bean，且无须知道这个接口是由谁实现的。这种模式完美地诠释了"高内聚、低耦合"特点，对于接口的使用者来说，实现过程是完全隐藏的。创建服务的过程如图 13.1 所示。

图 13.1　创建一个服务的过程

实例 13.1　创建用户服务，校验用户账号密码是否正确（源码位置：资源包 \Code\13\01）

首先，在 com.mr.service 包下创建 UserService 用户服务接口，接口中只定义一个校验方法，代码如下：

```
01 package com.mr.service;
02 public interface UserService {
03     boolean check(String username, String password);
04 }
```

然后，在 com.mr.service.impl 包下创建 UserServiceImpl 类，并实现 UserService 接口，同时用 @Service 标注此类。在实现的方法中，如果用户名参数的值为"mr"并且密码参数的值为"123465"，方法返回 true，否则返回 false。UserServiceImpl 类的代码如下：

```
01 package com.mr.service;
02 import org.springframework.stereotype.Service;
03
04 @Service
05 public class UserServiceImpl implements UserService {
06     @Override
07     public boolean check(String username, String password) {
08         return "mr".equals(username) && "123456".equals(password);
09     }
10 }
```

最后，创建 LoginController 控制器类，注入 UserService 类型的 Bean，映射"/login"地址，将前端传来的用户名和密码交给 UserService 校验，校验成功则返回"登录成功"，校验失败则返回"用户名或密码错误"。LoginController 类的代码如下：

```
01 package com.mr.controller;
02 import org.springframework.beans.factory.annotation.Autowired;
03 import org.springframework.web.bind.annotation.RequestMapping;
04 import org.springframework.web.bind.annotation.RestController;
05 import com.mr.service.UserService;
06
07 @RestController
08 public class LoginController {
09     @Autowired
10     UserService service;// 注入用户服务对象
11     @RequestMapping("/login")
12     public String login(String username, String password) {
13         if (service.check(username, password)) {
14             return " 登录成功 ";
15         } else {
16             return " 用户名或密码错误 ";
17         }
18     }
19 }
```

使用 Postman 模拟用户请求，访问"http://127.0.0.1:8080/login"地址，并添加 username 和 password 两个参数值，发送正确账号密码后可以看到如图 13.2 所示的结果。

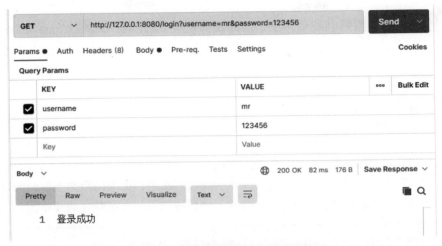

图 13.2　向服务器发送正确的账号密码

13.2　同时存在多个实现类的情况

上一节介绍的服务仅包含一个实现类，但大型的商业项目中同一个服务接口可能会针对多种业务场景而提供多种实现类，例如同样是加密服务，根据用户的需求可能会提供 md5 和 sha1 等多种加密算法的实现类。

本节将介绍如何在 Spring Boot 中实现"一个服务接口同时拥有多个实现类"的场景。

13.2.1　按照实现类名称映射

@Service 可以自动注册 Service Bean，Bean 的别名就是实现类的名称。但要注意的是：类名的首字母要大写，但别名的首字母是小写的。例如下面定义实现类的代码：

```
01 @Service
02 public class ServiceImpl implements Service {  }
```

等同于下面注册 Bean 的代码：

```
01 @Bean("serviceImpl")
02 public Service createBean() {
03     return new ServiceImpl();
04 }
```

其他组件可以通过指定别名的方式注入 Service Bean，例如：

```
01 @Autowired
02 Service serviceImpl;
```

或

```
01 @Autowired
02 @Qualifier("serviceImpl")
03 Service impl;
```

实例 13.2 为翻译服务创建英译汉、法译汉实现类（源码位置：资源包\Code\13\02）

首先，在 com.mr.service 包下创建 TranslateService 翻译服务接口，接口中只定义一个翻译方法，代码如下：

```
01 package com.mr.service;
02 public interface TranslateService {
03     String translate(String word);
04 }
```

然后，在 com.mr.service.impl 包下创建 English2ChineseImpl 英译汉类，并实现 TranslateService 接口，同时用 @Service 标注此类。在实现的方法中，如果用户传入单词的是"hello"（不区分大小写），则返回中文"你好"，传入其他内容则返回无法翻译的提示信息。

说明：此实例仅演示最简单的翻译过程，详细的对照词库需要开发者自行补充。

English2ChineseImpl 类的代码如下：

```
01 package com.mr.service.impl;
02 import org.springframework.stereotype.Service;
03
04 @Service
05 public class English2ChineseImpl implements TranslateService {
06     @Override
07     public String translate(String word) {
08         if ("hello".equalsIgnoreCase(word)) {
09             return "hello -> 你好 ";
10         }
11         return " 我还没有学会这个单词，你可以教我吗？ ";
12     }
13 }
```

同样在 com.mr.service.impl 包下创建 French2ChineseImpl 法译汉类，并实现 TranslateService 接口，同时用 @Service 标注此类。在实现的方法中，如果用户传入的单词是"bonjour"（不区分大小写），也返回中文"你好"，传入其他内容则返回无法翻译的提示信息。French2ChineseImpl 类的代码如下：

```
01 package com.mr.service.impl;
02 import org.springframework.stereotype.Service;
03
04 @Service
05 public class French2ChineseImpl implements TranslateService {
06     @Override
07     public String translate(String word) {
08         if ("bonjour".equalsIgnoreCase(word)) {
09             return "bonjour -> 你好 ";
10         }
11         return " 我还没有学会这个单词，你可以教我吗？ ";
12     }
13 }
```

最后，创建 TranslateController 控制器类，分别创建两个翻译服务对象，分别命名为两个实现类的名称（首字母小写），使用 @Autowired 注解自动注入这两个值。如果前端访问的是"/english"地址，就将发来的参数交给英译汉服务翻译；如果访问的是"/french"地址，就将发来的参数交给法译汉服务翻译。TranslateController 类的代码如下：

```
01  package com.mr.controller;
02  import org.springframework.beans.factory.annotation.Autowired;
03  import org.springframework.web.bind.annotation.RequestMapping;
04  import org.springframework.web.bind.annotation.RestController;
05  import com.mr.service.TranslateService;
06
07  @RestController
08  public class TranslateController {
09      @Autowired
10      TranslateService english2ChineseImpl;// 英译汉服务
11      @Autowired
12      TranslateService french2ChineseImpl;// 法译汉服务
13      @RequestMapping("/english")
14      public String english(String word) {
15          return english2ChineseImpl.translate(word);
16      }
17      @RequestMapping("/french")
18      public String french(String word) {
19          return french2ChineseImpl.translate(word);
20      }
21  }
```

使用 Postman 模拟用户请求，访问"http://127.0.0.1:8080/english"地址，并添加 word 参数，参数值为"hello"，发送请求后可以看到如图 13.3 所示的结果，服务器将"hello"翻译成了"你好"。

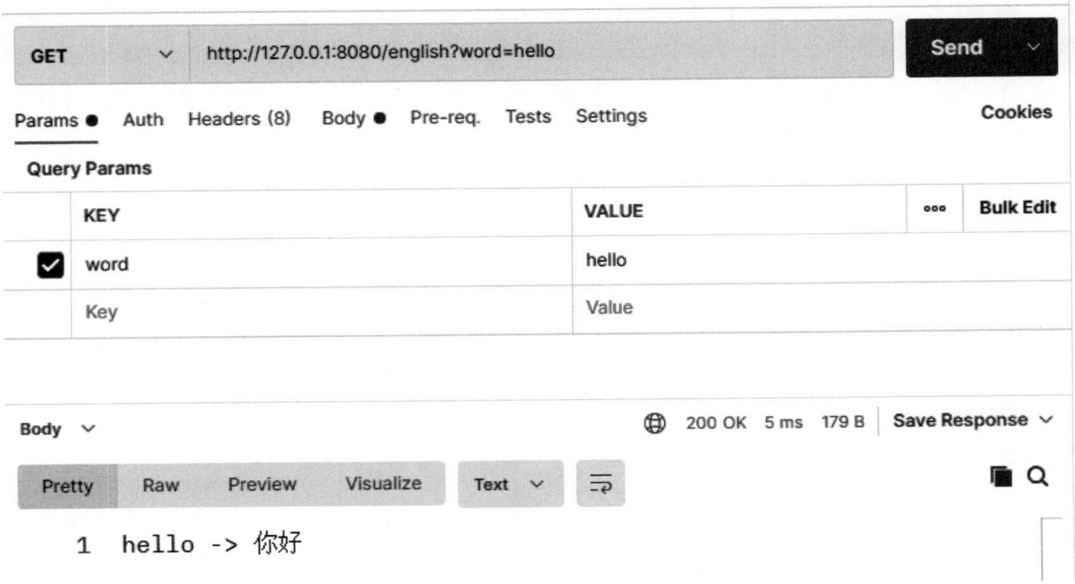

图 13.3　访问英译汉服务得到的结果

将访问地址改为"http://127.0.0.1:8080/english"，word 参数值改为"bonjour"，发送请求后可以看到如图 13.4 所示的结果，服务器将"bonjour"翻译成了"你好"。

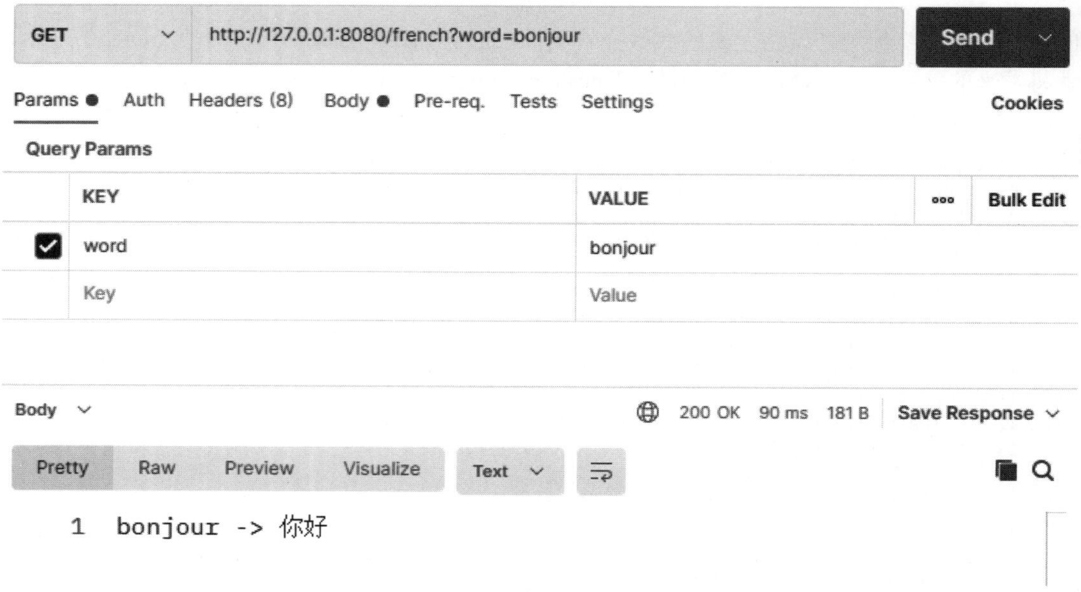

图 13.4　访问法译汉服务得到的结果

13.2.2　按照 @Service 的 value 属性映射

@Service 只有一个 value 属性，也是其默认属性，使用语法如下：

```
@Service("id")
@Service(value = "id")
```

为 value 属性赋值后，等于在创建 Service Bean 时创建了别名，所以上面的语法等同于下面注册 Bean 的代码。

```
01 @Bean("id")
02 public Service createBean() {
03     return new ServiceImpl();
04 }
```

其他组件可以通过指定别名的方式注入 Service Bean，例如：

```
01 @Autowired
02 Service id;
```

或

```
01 @Autowired
02 @Qualifier("id")
03 Service impl;
```

实例 13.3　为成绩服务创建升序排列和降序排列实现类（源码位置：资源包 \Code\13\03）

首先，在 com.mr.service 包下创建 TranscriptsService 考试成绩服务接口，接口中只定义一个排序方法，参数为 List 类型，代码如下：

```
01 package com.mr.service;
02 import java.util.List;
03
04 public interface TranscriptsService {
05     void sort(List<Double> score);
06 }
```

然后，在 com.mr.service.impl 包下创建 ASCTranscriptsServiceImpl 升序排列成绩类，并实现 TranslateService 接口。在实现的方法中调用 Collections 类的 sort() 方法将列表中的成绩重新按照升序排列。使用 @Service("asc") 标注 ASCTranscriptsServiceImpl 类，其代码如下：

```
01 package com.mr.service.impl;
02 import java.util.Collections;
03 import java.util.List;
04 import org.springframework.stereotype.Service;
05
06 @Service("asc")
07 public class ASCTranscriptsServiceImpl implements TranscriptsService {
08     @Override
09     public void sort(List<Double> score) {
10         Collections.sort(score);// 对 List 升序排序，默认排序规则
11     }
12 }
```

在 com.mr.service.impl 包下再创建 DESCTranscriptsServiceImpl 降序排列成绩类，并实现 TranslateService 接口。因为 sort() 方法默认采用升序，所以想要实现降序排列需要开发者自定义排序器。创建 Comparator 排序器接口的匿名对象，当两个元素比较时，前面的元素大于后面的元素，就让排序方法返回 −1，表示让后面的元素往前排，保证小的数字在前面；如果前面的元素小于后面的元素，就返回 1，表示小的已经在前面了；如果两者相等，就返回 0，表示两者顺序不变。使用 @Service("desc") 标注 DESCTranscriptsServiceImpl 类，其代码如下：

```
01 package com.mr.service.impl;
02 import java.util.Collections;
03 import java.util.Comparator;
04 import java.util.List;
05 import org.springframework.stereotype.Service;
06
07 @Service("desc")
08 public class DESCTranscriptsServiceImpl implements TranscriptsService {
09     @Override
10     public void sort(List<Double> score) {
11         Collections.sort(score, new Comparator<Double>() {// 自定义降序排序器
12             @Override
13             public int compare(Double o1, Double o2) {
14                 if (o1 > o2) return -1;// 前面的元素大于后面的元素，后面的元素往前排
15                 if (o1 < o2) return 1;// 前面的元素小于后面的元素，前面元素的往前排
16                 return 0;// 前后相等则不排序
17             }
18         });
19     }
20 }
```

最后，创建 TranscriptsController 控制器类，分别创建两个排序服务对象，升序服务对象使用 @Qualifier("asc") 标注，表示该注入别名为 "asc" 的 Bean；降序服务直接命名为 desc，@Autowired 会自动寻找别名为 "desc" 并且类型相同的 Bean 注入。如果前端向 "/asc" 地

址发送成绩数据,则按照升序排列这些成绩;如果前端向"/desc"地址发送成绩数据,则按照降序排列这些成绩。TranscriptsController 类的代码如下:

```java
package com.mr.controller;
import java.util.ArrayList;
import java.util.List;
import org.springframework.beans.factory.annotation.Autowired;
import org.springframework.beans.factory.annotation.Qualifier;
import org.springframework.web.bind.annotation.RequestMapping;
import org.springframework.web.bind.annotation.RestController;
import com.mr.service.TranscriptsService;

@RestController
public class TranscriptsController {
    @Autowired
    @Qualifier("asc")
    TranscriptsService asc;// 注入升序实现类
    @Autowired
    TranscriptsService desc;// 注入降序实现类
    @RequestMapping("/asc")
    public String asc(Double class1, Double class2, Double class3) {
        // 根据三个参数值创建 List
        List<Double> list = new ArrayList<>(List.of(class1, class2, class3));
        asc.sort(list);// 服务对象对成绩排序
        StringBuilder sb = new StringBuilder();
        list.stream().forEach(e -> sb.append(e + " "));// List 每一个对象都拼接到字符串中
        return sb.toString();
    }
    @RequestMapping("/desc")
    public String desc(Double class1, Double class2, Double class3) {
        List<Double> list = new ArrayList<>(List.of(class1, class2, class3));
        desc.sort(list);
        StringBuilder sb = new StringBuilder();
        list.stream().forEach(e -> sb.append(e + " "));
        return sb.toString();
    }
}
```

使用 Postman 模拟用户请求,访问"http://127.0.0.1:8080/asc"地址,并添加 class1、class2、class3 三个参数值,发送请求后返回的结果以升序的方式排列,效果如图 13.5 所示。

图 13.5　访问"http://127.0.0.1:8080/asc"地址得到升序结果

保持同样的参数不变，访问"http://127.0.0.1:8080/desc"地址，发送请求之后返回的结果以降序的方式排列，效果如图 13.6 所示。

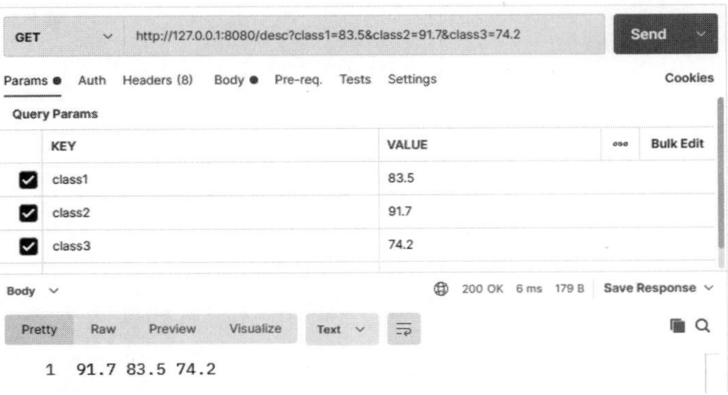

图 13.6　访问"http://127.0.0.1:8080/desc"地址得到降序结果

13.3　综合案例

对于一些功能非常简单的服务，可以不采用接口模式，直接创建服务类并用 @Service 标注即可。例如一些简单的格式校验服务、进制转换服务等。

在 com.mr.service 包下创建 VerifyService 校验服务类，并用 @Service 标注。在该服务中提供一个校验字符串是不是由 2~4 个中文字符组成的方法（不适用于少数民族名称）。VerifyService 类的代码如下：

```
01  package com.mr.service;
02  import org.springframework.stereotype.Service;
03
04  @Service
05  public class VerifyService {
06      public boolean chineseName(String name) {
07          String match = "^[\\u4e00-\\u9fa5]{2,4}$";// 中文字符区间正则表达式
08          if (name != null) {
09              return name.matches(match);
10          }
11          return false;
12      }
13  }
```

创建 VerifyController 控制器类，创建 VerifyService 服务对象，并用 @Autowired 自动注入。当前端发来一个名称时，通过 VerifyService 服务对象校验该名称是否为有效中文姓名，并返回校验结果。VerifyController 类的代码如下：

```
01  package com.mr.controller;
02  import org.springframework.beans.factory.annotation.Autowired;
03  import org.springframework.web.bind.annotation.RequestMapping;
04  import org.springframework.web.bind.annotation.RestController;
05  import com.mr.service.VerifyService;
06
07  @RestController
```

```
08 public class VerifyController {
09     @Autowired
10     VerifyService verify;// 校验服务
11     @RequestMapping("/verify/name")
12     public String name(String name) {
13         if (verify.chineseName(name)) {
14             return " 中文名检验通过 ";
15         }
16         return " 这不是一个有效的中文姓名 ";
17     }
18 }
```

使用 Postman 模拟用户请求，访问 "http://127.0.0.1:8080/verify/name" 地址，并添加 name 参数，参数值为 tom，因为这个名字都是英文字母，所以发送请求后会看到如图 13.7 所示的结果。

图 13.7　发送英文名校验失败

将参数值改为中文名字 "张三"，再次发送请求，可以看到如图 13.8 所示的结果。

图 13.8　发送中文名校验通过

13.4　实战练习

① 编写一个程序，创建员工服务，校验 "员工编号" 和 "打卡密码" 是否正确。
② 编写一个程序，校验前端发送的名称是否为邮箱地址。

第 14 章
日志组件

扫码获取本书资源

很多开发者刚学习 Java 语言时，习惯使用 System.out.println() 语句来打印程序的运行状态。虽然 System.out 还提供了更灵活的 print() 和 printf() 方法，但不推荐大家使用 System.out 来打印日志，因为每一条 System.out 语句都是独立运行的，一旦项目开发完成，需要取消所有调试日志时，开发者就只能将 System.out 语句一条一条地注释掉。这种工作非常耗费精力，还容易出现疏漏。为了能让开发者快速、简单地控制程序日志，日志组件应运而生。

14.1 Spring Boot 默认的日志组件

Spring Boot 是框架的集大成者，支持绝大多数日志框架，本节将介绍 Spring Boot 默认使用的日志组件。

14.1.1 log4j 框架与 logback 框架

log4j 框架是 Java 技术发展史上广泛使用的日志框架之一，它彻底取代了 System.out 和 java.io，集"控制台输出"和"文件生成"于一体，开发者仅需编写配置文档就可以控制日志的打印效果。简单易用的特性让 log4j 迅速成了当时各大开源框架的底层日志组件。

随着技术的不断进步，Java 项目越来越庞大，log4j 的缺点——性能差也渐渐地浮现出来。对于已走向后端开发的 Java 语言来说，执行效率低将成为一个框架的致命缺点。很快，log4j 的创始人优化了框架的代码，推出了 log4j 2.0 版本。但他又发现 log4j 2.0 依然存在着很多缺陷，想要修复这些缺陷必须对源码做大量更改，既然改动量很大，为什么不直接做一个全新的、架构更合理的日志框架呢？于是创始人重写 log4j 的内核，推出了全新的日志框架——logback。logback 不仅继承了 log4j 的优点，并且比 log4j 更快、更小，很快就得到了广大开发人员的认可。如今 logback 已成为 Spring Boot 默认的核心日志组件之一。

14.1.2 slf4j 日志框架

学过 Java 基础的同学都知道 JDBC 接口规范，Java 不管连接什么数据库，使用的都是同一套 JDBC 接口，开发人员只需要更改接口的底层驱动和相关配置就可以实现切换数据库功能。日志组件也有类似的接口框架，开发者只调用日志接口中的方法就可以完成所有日志操作。

Spring Boot 默认使用的是 slf4j 框架，其全称叫 Simple Logging Facade for Java，直译过来就是 Java 的简单日志门面。slf4j 框架和 JDBC 一样，是一种接口规范，并没有实现具体的功能，但 slf4j 可以自动检查项目是否导入了 logback、log4j 等实现了底层功能的日志框架。在开发者调用 slf4j 接口时，slf4j 能够自动将日志任务转译并交给底层日志框架去执行。这样开发者可以在不改动源码的前提下随意切换底层日志框架。

本章会主要围绕如何在 Spring Boot 项目中使用 slf4j 框架来讲解。

14.2 打印日志

本节所讲的打印日志是指在控制台打印日志文本，属于日志组件最基本的功能。slf4j + logback 可以打印非常详细的日志内容，便于技术人员分析、定位问题原因。

14.2.1 slf4j 的用法

想要通过日志组件打印日志，首先需要创建日志对象，创建语法如下：

```
Logger log = LoggerFactory.getLogger(所在类.class);
```

Logger 是 slf4j 提供的日志接口，必须通过 LoggerFactory 工厂类创建，工厂类方法的参数为当前类的 class 对象。例如，在 People 类里创建日志对象，参数就要写成 People.class，示例代码如下：

```
01 import org.slf4j.Logger;
02 import org.slf4j.LoggerFactory;
03 public class People {
04     Logger log = LoggerFactory.getLogger(People.class);
05 }
```

如果 Logger 对象不是用 static 修饰的，则可以把参数写成 getClass() 方法，让本类自己去填写 class 对象，代码如下：

```
Logger log = LoggerFactory.getLogger(getClass());
```

标准的写法应该把 Logger 对象修饰为 private static final，以防止日志对象被其他外部类修改，但这样的声明方式则必须使用 People.class 作参数，代码如下：

```
private static final Logger log = LoggerFactory.getLogger(People.class);
```

> **注意**
>
> Spring Boot 依赖的很多包中都有名为 Logger 和 LoggerFactory 的类或接口，此处导入的是必须是 org.slf4j 包下的接口，注意不要写错。如果怕导错包，就写完整接口名，例如 "org.slf4j.Logger log = org.slf4j.LoggerFactory.getLogger(所在类.class);"。

slf4j 框架打印日志的核心方法为 info()，该方法的定义如下：

```
void info (String msg)
```

msg 参数是要打印的字符串，用法与 System.out.println(msg) 类似。每调用一个 info 方法，都会打印一行独立的日志内容。

info() 也支持向日志内容中添加动态参数，其方法重载形式如下：

```
void info (String format, Object param)
void info (String format, Object param1, Object param2)
void info (String format, Object... arguments)
```

format 是要打印的日志内容，param、param1、param2 都是向日志中传入的参数，arguments 是不定长参数。其中"{}"作为参数的占位符，打印日志时会自动将参数内容填写到此处。如果日志中有多个"{}"，则会按排列顺序依次与后面的参数对应。例如，username 的值为"张三"，orderId 的值为"123456789"，现在想把这两个变量值打印到日志中，以下两种写法打印的效果完全一致。

```
01 Log.info(" 您的用户名为 " + username + ",您的订单号为:" + orderId);
02 Log.info(" 您的用户名为 {},您的订单号为:{}",username, orderId);
```

最后输出的日志内容均为：

```
您的用户名为张三,您的订单号为: 123456
```

如果想要在日志中打印空的"{}"字符，需要使用"\\"作为转义字符，例如：

```
Log.info(" 您的用户名为 {},您的订单号为: \\{}",username, orderId);
```

最后输出的日志内容为：

```
您的用户名为张三,您的订单号为: {}
```

如果想要打印空的"\"，需要用另一个"\"作转义字符，例如：

```
Log.info(" 您的用户名为 {},您的订单号为: \\\\{}\\",username, orderId);
```

最后输出的日志内容为：

```
您的用户名为张三,您的订单号为: \123456\
```

 不定长参数的方法执行效率低于定长参数的方法。

14.2.2 解读日志

作为一名开发者，不仅要会打印日志，还必须要学会读懂日志。Spring Boot 默认的日志格式会包含很多内容，详尽的同时也会导致日志文本很长，下面通过一行示例将日志文本拆解解读。

例如，下面是名为 LogDemoApplication 的 Spring Boot 项目在启动时打印的其中一行日志。

```
2022-06-27 15:04:56.183  INFO 8364 --- [main] com.mr.LogDemoApplication : Started LogDemo1Application in 1.627 seconds
```

这行日志可以按顺序拆解为以下几个部分。

☑ 2022-06-27 15:04:56.183：打印日志的具体时间，本示例时间为 2022 年 6 月 27 日 15 时 4 分 56 秒 183 毫秒。

☑ INFO：打印日志的级别，本示例的级别为 INFO。

☑ 8364：当前项目的进程编号（PID），可以在 Windows 任务管理器中查看此进程，如图 14.1 所示。

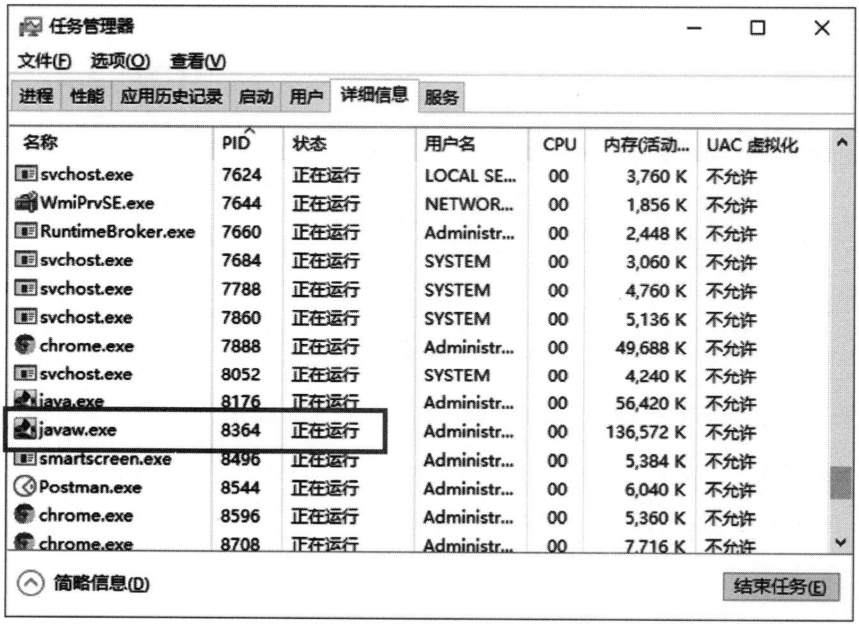

图 14.1　在任务管理器中查看进程编号

☑ ---：Spring Boot 默认日志格式里的分隔符号，无实际意义。

☑ [main]：打印日志的线程名称，本示例为主线程。线程不是进程。一个进程可以同时拥有多个线程，但一个线程只归属于一个进程。

☑ com.mr.LogDemoApplication：日志是在哪个类中打印出来的。如果类名过长会被简写，例如下面这个类：

```
org.springframework.boot.web.embedded.tomcat.TomcatWebServer
```

会在日志中简写为：

```
o.s.b.w.embedded.tomcat.TomcatWebServer
```

☑ Started LogDemoApplication in 1.627 seconds：日志中的具体内容，也就是 info() 方法的参数值，由开发者填写。本示例的内容翻译过来表示启动 LogDemoApplication 项目共耗时 1.627s。

14.3 保存日志文件

正式发布的项目通常都不会将日志输出在控制台中，而是将日志保存在文件中，让技术人员可以随时查看任何时间段的日志内容。本节介绍如何将日志内容保存成日志文件。

14.3.1 指定日志文件保存地址

在项目的 application.properties 配置文件中添加 logging.file.path 配置项，可以指定在什么位置生成日志文件。填写的值为抽象路径，生成的默认日志文件名为 spring.log。

例如，在当前项目根目录中的 dir 文件夹中生成日志文件，配置项的写法如下：

```
logging.file.path=dir
```

如果想在本地硬盘的其他文件夹中生成日志文件，则需要填写详细路径。例如，将日志文件保存本地 D 盘的 dir 文件夹中，配置项写法如下：

```
logging.file.path=D:\\dir
```

① 在生成日志的过程中会自动创建路径中不存在的文件夹。
② 配置文件支持"\\"和"/"作为路径分隔符。

实例 14.1 在项目的 logs 文件夹下保存日志文件（源码位置：资源包\Code\14\01）

创建一个 Spring Boot 项目，在 application.properties 配置文件添加下面这行配置。

```
logging.file.path=logs
```

添加完此项配置之后启动项目，启动完成后在项目上单击鼠标右键，选择 Refresh 菜单（或者按 <F5> 快捷键）刷新项目，可以看到项目根目录出现 logs 文件夹，该文件夹中包含 spring.log 日志文件，如图 14.2 所示。打开此日志文件，文件中的内容与控制台打印的日志内容一致，如图 14.3 所示。

图 14.2　项目根目录下里的 logs 文件夹中生成 spring.log 日志文件

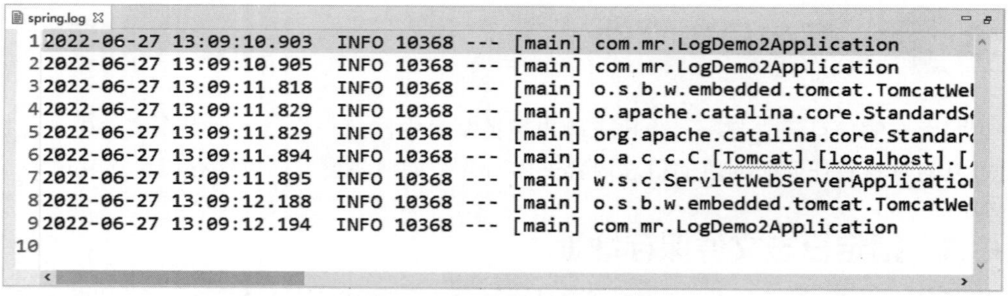

```
 spring.log
 1 2022-06-27 13:09:10.903    INFO 10368 --- [main] com.mr.LogDemo2Application
 2 2022-06-27 13:09:10.905    INFO 10368 --- [main] com.mr.LogDemo2Application
 3 2022-06-27 13:09:11.818    INFO 10368 --- [main] o.s.b.w.embedded.tomcat.TomcatWe
 4 2022-06-27 13:09:11.829    INFO 10368 --- [main] o.apache.catalina.core.StandardSe
 5 2022-06-27 13:09:11.829    INFO 10368 --- [main] org.apache.catalina.core.Standard
 6 2022-06-27 13:09:11.894    INFO 10368 --- [main] o.a.c.c.C.[Tomcat].[localhost].[
 7 2022-06-27 13:09:11.895    INFO 10368 --- [main] w.s.c.ServletWebServerApplicatio
 8 2022-06-27 13:09:12.188    INFO 10368 --- [main] o.s.b.w.embedded.tomcat.TomcatWe
 9 2022-06-27 13:09:12.194    INFO 10368 --- [main] com.mr.LogDemo2Application
10
```

图 14.3　日志文件中的内容

14.3.2　指定日志文件名称

logging.file.name 配置项可以指定日志文件的名称，同时也可以指定该日志文件所处的位置。如果使用了 logging.file.name 配置项，logging.file.path 配置项则会失效。

例如，在项目根目录生成名为 test.log 的配置文件，配置项写法如下：

```
logging.file.name=test.log
```

如果想让 test.log 文件在 D 盘根目录生成，配置项写法如下：

```
logging.file.name=D:\\test.log
```

虽然 logging.file.name 的优先级大于 logging.file.path，但是可以引用 logging.file.path 中的值。例如在 logging.file.path 所指定的地址生成名为 test.log 的日志文件，配置项写法如下：

```
logging.file.name=${logging.file.path}\\test.log
```

14.3.3　为日志文件添加约束

随着程序的长时间运行，日志记录会越来越多，日志文件也会越来越庞大。日志文件过大，不仅挤占硬盘资源，也不利于技术人员阅读。logback 提供了很多约束日志文件的配置，能够保证日志文件可控、可归档，下面介绍几个常用的约束。

（1）指定日志文件的保存天数

视频监控记录通常会保存 7 天至半年左右，超过保存时间的数据就会被抹除。日志组件也有同样的功能，技术人员可以设定日志文件的最大保存天数，从日志文件生成之日开始计算，如果超过了最大保存天数，就会删除日志文件。

日志文件最大保存天数的配置项为 logging.logback.rollingpolicy.max-history，值为最大保存天数，注意英文"."与"-"的位置。例如，自动删除超过 7 天的日志文件，配置项写法如下：

```
logging.logback.rollingpolicy.max-history=7
```

（2）指定日志文件容量上限

如果系统日志输出频繁，可能不到一天就会生成庞大的日志内容，所以不仅要在时间上做出限制，还要在容量上做出限制。logging.logback.rollingpolicy.max-file-size 配置项可以设定日志文件的最大容量，值以 KB、MB、GB 为单位，可由技术人员自己设定。例如，将日志的最大容量设为 12KB，配置项写法如下：

```
logging.logback.rollingpolicy.max-file-size=12KB
```

如果日志超出了最大容量限制，日志组件则会将超出上限之前的早期日志打包成压缩包，超出上限的日志会生成全新的日志文件。压缩包中的日志文件可以称为归档文件或历史文件，Spring Boot 默认的压缩包命名格式为"原文件名.打包日期.序号.gz"，压缩包与日志文件保存在同一目录下。

> **注意**
> logback 还提供了一个 logging.logback.rollingpolicy.total-size-cap 配置项，其功能为设定最大容量上限，超过上限则直接删除日志文件，而不是将历史记录打包。但此配置项存在 bug，需等待官方发布修复版本。

（3）指定归档文件压缩包的名称格式

logback 支持开发者自定义打包文件的名称格式，Spring Boot 为 logback 设定的默认格式如下：

```
${LOG_FILE}.%d{yyyy-MM-dd}.%i.gz
```

这个格式的含义为：原日志文件名.当前日期.打包序号.gz。打包序号从 0 开始递增。logback 支持打包 ZIP 格式的压缩包。

（4）启动项目自动压缩日志文件

如果项目运行一段时间后需要降低日志文件的容量上限，但已经生成的日志文件大大超出了容量上限，这时可以使用 logging.logback.rollingpolicy.clean-history-on-start 配置项让项目在启动时对原有日志文件做压缩归档操作。该配置项的值为布尔值，默认为 false，表示不启用此功能。启用此功能的写法如下：

```
logging.logback.rollingpolicy.clean-history-on-start=true
```

14.4 调整日志内容

Spring Boot 记录的日志内容非常详细，但有些项目并不需要这么详细的数据，过多的日志内容不仅会降低系统性能，还会造成不小的硬盘存储压力。本节介绍如何调整日志内容，如何只记录开发者感兴趣的信息。

14.4.1 设置日志级别

slf4j 中有五种日志级别，分别是：
- ERROR：错误日志。
- WARN：警告日志，warning 的缩写。
- INFO：信息日志，通常指体现程序运行过程中值得强调的粗粒度信息，是 Spring

Boot 默认的日志级别。

☑ DEBUG：调试日志，程序运行过程的细粒度信息。

☑ TRACE：追踪日志，指一些用来给代码作提示、定位的信息，精细地展现代码当前的运行状态。

不同级别的日志代表的信息不同，重要性也不同。例如，ERROR 级别的日志是最重要的，技术人员必须第一时间看到错误日志，以保证及时维护程序稳定运行；而 debug 级别的日志就是开发人员开发过程中调试程序的，对于维护人员来讲这种日志完全不重要，甚至需要在程序发布前将这些日志删除或屏蔽掉。

因此，为不同日志级别设置了优先级，优先级越高越重要。日志级别的优先级从高到低排列如下：

```
ERROR > WARN > INFO > DEBUG > TRACE
```

Spring Boot 默认采用 INFO 级别，因此所有 DEBUG 级别和 TRACE 级别的日志都不会打印。如果想要修改项目的日志级别，需要在 application.properties 配置文件中设置 logging.level 配置项，该配置项的语法如下：

```
logging.level.[ 包或类名 ]= 级别
```

[包或类名] 是一个动态的参数，为项目中一个完整的包名或类名，设置的日志级别仅对此类或此包下的所有类生效。

实例 14.2　让所有控制器都打印 DEBUG 日志（源码位置：资源包 \Code\14\02）

创建控制器 TestController 类，如果用户访问 "/index" 地址，则依次打印 TRACE、DEBUG、INFO、WARN、ERROR 级别的测试日志，TestController 类的代码如下：

```
01  package com.mr.controller;
02  import org.slf4j.Logger;
03  import org.slf4j.LoggerFactory;
04  import org.springframework.web.bind.annotation.RequestMapping;
05  import org.springframework.web.bind.annotation.RestController;
06
07  @RestController
08  public class TestController {
09      private static final Logger log = LoggerFactory.getLogger(TestController.class);
10      @RequestMapping("/index")
11      public String index() {
12          log.trace(" 测试日志 ");
13          log.debug(" 测试日志 ");
14          log.info(" 测试日志 ");
15          log.warn(" 测试日志 ");
16          log.error(" 测试日志 ");
17          return " 打印日志测试 ";
18      }
19  }
```

在 application.properties 配置文件中，将控制器包下的所有类的日志级别都设为 DEBUG，配置如下：

```
logging.level.com.mr.controller=debug
```

启动项目，在浏览器中访问"http://127.0.0.1:8080/index"地址，Eclipse 控制台会打印日志。日志的最后四行内容如下：

```
2022-06-28 09:59:40.614 DEBUG 4860 --- [nio-8080-exec-1]
com.mr.controller.TestController         : 测试日志
2022-06-28 09:59:40.614  INFO 4860 --- [nio-8080-exec-1]
com.mr.controller.TestController         : 测试日志
2022-06-28 09:59:40.614  WARN 4860 --- [nio-8080-exec-1]
com.mr.controller.TestController         : 测试日志
2022-06-28 09:59:40.614 ERROR 4860 --- [nio-8080-exec-1]
com.mr.controller.TestController         : 测试日志
```

可以看到这四行日志是由 TestController 控制器类打印的，日志级别依次为 DEBUG、INFO、WARN、ERROR，因为配置文件设置的级别为 DEBUG，所以优先级更低的 TRACE 级别日志被屏蔽掉了。

14.4.2　修改日志格式

Spring Boot 在控制台打印的每一行日志都非常长，这是因为 Spring Boot 默认的 logback 日志格式包含的信息非常多，其格式如下：

```
%date{yyyy-MM-dd HH:mm:ss.SSS} %5level ${PID} --- [%15.15t] %-40.40logger{39} : %m%n
```

格式解读如下：

☑ %date{yyyy-MM-dd HH:mm:ss.SSS}：打印日志的详细时间，格式为"年 - 月 - 日 时 : 分 : 秒 . 毫秒"。

☑ %5level：日志的级别，长度为 5 字符。

☑ ${PID}：打印日志的进程号。

☑ %15.15t：%t 表示打印日志的线程名，15.15 表示最短和最长均为 15 字符。

☑ %-40.40logger{39}：% logger 表示打印日志的类名，-40.40 表示左对齐最短和最长均为 40 字符，{39} 表示将完整类名自动调整到 39 字符以内。

☑ %m：具体的日志的内容。

☑ %n：换行符。

 更多 logback 格式详见官方的样式说明。

Spring Boot 可以分别为控制台和日志文件设置独立的日志格式，设置控制台日志格式的配置项为"logging.pattern.console"，设置文件格式的配置项为"logging.pattern.file"。

实例 14.3　在控制台显示简化的中文日志，在日志文件中记录详细的英文日志（源码位置：资源包 \Code\14\03）

把 Spring Boot 在控制台打印到日志格式改为"×年×月×日时×分×秒×毫秒 [级别:×][类名:×] — 具体日志内容"，同时将日志写入 logs/demo.log 日志文件中，格式为详细的英文日志。

application.properties 配置文件中的中文需要使用转移字符表示，内容如下：

```
01 logging.pattern.console=%date{yyyy\u5E74MM\u6708dd\u65E5H\u65F6mm\u5206ss\u79D2SSS\u6BEB\u79D2}[\u7EA7\u522B:%level][\u7C7B\u540D\uFF1A:%logger{15s}] --- %m%n
```

```
02 logging.pattern.file=%date{yyyy-MM-dd HH:mm:ss.SSS}[%level][${PID}][%t]%logger : %m%n
03 logging.file.path=logs
04 logging.file.name=${logging.file.path}\\demo.log
```

启动项目，可以看到控制台打印的日志内容，格式符合 logging.pattern.console 配置项中的设置。

刷新项目后打开根目录下的 logs 文件夹中的 demo.log 文件，可以看到如图 14.4 所示内容，格式符合 logging.pattern.file 配置项中的设置。

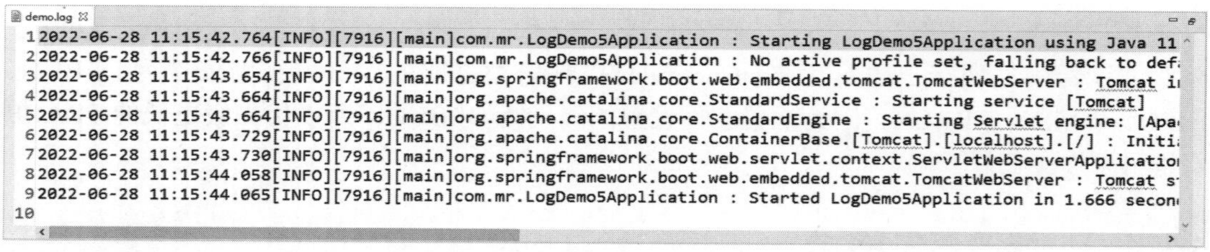

图 14.4　配置文件中记录的日志

14.5　综合案例

如果项目采用 logback 作为日志组件的底层实现，Spring Boot 支持使用 logback.xml 配置文件来细化 logback 的功能。

logback.xml 文件与 application.properties 文件一样都放在 resources 目录下。logback.xml 文件的优先级大于 application.properties 文件，也就是有两个文件同时存在时，会采用 logback.xml 中的配置。

logback.xml 配置文件中有三个最重要的节点，下面分别介绍。

☑ configuration 节点：整个配置文件的根节点。
☑ appender 节点：直译是"附加器"，专门用于配置输出组件，是根节点的子节点。
☑ root 节点：可用于指定日志级别，是根节点的子节点。

> 说明　XML 中的节点也可以叫作标签。最顶层的节点叫根节点。

在项目的 src/main/resources 目录下创建 logback.xml 配置文件，在配置文件中声明两个 appender 节点，一个用于配置生成日志文件的规则，一个用于配置控制台打印。

生成日志文件的 appender 节点需要使用 RollingFileAppender 类，使用 TimeBased RollingPolicy 类实现滚动策略，让 logback 将当前时间作为日志文件名称，保存时长为 1 天。

控制台打印的 appender 节点需要使用 ConsoleAppender 类，在 encoder 子节点中设置内容格式。

最后在 root 节点中采用配置好的两个 appender，将日志级别设定为 INFO。

logback.xml 配置文件的具体内容如下：

```
01 <?xml version="1.0" encoding="UTF-8"?>
02 <configuration>
```

```xml
03    <!-- 日志文件配置 -->
04    <appender name="MyFileConfig" class="ch.qos.logback.core.rolling.RollingFileAppender">
05        <!-- 设置滚动策略 -->
06        <rollingPolicy class="ch.qos.logback.core.rolling.TimeBasedRollingPolicy">
07            <!-- 日志文件名称的格式 -->
08            <fileNamePattern>logs/log.%d{yyyy-MM-dd}.log</fileNamePattern>
09            <maxHistory>1</maxHistory> <!-- 日志文件保存 1 天 -->
10        </rollingPolicy>
11        <encoder>
12            <!-- 文件中的日志内容格式 -->
13            <pattern>%date{yyyy-MM-dd HH:mm:ss.SSS}[%level][${PID}][%t]%logger : %m%n
14            </pattern>
15        </encoder>
16    </appender>
17
18    <!-- 在控制台打印配置 -->
19    <appender name="MyConsoleCobfig" class="ch.qos.logback.core.ConsoleAppender">
20        <!-- 输出的格式 -->
21        <encoder>
22            <pattern>%d{yyyy-MM-dd HH:mm:ss.SSS}[%level]%logger{36} --- %msg%n</pattern>
23        </encoder>
24    </appender>
25
26    <root level="INFO"><!-- 输出的 INFO 级别日志 -->
27        <appender-ref ref="MyFileConfig" /> <!-- 采用上面配置好的组件 -->
28        <appender-ref ref="MyConsoleCobfig" />
29    </root>
30 </configuration>
```

启动项目，可以看到控制台打印的日志，内容符合 logback.xml 配置的控制台格式。

刷新项目后可以在根目录下的 logs 文件夹中看到一个以当前日期命名的日志文件，打开该文件可以看到如图 14.5 所示的日志，数据与控制台日志一致，内容符合 logback.xml 配置的日志文件格式。

图 14.5 日志文件中记录的日志

说明

① logback 的配置方法还有非常多，可以满足各种各样的需求，但本书不多做介绍，感兴趣的同学可以查看官方文档深入学习。
② 与 logback 一样，Spring Boot 同样支持其他日志框架的配置文件，例如支持 log4j.xml 等。

14.6 实战练习

① 创建 TestController 控制器类，当前端访问"/index"地址，获取前端发送的

value1 和 value2 参数，将这两个参数打印在日志中。使用 Postman 模拟前端请求，访问"http://127.0.0.1:8080/index"地址并发送如图 14.6 所示的参数。随后 Eclipse 控制台的日志会发生变化，底部最新的日志中将显示前端发来的参数值。

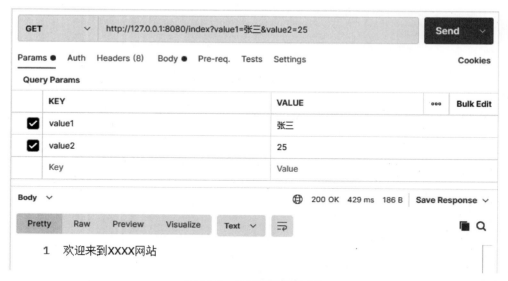

图 14.6　向服务器发送参数

② 设定 Spring Boot 项目日志文件的最大容量为 2KB，如果日志超过容量上限，则将归档文件打包成 ZIP 压缩包，放在与日志文件同目录下。压缩包的命名格式为：当前日期 [打包序号].zip。

第 15 章
单元测试

扫码获取本书
资源

JUnit 是 Java 技术开发者使用率最高的开源的单元测试框架，连 Eclipse 的安装包中都自带 JUnit。单元测试是指对软件中的最小可测试单元进行检查和验证，Java 代码通常以方法作为最小测试单元。JUnit 可以在不改变被测试类的基础上，对类中方法进行单元测试。因此，Spring Boot 把 JUnit 作为项目架构中的重要组成部分。

15.1 Spring Boot 中的 JUnit

Spring Boot 项目的 spring-boot-starter-test 依赖中就包含了 JUnit 框架，Spring Boot 2.5 支持 JUnit 5，开发者可以直接使用 JUnit 5 的新 API。

Spring Boot 项目自带 src/test/java 目录，该目录专门用于存放单元测试类。例如，图 15.1 中的 UnitTestApplicationTests 就是该项目的单元测试类。

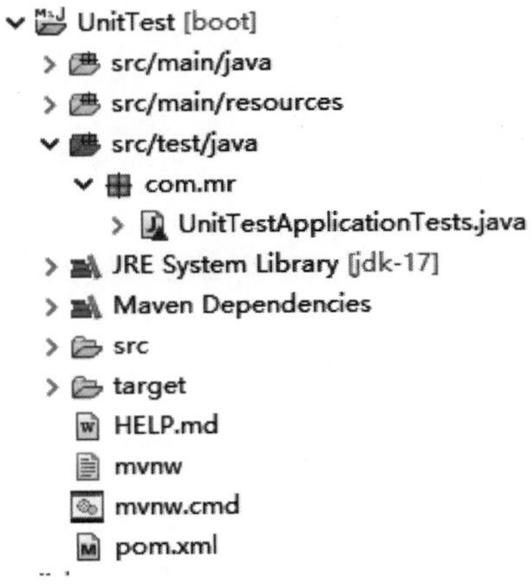

图 15.1　Spring Boot 项目单元测试类所在的目录

Spring Boot 在部署项目的时候不会部署 src/test/java 目录下的文件，开发者可以在这个包下随意创建测试类。打开图 15.1 中的 UnitTestApplicationTests 类，可以看到该类被 @

SpringBootTest 注解标注，并且有一个方法被 @Test 注解标注，表示该类为 Spring Boot 的测试类，方法为 JUnit 单元测试方法。在此类代码上单击鼠标右键，依次选择 Run As → JUnit Test，即可运行测试方法，即启动单元测试，操作如图 15.2 所示。

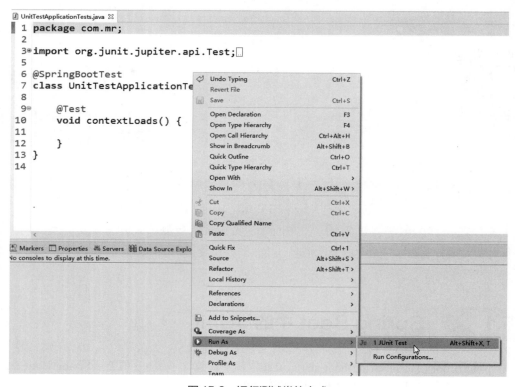

图 15.2　运行测试类的方式

因为测试方法中没有写任何代码，所以会默认为测试通过，左侧会弹出 JUnit 测试窗口，如图 15.3 所示，绿色进度条表示测试通过，UnitTestApplicationTests 类下的 contextLoads() 方法运行耗时 0.722s，没有发生错误，也没有触发失败。

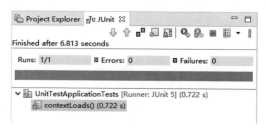

图 15.3　单元测试通过

如果在测试方法中触发一些异常，例如下面这两行代码将触发算术异常。

```
01  int a=0;
02  int b=1/a;
```

将这两行代码填写在 contextLoads() 测试方法中，再次启动单元测试，可以看到如图 15.4 所示效果，红色进度条表示测试未通过，下方的追踪报告中指出 contextLoads() 方法的第 12 行出现了除数为 0 的算术异常。

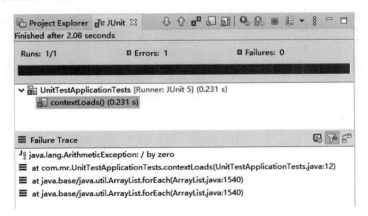

图 15.4　单元测试未通过

15.2　注解

15.2.1　核心注解

（1）@SpringBootTest

@SpringBootTest 注解由 Srping Boot 提供，用于标注测试类。该注解可以让测试类在启动时自动装配 Spring Boot，这就意味着开发者可以在测试类中使用 Spring 容器中的 Bean。测试类不仅可以注入项目中的 Controller、Service、配置文件等组件，还可以注入 Spring Boot 提供的一些场景模拟对象，例如模拟 HttpServletRequest、HttpSession 等对象。

（2）@Test

@Test 注解由 JUnit 提供，用于标注测试方法。被标注的测试方法类似于 main() 方法，是测试类的入口方法。一个测试类中可以有多个测试方法，这些测试方法会按照从上到下的顺序依次执行。

例如，在测试类中定义两个测试方法，分别在控制台上打印日志，代码如下：

```
01 @SpringBootTest
02 class UnitTestApplicationTests {
03     private static final Logger log =
04         LoggerFactory.getLogger(UnitTestApplicationTests.class);
05     @Test
06     void test1() {
07         log.info("第 1 个测试方法 ");
08     }
09     @Test
10     void test2() {
11         log.info("第 2 个测试方法 ");
12     }
13 }
```

运行此测试类，可以看到控制台打印如图 15.5 所示的日志，在日志的最下方可以看到两个测试方法依次打印日志。同时在 JUnit 窗口可以看到两个测试方法都正常完成了执行，并且测试通过，如图 15.6 所示。

第 1 篇 基础篇

```
v2.5.2)
--- [         main] com.mr.UnitTestApplicationTests    : Starting UnitTestApplicationT
--- [         main] com.mr.UnitTestApplicationTests    : No active profile set, fallin
--- [         main] com.mr.UnitTestApplicationTests    : Started UnitTestApplicationTe
--- [         main] com.mr.UnitTestApplicationTests    : 第1个测试方法
--- [         main] com.mr.UnitTestApplicationTests    : 第2个测试方法
```

图 15.5　两个测试方法依次打印日志

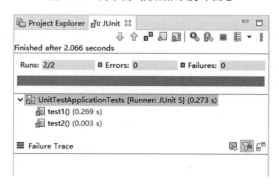

图 15.6　JUnit 显示两个测试方法都正常运行

下面通过一个实例演示如何测试类中注入 Bean。

实例 15.1　测试用户登录验证服务（源码位置：资源包 \Code\15\01）

在 com.mr.service 包下创建 UserService 用户服务接口，接口中只定义一个验证用户名和密码的 check() 方法，代码如下：

```
01 package com.mr.service;
02 public interface UserService {
03     boolean check(String username, String password);
04 }
```

在 com.mr.service.impl 包下创建用户服务接口的实现类，如果用户名为"mr"、密码为"123456"，则认为验证通过。实现类的代码如下：

```
01 package com.mr.service.impl;
02 import org.springframework.stereotype.Service;
03 import com.mr.service.UserService;
04 @Service
05 public class UserServiceImpl implements UserService {
06     @Override
07     public boolean check(String username, String password) {
08         return "mr".equals(username) && "123456".equals(password);
09     }
10 }
```

在测试类中注入 UserService 对象，然后直接在测试方法中调用此服务对象的 check() 方法，先测试用户名为"mr"、密码为"123546"的验证结果，再测试用户名为"admin"、密码为"admin"的验证结果。测试类的代码如下：

```
01 package com.mr;
02 import org.junit.jupiter.api.Test;
```

```
03  import org.slf4j.Logger;
04  import org.slf4j.LoggerFactory;
05  import org.springframework.beans.factory.annotation.Autowired;
06  import org.springframework.boot.test.context.SpringBootTest;
07  import com.mr.service.UserService;
08
09  @SpringBootTest
10  class UnitTest1ApplicationTests {
11      private static final Logger log =
12          LoggerFactory.getLogger(UnitTest1ApplicationTests.class);
13      @Autowired
14      private UserService user;// 注入用户服务
15      @Test
16      void contextLoads() {
17          String username1 = "mr", password1 = "123456";// 第一组测试用例
18          log.info(" 测试用例1：{{},{}}", username1, password1);
19          log.info(" 验证结果：{}", user.check(username1, password1));
20          String username2 = "admin", password2 = "admin";// 第二组测试用例
21          log.info(" 测试用例2：{{},{}}", username2, password2);
22          log.info(" 验证结果：{}", user.check(username2, password2));
23      }
24  }
```

运行测试类，可以看到控制台打印的日志如图 15.7 所示，在日志的末尾打印出了两组用户名、密码的验证结果，说明测试类可以注入接口的实现类对象，并且验证实现类的代码是否可以正常执行。

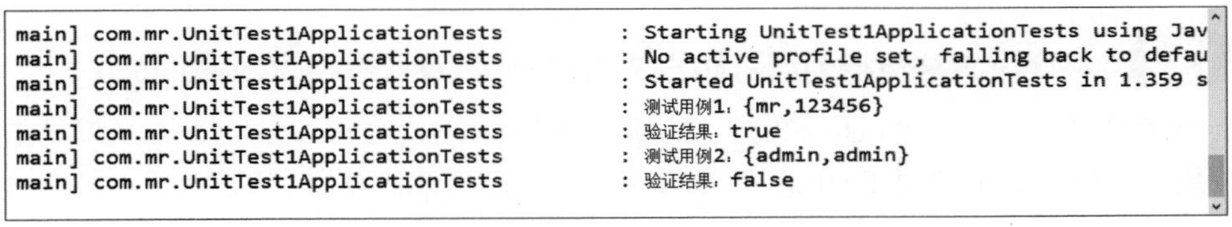

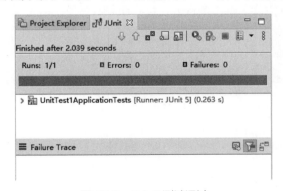

图 15.7　控制台打印的日志

测试过程中没有出现异常和错误，JUnit 给出如图 15.8 所示的测试通过的结果。

图 15.8　JUnit 测试通过

15.2.2　测前准备与测后收尾

JUnit 允许开发者在测试开始之前执行一些准备性质的代码，也可以在测试之后执行一些收尾性质的代码。

@BeforeEach 和 @AfterEach 这两个注解用于标注方法，只能在测试类中使用。被 @BeforeEach 标注的方法会在测试方法执行前执行，被 @AfterEach 标注的方法会在测试方法结束后执行，被这两个注解标注的方法就相当于测试方法的前期准备方法和后期收尾方法。使用方法如下：

```
01 @BeforeEach
02 void beforeTest () {}
03 @AfterEach
04 void afterTest() {}
05 @Test
06 void test() {}
```

如果为 @BeforeEach 或 @AfterEach 标注的方法添加类型为 TestInfo 的参数，JUnit 将为该参数注入一个当前测试的信息对象，开发者可以通过调用此参数获得测试方法、测试类等信息。

```
01 @BeforeEach
02 void beforeTest (TestInfo testInfo) {}
03 @AfterEach
04 void afterTest(TestInfo testInfo) {}
```

注意

不要将 @BeforeEach 或 @AfterEach 标注在 @Test 方法上。

实例 15.2 在测试方法运行前后打印方法名称（源码位置：资源包 \Code\15\02）

在测试类中，首先创建 beforeTest() 方法，并用 @BeforeEach 标注，为方法添加 TestInfo 类型参数，在该方法中调用 TestInfo 的 getTestMethod() 方法，获取测试方法的名称并打印到日志中。

然后创建 afterTest() 方法，并用 @AfterEach 标注，同样为方法添加 TestInfo 类型参数，也将测试方法的名称打印到日志中。

最后创建两个测试方法，每个测试方法仅打印一行日志。测试类的代码如下：

```
01 package com.mr;
02 import java.lang.reflect.Method;
03 import org.junit.jupiter.api.AfterEach;
04 import org.junit.jupiter.api.BeforeEach;
05 import org.junit.jupiter.api.Test;
06 import org.junit.jupiter.api.TestInfo;
07 import org.slf4j.Logger;
08 import org.slf4j.LoggerFactory;
09 import org.springframework.boot.test.context.SpringBootTest;
10
11 @SpringBootTest
12 class UnitTest2ApplicationTests {
13     private static final Logger log =
14         LoggerFactory.getLogger(UnitTest2ApplicationTests.class);
15     @BeforeEach
16     void beforeTest  (TestInfo testInfo) {// 注入测试信息对象
17         Method m = testInfo.getTestMethod().get();// 获取测试方法对象
18         log.info(" 即将进入 {} 方法 ", m.getName());// 打印测试方法名称
19     }
```

```
20      @AfterEach
21      void afterTest(TestInfo testInfo) {
22          Method m = testInfo.getTestMethod().get();
23          Log.info(" 已离开 {} 方法 ", m.getName());
24      }
25      @Test
26      void test1() {
27          Log.info(" 开始执行第 1 个测试方法 ");
28      }
29      @Test
30      void test2() {
31          Log.info(" 开始执行第 2 个测试方法 ");
32      }
33  }
```

运行测试类，可以看到控制台打印的日志如图 15.9 所示，日志末尾的 6 行记录是由刚才编写的代码打印出来的。前三个行日志分别由 beforeTest() 方法、test1() 方法和 afterTest() 方法打印，beforeTest() 方法日志早于 test1() 方法日志，并且可以通过 TestInfo 参数获知即将要运行的方法是 test1，afterTest() 方法日志在 test1 方法日志之后，也是通过 TestInfo 参数获知将自己排在 test1 方法之后。后三条日志中，测试方法变为 test2()，打印日志的逻辑与之前相同。

图 15.9　控制台打印的日志

15.2.3　参数化测试

参数化测试允许测试人员提前设定多组测试用例（可以理解用于测试的数据），然后让测试方法自动调取这些测试用例，达到自动完成多次测试的效果。如果使用参数化测试，就不能用 @Test 注解了，而是改用 @ParameterizedTest 注解，同时必须为测试方法指定参数源，也就是测试人员设定好的测试数据。

设定参数源可以用三种注解，分别是 @ValueSource 值参数源、@MethodSource 方法参数源和 @EnumSource 枚举参数源。

下面将对这些注解的用法做详细介绍。

（1）@ParameterizedTest

该注解由 JUnit 5 提供，用于标注测试方法，表示该方法做参数化测试。@ParameterizedTest 有一个 name 属性，可以为参数化方法指定别名。例如，为测试方法起名为 "算法性能测试"，定义方法如下：

```
@ParameterizedTest(name = " 算法性能测试 ")
```

> **注意**
>
> @ParameterizedTest 注解必须配合其他参数源注解一同使用。

（2）@ValueSource

该注解是参数源之一，表示值参数源。测试人员可以在 @ValueSource 中设定测试方法将要用到的一组参数，每个参数都会让测试方法单独执行一次。@ValueSource 中的属性如表 15.1 所示。

表 15.1　@ValueSource 的属性

值类型	属性的定义	示例
byte	byte[] bytes() default {};	@ValueSource(bytes = { 1, 2, 3 })
int	int[] ints() default {};	@ValueSource(ints = { 1, 2, 3 })
long	long[] longs() default {};	@ValueSource(longs = { 1L, 2L, 3L })
float	float[] floats() default {};	@ValueSource(floats = { 1.2F, 4.9F })
double	double[] doubles() default {};	@ValueSource(doubles = { 3.1415926, 541.362 })
char	char[] chars() default {};	@ValueSource(chars = { 'a', 'b', 'c'})
boolean	boolean[] booleans() default {};	@ValueSource(booleans = {true, false})
String	String[] strings() default {};	@ValueSource(strings = {" 张三 "," 李四 "})
Class	Class<?>[] classes() default {};	@ValueSource(classes = {Object.class, People.class})

> **注意**
>
> @ValueSource 注解仅适用于方法只有一个参数的场景。

实例 15.3　测试判断素数算法的执行效率（源码位置：资源包 \Code\15\03）

创建 test(int num) 测试方法，并用 @ParameterizedTest() 标注。测试方法中编写判断 num 是否为素数的代码，分别以 3、4、149、1269、1254797 这 5 个数字作为参数验证代码的执行效率。测试类的代码如下：

```
01 package com.mr;
02 import org.junit.jupiter.params.ParameterizedTest;
03 import org.junit.jupiter.params.provider.ValueSource;
04 import org.slf4j.Logger;
05 import org.slf4j.LoggerFactory;
06 import org.springframework.boot.test.context.SpringBootTest;
07
08 @SpringBootTest
09 class UnitTest4ApplicationTests {
10     private static final Logger log =
11         LoggerFactory.getLogger(UnitTest4ApplicationTests.class);
12     @ParameterizedTest()
13     @ValueSource(ints = { 3, 4, 149, 1269, 1254797 })
14     void test(int num) {
15         int sqrt = (int) Math.sqrt(num);// 获取平方根
16         for (int i = 2; i <= sqrt; i++) {
17             if (num % i == 0) {
18                 log.info("{} 不是素数 ", num);
19                 return;
20             }
```

```
21          }
22          log.info("{}是素数", num);
23      }
24 }
```

运行测试类，可以看到控制台打印的日志如图 15.10 所示，可以看到 5 个数字都被校验过，说明 test() 方法被执行了 5 次。

```
main] com.mr.UnitTest4ApplicationTests       : Starting UnitTest4ApplicationT
main] com.mr.UnitTest4ApplicationTests       : No active profile set, falling
main] com.mr.UnitTest4ApplicationTests       : Started UnitTest4ApplicationTe
main] com.mr.UnitTest4ApplicationTests       : 3是素数
main] com.mr.UnitTest4ApplicationTests       : 4不是素数
main] com.mr.UnitTest4ApplicationTests       : 149是素数
main] com.mr.UnitTest4ApplicationTests       : 1269不是素数
main] com.mr.UnitTest4ApplicationTests       : 1254797不是素数
```

图 15.10　控制台打印的日志

在如图 15.11 所示的追踪报告中，可以看到 test() 方法计算这 5 个数字所消耗的时间。

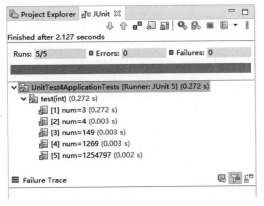

图 15.11　传入不同参数时的执行效率

（3）@MethodSource

该注解可以将其他静态方法的返回值作为测试方法的参数源。@MethodSource 注解只有一个 value 属性，用于指定作为参数源的方法名称。作为参数源的方法的返回值为 java.util.stream.Stream 流类型。例如，下面使用 @ValueSource 定义参数源的代码：

```
01 @ParameterizedTest()
02 @ValueSource(ints = { 10, 20, 30 })
03 void test(int a) { }
```

等同于：

```
01 @ParameterizedTest()
02 @MethodSource("getInt") // 使用 getInt() 的返回值作为参数
03 void test(int a) {}
04 static Stream<Integer> getInt() { // 提供参数集合的方法
05     return Stream.<Integer>of(10, 20, 30);  // 向 Stream 添加元素
06 }
```

如果 Stream 流对象中的元素都是 org.junit.jupiter.params.provider.Arguments 类型，就可以同时向测试方法传入多个参数。例如，同时为测试方法的姓名参数和年龄参数赋值，代码如下：

```
01 static Stream<Arguments> getNameAge() {
02     return Stream.<Arguments>of(  // 向 Stream 添加元素，元素类型为 Arguments
03         Arguments.of("张三", 18),   // 向 Arguments 添加元素
04         Arguments.of("李四", 21),
05         Arguments.of("王五", 22)
06     );
07 }
08 @ParameterizedTest()
09 @MethodSource("getNameAge")   // 将 getNameAge() 方法的返回值作为参数源
10 void test(String name, int age) {
11     log.info("姓名：{}，年龄：{}", name, age);
12 }
```

实例 15.4 设计多组用例来测试用户登录验证功能（源码位置：资源包 \Code\15\04）

创建 check(String username, String password) 测试方法，并用 @ParameterizedTest() 标注，测试方法中验证 username 和 password 是否为正确的用户名和密码（假定正确用户名为"zhangsan"，正确密码为"123456"）。

创建 getUsers() 方法，返回值作为测试方法的参数源。创建三组测试用例，一组正确的账号密码，两组错误的账号密码。

测试类的代码如下：

```
01 package com.mr;
02 import java.util.stream.Stream;
03 import org.junit.jupiter.params.ParameterizedTest;
04 import org.junit.jupiter.params.provider.Arguments;
05 import org.junit.jupiter.params.provider.MethodSource;
06 import org.slf4j.Logger;
07 import org.slf4j.LoggerFactory;
08 import org.springframework.boot.test.context.SpringBootTest;
09
10 @SpringBootTest
11 class UnitTest5ApplicationTests {
12     private static final Logger log =
13         LoggerFactory.getLogger(UnitTest5ApplicationTests.class);
14     @ParameterizedTest()
15     @MethodSource("getUsers")
16     void check(String username, String password) {
17         if ("zhangsan".equals(username) && "123456".equals(password)) {
18             log.info("验证通过！用户名：{}，密码：{}", username, password);
19         } else {
20             log.error("验证失败！用户名：{}，密码：{}", username, password);
21         }
22     }
23     static Stream<Arguments> getUsers() {
24         return Stream.<Arguments>of(
25             Arguments.of("mr", "mr"),
26             Arguments.of("zhangsan", "123456"),
27             Arguments.of("admin", "admin")
28         );
29     }
30 }
```

运行测试类,可以看到控制台打印的日志如图15.12所示,可以看到账号为"zhangsan"、密码为"123456"这组参数的测试结果为验证通过,其他两组均为验证失败。

```
main] com.mr.UnitTest5ApplicationTests    : Starting UnitTest5ApplicationTests usi
main] com.mr.UnitTest5ApplicationTests    : No active profile set, falling back to
main] com.mr.UnitTest5ApplicationTests    : Started UnitTest5ApplicationTests in 1
main] com.mr.UnitTest5ApplicationTests    : 验证失败!用户名:mr,密码:mr
main] com.mr.UnitTest5ApplicationTests    : 验证通过!用户名:zhangsan,密码:123456
main] com.mr.UnitTest5ApplicationTests    : 验证失败!用户名:admin,密码:admin
```

图 15.12　控制台打印的日志

（4）@EnumSource

该注解与 @ValueSource 注解的用法相似,可以将枚举作为测试方法的参数源,测试方法会自动遍历枚举中的所有枚举项。

实例 15.5　将季节枚举作为测试方法的参数（源码位置:资源包 \Code\15\05）

首先得在 com.mr.common 包下创建 SeasonEnum 季节枚举,设定四个季节的枚举项,代码如下:

```
01 package com.mr.common;
02 public enum SeasonEnum {
03     SPRING, SUMMER, AUTUMN, WINTER;
04 }
```

然后在测试类中创建测试方法,方法参数为 SeasonEnum 季节枚举。使用 @EnumSource 标注测试方法,并为默认的 value 属性赋值成 SeasonEnum 枚举的 class 对象。测试类代码如下:

```
01 package com.mr;
02 import org.junit.jupiter.params.ParameterizedTest;
03 import org.junit.jupiter.params.provider.EnumSource;
04 import org.slf4j.Logger;
05 import org.slf4j.LoggerFactory;
06 import org.springframework.boot.test.context.SpringBootTest;
07 import com.mr.common.SeasonEnum;
08
09 @SpringBootTest
10 class UnitTest6ApplicationTests {
11     private static final Logger log =
12         LoggerFactory.getLogger(UnitTest6ApplicationTests.class);
13     @ParameterizedTest
14     @EnumSource(SeasonEnum.class)
15     void test(SeasonEnum season) {
16         log.info("现在处于的季节是:{}", season);
17     }
18 }
```

运行测试类,可以看到控制台打印的日志如图15.13所示,SeasonEnum 枚举中有 4 个枚举项,测试方法就执行了 4 次,每次取出枚举项都不同。

```
main] com.mr.UnitTest6ApplicationTests    : No active profile set, falling back t
main] com.mr.UnitTest6ApplicationTests    : Started UnitTest6ApplicationTests in
main] com.mr.UnitTest6ApplicationTests    : 现在处于的季节是:SPRING
main] com.mr.UnitTest6ApplicationTests    : 现在处于的季节是:SUMMER
main] com.mr.UnitTest6ApplicationTests    : 现在处于的季节是:AUTUMN
main] com.mr.UnitTest6ApplicationTests    : 现在处于的季节是:WINTER
```

图 15.13　控制台打印的日志

15.2.4 其他常用注解

（1）@DisplayName

该注解可以为测试类或测试方法设置展示名称。例如，为测试类和测试方法都起一个展示名称，关键代码如下：

```
01 @SpringBootTest
02 @DisplayName(" 用户服务接口测试 ")
03 class UnitTestApplicationTests {
04     @Test
05     @DisplayName(" 测试登录验证 ")
06     void login() {}
07     @Test
08     @DisplayName(" 测试注册功能 ")
09     void register() {}
10 }
```

当测试完成之后，在 JUnit 的追踪报告中就会以各自的展示名称来显示类和方法，与未设置展示名称的对比效果如图 15.14 和图 15.15 所示。

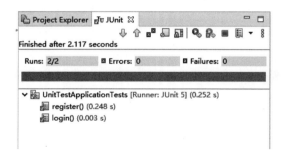

图 15.14　测试类与方法未设置展示名称 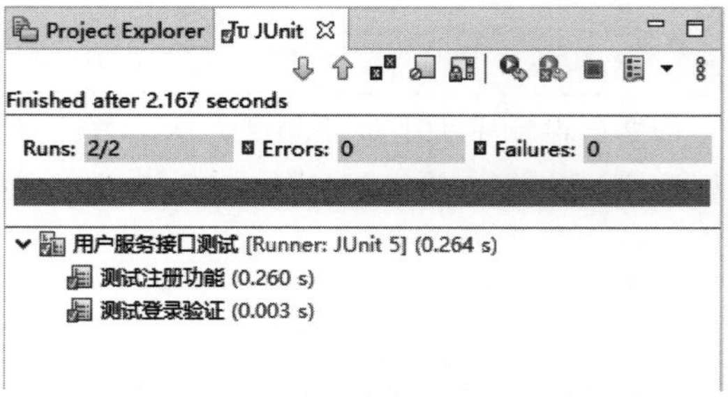　　图 15.15　测试类与方法设置了展示名称

（2）@RepeatedTest

如果不用参数化测试，还想让测试方法反复执行，可以使用 @RepeatedTest 注解标注测试方法并指定重复次数。例如，让测试方法重复执行 5 次，写法如下：

```
01 @RepeatedTest(5)
02 void test() {
03     log.info("Hello JUnit");
04 }
```

当测试完成之后，可以看到控制台打印了 5 行测试日志，效果如图 15.16 所示。

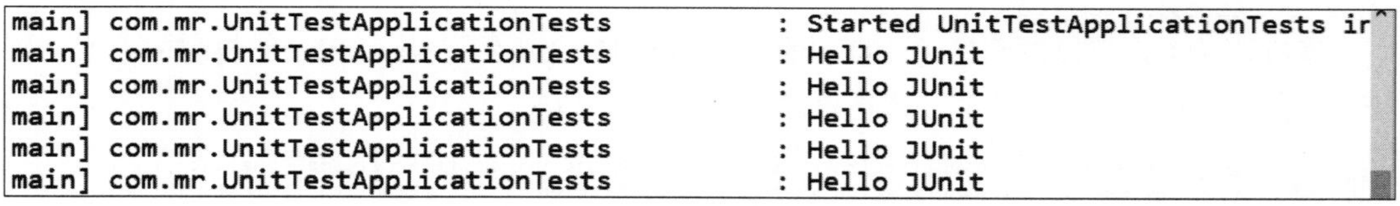

图 15.16　控制台打印的测试日志

在 JUnit 的追踪报告中也可以看到 test() 方法被执行了 5 次，如图 15.17 所示。

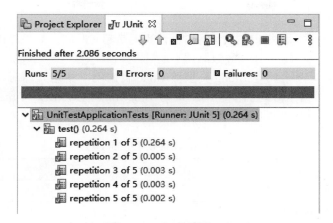

图 15.17　test() 方法被执行 5 次

（3）@Disabled

表示测试类或测试方法不执行。例如，创建两个测试方法，其中一个测试方法用 @Disabled 标注，关键代码如下：

```
01 @Test
02 void login() {
03     log.info(" 执行 login() 测试方法 ");
04 }
05 @Test
06 @Disabled // 不执行此测试方法
07 void register() {
08     log.info(" 执行 register() 测试方法 ");
09 }
```

当测试完成之后，只看在控制台看到 login() 方法打印的日志，效果如图 15.18 所示。

图 15.18　控制台仅打印一个测试方法的日志

在 JUnit 的追踪报告中也可以看到只有 login() 方法有正常执行的绿色图标，register() 方法则没有，如图 15.19 所示。

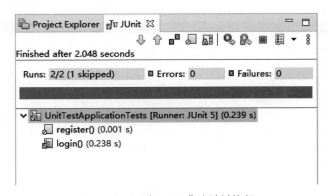

图 15.19　只有 login() 方法被执行

（4）@Timeout

该注解可以为测试方法指定最大运行时间，也就是超时时间，如果测试方法的运行时长超过了此时间，则会因为超时错误导致测试不通过。

@Timeout 注解有两个属性，long 类型的 value 属性用于指定具体时间数字，TimeUnit 类型的 unit 属性用于指定时间的单位，默认为 TimeUnit.SECONDS。TimeUnit 是 JDK 中的一个枚举，其枚举项和相关说明如表 15.2 所示。

表 15.2 TimeUnit 枚举中的枚举项

枚举项	说明
NANOSECONDS	纳秒
MICROSECONDS	微秒
MILLISECONDS	毫秒
SECONDS	秒
MINUTES	分
HOURS	小时
DAYS	天

例如，让测试执行 5 万次字符串拼接，规定测试方法运行时间不能超过 500ms，关键代码如下：

```
01 @Test
02 @Timeout(value = 500, unit = TimeUnit.MILLISECONDS)
03 void test() {
04     String str = "";
05     for (int i = 0; i < 50000; i++) {
06         str += i;
07     }
08 }
```

当测试完成之后，在 JUnit 的追踪报告中显示测试未通过，因为 test() 方法的执行时长为 1.918s，远大于规定的 500ms，结果如图 15.20 所示。

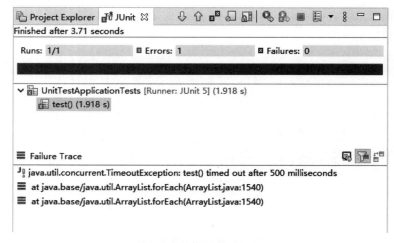

图 15.20 测试方法超时

15.3 断言

"断言"一词来自逻辑学，英文叫 assert，表示做出断定某件事一定成立的陈述。断言在计算机领域的含义与之类似，表示在测试过程中，测试人员对场景提出一些假设，利用断言来捕捉这些假设。例如，在测试用户登录时，测试人员断言前端发来的用户名一定是"张三"，如果前端发来的真是"张三"，则假设成立，单元测试就可以顺利通过；如果前端发来的是"李四"，假设就不成立，单元测试就未通过。

断言与异常处理的机制不同，如果断言发现某个假设不成立，不会在控制台打印异常日志，而是把单元测试的结果标记成失败状态，开发人员可以在追踪报告中清晰地看到哪些假设不成立，以及不成立的原因是什么。

JUnit 提供了很多断言相关的 API，其中最核心的是 org.junit.jupiter.api.Assertions 类，本节将围绕此类介绍如何在单元测试中设置断言。

15.3.1 Assertions 类的常用方法

JUnit 提供了很多断言工具类，为了方便开发者调用，将所有工具类的方法都集中在 Assertions 类中，开发者只需调用 Assertions 这一个类就可以完成绝大多数断言。

Assertions 类的常用方法如表 15.3 所示，这些方法都是静态方法。

表 15.3　Assertions 类的常用方法

方法	说明
assertDoesNotThrow(Executable executable)	断言可执行的代码不会触发任何异常
assertThrows(Class<T> expectedType, Executable executable)	断言可执行代码会触发 expectedType 类型异常
assertArrayEquals(Object[] expected, Object[] actual)	断言两个数组（包括数组中的元素）完全相同
assertEquals(Object expected, Object actual)	断言两个参数相同
assertNotEquals(Object unexpected, Object actual)	断言两个参数不同
assertNull(Object actual)	断言条件对象为 null
assertNotNull(Object actual)	断言条件对象不为 null
assertSame(Object expected, Object actual)	断言两个参数引用同一个对象
assertNotSame(Object unexpected, Object actual)	断言两个参数引用不同对象
assertTrue(boolean condition)	断言条件为 true
assertFalse(boolean condition)	断言条件为 false
assertTimeout(Duration timeout, Executable executable)	断言可执行的代码运行时间不会超过 timeout 规定的时间
fail(String failureMessage)	让断言失败，参数为提示的失败信息

关于 Assertions 类的更多方法，详见官方在线文档。

15.3.2 两种导入方式

在 Java 代码中，导入一个类通常都使用标准 import 语句，例如导入 Assertions 类的语句如下：

```
import org.junit.jupiter.api.Assertions;
```

导入完成后就可以直接在类中调用 Assertions 类的各种方法，例如：

```
01 @Test
02 void contextLoads() {
03     Assertions.assertTrue(1 < 2);
04 }
```

因为 Assertions 提供的方法都是静态方法，所以有些项目会使用 import static 语句直接使用导入方法。例如，导入 Assertions.assertTrue() 方法的语句如下：

```
import static org.junit.jupiter.api.Assertions.assertTrue;
```

使用这种方式导入具体方法后，就可以在类直接调用此方法，例如：

```
01 @Test
02 void contextLoads() {
03     assertTrue(1 < 2);
04 }
```

如果学习者看到个别实例直接这样设置断言，一定要看好本类是否使用了 import static 语句。通常断言方法都是以"assert"作为方法名前缀，很容易辨认。

15.3.3 Executable 接口

在 15.3.1 节中，很多方法使用了 Executable 类型的参数，例如 assertDoesNotThrow (Executable executable)。这一节介绍如何编写 Executable 类型参数。

Executable 位于 org.JUnit.jupiter.api.function 包，是接口类型，形容代码是可执行的，其接口定义如下：

```
01 @FunctionalInterface
02 public interface Executable {
03     void execute() throws Throwable;
04 }
```

从源码可以看出 Executable 接口是一个函数式接口，开发者可以直接使用 lambda 表达式来创建 Executable 对象，JUnit 也推荐使用 lambda 表达式。例如，断言除数为 0 时不会触发任何异常，就可以写成如下形式。

```
01 Assertions.assertDoesNotThrow(() -> {
02     int a = 0;
03     int b = 1 / a;
04 });
```

因为接口方法没有参数，所以要用 lambda 表达式的无参形式。在表达式的代码块中编写要执行的代码，这些代码就是交给断言捕捉的代码。上述代码中 a 作为分母必然会导致算术异常，所以断言此段代码"不会触发任何异常"的结果是 false。断言的结果为 false，单元测试的结果就是未通过。

15.3.4 在测试中的应用

了解了 Assertions 类的使用方法后,下面来举两个断言在测试中的应用。

实例 15.6 验证开发者编写的升序排序算法是否正确(源码位置:资源包\Code\15\06)

首先在 com.mr.common 包下创建 ArrayUtil 数组工具类,在该类中创建 sort() 方法,编写冒泡排序实现对 int 数组进行升序排序。ArrayUtil 类需要用 @Component 注解标注。ArrayUtil 类的代码如下:

```
01  package com.mr.common;
02  import org.springframework.stereotype.Component;
03  @Component
04  public class ArrayUtil {
05      public void sort(int arr[]) {
06          for (int i = 0, length = arr.length; i < length; i++) {
07              for (int j = 0; j < length - i - 1; j++) {
08                  if (arr[j] < arr[j + 1]) {
09                      int tmp = arr[j];
10                      arr[j] = arr[j + 1];
11                      arr[j + 1] = tmp;
12                  }
13              }
14          }
15      }
16  }
```

然后编写测试类,在测试方法中创建一个数组乱序的 int 数组,将数组备份出一份,分别利用 JDK 自带的 Arrays 类和开发者自己写的 ArrayUtil 类对两份数组进行排序,输出两个数组的排序结果,并断言两个排序的结果是一致的。测试类的代码如下:

```
01  package com.mr;
02  import java.util.Arrays;
03  import org.junit.jupiter.api.Assertions;
04  import org.junit.jupiter.api.Test;
05  import org.slf4j.Logger;
06  import org.slf4j.LoggerFactory;
07  import org.springframework.beans.factory.annotation.Autowired;
08  import org.springframework.boot.test.context.SpringBootTest;
09  import com.mr.common.ArrayUtil;
10  
11  @SpringBootTest
12  class UnitTest7ApplicationTests {
13      private static final Logger log =
14          LoggerFactory.getLogger(UnitTest7ApplicationTests.class);
15      @Autowired
16      ArrayUtil arrayUtil;
17      @Test
18      void sortTest() {
19          int a[] = { 15, 23, 68, 41, 85, 34, 57, 90 };
20          int b[] = Arrays.copyOf(a, a.length);// 复制原数组
21          arrayUtil.sort(a);// 利用开发者写的工具排序
22          Arrays.sort(b);// 使用 JDK 自带的工具类排序
23          log.info(" 来自开发者排序结果: {}", a);// 打印两个数组中的值
24          log.info(" 来自 JDK 的排序结果: {}", b);
```

```
25          Assertions.assertArrayEquals(a, b);// 断言两个数组排序结果一样
26      }
27 }
```

运行测试类，可以看到如图 15.21 所示测试未通过，未通过原因是断言失败，问题出在两个数组的第一个元素就不一样，一个是 90，另一个是 15。再结合图 15.22 所示的日志分析，原来开发者编写的排序算法误将升序排序写成了降序排序。

图 15.21　测试失败

图 15.22　控制台打印的日志

实例 15.7　验证用户登录方法是否完善（源码位置：资源包 \Code\15\07）

假设需求文档中要求用户登录方法在验证完账号密码是否正确之后，需要将用户密码数据封装成用户实体对象返回。验证过程中不应出现异常，返回的对象不应是 null。

根据需求编写源码，首先在 com.mr.dto 包下编写 User 用户实体类，实体类仅包含账号和密码两个属性，关键代码如下：

```
01 package com.mr.dto;
02 public class User {
03     private String username;
04     private String password;
05     // 省略构造方法和属性的 Getter/Setter 方法
06 }
```

然后编写用户校验服务，在 com.mr.service 包下创建用户服务接口，规定用 login() 方法来验证账号和密码，代码如下：

```
01 package com.mr.service;
02 import com.mr.dto.User;
03 public interface UserService {
04     User login(String username, String password);
05 }
```

在 com.mr.service.impl 包用创建用户服务实现类，如果传入的账号是"mr"，密码是"123456"，则返回该用户对象，否则返回 null。代码如下：

```
01 package com.mr.service.impl;
02 import org.springframework.stereotype.Service;
03 import com.mr.dto.User;
04 import com.mr.service.UserService;
05
06 @Service
07 public class UserServiceImpl implements UserService {
08     @Override
09     public User login(String username, String password) {
10         if ("mr".equals(username) && "123456".equals(password)) {
11             return new User(username, password);
12         } else {
13             return null;
14         }
15     }
16 }
```

最后编写测试类。在测试类中先注入用户服务，然后编写测试测试用例，其中包含正确数据和错误数据，以及类型不符的数据。最后编写参数化测试方法，使用刚才定义好的参数源，断言用户服务的 login() 方法不会发生异常，返回值也不会出现 null。测试类的代码如下：

```
01 package com.mr;
02 import java.util.stream.Stream;
03 import org.junit.jupiter.api.Assertions;
04 import org.junit.jupiter.params.ParameterizedTest;
05 import org.junit.jupiter.params.provider.Arguments;
06 import org.junit.jupiter.params.provider.MethodSource;
07 import org.springframework.beans.factory.annotation.Autowired;
08 import org.springframework.boot.test.context.SpringBootTest;
09 import com.mr.dto.User;
10 import com.mr.service.UserService;
11
12 @SpringBootTest
13 class UnitTest7ApplicationTests {
14     @Autowired
15     UserService service;// 用户服务
16     // 测试方法的参数源
17     static private Stream<Arguments> mockUserAndPassword() {
18         return Stream.of(
19             Arguments.of("mr", "123456"),
20             Arguments.of(" 张三 ", " 大帅哥 "),
21             Arguments.of(null, null),
22             Arguments.of(123456, 456798)
23         );
24     }
25     @ParameterizedTest
```

255

```
26     @MethodSource("mockUserAndPassword")
27     void login(String username, String password) {
28         Assertions.assertDoesNotThrow(() -> {// 断言登录方法不会出现任何异常
29             User user = service.login(username, password);
30             Assertions.assertNotNull(user);// 断言登录方法不会返回 null 结果
31         });
32     }
33 }
```

运行测试类，可以看到如图 15.23 所示测试未通过，测试方法执行了 4 次，1 次测试通过，1 次出现错误，2 次断言失败。

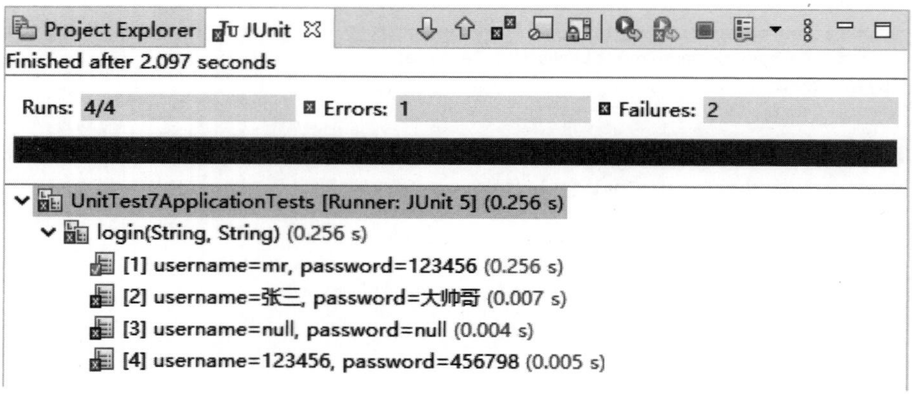

图 15.23　测试未通过

选中出现错误的第四次测试，可以看到追踪报告中显示的第一行日志如下：

```
org.junit.jupiter.api.extension.ParameterResolutionException: Error converting parameter at index 0: No implicit conversion to convert object of type java.lang.Integer to type java.lang.String
```

该异常日志表示在测试过程中出现了错误参数，错误原因是强制将整数类型的参数传递给字符串类型参数。造成此错误的原因是第四组数据用的 int 值，用户服务没有提供校验整数参数的方法。

选中出现断言失败的第二次或第三次测试，看到相同的追踪报告，其错误日志第一行如下：

```
org.opentest4j.AssertionFailedError: Unexpected exception thrown:
org.opentest4j.AssertionFailedError: expected: not <null>
```

该错误日志表示，断言此处不会出现 null，但是程序中出现了。造成此问题的原因是开发人员没有严格按照设计文档编写代码。

15.4　模拟 Servlet 内置对象

编写 Controller 控制器类的时候经常会把 request、session 等对象设置成方法参数，Spring Boot 可以自动注入这些对象。但这对测试人员来说会很麻烦，因为 Servlet 的内置对象都是由 Servlet 容器创建的（例如 Tomcat），测试人员无法直接创建这些对象。

为了解决这个问题，Spring 提供了一系列实现了 Servlet 接口的模拟对象，技术人员在测试类中使用 new 创建对象或用 @Autowired 注入对象即可直接调用。Spring 提供的模拟对象如表 15.4 所示。

表 15.4　Spring 提供的模拟 Servlet 内置对象

类名	说明	对应 Servlet 接口
MockHttpServletRequest	模拟请求对象	HttpServletRequest
MockHttpServletResponse	模拟应答对象	HttpServletResponse
MockHttpSession	模拟会话对象	HttpSession
MockServletContext	模拟上下文对象	ServletContext

实例 15.8　在单元测试中伪造用户登录的 session 记录（源码位置：资源包 \Code\15\08）

在 com.mr.controller 包下创建 UserController 控制器类，在该类中创建查看购物车方法，如果用户访问 "/shoppingcar" 地址，会先检查用户是否已经登录。登录的用户会将用户名记录在 session 的 user 属性中。如果用户未登录，则提醒先登录再查看。UserController 类的代码如下：

```
01 package com.mr.controller;
02 import javax.servlet.http.HttpSession;
03 import org.springframework.web.bind.annotation.RequestMapping;
04 import org.springframework.web.bind.annotation.RestController;
05
06 @RestController
07 public class UserController {
08     @RequestMapping("/shoppingcar")
09     public String viewShoppingcar(HttpSession session) {
10         String username = (String) session.getAttribute("user");  // 获取当前会话的用户名
11         if (username == null) {  // 如果用户不存在
12             return "请您先登录！";
13         }
14         return username + " 您好，正在转入您的购物车页面 ";
15     }
16 }
```

编写完控制器后，在测试类中注入模拟 session 对象和控制器类对象，然后在测试方法中调用控制器查看购物车方法，将模拟 session 对象当作参数传入。传入之前先伪造一份登录数据。测试类代码如下：

```
01 package com.mr;
02 import org.junit.jupiter.api.Test;
03 import org.slf4j.Logger;
04 import org.slf4j.LoggerFactory;
05 import org.springframework.beans.factory.annotation.Autowired;
06 import org.springframework.boot.test.context.SpringBootTest;
07 import org.springframework.mock.web.MockHttpSession;
08 import com.mr.controller.UserController;
09
10 @SpringBootTest
11 class UnitTest9ApplicationTests {
12     private static final Logger log =
13         LoggerFactory.getLogger(UnitTest9ApplicationTests.class);
14     @Autowired
```

```
15    MockHttpSession session; // 模拟会话对象
16    @Autowired
17    UserController controller;
18    @Test
19    void contextLoads() {
20        session.setAttribute("user", "张三"); // 向会话中设置已登录的用户名
21        String result = controller.viewShoppingcart(session);
22        log.info("controller 返回的结果：{}", result);
23    }
24 }
```

运行测试类，可以看到控制台打印如图 15.24 所示日志，日志中显示用户处于已登录的状态，并将伪造的用户名打印在日志中。

```
.mr.UnitTest9ApplicationTests        : Starting UnitTest9ApplicationTests using Jav
.mr.UnitTest9ApplicationTests        : No active profile set, falling back to defau
.mr.UnitTest9ApplicationTests        : Started UnitTest9ApplicationTests in 1.325 s
.mr.UnitTest9ApplicationTests        : controller返回的结果：张三您好，正在转入您的购物车页面
```

图 15.24 控制台打印的日志

如果正常启动项目，并访问"http://127.0.0.1:8080/shoppingcar"地址，通过这种方式是无法在 session 中伪造登录记录的，所以只能看到如图 15.25 所示页面。

图 15.25 浏览器始终显示未登录页面

15.5 模拟网络请求

虽然 Spring Boot 可以模拟 Servlet 内置对象，但对于一些特殊的功能则必须通过访问指定 URL 地址才能看到结果，这种场景无法通过伪造 Servlet 内置对象来实现。但是 Spring 也提供了模拟真实网络请求的方式，只不过使用起来比较复杂。

15.5.1 创建网络请求

想要模拟网络请求，需完成 3 步操作。

① 注入 WebApplicationContext 接口对象，该接口是网络程序上下文对象。示例代码如下：

```
01 @Autowired
02 WebApplicationContext webApplicationContext;
```

② 通过 MockMvcBuilders 工具类在上下文中伪造出一个入口点，这个入口点被封装成了 MockMvc 对象。MockMvc 是 Spring 提供的类，用于模拟 MVC 场景。示例代码如下：

```
MockMvc mvc = MockMvcBuilders.webAppContextSetup(webApplicationContext).build();
```

③ 通过 MockMvc 对象制造一个网络请求，开发者可以定义请求中的头信息、请求体、请求参数等特征，还能分析服务器返回的信息，并设置断言。例如，访问 "/index" 地址的示例代码如下：

```
mvc.perform(MockMvcRequestBuilders.get("/index"));
```

该示例演示了如何向服务器发送 GET 请求，除此之外 MockMvcRequestBuilders 类还提供了模拟其他类型请求的方法，如表 15.5 所示。

表 15.5　MockMvcRequestBuilders 类发送请求的方法

方法	说明
get(String urlTemplate, Object... uriVars)	向 urlTemplate 地址发送 GET 请求，uriVars 是 URI 参数，可以不写，下同
post(String urlTemplate, Object... uriVariables)	向 urlTemplate 地址发送 POST 请求
put(String urlTemplate, Object... uriVariables)	向 urlTemplate 地址发送 PUT 请求
patch(String urlTemplate, Object... uriVars)	向 urlTemplate 地址发送 PATCH 请求
delete(String urlTemplate, Object... uriVariables)	向 urlTemplate 地址发送 DELETE 请求

15.5.2　添加请求参数

发送请求的方法会返回一个 MockHttpServletRequestBuilder 对象，技术人员可以通过该对象为请求添加头信息、请求参数等操作。例如，为请求添加头信息，指定请求使用的内容类型为 UTF-8 字符编码的 JSON 格式，示例代码如下：

```
01 mvc.perform(MockMvcRequestBuilders.post("/index")
02         .accept(MediaType.parseMediaType("application/json;charset=UTF-8"))
03 );
```

为请求添加参数，可以参考下面这段代码，多个参数则多次调用 param() 方法，例如为请求添加 name 参数和 age 参数。

```
01 mvc.perform(MockMvcRequestBuilders.post("/index")
02         .param("name", "张三")
03         .param("age", "25")
04 );
```

如果要在请求体中添加数据，可以参考下面这段代码，例如发送 JSON 格式的数据。

```
01 mvc.perform(MockMvcRequestBuilders.post("/index")
02         .contentType(MediaType.APPLICATION_JSON)
03         .content("{\"name\":\"张三\",\"age\":\"25\"}")
04 );
```

所有添加操作都可以同时完成，写成如下形式，注意圆括号的位置。

```
01 mvc.perform(MockMvcRequestBuilders.get("/index")
02         .accept(MediaType.parseMediaType("application/json;charset=UTF-8"))
03         .param("name", "张三")
04         .param("age", "25")
05         .contentType(MediaType.APPLICATION_JSON)
```

```
06        .content("{\"name\":\" 张三 \",\"age\":\"25\"}")
07    );
```

> **注意**：MockHttpServletRequestBuilder 与 MockMvcRequestBuilders 名字结尾相差一个字母 s。

更多常见内容类型可参考表 15.6。

表 15.6　常见的 Content-type（内容类型）

格式	说明
text/html	HTML 格式
text/plain	纯文本格式
text/xml	XML 格式
image/gif	gif 图片格式
image/jpeg	jpg 图片格式
image/png	png 图片格式
application/xml	XML 数据格式
application/json	JSON 数据格式
application/pdf	pdf 格式
application/msword	Word 文档格式
application/octet-stream	二进制流数据

15.5.3　分析结果

执行完请求之后 perform() 方法会返回一个 ResultActions 结果操作对象，通过该对象可以对服务器返回的结果进行进一步的分析。ResultActions 是一个接口，提供了如表 15.7 所示的 3 个方法。

表 15.7　ResultActions 接口提供的方法

方法	说明
andDo(ResultHandler handler)	为结果添加处理器
andExpect(ResultMatcher matcher)	为结果设置断言，如果断言失败，会导致整个测试失败
andReturn()	将结果封装成 MvcResult 对象

例如，访问 "/index" 地址后，打印整个响应过程包含的全部信息，可以使用以下代码。

```
01 mvc.perform(MockMvcRequestBuilders.get("/index"))
02     .andDo(MockMvcResultHandlers.print())     // 添加结果处理器，打印响应全过程的信息
03 );
```

如果访问成功，打印的全过程信息包含如下信息，技术人员可以根据这些信息分析程序的运行过程。

```
MockHttpServletRequest:
      HTTP Method = GET
      Request URI = /index
       Parameters = {}
          Headers = []
             Body = <no character encoding set>
    Session Attrs = {}

Handler:
             Type = com.mr.controller.TestController
           Method = com.mr.controller.TestController#index()

Async:
    Async started = false
     Async result = null

Resolved Exception:
             Type = null

ModelAndView:
        View name = null
             View = null
            Model = null

FlashMap:
       Attributes = null

MockHttpServletResponse:
           Status = 200
    Error message = null
          Headers = [Content-Type:"text/plain;charset=UTF-8", Content-Length:"7"]
     Content type = text/plain;charset=UTF-8
             Body = success
    Forwarded URL = null
   Redirected URL = null
          Cookies = []
```

使用 andExpect() 方法可以为测试结果添加断言，例如：

```
01 mvc.perform(MockMvcRequestBuilders.get("/index"))
02     .andExpect(MockMvcResultMatchers.status().isOk()) // 断言请求可以正常完成，即状态码为 200
03     .andExpect(MockMvcResultMatchers.content().string("success"))// 断言服务器返回的值是 success
04     .andExpect(MockMvcResultMatchers.content().contentType(MediaType.APPLICATION_JSON));// 断言服务器返回的内容类型是 JSON
```

如果将结果封装成 MvcResult 对象，就可以获得返回结果的详细信息，获取方式如下：

```
MvcResult result = mvc.perform(MockMvcRequestBuilders.get("/index")).andReturn();
```

MvcResult 是一个接口，提供了如表 15.8 所示的方法。

表 15.8　MvcResult 接口提供的方法

方法	返回值	说明
getAsyncResult()	Object	获取异步执行的结果
getAsyncResult(long timeToWait)	Object	在等待 timeToWait 毫秒之后，获取异步执行的结果
getFlashMap()	FlashMap	获取 Spring MVC 的 FlashMap 对象
getHandler()	Object	返回执行的处理程序
getInterceptors()	HandlerInterceptor[]	返回拦截器
getModelAndView()	ModelAndView	获取 Spring MVC 的 ModelAndView 对象
getRequest()	MockHttpServletRequest	返回网络请求对象
getResolvedException()	Exception	返回处理程序引发并且解析成功的异常
getResponse()	MockHttpServletResponse	返回网络相应对象

15.6　综合案例

虽然 Postman 已经可以满足开发者的测试需要，但对于测试人员来讲，如果能够熟练使用 JUnit 和 Spring Test 工具，则可以编写出一套功能强大的自动化测试程序，做到全业务、全流程、快捷化、自动化、智能化，让测试任务更加合理，让开发团队拿到更详细的反馈，缩短产品上线的周期。

由于篇幅限制，还有很多 MockMvc 的功能没有介绍，感兴趣的同学可以参考官方提供的说明文档。

本节将模拟一个网络请求的例子：测试 RESTful 风格的物料查询服务和物料新增服务。

现在的生产企业会将生产材料的库存数据信息化，工作人员通过网络就可以对所有物料进行增、删、改、查。

首先在 com.mr.dto 包下为物料创建实体类 Material，类中只有编号、名称和库存数量三个属性，并添加构造方法和 Getter/Setter 方法。Material 的关键代码如下：

```
01 package com.mr.dto;
02 public class Material {
03     private String id;
04     private String name;
05     private Integer count;
06     // 此处省略无参和有参构造方法，省略所有属性的 Getter/Setter 方法
07 }
```

然后在 com.mr.controller 包下创建 MaterialController 控制器类，采用 RESTful 风格编写查询物料和添加物料的方法。查询物料时要在地址中写明查询的物料编号，添加物料时直接将新物料数据放在请求参数中即可。MaterialController 类的代码如下：

```
01 package com.mr.controller;
02 import java.util.HashMap;
03 import java.util.Map;
04 import org.springframework.web.bind.annotation.GetMapping;
05 import org.springframework.web.bind.annotation.PathVariable;
06 import org.springframework.web.bind.annotation.PostMapping;
07 import org.springframework.web.bind.annotation.RequestParam;
08 import org.springframework.web.bind.annotation.RestController;
09 import com.mr.dto.Material;
10
11 @RestController
12 public class MaterialController {
13     private Map<String, Material> materials = initMap();// 存放物料数据的 map
14     private Map<String, Material> initMap() {// 物料数据初始化
15         Map<String, Material> map = new HashMap<>();
16         map.put("150", new Material("150", "羊毛", 100));
17         return map;
18     }
19     @GetMapping("/material/{id}") // 查询物料
20     public String show(@PathVariable String id) {
21         Material m = materials.get(id);
22         if (m == null) {
23             return " 无此物料 > id=" + id;
24         } else {
25             return " 编号：" + id + "，物料名：" + m.getName() + "，数量：" + m.getCount();
26         }
27     }
28     @PostMapping("/material") // 添加物料
29     public String add(@RequestParam(defaultValue = "") String id,
30             @RequestParam(defaultValue = "") String name,
31             @RequestParam(defaultValue = "0") Integer count) {
32         if (id.isBlank()) {
33             return " 添加新物料失败，编号不能为空 ";
34         }
35         if (name.isBlank()) {
36             return " 添加新物料失败，未提供物料名称 ";
37         }
38         materials.put(id, new Material(id, name, count));// 添加此物料，name 为请求中的参数
39         return " 添加新物料成功 > id=" + id;
40     }
41 }
```

最后编写测试类。第一步是要注入 WebApplicationContext 对象，第二步创建 MockMvc 对象，第三步较为复杂，要模拟四个测试场景。

① 查询编号为 150 的物料。（数据中已存在）

② 查询编号为 130 的物料。（数据中不存在）

③ 添加新物料，编号为 130、名称为涤纶、数量为 30。

④ 再次查询编号为 130 的物料。

除了③场景需要发送 POST 请求之外，其他场景均发送 GET 请求。每个场景都调用结果对象的 getResponse().getContentAsString() 方法查看服务器返回的字符串。

测试类的代码如下：

```
01 package com.mr;
02 import org.junit.jupiter.api.Test;
03 import org.slf4j.Logger;
04 import org.slf4j.LoggerFactory;
```

```java
05  import org.springframework.beans.factory.annotation.Autowired;
06  import org.springframework.boot.test.context.SpringBootTest;
07  import org.springframework.http.MediaType;
08  import org.springframework.test.web.servlet.MockMvc;
09  import org.springframework.test.web.servlet.request.MockMvcRequestBuilders;
10  import org.springframework.test.web.servlet.setup.MockMvcBuilders;
11  import org.springframework.web.context.WebApplicationContext;
12
13  @SpringBootTest
14  class UnitTest10ApplicationTests {
15      private static final Logger log =
16          LoggerFactory.getLogger(UnitTest10ApplicationTests.class);
17      @Autowired
18      private WebApplicationContext webApplicationContext;// 注入网络程序上下文
19      @Test
20      void contextLoads() throws Exception {
21          // 创建 mvc
22          MockMvc mvc = MockMvcBuilders.webAppContextSetup(webApplicationContext).build();
23          // 执行 get 请求，查询编号为 150 的物料
24          String select150 = mvc.perform(MockMvcRequestBuilders.get("/material/150"))
25                  .andReturn()// 封装成 MvcResult 对象
26                  .getResponse()// 获取结果中的响应对象
27                  .getContentAsString();// 获取响应中的字符串内容
28          log.info(select150);
29          // 查询编号为 130 的物料
30          String select130 = mvc.perform(MockMvcRequestBuilders.get("/material/130"))
31                  .andReturn().getResponse().getContentAsString();
32          log.info(select130);
33          // 添加物料
34          String add130 = mvc.perform(MockMvcRequestBuilders.post("/material")
35                  .accept(MediaType.parseMediaType("application/json;charset=UTF-8"))
36                  .param("id", "130")// 添加参数，物料编号
37                  .param("name", " 涤纶 ")// 添加参数，物料名称
38                  .param("count", "30"))// 添加参数，物料数量
39                  .andReturn().getResponse().getContentAsString();
40          log.info(add130);
41          // 查询编号为 130 的物料
42          select130 = mvc.perform(MockMvcRequestBuilders.get("/material/130"))
43                  .andReturn().getResponse().getContentAsString();// 获取响应中字符串内容
44          log.info(select130);
45      }
46  }
```

运行测试类，可以在控制台看到如图 15.26 所示的日志。最后四行就是模拟的四个场景。

① 查询编号为 150 的物料，可以查询到有效数据。

② 查询编号为 130 的物料，提示无此物料。

③ 添加编号为 130 的物料，提示添加成功。

④ 再次编号为 130 的物料，可以查询到③中添加的数据。

```
ain] o.s.t.web.servlet.TestDispatcherServlet    : Initializing Servlet ''
ain] o.s.t.web.servlet.TestDispatcherServlet    : Completed initialization in 1 ms
ain] com.mr.UnitTest10ApplicationTests          : 编号: 150, 物料名: 羊毛, 数量: 100
ain] com.mr.UnitTest10ApplicationTests          : 无此物料 > id=130
ain] com.mr.UnitTest10ApplicationTests          : 添加新物料成功 > id=130
ain] com.mr.UnitTest10ApplicationTests          : 编号: 130, 物料名: 涤纶, 数量: 30
```

图 15.26　控制台打印的日志

15.7 实战练习

① @BeforeAll 和 @AfterAll 这两个注解也用于标注方法，但与 @BeforeEach 和 @AfterEach 注解有 3 点不同之处。

☑ @BeforeAll 会在所有测试方法前执行，且仅执行一次，而 @BeforeEach 会在每个测试方法前都执行。@AfterAll 与 @AfterEach 同理。

☑ @BeforeAll 和 @AfterAll 标注的方法必须用 static 修饰，否则测试类无法正常工作。

☑ @BeforeAll 和 @AfterAll 标注的方法不能使用 TestInfo 参数。

在测试类中创建 init() 静态方法，并用 @BeforeAll 标注；创建 release() 静态方法，并用 @AfterAll 标注。在这两个方法中使用 System.out 打印日启动和结束提示信息。创建 @Test、@BeforeEach 和 @AfterEach 所标注的方法，模拟"在测试开始前执行初始化方法，测试结束后执行资源释放方法"的测试场景。

② 在 com.mr.controller 包下创建 UserController 控制器类，编写两个简单的方法：一个方法返回内容为 {"name":" 张三 ", "age":"25"} 的 JSON 格式字符串；另一个方法分析前端发送的参数，如果参数为 100 则返回字符串 success，否则返回字符串 error。

第 16 章
异常处理

扫码获取本书
资源

在学习 Java 语言的时候，异常处理是重要的基础内容之一。开发一个完整的项目，必须设计出尽可能多的异常处理方案。传统的 Java 程序都是用 try-catch 语句捕捉异常，而 Spring Boot 项目采用了全局异常的概念——所有方法均将异常抛出，然后专门安排一个类统一拦截并处理这些异常。

16.1 拦截特定异常

创建全局异常处理类需要用到两个新的注解：@ControllerAdvice 和 @ExceptionHandler。@ControllerAdvice 类似于一个增强版的 @Controller，用于标注类，表示该类声明了整个项目的全局资源，可以用来处理全局异常、声明全局数据等。@ExceptionHandler 是异常操作注解，用于标注方法，表示该方法的功能类似于 catch 语句，如果项目拦截到指定异常，就会直接进入到该方法中，方法的返回值类似于 Controller 方法的返回值。创建全局异常处理类的语法如下：

```
@ControllerAdvice
class 类 {
    @ExceptionHandler( 被拦截的异常类 )
    处理方法 () {   }
}
```

@ExceptionHandler 注解有一个 Class 数组类型的 value 属性，用于指定捕获具体的异常类，捕获一个异常的语法如下：

```
@ExceptionHandler( 异常类 .class)
```

同时捕获多个异常的语法如下，注意大括号的位置。

```
@ExceptionHandler({ 异常类 1.class, 异常类 2.class, 异常类 3.class, ......})
```

因为 @ControllerAdvice 本质上就是一个增强版的 @Controller，所以处理异常的方法可以直接将结果返回到前端页面中，只需为方法标注 @ResponseBody 注解，例如：

```
01 @ControllerAdvice  // 标注该类为全局异常处理类
02 public class GlobalExceptionHandler {
03     @ExceptionHandler(ArrayIndexOutOfBoundsException.class) // 拦截数组下标越界异常
04     @ResponseBody  // 把返回值内容直接展示在页面中
05     public String catchException() {
06         return "出现数组下标越界异常了！";// 在页面里显示的字符串
07     }
08 }
```

当用户向服务器发送请求导致出现数组下标越界异常，用户就会在浏览器中看到"出现数组下标越界异常了！"字样。下面通过一个实例来演示如何处理全局异常。

16.2 获取具体的异常日志

Java 异常处理通过 catch 语句捕捉具体的异常对象，并同时打印异常日志。例如，在找不到文件时打印异常日志，catch 语句如下：

```
01 catch (FileNotFoundException e) {
02     System.out.println("你读取的文件找不到！");
03     e.printStackTrace();
04 }
```

但是 Spring Boot 会把所有异常抛出，由全局异常类统一处理，这样该如何获得具体的异常对象呢？其实 Spring Boot 可以将异常对象注入到方法参数中，语法如下：

```
@ControllerAdvice
class 类 {
    @ExceptionHandler( 被拦截的异常类 )
    处理方法 ( 被拦截的异常类 e) { }
}
```

处理方法的参数 e 等同于 catch 语句中的参数 e，在处理方法中可以直接调用 e 对象的打印异常日志方法。

Spring Boot 推荐开发者使用 slf4j 打印异常日志，打印方法如下：

```
log.error(String msg, Throwable t);
```

参数 msg 为日志中打印的错误提示字符串，参数 t 是异常对象，直接将方法 e 参数传入，日志组件会自动调用 e.printStackTrace() 打印异常的堆栈信息。如果日志组件启用了日志文件，堆栈信息也会记录在日志文件中。

实例 16.1 打印异常的堆栈日志（源码位置：资源包\Code\16\01）

创建 ExceptionController 控制器类，在映射"/index"地址的方法中设置 name 和 age 参数，这两个参数都被 @RequestParam 标注，表示这两个是必须传值的参数，若前端未给参数传值，则会引发 MissingServletRequestParameterException 缺少参数异常。ExceptionController 类的代码如下：

```
01 package com.mr.controller;
02 import org.springframework.web.bind.annotation.RequestMapping;
03 import org.springframework.web.bind.annotation.RequestParam;
04 import org.springframework.web.bind.annotation.RestController;
05
06 @RestController
07 public class ExceptionController {
08     @RequestMapping("/index")
09     public String index(@RequestParam String name, @RequestParam Integer age) {
10         return "您登记的信息——姓名：" + name + "，年龄：" + age;
11     }
12 }
```

在 com.mr.exception 包下编写 GlobalExceptionHandler 全局异常处理类，该类的 MSRPExceptionHandler() 方法用来拦截缺少参数异常，并且在方法参数中注入异常对象。拦截到缺少参数异常之后，不仅要在前端提示错误信息，还要通过日志组件将异常堆栈信息打印在控制台中。GlobalExceptionHandler 类的代码如下：

```
01 package com.mr.exception;
02 import org.slf4j.Logger;
03 import org.slf4j.LoggerFactory;
04 import org.springframework.web.bind.MissingServletRequestParameterException;
05 import org.springframework.web.bind.annotation.ControllerAdvice;
06 import org.springframework.web.bind.annotation.ExceptionHandler;
07 import org.springframework.web.bind.annotation.ResponseBody;
08
09 @ControllerAdvice
10 public class GlobalExceptionHandler {
11     private static final Logger log =
12         LoggerFactory.getLogger(GlobalExceptionHandler.class);
13     @ExceptionHandler(MissingServletRequestParameterException.class)
14     @ResponseBody
15     public String MSRPExceptionHandler(MissingServletRequestParameterException e) {
16         log.error(" 缺少参数 ", e);    // 记录异常信息，并在控制台打印异常日志
17         return "{\"code\":\"400\",\"msg\":\" 缺少参数 \"}";
18     }
19 }
```

启动项目，打开浏览器，访问"http://127.0.0.1:8080/index?name= 张三 &age=25"地址，可以看到如图 16.1 所示的功能正常页面。

图 16.1　正常页面

但如果访问"http://127.0.0.1:8080/index?name= 张三"地址，缺失了 age 参数则会引发缺少参数异常，就会看到如图 16.2 所示的异常处理返回页面。

此时在 Eclipse 控制台可以看到详细的异常堆栈日志，如图 16.3 所示。

第 16 章 异常处理

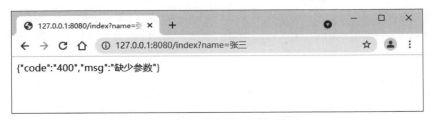

图 16.2 缺少参数显示异常处理返回的页面

图 16.3 控制台打印异常的堆栈信息

16.3 指定被拦截的 Java 文件

被 @ControllerAdvice 标注的类会默认处理所有被抛出的异常，不过可以通过设置 @ControllerAdvice 属性值的方式缩小拦截异常的范围。本节介绍两种缩小作用范围的方式。

16.3.1 只拦截某个包中发生的异常

@ControllerAdvice 注解的默认属性 value 与其 basePackages 属性功能一致，用于指定项目中哪些包是该全局类的作用范围。赋值示例如下：

```
01  @ControllerAdvice("com.mr.controller")    // 只在一个包中有效
02  @ControllerAdvice(value = "com.mr.controller")
03  @ControllerAdvice(basePackages = "com.mr.controller")
04  @ControllerAdvice({"com.mr.controller","com.mr.service","com.mr.common"})// 同时指定多个包
```

实例 16.2　只拦截注册服务引发异常（源码位置：资源包 \Code\16\02）

在项目中创建两个 controller 包：com.mr.controller1 包存放首页跳转控制器类，com.mr.controller2 包存放注册服务控制器类。

IndexController 是负责首页跳转的控制器类，该类映射"/index"地址的方法中有一个 name 参数，该参数被 @RequestParam 标注，若不传值则会引发缺少参数异常。IndexController 类的代码如下：

```
01  package com.mr.controller1;
02  import org.springframework.web.bind.annotation.RequestMapping;
03  import org.springframework.web.bind.annotation.RequestParam;
04  import org.springframework.web.bind.annotation.RestController;
05
06  @RestController
07  public class IndexController {
08      @RequestMapping("/index")
09      public String division(@RequestParam String name) {
10          return name + " 您好，欢迎来到 XXXX 网站 ";
11      }
12  }
```

UserController 是负责用户注册的控制器类，该类映射"/index"地址的方法中同样有一个 name 参数，也被 @RequestParam 标注。UserController 类的代码如下：

```
01  package com.mr.controller2;
02  import org.springframework.web.bind.annotation.RequestMapping;
03  import org.springframework.web.bind.annotation.RequestParam;
04  import org.springframework.web.bind.annotation.RestController;
05
06  @RestController
07  public class UserController {
08      @RequestMapping("/register")
09      public String register(@RequestParam String name) {
10          return " 注册成功，您的用户名为 " + name;
11      }
12  }
```

在 com.mr.exception 包下编写 GlobalExceptionHandler 全局异常处理类，在标注该类的 @ControllerAdvice 中设置只拦截 .mr.controller2 包中发生的异常。GlobalExceptionHandler 代码如下：

```
01  package com.mr.exception;
02  import org.springframework.web.bind.annotation.ControllerAdvice;
03  import org.springframework.web.bind.annotation.ExceptionHandler;
04  import org.springframework.web.bind.annotation.ResponseBody;
05
06  @ControllerAdvice("com.mr.controller2")  // 只拦截 .mr.controller2 包中发生的异常
07  public class GlobalExceptionHandler {
08      @ExceptionHandler(Exception.class)
09      @ResponseBody
10      public String exceptionHandler() {
11          return "{\"code\":\"500\",\"msg\":\" 服务器发生错误，请联系管理 \"}";
12      }
13  }
```

启动服务，在浏览器中访问"http://127.0.0.1:8080/register?name= 张三"地址，可以看到注册成功提示，效果如图 16.4 所示。

如果访问"http://127.0.0.1:8080/register"地址，会引发缺少参数异常。因为 UserController 类位于 com.mr.controller2 包下，所以该异常会被全局异常处理拦截，并显示如图 16.5 所示的异常处理返回的页面。

第 16 章 异常处理

图 16.4 注册成功提示

图 16.5 注册服务引发的异常被拦截

如果访问"http://127.0.0.1:8080/index?name= 张三"地址，可以正常看到首页的欢迎语，效果如图 16.6 所示。

图 16.6 首页欢迎语

如果访问"http://127.0.0.1:8080/index"地址，会引发缺少参数异常，但由于 IndexController 类不在 com.mr.controller2 包下，因此该异常不会被全局异常处理拦截，就显示了如图 16.7 所示的 Spring Boot 默认的错误页面。

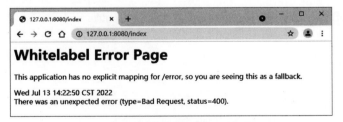

图 16.7 首页引发的异常显示默认错误页面

16.3.2 只拦截某个注解标注类发生的异常

如果所有控制器类都放在一个包下，却仍然要求某些请求异常不会被拦截，可以使用 @ControllerAdvice 注解的 annotations 属性，该属性用于指定一些注解，被这些注解标注的类所抛出的异常才会被捕捉。annotations 属性示例如下：

```
01 @ControllerAdvice(annotations=Controller.class)// 拦截所有 @Controller 标注类中的异常
02 @ControllerAdvice(annotations=RestController.class)// 拦截所有 @RestController 标注类中的异常
03 @ControllerAdvice(annotations={Controller.class,RestController.class})// 同时拦截两个注解
```

实例 16.3 只拦截注册服务引发异常（源码位置：资源包 \Code\16\03）

将首页跳转控制器类和登录服务控制器类都放在 com.mr.controller 包下。
IndexController 为首页跳转控制器类，使用 @Controller 标注，代码如下：

```java
01 package com.mr.controller;
02 import org.springframework.stereotype.Controller;
03 import org.springframework.web.bind.annotation.RequestMapping;
04 import org.springframework.web.bind.annotation.RequestParam;
05 import org.springframework.web.bind.annotation.ResponseBody;
06
07 @Controller
08 public class IndexController {
09     @RequestMapping("/index")
10     @ResponseBody
11     public String index(@RequestParam String name) {
12         return name + " 您好，欢迎来到 XXXX 网站 ";
13     }
14 }
```

UserController 为登录服务控制器类，使用 @RestController 标注，代码如下：

```java
01 package com.mr.controller;
02 import org.springframework.web.bind.annotation.RequestMapping;
03 import org.springframework.web.bind.annotation.RequestParam;
04 import org.springframework.web.bind.annotation.RestController;
05
06 @RestController
07 public class UserController {
08     @RequestMapping("/login")
09     public String login(@RequestParam String name) {
10         return " 您输入的姓名为: " + name;
11     }
12 }
```

在 com.mr.exception 包下编写 GlobalExceptionHandler 全局异常处理类，在标注该类的 @ControllerAdvice 中设置只拦截被 @RestController 标注的类所引发的异常。GlobalExceptionHandler 代码如下：

```java
01 package com.mr.exception;
02 import org.springframework.web.bind.MissingServletRequestParameterException;
03 import org.springframework.web.bind.annotation.ControllerAdvice;
04 import org.springframework.web.bind.annotation.ExceptionHandler;
05 import org.springframework.web.bind.annotation.ResponseBody;
06 import org.springframework.web.bind.annotation.RestController;
07
08 @ControllerAdvice(annotations = RestController.class)  // 只拦截 @RestController 标注的类
09 public class GlobalExceptionHandler {
10     @ExceptionHandler(MissingServletRequestParameterException.class)
11     @ResponseBody
12     public String negativeAgeExceptionHandler() {
13         return "{\"code\":\"400\",\"msg\":\" 缺失请求参数 \"}";
14     }
15 }
```

启动服务，在浏览器中访问 "http://127.0.0.1:8080/ login?name= 张三" 地址，可以看到登录成功页面如图 16.8 所示。

第 16 章 异常处理

图 16.8 登录成功页面

如果访问"http://127.0.0.1:8080/login"地址，会引发缺少参数异常。因为 UserController 类使用 @RestController 标注，所以该异常会被全局异常处理拦截，并显示如图 16.9 所示的异常处理返回的页面。

图 16.9 登录服务引发的异常被拦截

如果访问"http://127.0.0.1:8080/index?name= 张三"地址，可以正常看到首页的欢迎语，效果如图 16.10 所示。

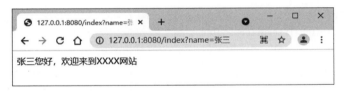

图 16.10 首页欢迎语

如果访问"http://127.0.0.1:8080/index"地址，会引发缺少参数异常，但由于 IndexController 类使用 @Controller 标注，因此该异常不会被全局异常处理拦截，就显示了如图 16.11 所示的 Spring Boot 默认的错误页面。

图 16.11 首页引发的异常显示默认错误页面

16.4 拦截自定义异常

功能多、业务多的项目都会编写自定义异常，以便及时处理一些不符合业务逻辑的数据。全局异常处理类同样支持拦截自定义异常。

273

实例 16.4　拦截年龄是负数的异常（源码位置：资源包 \Code\16\04）

人的年龄是从 0 开始计数的，不会出现负数，但"负数年龄"确实是符合 Java 语法的。所以"负数年龄"是一种逻辑上的异常数据。开发者可以自定义一个负数年龄异常，一旦发现用户把年龄字段写成了负数，就触发此异常。

在 com.mr.exception 包下创建 NegativeAgeException 类，该类是自定义的负数年龄异常，继承 RuntimeException 运行时异常类，并重写父类构造方法。NegativeAgeException 类的代码如下：

```
01  package com.mr.exception;
02  public class NegativeAgeException extends RuntimeException {
03      public NegativeAgeException(String message) {
04          super(message);
05      }
06  }
```

创建 GlobalExceptionHandler 全局异常处理类，拦截全局的负数年龄异常，代码如下：

```
01  package com.mr.exception;
02  import org.springframework.web.bind.annotation.ControllerAdvice;
03  import org.springframework.web.bind.annotation.ExceptionHandler;
04  import org.springframework.web.bind.annotation.ResponseBody;
05
06  @ControllerAdvice
07  public class GlobalExceptionHandler {
08      @ExceptionHandler(NegativeAgeException.class)
09      @ResponseBody
10      public String negativeAgeExceptionHandler(NegativeAgeException e) {
11          return "{\"code\":\"400\",\"msg\":\"年龄不能为负:" + e.getMessage() + "\"}";
12      }
13  }
```

创建 ExceptionController 控制器类，映射"/index"地址的方法有一个 age 参数，如果前端传入的 age 参数值小于 0，就抛出 NegativeAgeException 负数年龄异常。ExceptionController 类的代码如下：

```
01  package com.mr.controller;
02  import org.springframework.web.bind.annotation.RequestMapping;
03  import org.springframework.web.bind.annotation.RestController;
04  import com.mr.exception.NegativeAgeException;
05
06  @RestController
07  public class ExceptionController {
08      @RequestMapping("/index")
09      public String index(int age) {
10          if (age < 0) {
11              throw new NegativeAgeException("age=" + age);
12          }
13          return "您输入的年龄为:" + age;
14      }
15  }
```

启动项目，在浏览器中访问"http://127.0.0.1:8080/index?age=25"地址，可以看到如图 16.12 所示页面，页面可以正常显示传入的年龄。

图 16.12　正常显示年龄

如果访问"http://127.0.0.1:8080/index?age=-6"地址，传入的年龄数字是负数，就会引发负数年龄异常，全局异常处理会拦截此异常并返回如图 16.13 所示的页面。

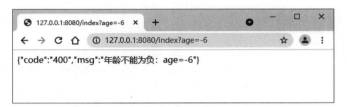

图 16.13　负数年龄异常处理之后返回的页面

16.5 综合案例

如果开发者没有编写全局异常处理类的话，项目出现异常就会跳转至默认的错误页面。常见错误包括 400 错误（错误的请求）、404 错误（资源不存在）和 500 错误（代码无法继续执行）。大部分异常都会让服务器返回 500 错误，但如果开发者设定了异常类的 HTTP 响应状态，在遇到此异常时就会让服务器返回设定好的状态。

实现此功能使用 @ResponseStatus 注解，该注解的默认属性 value 与 code 属性功能相同，用于设定响应状态，默认值为 500 错误状态。赋值方式如下：

```
01 @ResponseStatus(HttpStatus.OK) // 200，正常响应
02 @ResponseStatus(HttpStatus.BAD_REQUEST) // 400，错误的请求
03 @ResponseStatus(HttpStatus.NOT_FOUND) // 404，无法找到资源
04 @ResponseStatus(HttpStatus.INTERNAL_SERVER_ERROR) // 500，服务器代码无法继续执行
```

@ResponseStatus 注解可标注类，标注在异常类上就可以设定遇到此异常时会让服务器返回哪种状态，语法如下：

```
@ResponseStatus(HttpStatus.指定状态)
class 异常类 { }
```

在 com.mr.exception 包下创建 NegativeAgeException 负数年龄异常类，继承 RuntimeException 运行时异常类并重写父类构造方法。用 @ResponseStatus 注解标注该类，并设定其返回状态为 HttpStatus.BAD_REQUEST（即 400 错误）。NegativeAgeException 类的代码如下：

```
01 package com.mr.exception;
02 import org.springframework.http.HttpStatus;
03 import org.springframework.web.bind.annotation.ResponseStatus;
04
05 @ResponseStatus(HttpStatus.BAD_REQUEST)    // HTTP 400 状态，错误的请求
```

```
06 public class NegativeAgeException extends RuntimeException {
07     private static final long serialVersionUID = 1L;
08     public NegativeAgeException(String message) {
09         super(message);
10     }
11 }
```

创建 ExceptionController 控制器类，映射"/index"地址的方法有一个 age 参数，如果前端传入的 age 参数值小于 0，则创建 NegativeAgeException 异常对象，使用日志组件打印此异常的堆栈日志，然后抛出此异常。ExceptionController 类的代码如下：

```
01 package com.mr.controller;
02 import org.slf4j.Logger;
03 import org.slf4j.LoggerFactory;
04 import org.springframework.web.bind.annotation.RequestMapping;
05 import org.springframework.web.bind.annotation.RestController;
06 import com.mr.exception.NegativeAgeException;
07
08 @RestController
09 public class ExceptionController {
10     private static final Logger log = LoggerFactory.getLogger(ExceptionController.class);
11     @RequestMapping("/index")
12     public String index(int age) {
13         if (age < 0) {
14             NegativeAgeException e = new NegativeAgeException("age=" + age);// 创建异常对象
15             log.error("年龄不能是负数", e); // 打印异常日志
16             throw e;// 抛出此异常
17         }
18         return "您输入的年龄为：" + age;
19     }
20 }
```

启动项目，在浏览器中访问"http://127.0.0.1:8080/index?age=-6"地址，因为传入的年龄是负数，所以会引发负数年龄异常。因为没有编写全局异常处理类，所以会显示如图 16.14 所示的 Spring Boot 默认错误页面，该页面中显示的状态是 400 状态，类型为 Bad Request，与 NegativeAgeException 类设定的状态一致。

图 16.14　负数异常导致进入默认错误页面

修改 NegativeAgeException 的状态，400 错误状态改成 200 正常响应状态，修改的代码如下：

```
01 @ResponseStatus(value = HttpStatus.OK)     // HTTP 200 状态，正常响应，一切 OK
02 public class NegativeAgeException extends RuntimeException {
03     // 省略其他代码
04 }
```

重启项目，再次访问"http://127.0.0.1:8080/index?age=-6"地址，虽然仍然会弹出错误页面，如图 16.15 所示，但错误页面中的状态却是正常响应的 200 状态，类型是 OK。同时控制台依然会打印异常堆栈日志，如果图 16.16 所示。

图 16.15　状态为"正常响应"的错误页面

图 16.16　Eclipse 控制台打印的负数年龄异常堆栈日志

16.6　实战练习

① 如果 Controller 控制器类的方法定义了参数，参数未使用 @RequestParam 标注，前端请求若没有给参数赋值，参数就会采用默认值。String 字符串的默认值是 null，调用 null 对象的任何方法都会引发空指针异常。

编写 ExceptionController 控制器类，判断前端发送的 name 参数是不是"张三"，是则显示欢迎语，不是则提示登录。

② 拦截全局最底层异常只需在全局异常处理类中单独写一个"兜底"处理方法，并使用 @ExceptionHandler(Exception.class) 标注。编写一个数学运算服务器，用户传入两个数字，即得出两个数字的计算结果。但除法运算中存在一种特殊情况：除数不能为 0，否则无法执行运算。

创建 ExceptionController 控制器类，用户访问"/division"地址时需传入 a、b 两个参数，a 为被除数，b 为除数，然后返回相除结果。

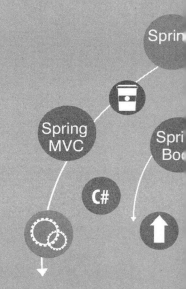

第 2 篇 案例篇

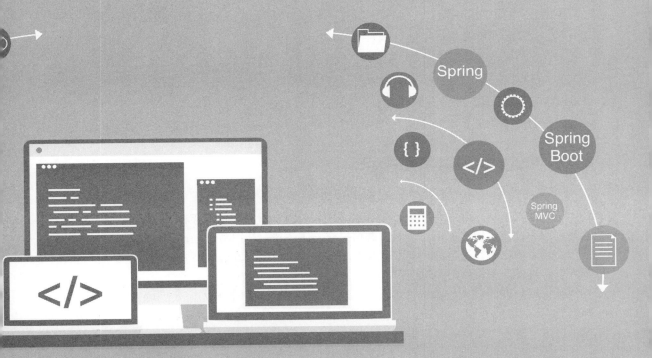

第 17 章　表单处理（Spring MVC 实现）
第 18 章　页面显示自定义异常信息（Spring MVC 实现）
第 19 章　用户调查问卷（Spring MVC 实现）
第 20 章　上传文件（Spring MVC+ 文件上传技术实现）
第 21 章　导出数据至 Excel（Spring MVC+ Excel 读写技术实现）
第 22 章　批量上传考试成绩（Spring Boot+ POI 技术实现）
第 23 章　页面动态展示服务器回执（Spring Boot+WebSocket API 实现）
第 24 章　模拟手机扫码登录（Spring Boot+ qrcode.js+ 二维码扫码技术实现）
第 25 章　网页聊天室（Spring Boot+jQuery 技术实现）
第 26 章　高并发抢票服务（Spring Boot+ Redis 实现）

第 17 章
表单处理（Spring MVC 实现）

扫码获取本书资源

表单在网页中的主要功能是采集数据。一个表单通常由 3 个部分组成，它们分别是表单标签、表单域和表单按钮。其中，表单标签包含了处理表单数据所用 CGI 程序的 URL 和把数据提交到服务器的方法；表单域包含了文本框、密码框、复选框、单选框、下拉列表框和文件上传框等组件；表单按钮主要有提交按钮、复位按钮和一般按钮。本章将实现一个简单的表单并对表单中的数据进行处理。

17.1 案例效果预览

不论是在 Web 应用程序中，还是在网页中，都能够看见表单的存在。所谓表单处理，指的是程序通过表单能够把用户输入的数据提交给服务器，让服务器处理这些数据。表单处理是一项复杂的任务，这是因为其中蕴含着表单的前、后端交互过程。本章将以一个简单的表单为例，讲解这个表单的实现过程及其前、后端的交互过程。

本章要实现的表单如图 17.1 所示。在这个表单中，用户需要先输入"员工编号""员工姓名""员工年龄"和"员工所在部门"等数据，再单击"提交"按钮。这时，程序将把表单中由用户输入的数据通过浏览器显示在如图 17.2 所示的页面中。

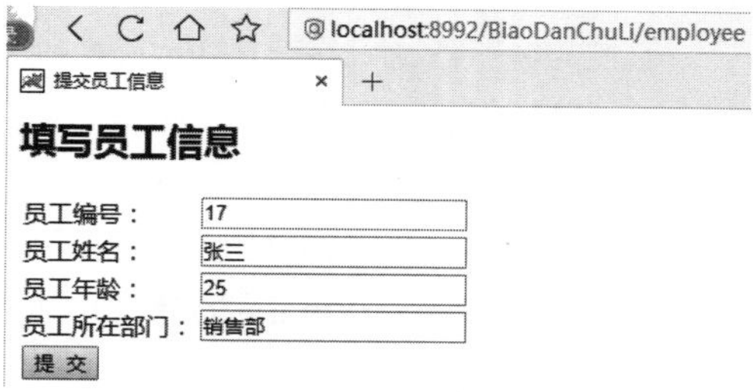

图 17.1　提交员工信息页面

图 17.2　显示员工信息页面

17.2 业务流程图

表单处理的业务流程如图 17.3 所示。

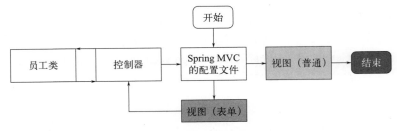

图 17.3 表单处理的业务流程图

17.3 实现步骤

本程序的实现过程分为以下 5 个步骤：创建动态 Web 项目、编写员工类、编写控制器类、编写 JSP 文件和编写 XML 文件。下面将依次对这 5 个步骤进行讲解。

17.3.1 创建动态 Web 项目

在编写实现表单处理的代码之前，需要做好如下的准备工作。

① 打开 Eclipse，选择 File → New → Dynamic Web Project 菜单，创建一个名为 "BiaoDanChuLi" 的动态 Web 项目。在创建动态 Web 项目的过程中，需要注意两个问题：一个是把 "Dynamic web module version" 的版本设置为 3.1；另一个是勾选 "Generate web.xml deployment descriptor"，告诉 Eclipse 在 BiaoDanChuLi 项目中的 WEB-INF 文件夹下创建 web.xml 文件。

② 在编写用于实现 BiaoDanChuLi 项目的代码的过程中，需要依赖第三方库文件（简称 jar 包）。为此，应先把如图 17.4 所示的 8 个 jar 包复制、粘贴到 BiaoDanChuLi 项目中的 WEB-INF 文件夹中的 lib 文件夹下；再把这 8 个 jar 包全部选中后，在其中一个 jar 包上单击右键，选择 "Build Path"，选择并单击 "Add to Build Path"。

如图 17.5 所示，待这 8 个 jar 包全部导入到项目中后，就会在 BiaoDanChuLi 项目中新生成一个名为 "Referenced Libraries" 的类库。在这个类库中，存储的就是已经导入到项目中的 8 个 jar 包。

图 17.4 BiaoDanChuLi 项目依赖的 jar 包

图 17.5 向 BiaoDanChuLi 项目导入依赖的 jar 包

17.3.2 编写员工类

在 BiaoDanChuLi 项目中，员工类被命名为"Employee"，存储在源文件夹（即"src/main/java"）下的名为"com.mr.model"的包中。

在 Employee 类中，包含 4 个被 private 修饰符修饰的属性，即表示员工编号的 id、表示员工姓名的 name、表示员工年龄的 age 和表示员工所在部门的 department。此外，还为上述 4 个私有属性提供了 Getters and Setters 方法。Employee.java 中的代码如下所示。

```java
01  package com.mr.model;
02
03  public class Employee {    // 员工类
04      private int id;    // 员工编号
05      private String name;    // 员工姓名
06      private int age;    // 员工年龄
07      private String department;    // 员工所在部门
08      // 为私有属性 id 设置 Getters and Setters 方法
09      public int getId() {
10          return id;
11      }
12      public void setId(int id) {
13          this.id = id;
14      }
15      // 为私有属性 name 设置 Getters and Setters 方法
16      public String getName() {
17          return name;
18      }
19      public void setName(String name) {
20          this.name = name;
21      }
22      // 为私有属性 age 设置 Getters and Setters 方法
23      public int getAge() {
24          return age;
25      }
26      public void setAge(int age) {
27          this.age = age;
28      }
29      // 为私有属性 department 设置 Getters and Setters 方法
30      public String getDepartment() {
31          return department;
32      }
33      public void setDepartment(String department) {
34          this.department = department;
35      }
36  }
```

17.3.3 编写控制器类

在 BiaoDanChuLi 项目中，控制器类被命名为"EmployeeController"，被存储在源文件夹（即"src/main/java"）下的名为"com.mr.controller"的包中。为了更加高效地理解 EmployeeController 类，下面将列举 EmployeeController 类中的关键点。

① 通过把 @Controller 注解使用在 EmployeeController 类上，声明 EmployeeController 类是一个控制器。

② 定义一个用于获取员工信息的 getEmpInfo() 方法，把 @RequestMapping 注解使用在

这个方法上。当调用这个方法时，会通过 URL 地址请求 employee.jsp 视图。

③ ModelAndView 类的作用是把由后端返回的数据转发给视图层。如果在 JSP 文件中使用 form 表单，那么 Spring MVC 需要一个名为"command"的对象。因此，需要在 ModelAndView 对象中传递一个名为"command"的空对象。

④ 定义一个用于提交员工信息的 submitEmpInfo() 方法，把 @RequestMapping 注解使用在这个方法上。当调用这个方法时，会根据该方法的返回值请求 result.jsp 视图。

⑤ 把 @ModelAttribute 注解使用在 submitEmpInfo() 方法中的参数上，有两个功能：一个是创建 Employee 类对象，另一个是把用户输入的数据封装到 Employee 类对象中。

EmployeeController.java 文件中的代码如下所示。

```java
01 package com.mr.controller;
02 import java.io.UnsupportedEncodingException;
03 import org.springframework.stereotype.Controller;
04 import org.springframework.ui.ModelMap;
05 import org.springframework.web.bind.annotation.ModelAttribute;
06 import org.springframework.web.bind.annotation.RequestMapping;
07 import org.springframework.web.bind.annotation.RequestMethod;
08 import org.springframework.web.servlet.ModelAndView;
09 import com.mr.model.Employee;
10
11 @Controller
12 public class EmployeeController {
13     @RequestMapping(value = "/employee", method = RequestMethod.GET)
14     public ModelAndView getEmpInfo() {
15         return new ModelAndView("employee", "command", new Employee());
16     }
17
18     @RequestMapping(value = "/empInfo", method = RequestMethod.POST)
19     public String submitEmpInfo
20     (@ModelAttribute("employee") Employee employee, ModelMap model) {
21         try {
22             model.addAttribute("id", employee.getId());
23             model.addAttribute("name",
24                     new String(employee.getName().getBytes("ISO-8859-1"), "UTF-8"));
25             model.addAttribute("age", employee.getAge());
26             model.addAttribute("department",
27                     new String(employee.getDepartment().getBytes("ISO-8859-1"), "UTF-8"));
28         } catch (UnsupportedEncodingException e) {
29             e.printStackTrace();
30         }
31         return "result";
32     }
33 }
```

当用户输入的数据包含中文时，为避免在视图中出现乱码，需要执行如下步骤。
① 通过 String 类提供的 getBytes() 方法，把字符串的编码格式由"ISO-8859-1"转换为"UTF-8"。
② 使用"URIEncoding="UTF-8""，对"apache-tomcat-9.0.64\conf"路径下的 server.xml 文件中的两个地方进行重新配置。
配置一如下所示。

```
<Connector URIEncoding="UTF-8" connectionTimeout="20000" port="8081"
    protocol="HTTP/1.1" redirectPort="8443"/>
```

配置二如下所示。

```
<Connector URIEncoding="UTF-8" port="8009" protocol="AJP/1.3" redirectPort="8443"/>
```

17.3.4 编写 JSP 文件

如图 17.1 和图 17.2 所示,employee.jsp 的作用是在页面上显示待输入的员工信息;result.jsp 的作用是在页面上显示已提交的员工信息。employee.jsp 和 result.jsp 都被存储在 BiaoDanChuLi 项目中的 WEB-INF 文件夹中的 jsp 文件夹下。

① 在编写 employee.jsp 的过程中,需要注意如下问题。

a. 为了避免视图中的中文乱码,向 employee.jsp 导入以下头文件。

```
<%@ page language="java" contentType="text/html; charset=UTF-8"
    pageEncoding="UTF-8"%>
```

b. 为了实现表单,向 employee.jsp 导入以下头文件。

```
<%@ taglib uri="http://www.springframework.org/tags/form"
    prefix="form"%>
```

c. 要实现的表单是一个横跨两列的表格。

d. 在表单中,数据发送的方式是"POST"。

e. 当提交表单时,向"/BiaoDanChuLi/empInfo"发送表单数据。

f. 在表单中,包含文本框和提交按钮。

employee.jsp 文件中的代码如下所示。

```
01 <%@ page language="java" contentType="text/html; charset=UTF-8"
02     pageEncoding="UTF-8"%>
03 <%@ taglib uri="http://www.springframework.org/tags/form"
04     prefix="form"%>
05 <html>
06 <head>
07     <title> 提交员工信息 </title>
08 </head>
09 <body>
10     <h2> 填写员工信息 </h2>
11     <!-- 数据发送的方式是 POST、当提交表单时向 "/BiaoDanChuLi/empInfo" 发送表单数据 -->
12     <form:form method="POST" action="/BiaoDanChuLi/empInfo">
13         <table>
14             <tr>
15                 <!-- 内容为 "员工编号:" 的标签 -->
16                 <td><form:label path="id"> 员工编号:</form:label></td>
17                 <!-- 输入员工编号的文本框 -->
18                 <td><form:input path="id" /></td>
19             </tr>
20             <tr>
21                 <td><form:label path="name"> 员工姓名:</form:label></td>
22                 <td><form:input path="name" /></td>
23             </tr>
```

```
24          <tr>
25              <td><form:label path="age">员工年龄:</form:label></td>
26              <td><form:input path="age" /></td>
27          </tr>
28          <tr>
29              <td><form:label path="department">员工所在部门:</form:label></td>
30              <td><form:input path="department" /></td>
31          </tr>
32          <tr>
33              <!-- 一个横跨两列的表格 -->
34              <td colspan="2">
35                  <!-- 定义提交按钮 -->
36                  <input type="submit" value=" 提   交 " />
37              </td>
38          </tr>
39      </table>
40  </form:form>
41  </body>
42  </html>
```

② 在编写 result.jsp 的过程中，需要注意哪些问题呢？

a. 为了避免视图中的中文乱码，向 result.jsp 导入以下头文件。

```
<%@ page language="java" contentType="text/html; charset=UTF-8"
    pageEncoding="UTF-8"%>
```

b. result.jsp 不需要实现表单。

c. "${param}"（param 即参数）的作用是通过表达式匹配指定参数的值。

result.jsp 文件中的代码如下所示。

```
01  <%@ page language="java" contentType="text/html; charset=UTF-8"
02      pageEncoding="UTF-8"%>
03  <html>
04  <head>
05      <title>显示员工信息</title>
06  </head>
07  <body>
08      <h2>已提交的员工信息</h2>
09      <table>
10          <tr>
11              <td>员工编号:</td>
12              <td>${id}</td>
13          </tr>
14          <tr>
15              <td>员工姓名:</td>
16              <td>${name}</td>
17          </tr>
18          <tr>
19              <td>员工年龄:</td>
20              <td>${age}</td>
21          </tr>
22          <tr>
23              <td>员工所在部门:</td>
24              <td>${department}</td>
25          </tr>
26      </table>
27  </body>
28  </html>
```

17.3.5 编写 XML 文件

在 BiaoDanChuLi 项目中的 WEB-INF 文件夹下，有 3 个 XML 文件，即 applicationContext.xml、web.xml 和 springmvc-servlet.xml。下面将对这 3 个 XML 文件各自发挥的作用及其实现代码进行讲解。

applicationContext.xml 文件是 Spring 框架的全局配置文件，用于启动并初始化 Spring 框架的一些基础组件。applicationContext.xml 文件中的代码如下所示。

```xml
01 <?xml version="1.0" encoding="UTF-8"?>
02 <beans xmlns="http://www.springframework.org/schema/beans"
03     xmlns:xsi="http://www.w3.org/2001/XMLSchema-instance"
04     xsi:schemaLocation="http://www.springframework.org/schema/beans
05     http://www.springframework.org/schema/beans/spring-beans.xsd">
06 </beans>
```

在 web.xml 文件中，还要实现如下 3 个功能：一个是使用 <servlet> 标签部署 DispatcherServlet，拦截所有请求；一个是使用 <servlet-mapping> 标签请求 URL 地址；一个是使用 <context-param> 标签配置一组键值对，告知 ContextLoaderListener 读取在 contextConfigLocation 中定义的 applicationContext.xml 文件，对其中的配置信息执行加载操作。web.xml 文件中的代码如下所示。

```xml
01 <?xml version="1.0" encoding="UTF-8"?>
02 <web-app xmlns:xsi="http://www.w3.org/2001/XMLSchema-instance"
03     xmlns="http://xmlns.jcp.org/xml/ns/javaee"
04     xsi:schemaLocation="http://xmlns.jcp.org/xml/ns/javaee
05     http://xmlns.jcp.org/xml/ns/javaee/web-app_3_1.xsd"
06     id="WebApp_ID" version="3.1">
07
08     <display-name>BiaoDanChuLi</display-name>
09
10     <!-- 部署 DispatcherServlet，拦截所有请求 -->
11     <servlet>
12         <servlet-name>springmvc</servlet-name>
13         <servlet-class>org.springframework.web.servlet.DispatcherServlet</servlet-class>
14         <load-on-startup>1</load-on-startup>
15     </servlet>
16
17     <servlet-mapping>
18         <servlet-name>springmvc</servlet-name>
19         <url-pattern>/</url-pattern>
20     </servlet-mapping>
21
22     <context-param>
23         <param-name>contextConfigLocation</param-name>
24         <param-value>/WEB-INF/applicationContext.xml</param-value>
25     </context-param>
26
27     <listener>
28         <listener-class>org.springframework.web.context.ContextLoaderListener</listener-class>
29     </listener-class>
30     </listener>
31
32 </web-app>
```

因为在BiaoDanChuLi项目中的WEB-INF文件夹下已经通过编码实现了applicationContext.xml文件，所以需要在web.xml文件中使用<listener>标签添加ContextLoaderListener。

springmvc-servlet.xml文件是Spring MVC的配置文件。因为在web.xml文件中使用<servlet-name>标签设置了servlet的名称（即springmvc），所以Spring MVC的配置文件的文件名须是"springmvc-servlet.xml"。当Spring MVC初始化时，程序就会在BiaoDanChuLi项目中的WEB-INF文件夹下查找这个配置文件。springmvc-servlet.xml文件中的代码如下所示。

```xml
01 <?xml version="1.0" encoding="UTF-8"?>
02 <beans xmlns="http://www.springframework.org/schema/beans"
03     xmlns:xsi="http://www.w3.org/2001/XMLSchema-instance"
04     xmlns:p="http://www.springframework.org/schema/p"
05     xmlns:context="http://www.springframework.org/schema/context"
06     xmlns:mvc="http://www.springframework.org/schema/mvc"
07     xsi:schemaLocation="http://www.springframework.org/schema/beans
08         http://www.springframework.org/schema/beans/spring-beans.xsd
09         http://www.springframework.org/schema/context
10         http://www.springframework.org/schema/context/spring-context.xsd
11         http://www.springframework.org/schema/mvc
12         http://www.springframework.org/schema/mvc/spring-mvc.xsd">
13     <!-- 扫包 -->
14     <context:component-scan
15         base-package="com.mr">
16     </context:component-scan>
17
18     <bean
19         class="org.springframework.web.servlet.view.InternalResourceViewResolver">
20         <!-- 指定页面存放的路径 -->
21         <property name="prefix" value="/WEB-INF/jsp/"></property>
22         <!-- 文件的后缀 -->
23         <property name="suffix" value=".jsp"></property>
24     </bean>
25 </beans>
```

第 18 章
页面显示自定义异常信息
（Spring MVC 实现）

扫码获取本书资源

在程序设计和运行的过程中，发生错误是不可避免的。其中，运行时发生的错误会被程序当作异常抛出。在 Java 语言中，异常是对象，表示阻止程序正常运行的错误。换言之，程序在运行过程中，如果 Java 虚拟机检测到一个不能被执行的操作，就会被终止运行，同时抛出异常。

18.1 案例效果预览

在程序中，可能会遇到使用 Java 内置的异常类无法清楚地描述发生异常的原因。在这种情况下，用户只需继承 Exception 类，创建自定义异常类。

在程序中使用自定义异常类，大体可分为以下几个步骤。

① 创建自定义异常类。

② 在方法中通过 throw 关键字抛出异常对象。

③ 如果在当前抛出异常的方法中处理异常，可以使用 try-catch 语句块捕获并处理；否则在方法的声明处通过 throws 关键字指明要抛出给方法调用者的异常，继续进行下一步操作。

④ 在出现异常方法的调用者中捕获并处理异常。

本章要实现的表单如图 18.1 所示。在这个表单中，用户需要先输入"用户名"和"密码"，再单击"登录"按钮。这时，程序会判断用户输入的"用户名"和"密码"是否是"mrsoft"和"123456"。

① 用户如果输入的"用户名"和"密码"是"mrsoft"和"123456"（如图 18.1 所示），那么单击"登录"按钮后，浏览器的页面会显示如图 18.2 的页面。

② 用户如果输入了正确的"用户名"，却没有输入"密码"（如图 18.3 所示），那么单击"登录"按钮后，浏览器的页面会显示如图 18.4 的页面。

③ 用户如果输入了正确的"密码"，却没有输入"用户名"（如图 18.5 所示），那么单击"登录"按钮后，浏览器的页面会显示如图 18.6 的页面。

第 18 章 页面显示自定义异常信息（Spring MVC 实现）

④ 用户如果输入了正确的"用户名"和错误的"密码"（如图 18.7 所示），那么单击"登录"按钮后，浏览器的页面会显示如图 18.8 的页面。

图 18.1 用户名、密码都正确　　图 18.2 显示用户的用户名和密码

图 18.3 只输入用户名　　图 18.4 发生错误　　图 18.5 只输入密码

图 18.6 用户名输入错误　　图 18.7 用户名正确、密码错误　　图 18.8 密码输入错误

18.2 业务流程图

页面显示自定义异常信息的业务流程如图 18.9 所示。

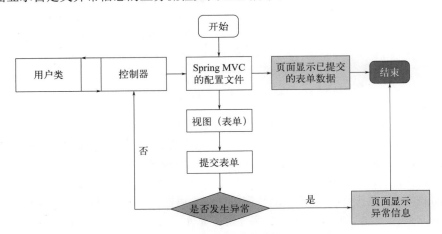

图 18.9 页面显示自定义异常信息的业务流程图

18.3 实现步骤

本程序的实现过程分为以下 5 个步骤：编写用户类、编写控制器类、编写自定义异常类、编写 JSP 文件和编写 XML 文件。下面将依次对这 5 个步骤进行讲解。

18.3.1 编写用户类

在编写用户类之前，需要做好如下的准备工作。

① 打开 Eclipse，选择 File → New → Dynamic Web Project 菜单，创建一个名为"HandleException"的动态 Web 项目。在创建动态 Web 项目的过程中，需要注意两个问题：一个是把"Dynamic web module version"的版本设置为 3.1；另一个是勾选"Generate web.xml deployment descriptor"，告诉 Eclipse 在 HandleException 项目中的 WEB-INF 文件夹下创建 web.xml 文件。

② 在编写用于实现 HandleException 项目的代码的过程中，需要依赖第三方库文件（简称 jar 包）。为此，应先把如图 18.10 所示的 8 个 jar 包复制、粘贴到 HandleException 项目中的 WEB-INF 文件夹中的 lib 文件夹下；再把这 8 个 jar 包全部选中后，在其中一个 jar 包上单击右键，选择"Build Path"，选择并单击"Add to Build Path"。

图 18.10　HandleException 项目依赖的 jar 包

③ 待这 8 个 jar 包全部导入到项目中后，就会在 HandleException 项目中新生成一个名为"Referenced Libraries"的类库。在这个类库中，存储的就是已经导入到项目中的 8 个 jar 包。

在 HandleException 项目中，用户类被命名为"User"，被存储在源文件夹（即"src/main/java"）下的名为"com.mr.model"的包中。

在 User 类中，包含 2 个被 private 修饰符修饰的属性，即表示用户名的 userName 和表示密码的 password。此外，还为上述 2 个私有属性提供了 Getters and Setters 方法。User.java 文件中的代码如下所示。

```
01 package com.mr.model;
02
03 public class User { // 用户类
04     private String userName; // 用户名
05     private int password; // 密码
06     // 为私有属性 userName 设置 Getters and Setters 方法
07     public String getUserName() {
08         return userName;
09     }
10     public void setUserName(String userName) {
11         this.userName = userName;
12     }
13     // 为私有属性 password 设置 Getters and Setters 方法
14     public int getPassword() {
15         return password;
16     }
17     public void setPassword(int password) {
18         this.password = password;
19     }
20 }
```

18.3.2 编写控制器类

在 HandleException 项目中，控制器类被命名为"UserController"，被存储在源文件夹（即"src/main/java"）下的名为"com.mr.controller"的包中。为了更加高效地理解 UserController 类，下面将列举 UserController 类中的关键点。

① 通过把 @Controller 注解使用在 UserController 类上，声明 UserController 类是一个控制器。

② 定义一个用于获取用户信息的 getUserInfo() 方法，把 @RequestMapping 注解使用在这个方法上。当调用这个方法时，会通过 URL 地址请求 user.jsp 视图。

③ ModelAndView 类的作用是把由后端返回的数据转发给视图层。如果在 JSP 中使用 form 表单，那么 Spring MVC 需要一个名为"command"的对象。因此，需要在 ModelAndView 对象中传递一个名为"command"的空对象。

④ 定义一个用于提交用户信息的 submitUserInfo() 方法，把 @RequestMapping 注解使用在这个方法上。当调用这个方法时，会根据该方法的返回值请求 result.jsp 视图。

⑤ @ExceptionHandler 注解用于拦截、处理自定义异常。@ExceptionHandler ({SMVCException.class}) 的含义是"拦截、处理由 SMVCException 类抛出的异常"。其中，SMVCException 是自定义异常类。

⑥ 把 @ModelAttribute 注解使用在 submitUserInfo() 方法中的参数上，有两个功能：一个是创建 User 类对象，另一个是把用户输入的数据封装到 User 类对象中。

UserController.java 文件中的代码如下所示。

```
01 package com.mr.controller;
02 import org.springframework.stereotype.Controller;
03 import org.springframework.ui.ModelMap;
04 import org.springframework.web.bind.annotation.ExceptionHandler;
05 import org.springframework.web.bind.annotation.ModelAttribute;
06 import org.springframework.web.bind.annotation.RequestMapping;
07 import org.springframework.web.bind.annotation.RequestMethod;
```

```
08  import org.springframework.web.servlet.ModelAndView;
09  import com.mr.exception.SMVCException;
10  import com.mr.model.User;
11
12  @Controller
13  public class UserController {
14      @RequestMapping(value = "/user", method = RequestMethod.GET)
15      public ModelAndView getUserInfo() {
16          return new ModelAndView("user", "command", new User());
17      }
18
19      @RequestMapping(value = "/login", method = RequestMethod.POST)
20      @ExceptionHandler({ SMVCException.class })
21      public String submitUserInfo(@ModelAttribute("user") User user,
22              ModelMap model) {
23          if (!user.getUserName().equals("mrsoft")) {
24              throw new SMVCException("用户名输入错误！");
25          } else {
26              model.addAttribute("userName", user.getUserName());
27          }
28          if (user.getPassword() != 123456) {
29              throw new SMVCException("密码输入错误！");
30          } else {
31              model.addAttribute("password", user.getPassword());
32          }
33          return "result";
34      }
35  }
```

18.3.3 编写自定义异常类

在 HandleException 项目中，自定义异常类被命名为"SMVCException"，被存储在源文件夹（即"src/main/java"）下的名为"com.mr.exception"的包中。下面将列举 SMVCException 类中的关键点。

① SMVCException 类是一个继承 RuntimeException 类的自定义异常类；

② 在 SMVCException 类中，包含一个被 private 修饰符修饰的属性，即表示"由自定义异常类抛出的异常信息"的 excMsg；

③ 为 SMVCException 类提供有参构造方法；

④ 为私有属性 excMsg 设置 Getters and Setters 方法。

SMVCException.java 文件中的代码如下所示。

```
01  package com.mr.exception;
02
03  public class SMVCException extends RuntimeException {
04      private String excMsg; // 异常信息
05      public SMVCException(String excMsg) {
06          this.excMsg = excMsg;
07      }
08      public String getExcMsg() {
09          return excMsg;
10      }
11      public void setExcMsg(String excMsg) {
12          this.excMsg = excMsg;
```

```
13     }
14 }
```

18.3.4 编写 JSP 文件

user.jsp 的作用是在页面上显示待输入的用户信息；result.jsp 的作用是在页面上显示已提交的用户信息。user.jsp 和 result.jsp 都被存储在 HandleException 项目中的 WEB-INF 文件夹中的 jsp 文件夹下。

① 在编写 user.jsp 的过程中，需要注意如下问题。

a. 为了避免视图中的中文乱码，向 user.jsp 导入如下的头文件。

```
<%@ page language="java" contentType="text/html; charset=UTF-8"
    pageEncoding="UTF-8"%>
```

b. 为了实现表单，向 user.jsp 导入如下头文件。

```
<%@ taglib uri="http://www.springframework.org/tags/form"
    prefix="form"%>
```

c. 要实现的表单是一个横跨两列的表格。
d. 在表单中，数据发送的方式是 "POST"。
e. 当提交表单时，向 "/HandleException/login" 发送表单数据。
f. 在表单中，包含文本框和名为 "登录" 的提交按钮。

user.jsp 文件中的代码如下所示。

```
01 <%@ page language="java" contentType="text/html; charset=UTF-8"
02     pageEncoding="UTF-8"%>
03 <%@ taglib uri="http://www.springframework.org/tags/form"
04     prefix="form"%>
05 <html>
06 <head>
07     <title>登录信息</title>
08 </head>
09 <body>
10     <h2>填写用户信息</h2>
11     <!-- 数据发送的方式是 POST、当提交表单时向 "/HandleException/login" 发送表单数据 -->
12     <form:form method="POST" action="/HandleException/login">
13         <table>
14             <tr>
15                 <!-- 内容为 "用户名：" 的标签 -->
16                 <td><form:label path="userName">用户名：</form:label></td>
17                 <!-- 输入用户名的文本框 -->
18                 <td><form:input path="userName" /></td>
19             </tr>
20             <tr>
21                 <td><form:label path="password">密码：</form:label></td>
22                 <td><form:password path="password" /></td>
23             </tr>
24             <tr>
25                 <!-- 一个横跨两列的表格 -->
26                 <td colspan="2">
27                     <!-- 定义登录按钮 -->
28                     <input type="submit" value="登　录" />
29                 </td>
```

```
30            </tr>
31        </table>
32    </form:form>
33 </body>
34 </html>
```

② 在编写 result.jsp 的过程中,需要注意哪些问题呢?

a. 为了避免视图中的中文乱码,向 result.jsp 导入如下的头文件。

```
<%@ page language="java" contentType="text/html; charset=UTF-8"
    pageEncoding="UTF-8"%>
```

b. result.jsp 不需要实现表单。

c. "${param}"(param 即参数)的作用是通过表达式匹配指定参数的值。

result.jsp 文件中的代码如下所示。

```
01 <%@ page language="java" contentType="text/html; charset=UTF-8"
02     pageEncoding="UTF-8"%>
03 <html>
04 <head>
05     <title> 显示登录信息 </title>
06 </head>
07 <body>
08     <h2> 已提交的用户信息 </h2>
09     <table>
10         <tr>
11             <td> 用户名: </td>
12             <td>${userName}</td>
13         </tr>
14         <tr>
15             <td> 密码: </td>
16             <td>${password}</td>
17         </tr>
18     </table>
19 </body>
20 </html>
```

③ 在 HandleException 项目中的 WEB-INF 文件夹中的 jsp 文件夹下,除了包含 user.jsp 和 result.jsp 这两个 JSP 文件外,还包含两个 JSP 文件,即 exceptionPage.jsp 和 error.jsp。其中,exceptionPage.jsp 的作用是显示由自定义异常类抛出的异常信息;error.jsp 的作用是显示与自定义异常类无法拦截、处理的异常对应的信息。需要注意的是,为了避免视图中的中文乱码,须向 exceptionPage.jsp 和 error.jsp 导入如下的头文件。

```
<%@ page language="java" contentType="text/html; charset=UTF-8"
    pageEncoding="UTF-8"%>
```

exceptionPage.jsp 文件中的代码如下所示。

```
01 <%@ page language="java" contentType="text/html; charset=UTF-8"
02     pageEncoding="UTF-8"%>
03 <html>
04 <head>
05     <title> 页面异常 </title>
06 </head>
07 <body>
08     <h2> 发生了一个异常: </h2>
```

```
09        <h3>${exception.excMsg}</h3>
10    </body>
11 </html>
```

说明
"${exception.excMsg}"的含义是通过表达式获取由自定义异常类抛出的异常信息。

error.jsp 文件中的代码如下所示。

```
01 <%@ page language="java" contentType="text/html; charset=UTF-8"
02    pageEncoding="UTF-8"%>
03 <html>
04 <head>
05     <title>页面错误</title>
06 </head>
07 <body>
08     <h2>发生了一个错误：</h2>
09     <h3>请仔细检查提交的数据信息！</h3>
10 </body>
11 </html>
```

18.3.5 编写 XML 文件

在 HandleException 项目中的 WEB-INF 文件夹下，有 3 个 XML 文件，即 applicationContext.xml、web.xml 和 springmvc-servlet.xml。下面将对这 3 个 XML 文件各自发挥的作用及其实现代码进行讲解。

applicationContext.xml 文件是 Spring 框架的全局配置文件，用于启动并初始化 Spring 框架的一些基础组件。applicationContext.xml 文件中的代码如下所示。

```
01 <?xml version="1.0" encoding="UTF-8"?>
02 <beans xmlns="http://www.springframework.org/schema/beans"
03     xmlns:xsi="http://www.w3.org/2001/XMLSchema-instance"
04     xsi:schemaLocation="http://www.springframework.org/schema/beans
05     http://www.springframework.org/schema/beans/spring-beans.xsd">
06 </beans>
```

在 web.xml 文件中，还要实现如下 3 个功能：一个是使用 <servlet> 标签部署 DispatcherServlet，拦截所有请求；一个是使用 <servlet-mapping> 标签请求 URL 地址；一个是使用 <context-param> 标签配置一组键值对，告知 ContextLoaderListener 读取在 contextConfigLocation 中定义的 applicationContext.xml 文件，对其中的配置信息执行加载操作。web.xml 文件中的代码如下所示。

```
01 <?xml version="1.0" encoding="UTF-8"?>
02 <web-app xmlns:xsi="http://www.w3.org/2001/XMLSchema-instance"
03     xmlns="http://xmlns.jcp.org/xml/ns/javaee"
04     xsi:schemaLocation="http://xmlns.jcp.org/xml/ns/javaee
05     http://xmlns.jcp.org/xml/ns/javaee/web-app_3_1.xsd"
06     id="WebApp_ID" version="3.1">
07
08     <display-name>HandleException</display-name>
09
10     <servlet>
```

```
11          <servlet-name>springmvc</servlet-name>
12          <servlet-class>
13              org.springframework.web.servlet.DispatcherServlet
14          </servlet-class>
15          <load-on-startup>1</load-on-startup>
16      </servlet>
17
18      <servlet-mapping>
19          <servlet-name>springmvc</servlet-name>
20          <url-pattern>/</url-pattern>
21      </servlet-mapping>
22
23      <context-param>
24          <param-name>contextConfigLocation</param-name>
25          <param-value>/WEB-INF/applicationContext.xml</param-value>
26      </context-param>
27
28      <listener>
29          <listener-class>org.springframework.web.context.ContextLoaderListener
30          </listener-class>
31      </listener>
32 </web-app>
```

说明　因为在 HandleException 项目中的 WEB-INF 文件夹下已经通过编码实现了 applicationContext.xml 文件，所以需要在 web.xml 文件中使用 <listener> 标签添加 ContextLoaderListener。

springmvc-servlet.xml 文件是 Spring MVC 的配置文件。因为在 web.xml 文件中使用 <servlet-name> 标签设置了 servlet 的名称（即 springmvc），所以 Spring MVC 的配置文件的文件名须是 "springmvc-servlet.xml"。当 Spring MVC 初始化时，程序就会在 HandleException 项目中的 WEB-INF 文件夹下查找这个配置文件。

当 SMVCException 类抛出异常时，程序会通过 URL 地址请求 exceptionPage.jsp 视图；当其他异常发生时，程序会通过 URL 地址请求 error.jsp 视图。

springmvc-servlet.xml 文件中的代码如下所示。

```
01 <?xml version="1.0" encoding="UTF-8"?>
02 <beans xmlns="http://www.springframework.org/schema/beans"
03     xmlns:xsi="http://www.w3.org/2001/XMLSchema-instance"
04     xmlns:p="http://www.springframework.org/schema/p"
05     xmlns:context="http://www.springframework.org/schema/context"
06     xmlns:mvc="http://www.springframework.org/schema/mvc"
07     xsi:schemaLocation="http://www.springframework.org/schema/beans
08         http://www.springframework.org/schema/beans/spring-beans.xsd
09         http://www.springframework.org/schema/context
10         http://www.springframework.org/schema/context/spring-context.xsd
11         http://www.springframework.org/schema/mvc
12         http://www.springframework.org/schema/mvc/spring-mvc.xsd">
13     <!-- 扫包 -->
14     <context:component-scan base-package="com.mr">
15     </context:component-scan>
16
17     <bean
18         class=
19         "org.springframework.web.servlet.view.InternalResourceViewResolver">
```

```xml
20        <!-- 指定页面存放的路径 -->
21        <property name="prefix" value="/WEB-INF/jsp/"></property>
22        <!-- 文件的后缀 -->
23        <property name="suffix" value=".jsp"></property>
24    </bean>
25
26    <bean
27        class=
28        "org.springframework.web.servlet.handler.SimpleMappingExceptionResolver">
29        <property name="exceptionMappings">
30            <props>
31                <prop key="com.mr.exception.SMVCException">
32                    exceptionPage
33                </prop>
34            </props>
35        </property>
36        <property name="defaultErrorView" value="error"/>
37    </bean>
38 </beans>
```

第 19 章
用户调查问卷
（Spring MVC 实现）

扫码获取本书
资源

调查问卷又称调查表或者询问表，是以问题的形式系统地记载调查内容的一种文件。调查问卷的形式可以是表格式、卡片式或者簿记式。本章要实现的用户调查问卷的形式是表格式，其核心技术是 Spring MVC 表单。在这张调查问卷中，包含了很多个 Spring MVC 表单标签，这些表单标签是 JSP 页面的可配置和可重用的构建基块。其中，每个表单标签都支持与其对应的 HTML 中的元素。

19.1 案例效果预览

Spring MVC 表单标签都被存储在 Spring MVC 表单标签库中，Spring MVC 表单标签库被存储在 spring-webmvc.jar 包下。每一个 Spring MVC 表单标签都可以在 JSP 页面中渲染与其对应的 HTML 中的元素。下面通过表 19.1 熟悉一些常用的 Spring MVC 表单标签。

表 19.1　一些常用的 Spring MVC 表单标签及其说明

表单标签	说　　明
form:form	用于渲染 HTML 中的表单元素，这是一个包含其他表单标签的容器标签
form:input	用于渲染 HTML 中的 <input type="text"/> 元素，生成文本框
form:radiobutton	用于渲染 HTML 中的 <input type="radio"/> 元素，生成单选按钮
form:radiobuttons	用于渲染 HTML 中的 <input type="radio"/> 元素，生成一组单选按钮
form:checkbox	用于渲染 HTML 中的 <input type="checkbox"/> 元素，生成复选框
form:password	用于渲染 HTML 中的 <input type="password"/> 元素，生成密码框
form:select	用于渲染 HTML 中的一个选择元素，生成下拉列表
form:textarea	用于渲染 HTML 中的 textarea 元素，生成多行文本框

第 19 章 用户调查问卷（Spring MVC 实现）

在 JSP 页面中使用 Spring MVC 表单标签库时，须在与当前 JSP 页面对应的 JSP 文件中导入如下的头文件：

```
<%@ taglib uri="http://www.springframework.org/tags/form" prefix="form"%>
```

本章的用户调查问卷面向的群体是在某汽车平台上已注册的用户。通过对用户调查问卷的结果统计，能够知晓指定地域、指定职业类别的男性群体或者女性群体喜欢的汽车类别、心仪的座椅数和心仪的汽车品牌等信息。

把本章程序加载到服务器上后，打开浏览器，输入网址"http://localhost:8080/UserQuestionnaire/user"，按下回车键，就会显示如图 19.1 所示的初始化的用户调查问卷。用户根据提示输入所有信息后，将显示类似于如图 19.2 所示的已填写完毕的用户调查问卷。用户把调查问卷填写完毕后，点击"提交"按钮，即可得到如图 19.3 所示的已提交的用户调查表。

图 19.1 初始化的用户调查问卷　　图 19.2 已填写完毕的用户调查问卷　　图 19.3 已提交的用户调查表

19.2 业务流程图

用户调查问卷的业务流程如图 19.4 所示。

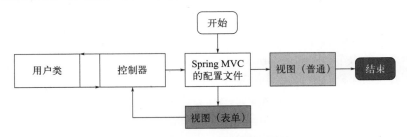

图 19.4 用户调查问卷的业务流程

19.3 实现步骤

本程序的实现过程分为以下 4 个步骤：编写用户类、编写控制器类、编写 JSP 文件和编写 XML 文件。下面将依次对这 4 个步骤进行讲解。

19.3.1 编写用户类

在编写用户类之前，需要做好如下的准备工作。

① 打开 Eclipse，选择 File → New → Dynamic Web Project 菜单，创建一个名为 "UserQuestionnaire" 的动态 Web 项目。在创建动态 Web 项目的过程中，需要注意两个问题：一个是把 "Dynamic web module version" 的版本设置为 3.1；另一个是勾选 "Generate web.xml deployment descriptor"，告诉 Eclipse 在 UserQuestionnaire 项目中的 WEB-INF 文件夹下创建 web.xml 文件。

② 在编写用于实现 UserQuestionnaire 项目的代码的过程中，需要依赖第三方库文件（简称 jar 包）。为此，应先把如下 8 个 jar 包复制、粘贴到 UserQuestionnaire 项目中的 WEB-INF 文件夹中的 lib 文件夹下。

- ☑ commons-logging-1.2.jar；
- ☑ spring-aop-5.3.20.jar；
- ☑ spring-beans-5.3.20.jar；
- ☑ spring-context-5.3.20.jar；
- ☑ spring-core-5.3.20.jar；
- ☑ spring-expression-5.3.20.jar；
- ☑ spring-web-5.3.20.jar；
- ☑ spring-webmvc-5.3.20.jar。

③ 在把这 8 个 jar 包全部选中后，在其中一个 jar 包上单击右键，选择 "Build Path"，选择并单击 "Add to Build Path"。

④ 待这 8 个 jar 包全部导入到项目中后，就会在 UserQuestionnaire 项目中新生成一个名为 "Referenced Libraries" 的类库。在这个类库中，存储的就是已经导入到项目中的 8 个 jar 包。

在 UserQuestionnaire 项目中，用户类被命名为 "User"，被存储在源文件夹（即 "src/main/java"）下的名为 "com.mr.model" 的包中。在 User 类中，包含如下 9 个被 private 修饰符修饰的属性。

- ☑ 表示用户名的 userName；
- ☑ 表示密码的 password；
- ☑ 表示性别的 sex；
- ☑ 表示地址的 address；
- ☑ 表示喜欢的汽车类别的 favoriteCarCategory；
- ☑ 表示心仪的座椅数的 seatsNumDesired；
- ☑ 表示职业类别的 professionalCategory；
- ☑ 表示心仪的品牌的 brandDesired；
- ☑ 表示接收推送消息的 receivePushMsg。

此外，还为上述 9 个私有属性提供了 Getters and Setters 方法。User.java 文件中的代码如下所示。

```
01  package com.mr.model;
02
03  public class User {
04      private String userName; // 用户名
05      private String password; // 密码
```

```java
06     private String sex; // 性别
07     private String address; // 地址
08     private String[] favoriteCarCategory; // 喜欢的汽车类别
09     private String seatsNumDesired; // 心仪的座椅数
10     private String professionalCategory; // 职业类别
11     private String[] brandDesired; // 心仪的品牌
12     private boolean receivePushMsg; // 接收推送消息
13     // 为私有属性 userName 提供 Getters and Setters 方法
14     public String getUserName() {
15         return userName;
16     }
17     public void setUserName(String userName) {
18         this.userName = userName;
19     }
20     // 为私有属性 password 提供 Getters and Setters 方法
21     public String getPassword() {
22         return password;
23     }
24     public void setPassword(String password) {
25         this.password = password;
26     }
27     // 为私有属性 sex 提供 Getters and Setters 方法
28     public String getSex() {
29         return sex;
30     }
31     public void setSex(String sex) {
32         this.sex = sex;
33     }
34     // 为私有属性 address 提供 Getters and Setters 方法
35     public String getAddress() {
36         return address;
37     }
38     public void setAddress(String address) {
39         this.address = address;
40     }
41     // 为私有属性 favoriteCarCategory 提供 Getters and Setters 方法
42     public String[] getFavoriteCarCategory() {
43         return favoriteCarCategory;
44     }
45     public void setFavoriteCarCategory(String[] favoriteCarCategory) {
46         this.favoriteCarCategory = favoriteCarCategory;
47     }
48     // 为私有属性 seatsNumDesired 提供 Getters and Setters 方法
49     public String getSeatsNumDesired() {
50         return seatsNumDesired;
51     }
52     public void setSeatsNumDesired(String seatsNumDesired) {
53         this.seatsNumDesired = seatsNumDesired;
54     }
55     // 为私有属性 professionalCategory 提供 Getters and Setters 方法
56     public String getProfessionalCategory() {
57         return professionalCategory;
58     }
59     public void setProfessionalCategory(String professionalCategory) {
60         this.professionalCategory = professionalCategory;
61     }
62     // 为私有属性 brandDesired 提供 Getters and Setters 方法
63     public String[] getBrandDesired() {
64         return brandDesired;
65     }
```

```
66    public void setBrandDesired(String[] brandDesired) {
67        this.brandDesired = brandDesired;
68    }
69    // 为私有属性 receivePushMsg 提供 and Setters 方法
70    public boolean isReceivePushMsg() {
71        return receivePushMsg;
72    }
73    public void setReceivePushMsg(boolean receivePushMsg) {
74        this.receivePushMsg = receivePushMsg;
75    }
76 }
```

> **注意**
>
> 　　由于私有属性 receivePushMsg 的数据类型是 boolean 类型，使得当为其提供 Getters 方法时，编码方式会有所不同。

19.3.2　编写控制器类

在 UserQuestionnaire 项目中，控制器类被命名为"UserController"，被存储在源文件夹（即"src/main/java"）下的名为"com.mr.controller"的包中。为了更加高效地理解 UserController 类，下面将列举 UserController 类中的关键点。

① 通过把 @Controller 注解使用在 UserController 类上，声明 UserController 类是一个控制器。

② 定义一个用于初始化用户信息的 initUser() 方法：通过选中"SUV"和"MPV"，初始化"喜欢的汽车类别"；通过选中"男"，初始化"性别"。把 @RequestMapping 注解使用在这个方法上，当调用这个方法时，会通过 URL 地址请求 user.jsp 视图。

③ ModelAndView 类的作用是把由后端返回的数据转发给视图层。如果在 JSP 文件中使用 form 表单，那么 Spring MVC 需要一个名为"command"的对象。因此，需要在 ModelAndView 对象中传递一个名为"command"的空对象。

④ 定义一个用于提交数据信息的 submitInfo() 方法。在这个方法中，将请求的数据按属性名绑定到 user 对象里。把 @RequestMapping 注解使用在这个方法上，当调用这个方法时，会根据该方法的返回值请求 result.jsp 视图。

⑤ 当把 @ModelAttribute 注解使用在 submitInfo() 方法中的参数上时，将具有如下的两个功能：一个是创建 User 类对象，另一个是把用户输入的数据封装到 User 类对象中。

⑥ 当 @ModelAttribute 注解被用于具有返回值的方法上，且指定 model 类（即模型类）中的某一个属性时，即可得到 model 类的对应属性的值。

UserController.java 文件中的代码如下所示。

```
01 package com.mr.controller;
02 import java.io.UnsupportedEncodingException;
03 import java.util.ArrayList;
04 import java.util.HashMap;
05 import java.util.List;
06 import java.util.Map;
07 import org.springframework.stereotype.Controller;
08 import org.springframework.ui.ModelMap;
```

```java
09  import org.springframework.web.bind.annotation.ModelAttribute;
10  import org.springframework.web.bind.annotation.RequestMapping;
11  import org.springframework.web.bind.annotation.RequestMethod;
12  import org.springframework.web.servlet.ModelAndView;
13  import com.mr.model.User;
14
15  @Controller
16  public class UserController {
17      @RequestMapping(value = "/user", method = RequestMethod.GET)
18      public ModelAndView initUser() {
19          User user = new User();
20          // 通过选中 "SUV" 和 "MPV", 初始化 "喜欢的汽车类别"
21          user.setFavoriteCarCategory(new String[] { "SUV", "MPV" });
22          // 通过选中 "男", 初始化 "性别"
23          user.setSex("M");
24          ModelAndView modelAndView = new ModelAndView("user", "command", user);
25          return modelAndView;
26      }
27
28      @RequestMapping(value = "/submitInfo", method = RequestMethod.POST)
29      public String submitInfo(@ModelAttribute("user") User user, ModelMap model) {
30          try {
31              // 将请求的数据按属性名绑定到 user 对象里
32              model.addAttribute("userName",
33                  new String(user.getUserName().getBytes("ISO-8859-1"), "UTF-8"));
34              model.addAttribute("password", user.getPassword());
35              model.addAttribute("sex", user.getSex());
36              model.addAttribute("address",
37                  new String(user.getAddress().getBytes("ISO-8859-1"), "UTF-8"));
38              model.addAttribute("favoriteCarCategory", user.getFavoriteCarCategory());
39              model.addAttribute("seatsNumDesired", user.getSeatsNumDesired());
40              model.addAttribute("professionalCategory",
41                  new String(user.getProfessionalCategory().getBytes("ISO-8859-1"), "UTF-8"));
42              model.addAttribute("brandDesired", user.getBrandDesired());
43              model.addAttribute("receivePushMsg", user.isReceivePushMsg());
44          } catch (UnsupportedEncodingException e) {
45              e.printStackTrace();
46          }
47          return "result";
48      }
49      // 获取 User 类的 favoriteCarCategoryList 属性的值
50      @ModelAttribute("favoriteCarCategoryList")
51      public List<String> getFavoriteCarCategoryList() {
52          // 创建一个用于存储 "汽车类别" 的 List 集合
53          List<String> favoriteCarCategoryList = new ArrayList<String>();
54          favoriteCarCategoryList.add(" 轿车 ");
55          favoriteCarCategoryList.add("SUV");
56          favoriteCarCategoryList.add("MPV");
57          favoriteCarCategoryList.add(" 跑车 ");
58          favoriteCarCategoryList.add(" 摩托车 ");
59          return favoriteCarCategoryList;
60      }
61      // 获取 User 类的 seatsNumDesiredList 属性的值
62      @ModelAttribute("seatsNumDesiredList")
63      public List<String> getSeatsNumDesiredList() {
64          // 创建一个用于存储 "座椅数量" 的 List 集合
65          List<String> seatsNumDesiredList = new ArrayList<String>();
66          seatsNumDesiredList.add("2");
67          seatsNumDesiredList.add("4");
```

```
68            seatsNumDesiredList.add("6");
69            seatsNumDesiredList.add("7");
70            return seatsNumDesiredList;
71       }
72       // 获取 User 类的 professionalCategoryMap 属性的值
73       @ModelAttribute("professionalCategoryMap")
74       public Map<String, String> getProfessionalCategoryMap() {
75            // 创建一个用于存储"职业类别"的 Map 集合
76            Map<String, String> professionalCategoryMap = new HashMap<String, String>();
77            professionalCategoryMap.put
78            ("国家机关、党群组织、企业、事业单位负责人","国家机关、党群组织、企业、事业单位负责人");
79            professionalCategoryMap.put("专业技术人员","专业技术人员");
80            professionalCategoryMap.put("办事人员和有关人员","办事人员和有关人员");
81            professionalCategoryMap.put("商业、服务业人员","商业、服务业人员");
82            professionalCategoryMap.put
83            ("农、林、牧、渔、水利业生产人员","农、林、牧、渔、水利业生产人员");
84            professionalCategoryMap.put
85            ("生产、运输设备操作人员及有关人员","生产、运输设备操作人员及有关人员");
86            professionalCategoryMap.put("军人","军人");
87            professionalCategoryMap.put("不便分类的其他从业人员","不便分类的其他从业人员");
88            return professionalCategoryMap;
89       }
90       // 获取 User 类的 brandDesiredMap 属性的值
91       @ModelAttribute("brandDesiredMap")
92       public Map<String, String> getBrandDesiredMap() {
93            // 创建一个用于存储"汽车品牌"的 Map 集合
94            Map<String, String> brandDesiredMap = new HashMap<String, String>();
95            brandDesiredMap.put("奥迪","奥迪");
96            brandDesiredMap.put("本田","本田");
97            brandDesiredMap.put("奔驰","奔驰");
98            brandDesiredMap.put("大众","大众");
99            brandDesiredMap.put("丰田","丰田");
100           brandDesiredMap.put("哈弗","哈弗");
101           brandDesiredMap.put("吉利","吉利");
102           brandDesiredMap.put("凯迪拉克","凯迪拉克");
103           brandDesiredMap.put("雷克萨斯","雷克萨斯");
104           brandDesiredMap.put("马自达","马自达");
105           brandDesiredMap.put("讴歌","讴歌");
106           brandDesiredMap.put("奇瑞","奇瑞");
107           brandDesiredMap.put("日产","日产");
108           brandDesiredMap.put("沃尔沃","沃尔沃");
109           brandDesiredMap.put("现代","现代");
110           brandDesiredMap.put("英菲尼迪","英菲尼迪");
111           return brandDesiredMap;
112      }
113 }
```

19.3.3 编写 JSP 文件

在 UserQuestionnaire 项目中的 WEB-INF 文件夹中的 jsp 文件夹下,包含两个 JSP 文件:一个是 user.jsp,其作用是在页面上显示待输入的用户调查问卷;另一个是 result.jsp,其作用是在页面上显示已提交的用户调查问卷。

① 在编写 user.jsp 的过程中,需要注意如下问题。

a. 为了避免视图中的中文乱码,向 user.jsp 导入如下的头文件。

```
<%@ page language="java" contentType="text/html; charset=UTF-8"
    pageEncoding="UTF-8"%>
```

b. 要实现的表单是一个横跨两列的表格。

c. 在表单中，数据发送的方式是"POST"。

d. 当提交表单时，向"/UserQuestionnaire/submitInfo"发送表单数据。

e. 在表单中，包含了 10 个表单标签。它们分别是用于输入用户名的文本框、用于输入密码的密码框、用于选择性别的单选按钮、用于输入地址的多行文本框、用于选择汽车类别的复选框、用于选择座椅数的一组单选按钮、用于选择职业类别的下拉列表、用于选择汽车品牌的列表框、用于选择是否接收推送消息的复选框和提交按钮。

user.jsp 文件中的代码如下所示。

```jsp
01 <%@ page language="java" contentType="text/html; charset=UTF-8"
02     pageEncoding="UTF-8"%>
03 <%@ taglib uri="http://www.springframework.org/tags/form" prefix="form"%>
04 <html>
05 <head>
06 <title> 提交问卷 </title>
07 </head>
08 <body>
09     <h2>用户调查问卷 </h2>
10     <!-- 数据发送的方式是 POST、当提交表单时向 "/UserQuestionnaire/submitInfo" 发送表单数据
    -->
11     <form:form method="POST" action="/UserQuestionnaire/submitInfo">
12         <table>
13             <tr>
14                 <td><form:label path="userName">用户名：</form:label></td>
15                 <td><form:input path="userName"/></td>
16             </tr>
17             <tr>
18                 <td><form:label path="password">密码：</form:label></td>
19                 <td><form:password path="password"/></td>
20             </tr>
21             <tr>
22                 <td><form:label path="sex">性别：</form:label></td>
23                 <td><form:radiobutton path="sex" value="M" label=" 男 "/>
24                 <form:radiobutton path="sex" value="F" label=" 女 "/></td>
25             </tr>
26             <tr>
27                 <td><form:label path="address">地址：</form:label></td>
28                 <td><form:textarea path="address" rows="3" cols="30"/></td>
29             </tr>
30             <tr>
31                 <td><form:label path="favoriteCarCategory">喜欢的汽车类别：
32                     </form:label></td>
33                 <td><form:checkboxes items="${favoriteCarCategoryList}"
34                     path="favoriteCarCategory"/></td>
35             </tr>
36             <tr>
37                 <td><form:label path="seatsNumDesired">心仪的座椅数：</form:label></td>
38                 <td><form:radiobuttons path="seatsNumDesired"
39                     items="${seatsNumDesiredList}"/></td>
40             </tr>
41             <tr>
42                 <td><form:label path="professionalCategory">职业类别：</form:label></td>
43                 <td><form:select path="professionalCategory">
44                     <form:option value="NONE" label="-- 请选择 --"/>
45                     <form:options items="${professionalCategoryMap}"/>
46                 </form:select></td>
47             </tr>
```

```
48          <tr>
49              <td><form:label path="brandDesired">心仪的品牌:</form:label></td>
50              <td><form:select path="brandDesired" items="${brandDesiredMap}"
51                      multiple="true" /></td>
52          </tr>
53          <tr>
54              <td><form:label path="receivePushMsg">接收推送消息:</form:label></td>
55              <td><form:checkbox path="receivePushMsg" /></td>
56          </tr>
57          <tr>
58              <td colspan="2"><input type="submit" value="提　交" /></td>
59          </tr>
60      </table>
61  </form:form>
62  </body>
63  </html>
```

② 在编写 result.jsp 的过程中,需要注意哪些问题呢?

a. 为了避免视图中的中文乱码,向 result.jsp 导入如下的头文件。

```
<%@ page language="java" contentType="text/html; charset=UTF-8"
    pageEncoding="UTF-8"%>
```

b. result.jsp 不需要实现表单。

c. "${param}"(param 即参数)的作用是通过表达式匹配指定参数的值。

d. 在 JSP 文件中,如果需要编写 Java 代码,就用 "<% %>" 将其括起来。在 result.jsp 文件中,为了匹配"喜欢的汽车类别"和"心仪的品牌"的值,需要通过 request.getAttribute() 方法,获取 User 类中的 favoriteCarCategory 属性和 brandDesired 属性的值。因为 favoriteCarCategory 属性和 brandDesired 属性的数据类型都是 String[](字符串数组)类型,所以需要使用 Foreach 循环遍历并得到字符串数组中的每一个元素。又因为这些元素以中文为主,所以为了避免在 JSP 页面上呈现乱码,需要通过 String 类提供的 getBytes() 方法,把这些元素的编码格式由 "ISO-8859-1" 转换为 "UTF-8"。

result.jsp 文件中的代码如下所示。

```
01  <%@ page language="java" contentType="text/html; charset=UTF-8"
02      pageEncoding="UTF-8"%>
03  <html>
04  <head>
05  <title>显示问卷</title>
06  </head>
07  <body>
08      <h2>已提交的调查问卷</h2>
09      <table>
10          <tr>
11              <td>用户名:</td>
12              <td>${userName}</td>
13          </tr>
14          <tr>
15              <td>密码:</td>
16              <td>${password}</td>
17          </tr>
18          <tr>
19              <td>性别:</td>
20              <td>${(sex=="M"? "男" : "女")}</td>
21          </tr>
```

```
22        <tr>
23            <td>地址:</td>
24            <td>${address}</td>
25        </tr>
26        <tr>
27            <td>喜欢的汽车类别:</td>
28            <td>
29                <%
30                    String[] favoriteCarCategory =
31                    (String[]) request.getAttribute("favoriteCarCategory");
32                    for (String carCategory : favoriteCarCategory) {
33                        out.println(
34                                new String(carCategory.getBytes("ISO-8859-1"), "UTF-8"));
35                    }
36                %>
37            </td>
38        </tr>
39        <tr>
40            <td>心仪的座椅数:</td>
41            <td>${seatsNumDesired}</td>
42        </tr>
43        <tr>
44            <td>职业类别:</td>
45            <td>${professionalCategory}</td>
46        </tr>
47        <tr>
48            <td>心仪的品牌:</td>
49            <td>
50                <%
51                    String[] brands = (String[]) request.getAttribute("brandDesired");
52                    for (String brand : brands) {
53                        out.println(new String(brand.getBytes("ISO-8859-1"), "UTF-8"));
54                    }
55                %>
56            </td>
57        </tr>
58        <tr>
59            <td>接收推送消息:</td>
60            <td>${receivePushMsg}</td>
61        </tr>
62    </table>
63 </body>
64 </html>
```

19.3.4 编写 XML 文件

在 UserQuestionnaire 项目中的 WEB-INF 文件夹下，有 3 个 XML 文件，即 applicationContext.xml、web.xml 和 springmvc-servlet.xml。下面将对这 3 个 XML 文件各自发挥的作用及其实现代码进行讲解。

applicationContext.xml 文件是 Spring 框架的全局配置文件，用于启动并初始化 Spring 框架的一些基础组件。applicationContext.xml 文件中的代码如下所示。

```
01 <?xml version="1.0" encoding="UTF-8"?>
02 <beans xmlns="http://www.springframework.org/schema/beans"
03     xmlns:xsi="http://www.w3.org/2001/XMLSchema-instance"
04     xsi:schemaLocation="http://www.springframework.org/schema/beans
```

```
05        http://www.springframework.org/schema/beans/spring-beans.xsd">
06    </beans>
```

在 web.xml 文件中,还要实现如下 3 个功能:一个是使用 <servlet> 标签部署 DispatcherServlet,拦截所有请求;一个是使用 <servlet-mapping> 标签请求 URL 地址;一个是使用 <context-param> 标签配置一组键值对,告知 ContextLoaderListener 读取在 contextConfigLocation 中定义的 applicationContext.xml 文件,对其中的配置信息执行加载操作。web.xml 文件中的代码如下所示。

```
01  <?xml version="1.0" encoding="UTF-8"?>
02  <web-app xmlns:xsi="http://www.w3.org/2001/XMLSchema-instance"
03      xmlns="http://xmlns.jcp.org/xml/ns/javaee"
04      xsi:schemaLocation="http://xmlns.jcp.org/xml/ns/javaee
05      http://xmlns.jcp.org/xml/ns/javaee/web-app_3_1.xsd"
06      id="WebApp_ID" version="3.1">
07
08      <display-name>UserQuestionnaire</display-name>
09
10      <!-- 部署 DispatcherServlet,拦截所有请求 -->
11      <servlet>
12          <servlet-name>springmvc</servlet-name>
13          <servlet-class>
14              org.springframework.web.servlet.DispatcherServlet
15          </servlet-class>
16          <load-on-startup>1</load-on-startup>
17      </servlet>
18
19      <servlet-mapping>
20          <servlet-name>springmvc</servlet-name>
21          <url-pattern>/</url-pattern>
22      </servlet-mapping>
23
24      <context-param>
25          <param-name>contextConfigLocation</param-name>
26          <param-value>/WEB-INF/applicationContext.xml</param-value>
27      </context-param>
28
29      <listener>
30          <listener-class>org.springframework.web.context.ContextLoaderListener
31          </listener-class>
32      </listener>
33  </web-app>
```

因为在 UserQuestionnaire 项目中的 WEB-INF 文件夹下已经通过编码实现了 applicationContext.xml 文件,所以需要在 web.xml 文件中使用 <listener> 标签添加 ContextLoaderListener。

springmvc-servlet.xml 文件是 Spring MVC 的配置文件。因为在 web.xml 文件中使用 <servlet-name> 标签设置了 servlet 的名称(即 springmvc),所以 Spring MVC 的配置文件的文件名须是"springmvc-servlet.xml"。当 Spring MVC 初始化时,程序就会在 UserQuestionnaire 项目中的 WEB-INF 文件夹下查找这个配置文件。springmvc-servlet.xml 文件中的代码如下所示。

```xml
<?xml version="1.0" encoding="UTF-8"?>
<beans xmlns="http://www.springframework.org/schema/beans"
    xmlns:xsi="http://www.w3.org/2001/XMLSchema-instance"
    xmlns:p="http://www.springframework.org/schema/p"
    xmlns:context="http://www.springframework.org/schema/context"
    xmlns:mvc="http://www.springframework.org/schema/mvc"
    xsi:schemaLocation="http://www.springframework.org/schema/beans
      http://www.springframework.org/schema/beans/spring-beans.xsd
      http://www.springframework.org/schema/context
      http://www.springframework.org/schema/context/spring-context.xsd
      http://www.springframework.org/schema/mvc
      http://www.springframework.org/schema/mvc/spring-mvc.xsd">
    <!-- 扫包 -->
    <context:component-scan
        base-package="com.mr">
    </context:component-scan>

    <bean
        class="org.springframework.web.servlet.view.InternalResourceViewResolver">
        <!-- 指定页面存放的路径 -->
        <property name="prefix" value="/WEB-INF/jsp/"></property>
        <!-- 文件的后缀 -->
        <property name="suffix" value=".jsp"></property>
    </bean>
</beans>
```

第 20 章
上传文件
（Spring MVC+ 文件上传技术实现）

扫码获取本书
资源

网络传输的方向分为上行和下行。其中，上行指的是本地发送请求或数据给网站（或者服务器）的过程；下行就是网站（或服务器）发送数据信息给本地的过程。所谓上传，指的是把本地的文件发送给网站（或服务器）的过程。就网络传输的方向而言，上传等同于上行。本章将编写一个 Spring MVC 程序，演示如何把本地的文件发送给本地 Tomcat（即服务器），以实现上传文件的目的。

20.1 案例效果预览

本章程序实现的功能是把本地的文件发送给本地 Tomcat（即服务器）。如图 20.1 所示，把本章程序加载到本地 Tomcat 上后，打开浏览器，输入网址 "http://localhost:8080/UploadFile/uploadFile"，按下回车键，就会显示初始化的上传文件的页面。在如图 20.1 所示的页面上，除了提示信息外，还有两个功能按钮。单击"选择文件"按钮后，通过打开的"选择文件"对话框，即可选择需要上传的文件。如图 20.2 所示，文件被选定后，程序会把这个文件的文件名显示在当前页面上。这时，单击"上传文件"按钮后，即可把已选定的文件发送给本地 Tomcat。为了让用户知晓指定文件已成功上传至本地 Tomcat，浏览器显示的页面会跳转到如图 20.3 所示的页面。如图 20.4 所示，用户可以在本地 Tomcat 所在的文件夹下查看上传成功的文件。

图 20.1 初始化上传文件的页面

第 20 章　上传文件（Spring MVC+ 文件上传技术实现）

图 20.2　选择一个需要上传的文件

图 20.3　指定文件已成功上传至本地 Tomcat

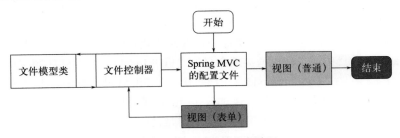

图 20.4　在本地 Tomcat 中查看已上传的文件

 因为笔者的 8080 端口被其他程序占用，所以把连接 Tomcat 的端口号修改为 8992。读者朋友在输入网址时，需修改图 20.1 中的端口号。

20.2　业务流程图

上传文件的业务流程如图 20.5 所示。

图 20.5　上传文件的业务流程

20.3　实现步骤

本程序的实现过程分为了以下 4 个步骤：编写文件模型类、编写文件控制器类、编写 JSP 文件和编写 XML 文件。下面将依次对这 4 个步骤进行讲解。

20.3.1 编写文件模型类

在编写文件模型类之前,需要做好如下的准备工作。

① 创建一个名为"UploadFile"的动态 Web 项目。在创建动态 Web 项目的过程中,需要注意两个问题:一个是把"Dynamic web module version"的版本设置为 3.1;另一个是勾选"Generate web.xml deployment descriptor",告诉 Eclipse 在 UploadFile 项目中的 WEB-INF 文件夹下创建 web.xml 文件。

② 在编写用于实现 UploadFile 项目的代码的过程中,需要依赖第三方库文件(简称 jar 包)。为此,应先把如下 10 个 jar 包复制、粘贴到 UploadFile 项目中的 WEB-INF 文件夹中的 lib 文件夹下。

- ☑ commons-fileupload-1.4.jar;
- ☑ commons-io-2.11.0.jar;
- ☑ commons-logging-1.2.jar;
- ☑ spring-aop-5.3.20.jar;
- ☑ spring-beans-5.3.20.jar;
- ☑ spring-context-5.3.20.jar;
- ☑ spring-core-5.3.20.jar;
- ☑ spring-expression-5.3.20.jar;
- ☑ spring-web-5.3.20.jar;
- ☑ spring-webmvc-5.3.20.jar。

> a. commons-fileupload-1.4.jar 的下载地址如下所示: https://commons.apache.org/proper/commons-fileupload/download_fileupload.cgi;
> b. commons-io-2.11.0.jar 的下载地址如下所示: https://commons.apache.org/proper/commons-io/download_io.cgi。

③ 再把这 10 个 jar 包全部选中后,在其中一个 jar 包上单击右键,选择"Build Path",选择并单击"Add to Build Path"。

④ 待这 10 个 jar 包全部导入到项目中后,就会在 UploadFile 项目中新生成一个名为"Referenced Libraries"的类库。在这个类库中,存储的就是已经导入到项目中的 10 个 jar 包。

在 UploadFile 项目中,文件模型类被命名为"FileModel",被存储在源文件夹(即"src/main/java")下的名为"com.mr.model"的包中。在 FileModel 类中,包含 1 个被 private 修饰符修饰的属性,即表示需要上传的文件 file,它的数据类型是 MultipartFile 类型。MultipartFile 是 Spring 框架中的一个接口,其作用是接收上传的文件。此外,还为上述这个私有属性提供了 Getters and Setters 方法。FileModel.java 文件中的代码如下所示。

```
01 package com.mr.model;
02 import org.springframework.web.multipart.MultipartFile;
03
04 public class FileModel {
05     // MultipartFile 是 Spring 的一个接口,用于接收上传的文件
06     // file 表示的是上传的文件
07     private MultipartFile file;
08     // 为私有属性 file 提供 Getters and Setters 方法
```

```
09    public MultipartFile getFile() {
10        return file;
11    }
12    public void setFile(MultipartFile file) {
13        this.file = file;
14    }
15 }
```

20.3.2 编写文件控制器类

在 UploadFile 项目中，文件控制器类被命名为"FileController"，被存储在源文件夹（即"src/main/java"）下的名为"com.mr.controller"的包中。为了更加高效地理解 FileController 类，下面将列举 FileController 类中的关键点。

① 通过把 @Controller 注解使用在 UserController 类上，声明 UserController 类是一个控制器。

② Spring 框架从 Spring 2.5 开始引入了一种新的用于实现依赖注入的方式，即通过 @Autowired 注解。当 @Autowired 注解被使用在类的属性上时，则不再需要为这个属性提供 Getters and Setters 方法，而是默认依据属性的数据类型为属性注入值。

③ 把 @RequestMapping 注解使用在方法上，当调用这个方法时，会通过 URL 地址请求视图。

④ ModelAndView 类的作用是把由后端返回的数据转发给视图层，同时包含一个能够访问视图层的 URL 地址。如果在 JSP 文件中使用 form 表单，那么 Spring MVC 需要一个名为"command"的对象。因此，需要在 ModelAndView 对象中传递了一个名为"command"的空对象。

⑤ 定义一个用于上传文件的 upload() 方法。在这个方法中，有 3 个参数，分别为文件模型类（即 FileModel 类）的对象 file、用于对前端传递而来的数据进行校验的 BindingResult 类的对象 result 和用于存储结果页面上所需数据的 ModelMap 类的对象 model。

⑥ 在 upload() 方法中，@Validated 注解被使用在对象 file 的数据类型（即 FileModel 类）上，其作用在于对后端接收的文件模型类（即 FileModel 类）的对象进行数据校验。

⑦ 通过 Servlet 上下文调用 getRealPath() 方法，获取项目运行目录的路径。在拼接路径时，File.separator 相当于"\"。

⑧ 通过调用 FileCopyUtils 类的 copy() 方法，执行复制文件的操作。在这个过程中，还需要使用 MultipartFile 接口中的 getBytes() 方法和 getOriginalFilename() 方法。其中，getBytes() 方法的作用是获取文件中的数据；getOriginalFilename() 方法的作用是获取上传文件的文件名。

⑨ ModelMap 类的 addAttribute() 方法的作用类似于向 Map 集合中添加键值对。其中，键是"uploadFile"，与键对应的值是"fileName"。

FileController.java 文件中的代码如下所示。

```
01 package com.mr.controller;
02 import java.io.File;
03 import java.io.IOException;
04 import javax.servlet.ServletContext;
05 import org.springframework.beans.factory.annotation.Autowired;
06 import org.springframework.stereotype.Controller;
```

```java
07 import org.springframework.ui.ModelMap;
08 import org.springframework.util.FileCopyUtils;
09 import org.springframework.validation.BindingResult;
10 import org.springframework.validation.annotation.Validated;
11 import org.springframework.web.bind.annotation.RequestMapping;
12 import org.springframework.web.bind.annotation.RequestMethod;
13 import org.springframework.web.multipart.MultipartFile;
14 import org.springframework.web.servlet.ModelAndView;
15 import com.mr.model.FileModel;
16
17 @Controller
18 public class FileController {
19     /* context：Servlet 上下文
20      * 是一个域对象，用于在不同的 Servlet 之间传递与共享数据
21      */
22     @Autowired
23     ServletContext context;
24
25     @RequestMapping(value = "/uploadFile", method = RequestMethod.GET)
26     public ModelAndView init() {
27         FileModel file = new FileModel();   // 创建一个文件模型类对象
28         // 创建 ModelAndView 对象，把由后端返回的数据转发给视图层
29         ModelAndView modelAndView = new ModelAndView("uploadFile", "command", file);
30         return modelAndView;
31     }
32
33     @RequestMapping(value = "/uploadFile", method = RequestMethod.POST)
34     public String upload
35     (@Validated FileModel file, BindingResult result, ModelMap model)
36             throws IOException {
37         if (result.hasErrors()) {   // 对数据进行校验，检测是否有错误。如果有错误，
38             System.out.println("发生一个合法性错误！");   // 控制台输入信息
39             return "uploadFile";
40         } else {
41             MultipartFile multipartFile = file.getFile();   // 实例化一个上传文件的对象
42             // 拼接项目运行目录的路径
43             String uploadPath = context.getRealPath("") + File.separator;
44             // 获取文件名
45             String fileName = new String(
46                 multipartFile.getOriginalFilename().getBytes("ISO-8859-1"), "UTF-8");
47             // 复制文件
48             FileCopyUtils.copy(multipartFile.getBytes(),
49                 new File(uploadPath + fileName));
50             // 存储键值对
51             model.addAttribute("fileName", fileName);
52             return "success";
53         }
54     }
55 }
```

20.3.3 编写 JSP 文件

在 UploadFile 项目中的 WEB-INF 文件夹中的 jsp 文件夹下，包含两个 JSP 文件：一个是 uploadFile.jsp，其作用是在浏览器上显示如图 20.1 所示的初始化的用于上传文件的页面；另一个是 success.jsp，其作用是在浏览器上显示如图 20.3 所示的用于通知用户指定文件已成功上传至本地 Tomcat 的页面。

① 在编写 uploadFile.jsp 的过程中，需要注意如下问题。

a. 为了避免视图中的中文乱码，向 uploadFile.jsp 导入如下的头文件。

```
<%@ page language="java" contentType="text/html; charset=UTF-8"
    pageEncoding="UTF-8"%>
```

b. 因为在 uploadFile.jsp 中需要使用表单，所以还须向 uploadFile.jsp 导入如下的头文件。

```
<%@ taglib uri="http://www.springframework.org/tags/form" prefix="form"%>
```

c. 在表单中，数据发送的方式是"POST"。

d. 当使用 Spring MVC 表单标签时，须在请求中包含一个和表单对应的 bean。其中，请求的键默认为"command"，请求的值由 modelAttribute 属性予以设置。在本程序的文件控制器 FileController 类中，通过 ModelAndView 类的构造方法，已经把文件模型类对象 file 的名称设置为"command"，并把与其对应的视图的名称设置为"uploadFile"。也就是说，在本程序的 Spring MVC 表单标签中，请求的键是文件模型类对象 file 的名称（即"command"），请求的值是与文件模型类对象 file 对应的视图的名称（即"uploadFile"）。因此，须由 modelAttribute 属性把请求的值设置为"uploadFile"。

e. 当数据信息经 form 表单发送给服务器时，须由 enctype 属性规定数据信息的编码方式。当 enctype 属性的值为"multipart/form-data"时，则规定数据信息的编码方式为二进制编码，这些数据信息可以是图片、文件、MP3 格式的音频文件等。

f. 在 form 表单中，包含了提示信息、用于弹出文件选择对话框的"选择文件"按钮和用于把本地的文件发送给本地 Tomcat 的"提交"按钮。

uploadFile.jsp 文件中的代码如下所示。

```
01  <%@ page language="java" contentType="text/html; charset=UTF-8"
02      pageEncoding="UTF-8"%>
03  <%@ taglib uri="http://www.springframework.org/tags/form" prefix="form"%>
04  <html>
05      <head>
06          <title>上传文件</title>
07      </head>
08
09      <body>
10          <form:form method="POST" modelAttribute="uploadFile"
11              enctype="multipart/form-data">
12              请选择一个需要上传的文件：
13              <input type="file" name="file"/>
14              <input type="submit" value="上传文件"/>
15          </form:form>
16      </body>
17  </html>
```

② 在编写 success.jsp 的过程中，需要注意哪些问题呢？

a. 为了避免视图中的中文乱码，向 success.jsp 导入如下的头文件。

```
<%@ page language="java" contentType="text/html; charset=UTF-8"
    pageEncoding="UTF-8"%>
```

b. success.jsp 不需要实现表单。

c. "${fileName}"的作用是获取上传文件的文件名。

success.jsp 文件中的代码如下所示。

```
01  <%@ page language="java" contentType="text/html; charset=UTF-8"
02    pageEncoding="UTF-8"%>
03  <html>
04    <head>
05      <title>上传结果</title>
06    </head>
07    <body>
08      上传文件名称：
09      <b> ${fileName} </b> - 已成功上传至本地 Tomcat！
10    </body>
11  </html>
```

20.3.4 编写 XML 文件

在 UploadFile 项目中的 WEB-INF 文件夹下，有 3 个 XML 文件，即 applicationContext.xml、web.xml 和 springmvc-servlet.xml。下面将对这 3 个 XML 文件各自发挥的作用及其实现代码进行讲解。

applicationContext.xml 文件是 Spring 框架的全局配置文件，用于启动并初始化 Spring 框架的一些基础组件。applicationContext.xml 文件中的代码如下所示。

```
01  <?xml version="1.0" encoding="UTF-8"?>
02  <beans xmlns="http://www.springframework.org/schema/beans"
03    xmlns:xsi="http://www.w3.org/2001/XMLSchema-instance"
04    xsi:schemaLocation="http://www.springframework.org/schema/beans
05    http://www.springframework.org/schema/beans/spring-beans.xsd">
06  </beans>
```

在 web.xml 文件中，还要实现如下 3 个功能：一个是使用 <servlet> 标签部署 DispatcherServlet，拦截所有请求；一个是使用 <servlet-mapping> 标签请求 URL 地址；一个是使用 <context-param> 标签配置一组键值对，告知 ContextLoaderListener 读取在 contextConfigLocation 中定义的 applicationContext.xml 文件，对其中的配置信息执行加载操作。web.xml 文件中的代码如下所示。

```
01  <?xml version="1.0" encoding="UTF-8"?>
02  <web-app xmlns:xsi="http://www.w3.org/2001/XMLSchema-instance"
03    xmlns="http://xmlns.jcp.org/xml/ns/javaee"
04    xsi:schemaLocation="http://xmlns.jcp.org/xml/ns/javaee
05    http://xmlns.jcp.org/xml/ns/javaee/web-app_3_1.xsd"
06    id="WebApp_ID" version="3.1">
07
08    <display-name>UploadFile</display-name>
09
10    <!-- 部署 DispatcherServlet，拦截所有请求 -->
11    <servlet>
12      <servlet-name>springmvc</servlet-name>
13      <servlet-class>
14        org.springframework.web.servlet.DispatcherServlet
15      </servlet-class>
16      <load-on-startup>1</load-on-startup>
17    </servlet>
18
19    <servlet-mapping>
20      <servlet-name>springmvc</servlet-name>
21      <url-pattern>/</url-pattern>
```

```
22        </servlet-mapping>
23
24        <context-param>
25            <param-name>contextConfigLocation</param-name>
26            <param-value>/WEB-INF/applicationContext.xml</param-value>
27        </context-param>
28
29        <listener>
30            <listener-class>org.springframework.web.context.ContextLoaderListener
31            </listener-class>
32        </listener>
33 </web-app>
```

 因为在 UploadFile 项目中的 WEB-INF 文件夹下已经通过编码实现了 applicationContext.xml 文件，所以需要在 web.xml 文件中使用 <listener> 标签添加 ContextLoaderListener。

springmvc-servlet.xml 文件是 Spring MVC 的配置文件。因为在 web.xml 文件中使用 <servlet-name> 标签设置了 servlet 的名称（即"springmvc"），所以 Spring MVC 的配置文件的文件名须是"springmvc-servlet.xml"。

在 springmvc-servlet.xml 文件中，通过把一个 <bean> 元素中的 id 属性设置为 "multipartResolver"，说明本程序将通过 form 表单把本地文件发送给服务器。这时，Spring MVC 需要配置一个通用的多路上传解析器，即"CommonsMultipartResolver"。当 Spring MVC 初始化时，程序就会在 UploadFile 项目中的 WEB-INF 文件夹下查找这个配置文件。

springmvc-servlet.xml 文件中的代码如下所示。

```
01 <?xml version="1.0" encoding="UTF-8"?>
02 <beans xmlns="http://www.springframework.org/schema/beans"
03     xmlns:xsi="http://www.w3.org/2001/XMLSchema-instance"
04     xmlns:p="http://www.springframework.org/schema/p"
05     xmlns:context="http://www.springframework.org/schema/context"
06     xmlns:mvc="http://www.springframework.org/schema/mvc"
07     xsi:schemaLocation="http://www.springframework.org/schema/beans
08       http://www.springframework.org/schema/beans/spring-beans.xsd
09       http://www.springframework.org/schema/context
10       http://www.springframework.org/schema/context/spring-context.xsd
11       http://www.springframework.org/schema/mvc
12       http://www.springframework.org/schema/mvc/spring-mvc.xsd">
13     <!-- 扫包 -->
14     <context:component-scan
15         base-package="com.mr">
16     </context:component-scan>
17
18     <bean
19         class="org.springframework.web.servlet.view.InternalResourceViewResolver">
20         <!-- 指定页面存放的路径 -->
21         <property name="prefix" value="/WEB-INF/jsp/"></property>
22         <!-- 文件的后缀 -->
23         <property name="suffix" value=".jsp"></property>
24     </bean>
25
26     <bean id="multipartResolver"
27         class="org.springframework.web.multipart.commons.CommonsMultipartResolver">
28     </bean>
29 </beans>
```

第 21 章
导出数据至 Excel
（Spring MVC+Excel 读写技术实现）

扫码获取本书资源

　　导入指的是将当前系统之外的某个指定位置上的一批数据输入到系统中。它是一种改变元素可见性的表示法，使其他作用域或名字空间的元素可以在本作用域或名字空间内被直接引用。导出指的是将当前系统中的一批数据输出到系统之外的某个指定位置。它也是一种改变元素可见性的表示法，使一个作用域或名字空间内部的元素对于该作用域或名字空间之外是可见的。本章将编写一个与"导出"相关的 Spring MVC 程序，即把存储在 List 集合中的数据通过单击 JSP 页面中的超链接导出至一个 Excel 文件。

21.1　案例效果预览

　　本章程序实现的功能是把存储在 List 集合中的数据通过单击 JSP 页面中的超链接导出至一个 Excel 文件。如图 21.1 所示，把本章程序加载到本地 Tomcat 上后，打开浏览器，输入网址"http://localhost:8080/DatatoExcel/export"，按下回车键，就会显示初始化的用于把数据导出至一个 Excel 文件的 JSP 页面。在这个 JSP 页面中，包含一个"导出"超链接。单击"导出"超链接后，将弹出如图 21.2 所示的"新建下载任务"对话框。首先单击其中的"浏览"

图 21.1　初始化的用于把数据导出至 Excel 文件的页面

图 21.2　弹出"新建下载任务"对话框

按钮,确定 Excel 文件的下载位置;然后单击"下载"按钮,把 Excel 文件下载到指定位置。如图 21.3 所示,笔者把导出的 Excel 文件下载到本地桌面上。双击已经下载的 Excel 文件,即可看到如图 21.4 所示的 Excel 文件中的工作表和工作表中的数据。

图 21.3　把 Excel 文件下载到本地桌面上

图 21.4　被导出至 Excel 文件的数据

 在图 21.2 中,连接 Tomcat 的端口号不是 8080,而是 8992。这是因为笔者把被占用的用于连接 Tomcat 的端口号 8080 修改为了 8992。

21.2　业务流程图

导出数据至 Excel 的业务流程如图 21.5 所示。

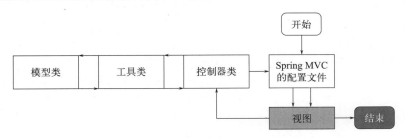

图 21.5　导出数据至 Excel 的业务流程

21.3　实现步骤

本程序的实现过程分为以下 5 个步骤:编写模型类、编写工具类、编写控制器类、编写 JSP 文件和编写 XML 文件。下面将依次对这 5 个步骤进行讲解。

21.3.1 编写模型类

在编写模型类之前，需要做好如下的准备工作。

① 创建一个名为"DatatoExcel"的动态 Web 项目。在创建动态 Web 项目的过程中，需要注意两个问题：一个是把"Dynamic web module version"的版本设置为 3.1；另一个是勾选"Generate web.xml deployment descriptor"，告诉 Eclipse 在 DatatoExcel 项目中的 WEB-INF 文件夹下创建 web.xml 文件。

② 在编写用于实现 DatatoExcel 项目的代码的过程中，需要依赖第三方库文件（简称 jar 包）。为此，应先把如下 11 个 jar 包复制、粘贴到 DatatoExcel 项目中的 WEB-INF 文件夹中的 lib 文件夹下。

- ☑ commons-io-2.11.0.jar；
- ☑ commons-logging-1.2.jar；
- ☑ log4j-api-2.17.2.jar；
- ☑ poi-5.2.2.jar；
- ☑ spring-aop-5.3.20.jar；
- ☑ spring-beans-5.3.20.jar；
- ☑ spring-context-5.3.20.jar；
- ☑ spring-core-5.3.20.jar；
- ☑ spring-expression-5.3.20.jar；
- ☑ spring-web-5.3.20.jar；
- ☑ spring-webmvc-5.3.20.jar。

 说明：log4j-api-2.17.2.jar 和 poi-5.2.2.jar 均在 Apache POI 库中。

③ 再把这 11 个 jar 包全部选中后，在其中一个 jar 包上单击右键，选择"Build Path"，选择并单击"Add to Build Path"。

④ 待这 11 个 jar 包全部导入到项目中后，就会在 DatatoExcel 项目中新生成一个名为"Referenced Libraries"的类库。在这个类库中，存储的就是已经导入到项目中的 11 个 jar 包。

在 DatatoExcel 项目中，包含一个被命名为"PoetsWorks"、表示"诗人及其代表诗作"的模型类，它被存储在源文件夹（即"src/main/java"）下的名为"com.mr.model"的包中。在 PoetsWorks 类中，包含两个被 private 修饰符修饰的属性，即表示"诗人姓名"的 poetName 和表示"代表诗作名称"的 workName，它们的数据类型都是 String 类型。下面要为 PoetsWorks 类提供无参构造方法和有参构造方法。此外，还要为上述两个私有属性提供 Getters and Setters 方法。PoetsWorks.java 文件中的代码如下所示。

```
01 package com.mr.model;
02
03 public class PoetsWorks { // 诗人及其代表诗作类
04     private String poetName; // 诗人姓名
05     private String workName; // 代表诗作名称
06     // 为 PoetsWorks 类提供无参构造方法
07     public PoetsWorks() {
08     }
09     // 为 PoetsWorks 类提供有参构造方法
```

```
10    public PoetsWorks(String poetName, String workName) {
11        super();
12        this.poetName = poetName;
13        this.workName = workName;
14    }
15    // 为私有属性 poetName 提供 Getters and Setters 方法
16    public String getPoetName() {
17        return poetName;
18    }
19    public void setPoetName(String poetName) {
20        this.poetName = poetName;
21    }
22    // 为私有属性 workName 提供 Getters and Setters 方法
23    public String getWorkName() {
24        return workName;
25    }
26    public void setWorkName(String workName) {
27        this.workName = workName;
28    }
29 }
```

21.3.2 编写工具类

在 DatatoExcel 项目中，工具类被命名为 "DatatoExcelUtil"，被存储在源文件夹（即 "src/main/java"）下的、名为 "com.mr.util" 的包中。

在 DatatoExcelUtil 类中，包含了 5 个方法，分别是用于设置 Excel 文件中的工作表名称的 setSheetName() 方法、用于设置工作表的表头名称的 setSheetTitleName() 方法、用于命名表头的 namedSheetTitle() 方法、用于添加表数据的 addSheetDatas() 方法和用于获取文件（输入）流的 getExcelStream() 方法。下面将列举各个方法中的关键点。

① 在 setSheetName() 方法中，设置 Excel 文件中的工作表名称为 "诗人及其代表诗作"，将其作为 setSheetName() 方法的返回值。

② 在 setSheetTitleName() 方法中，设置工作表的表头名称为 "诗人,代表诗作"（其中的逗号是英文格式的），将其作为 setSheetTitleName() 方法的返回值。

③ 在 namedSheetTitle() 方法中，包含了 sheet 和 sheetTitleName 两个参数。其中，sheet 表示的是 Excel 文件中的工作表；sheetTitleName 表示的是工作表的表头名称。下面将列举 namedSheetTitle() 方法中的关键点。

a. 通过 sheet 调用 createRow() 方法，确定表头在工作表中的位置，即工作表的第一行；

b. 通过 sheet 调用 setDefaultColumnWidth() 方法，设置工作表中各个单元格的列宽；

c. 已知工作表的表头名称为 "诗人,代表诗作"（其中的逗号是英文格式的），根据英文格式的逗号，拆分工作表的表头名称；

d. 把拆分后的表头名称依次赋值给表头所在行的每一列的单元格。

④ 在 addSheetDatas() 方法中，包含了 list 和 sheet 两个参数。其中，list 表示的是存储模型类对象的 List 集合；sheet 表示的是 Excel 文件中的工作表。下面将列举 addSheetDatas() 方法中的关键点。

a. 判断 List 集合是否为空；如果 List 集合为空，就终止程序的运行。

b. 因为工作表的第一行是表头，所以要从工作表的第二行向工作表添加数据。

c. 获取存储在 List 集合中的模型类对象。

d. 把从模型类中获取到的"诗人姓名"赋值给表头为"诗人"下面的单元格。

　　e. 把从模型类中获取到的"代表诗作名称"赋值给表头为"代表诗作"下面的单元格。

⑤ 在 getExcelStream() 方法中，包含了一个参数，即用于存储模型类对象的 List 集合。此外，当把 @SuppressWarnings 注解使用在 getExcelStream() 方法上时，能够屏蔽一些无关紧要的警告信息。下面将列举 getExcelStream() 方法中的关键点：

　　a. 在定义 getExcelStream() 方法的同时，须使用 throws 关键字抛出 IOException 异常；

　　b. 首先创建一个 Excel 文件，然后调用 createSheet() 方法创建一个工作表，接着调用 namedSheetTitle() 方法在工作表中命名表头，最后调用 addSheetDatas() 方法向工作表添加数据；

　　c. 创建一个字节数组输出流对象，把 Excel 文件中的数据写入到字节数组输出流对象中；

　　d. 调用 toByteArray() 方法，创建一个与字节数组输出流对象的缓冲区大小相同、包含的数据内容相同的字节缓冲区；

　　e. 创建一个字节数组输入流对象，开启与字节缓冲区之间的输入流连接；

　　f. 把字节数组输入流对象作为 getExcelStream() 方法的返回值。

DatatoExcelUtil.java 文件中的代码如下所示。

```java
01  package com.mr.util;
02  import java.io.ByteArrayInputStream;
03  import java.io.ByteArrayOutputStream;
04  import java.io.IOException;
05  import java.io.InputStream;
06  import java.util.Iterator;
07  import java.util.List;
08  import org.apache.poi.hssf.usermodel.HSSFCell;
09  import org.apache.poi.hssf.usermodel.HSSFRichTextString;
10  import org.apache.poi.hssf.usermodel.HSSFRow;
11  import org.apache.poi.hssf.usermodel.HSSFSheet;
12  import org.apache.poi.hssf.usermodel.HSSFWorkbook;
13  import org.apache.poi.ss.usermodel.CellType;
14  import com.mr.model.PoetsWorks;
15
16  public class DatatoExcelUtil {
17      public String setSheetName() {    // 设置 Excel 文件中的工作表名称
18          return " 诗人及其代表诗作 ";
19      }
20      public String setSheetTitleName() {    // 设置工作表的表头名称
21          return " 诗人 , 代表诗作 ";
22      }
23      public void namedSheetTitle(HSSFSheet sheet, String sheetTitleName) {    // 命名表头
24          // 创建工作表中的第一行，工作表中的第一行对应的行索引是 0
25          HSSFRow row = sheet.createRow(0);
26          sheet.setDefaultColumnWidth(26);    // 设置单元格的列宽可以容纳 26 个字母
27          HSSFCell cell = null;    // 把工作表中的单元格定义为空
28          String[] title = sheetTitleName.split(",");    // 拆分工作表表头的名称
29          for (int i = 0; i < title.length; i++) {
30              cell = row.createCell(i);    // 表头第一列的单元格对应的索引是 0
31              cell.setCellType(CellType.STRING);    // 设置单元格中的值为字符串
32              // 为单元格赋值
33              cell.setCellValue(new HSSFRichTextString(title[i]));
34          }
35      }
36      public void addSheetDatas(List<PoetsWorks> list, HSSFSheet sheet) {    // 添加表数据
37          if (list == null || list.size() < 1) {    // 如果用于存储诗人及其代表诗作类的对象为空
```

```java
38                return; // 终止程序的运行
39            }
40            int rowIndex = 1; // 定义工作表的行索引为1，即工作表的第二行
41            HSSFCell cell = null; // 把工作表中的单元格定义为空
42            HSSFRow row = null; // 把工作表中的行定义为空
43            for (Iterator<PoetsWorks> iterator = list.iterator();
44                    iterator.hasNext(); rowIndex++) {
45                // 获取诗人及其代表诗作类的对象
46                PoetsWorks poetsWorks = (PoetsWorks) iterator.next();
47                row = sheet.createRow(rowIndex); // 创建工作表中的第 rowIndex 行
48                int columnIndex = 0; // 定义工作表的列索引为0，即工作表的第一列
49                cell = row.createCell(columnIndex++); // 表头为"诗人"下面的单元格
50                cell.setCellType(CellType.STRING); // 设置单元格中的值为字符串
51                // 为表头为"诗人"下面的单元格赋值
52                cell.setCellValue(new HSSFRichTextString(poetsWorks.getPoetName()));
53                cell = row.createCell(columnIndex++); // 表头为"代表诗作"下面的单元格
54                cell.setCellType(CellType.STRING); // 设置单元格中的值为字符串
55                // 为表头为"代表诗作"下面的单元格赋值
56                cell.setCellValue(new HSSFRichTextString(poetsWorks.getWorkName()));
57            }
58        }
59        @SuppressWarnings("resource")
60        public InputStream getExcelStream(List<PoetsWorks> list)
61                throws IOException { // 获取文件（输入）流
62            HSSFWorkbook workbook = new HSSFWorkbook(); // 创建一个 Excel 文件
63            // 创建一个名为"诗人及其代表诗作"的工作表
64            HSSFSheet sheet = workbook.createSheet(this.setSheetName());
65            // 先对"工作表表头的名称"执行拆分字符串的操作，再命名表头
66            this.namedSheetTitle(sheet, this.setSheetTitleName());
67            this.addSheetDatas(list, sheet); // 添加表数据
68            // 创建一个字节数组输出流对象
69            ByteArrayOutputStream baos = new ByteArrayOutputStream();
70            workbook.write(baos); // 把 Excel 文件中的数据写入到字节数组输出流对象中
71            // 创建一个与字节数组输出流对象的缓冲区大小相同、包含的数据内容相同的字节缓冲区
72            byte[] b = baos.toByteArray();
73            // 创建一个字节数组输入流对象，开启与字节缓冲区之间的输入流连接
74            InputStream is = new ByteArrayInputStream(b);
75            return is;
76        }
77    }
```

21.3.3 编写控制器类

在 DatatoExcel 项目中，控制器类被命名为"DatatoExceController"，被存储在源文件夹（即"src/main/java"）下的名为"com.mr.controller"的包中。在 DatatoExceController 类中，包含了两个方法：一个是用于初始化模型类对象和 ModelAndView 类对象的 init() 方法，另一个是用于导出数据的 exportDatas() 方法。下面将列举 DatatoExceController 类中的关键点。

① 通过把 @Controller 注解使用在 DatatoExceController 类上，声明 DatatoExceController 类是一个控制器。

② 把 @RequestMapping 注解分别使用在 init() 方法和 exportDatas() 方法上，当调用 init() 方法或者 exportDatas() 方法时，就会通过 URL 地址请求相应的视图。

③ ModelAndView 类的作用是把由后端返回的数据转发给视图层，同时包含一个能够访问视图层的 URL 地址。在创建 ModelAndView 类对象时，需要在 ModelAndView 对象中传递一个名为"command"的空对象。

④ 在导出数据之前，须设置导出数据的编码格式为 UTF-8 和 Excel 文件的文件名称。

⑤ 通过模型类的有参构造方法，初始化模型类对象。这些模型类对象就是要向 Excel 文件添加的数据。

⑥ 把这些已经初始化的模型类对象存储在 List 集合中。

⑦ 初始化一个网络输出流对象。为了提高读、写效率，定义一个值为 null 的字节缓冲输入流对象和一个值为 null 的字节缓冲输出流对象。

⑧ 通过调用工具类中的 getExcelStream() 方法，初始化一个字节缓冲输入流对象，开启与工具类的字节数组输入流对象之间的输入流连接。

⑨ 初始化一个字节缓冲输出流对象，开启与网络输出流对象之间的输出流连接。

⑩ 创建一个可以容纳 2048 个字节的缓冲区。

⑪ 按字节读取 Excel 文件中的内容，把读取到的字节写入到字节缓冲输出流对象中。

⑫ 调用 flush() 方法，刷新缓冲输出流对象，相当于清空缓冲区里的数据流。

DatatoExceController.java 文件中的代码如下所示。

```java
01 package com.mr.controller;
02 import java.io.BufferedInputStream;
03 import java.io.BufferedOutputStream;
04 import java.io.IOException;
05 import java.util.ArrayList;
06 import java.util.List;
07 import javax.servlet.ServletOutputStream;
08 import javax.servlet.http.HttpServletRequest;
09 import javax.servlet.http.HttpServletResponse;
10 import org.springframework.stereotype.Controller;
11 import org.springframework.web.bind.annotation.RequestMapping;
12 import org.springframework.web.servlet.ModelAndView;
13 import com.mr.model.PoetsWorks;
14 import com.mr.util.DatatoExcelUtil;
15
16 @Controller
17 public class DatatoExceController {
18     @RequestMapping("/export")
19     public ModelAndView init() {
20         PoetsWorks pw = new PoetsWorks();  // 创建一个模型类对象
21         // 创建 ModelAndView 对象，把由后端返回的数据转发给视图层
22         ModelAndView modelAndView = new ModelAndView("export", "command", pw);
23         return modelAndView;
24     }
25     @RequestMapping("/export.action")
26     public void exportDatas
27     (HttpServletRequest request, HttpServletResponse response)
28             throws Exception {
29         // 设置导出数据的编码格式为 UTF-8
30         response.setContentType("application/vnd.ms-excel;charset=utf-8");
31         // 设置 Excel 文件的文件名称
32         response.setHeader("Content-Disposition", "attachment;filename="
33             + new String(" 数据导出 Excel.xls".getBytes(), "iso-8859-1"));
34         // 初始化要向 Excel 文件添加的诗人及其代表诗作
35         PoetsWorks pw1 = new PoetsWorks("陶渊明", "《饮酒》");
36         PoetsWorks pw2 = new PoetsWorks("王维", "《山居秋暝》");
37         PoetsWorks pw3 = new PoetsWorks("李白", "《宣州谢朓楼饯别校书叔云》");
38         PoetsWorks pw4 = new PoetsWorks("杜甫", "《登高》");
39         PoetsWorks pw5 = new PoetsWorks("白居易", "《琵琶行》");
40         PoetsWorks pw6 = new PoetsWorks("李商隐", "《锦瑟》");
```

```java
41          PoetsWorks pw7 = new PoetsWorks("李煜", "《虞美人》");
42          PoetsWorks pw8 = new PoetsWorks("苏轼", "《念奴娇·赤壁怀古》");
43          // 创建一个用于存储 PoetsWorks 类对象的 List 集合
44          List<PoetsWorks> list = new ArrayList<PoetsWorks>();
45          // 把已经初始化的 PoetsWorks 类对象添加到 List 集合
46          list.add(pw1);
47          list.add(pw2);
48          list.add(pw3);
49          list.add(pw4);
50          list.add(pw5);
51          list.add(pw6);
52          list.add(pw7);
53          list.add(pw8);
54          // 初始化一个网络输出流对象
55          ServletOutputStream sos = response.getOutputStream();
56          BufferedInputStream bis = null; // 定义一个值为 null 的字节缓冲输入流对象
57          BufferedOutputStream bos = null; // 定义一个值为 null 的字节缓冲输出流对象
58          try {
59              DatatoExcelUtil deu = new DatatoExcelUtil(); // 初始化一个工具类对象
60              // 初始化一个缓冲输入流对象
61              bis = new BufferedInputStream(deu.getExcelStream(list));
62              // 初始化一个缓冲输出流对象
63              bos = new BufferedOutputStream(sos);
64              byte[] buffer = new byte[2048]; // 把一个 byte 数组作为缓冲区
65              int bytesRead; // 读取的字节数
66              // 按字节读取 Excel 文件中的内容。当读取到 Excel 文件的尾部内容时，read 方法将返回"-1"
67              while ((bytesRead = bis.read(buffer, 0, buffer.length)) != -1) {
68                  bos.write(buffer, 0, bytesRead); // 把读取到的字节写入到缓冲输出流对象
69              }
70              bos.flush(); // 刷新缓冲输出流对象
71          } catch (final IOException e) {
72              System.out.println("数据导出列表导出异常！");
73          } finally {
74              if (bis != null) {
75                  bis.close();
76              }
77              if (bos != null) {
78                  bos.close();
79              }
80          }
81      }
82  }
```

21.3.4 编写 JSP 文件

在 DatatoExcel 项目中的 WEB-INF 文件夹中的 jsp 文件夹下，包含一个 JSP 文件（即 export.jsp），其作用是在浏览器上显示如图 21.1 所示的初始化的用于把数据导出至一个 Excel 文件的页面。

在编写 export.jsp 的过程中，需要注意如下问题。

① 为了避免视图中的中文乱码，向 DatatoExcel.jsp 导入如下的头文件。

```jsp
<%@ page language="java" contentType="text/html; charset=UTF-8"
    pageEncoding="UTF-8"%>
```

② http-equiv="Content-Type"：用于描述文档类型。

③ content="text/html; charset=UTF-8"：文档类型是 html；页面字符集的编码方式为 UTF-8。

④ a 标签用于实现超链接。

⑤ href="URL"：如果 URL 是一个相对路径且指向站点内的某个文件，那么当点击超链接时，就会下载这个文件。

⑥ ${pageContext.request.contextPath}：获取已经部署的应用程序的名称。

⑦ rel="external nofollow"：说明这个链接非本站链接，不要爬取也不要传递权重。

export.jsp 文件中的代码如下所示。

```
01 <%@ page language="java" contentType="text/html; charset=UTF-8"
02     pageEncoding="UTF-8"%>
03 <html>
04     <head>
05         <meta http-equiv="Content-Type" content="text/html; charset=UTF-8">
06         <title> 数据导出至 Excel</title>
07     </head>
08     <body>
09         <a href="${pageContext.request.contextPath}/export.action"
10             rel="external nofollow"> 导出 </a>
11     </body>
12 </html>
```

21.3.5　编写 XML 文件

在 DatatoExcel 项目中的 WEB-INF 文件夹下，有 3 个 XML 文件，即 applicationContext.xml、web.xml 和 springmvc-servlet.xml。下面将对这 3 个 XML 文件各自发挥的作用及其实现代码进行讲解。

applicationContext.xml 文件是 Spring 框架的全局配置文件，用于启动并初始化 Spring 框架的一些基础组件。applicationContext.xml 文件中的代码如下所示。

```
01 <?xml version="1.0" encoding="UTF-8"?>
02 <beans xmlns="http://www.springframework.org/schema/beans"
03     xmlns:xsi="http://www.w3.org/2001/XMLSchema-instance"
04     xsi:schemaLocation="http://www.springframework.org/schema/beans
05     http://www.springframework.org/schema/beans/spring-beans.xsd">
06 </beans>
```

在 web.xml 文件中，还要实现如下 3 个功能：一个是使用 <servlet> 标签部署 DispatcherServlet，拦截所有请求；一个是使用 <servlet-mapping> 标签请求 URL 地址；一个是使用 <context-param> 标签配置一组键值对，告知 ContextLoaderListener 读取在 contextConfigLocation 中定义的 applicationContext.xml 文件，对其中的配置信息执行加载操作。web.xml 文件中的代码如下所示。

```
01 <?xml version="1.0" encoding="UTF-8"?>
02 <web-app xmlns:xsi="http://www.w3.org/2001/XMLSchema-instance"
03     xmlns="http://xmlns.jcp.org/xml/ns/javaee"
04     xsi:schemaLocation="http://xmlns.jcp.org/xml/ns/javaee
05     http://xmlns.jcp.org/xml/ns/javaee/web-app_3_1.xsd"
06     id="WebApp_ID" version="3.1">
07     <display-name>DatatoExcel</display-name>
08     <servlet>
```

```
09        <servlet-name>springmvc</servlet-name>
10        <servlet-class>org.springframework.web.servlet.DispatcherServlet</servlet-class>
11        <load-on-startup>1</load-on-startup>
12    </servlet>
13    <servlet-mapping>
14        <servlet-name>springmvc</servlet-name>
15        <url-pattern>/</url-pattern>
16    </servlet-mapping>
17    <context-param>
18        <param-name>contextConfigLocation</param-name>
19        <param-value>/WEB-INF/applicationContext.xml</param-value>
20    </context-param>
21    <listener>
22        <listener-class>org.springframework.web.context.ContextLoaderListener
23        </listener-class>
24    </listener>
25 </web-app>
```

说明 因为在 DatatoExcel 项目中的 WEB-INF 文件夹下已经通过编码实现了 applicationContext.xml 文件，所以需要在 web.xml 文件中使用 <listener> 标签添加 ContextLoaderListener。

springmvc-servlet.xml 文件是 Spring MVC 的配置文件。因为在 web.xml 文件中使用 <servlet-name> 标签设置了 servlet 的名称（即 springmvc），所以 Spring MVC 的配置文件的文件名须是"springmvc-servlet.xml"。当 Spring MVC 初始化时，程序就会在 DatatoExcel 项目中的 WEB-INF 文件夹下查找这个配置文件。springmvc-servlet.xml 文件中的代码如下所示。

```
01 <?xml version="1.0" encoding="UTF-8"?>
02 <beans xmlns="http://www.springframework.org/schema/beans"
03     xmlns:xsi="http://www.w3.org/2001/XMLSchema-instance"
04     xmlns:p="http://www.springframework.org/schema/p"
05     xmlns:context="http://www.springframework.org/schema/context"
06     xmlns:mvc="http://www.springframework.org/schema/mvc"
07     xsi:schemaLocation="http://www.springframework.org/schema/beans
08      http://www.springframework.org/schema/beans/spring-beans.xsd
09      http://www.springframework.org/schema/context
10      http://www.springframework.org/schema/context/spring-context.xsd
11      http://www.springframework.org/schema/mvc
12      http://www.springframework.org/schema/mvc/spring-mvc.xsd">
13     <!-- 扫包 -->
14     <context:component-scan
15         base-package="com.mr">
16     </context:component-scan>
17
18     <bean
19         class="org.springframework.web.servlet.view.InternalResourceViewResolver">
20         <!-- 指定页面存放的路径 -->
21         <property name="prefix" value="/WEB-INF/jsp/"></property>
22         <!-- 文件的后缀 -->
23         <property name="suffix" value=".jsp"></property>
24     </bean>
25 </beans>
```

第 22 章
批量上传考试成绩
（Spring Boot+POI 技术实现）

扫码获取本书资源

Excel 是 Microsoft Office 办公软件里最常用的表格文件格式，很多网站都采用读取 Excel 文件的方式批量上传数据。在 Java 程序读写 Excel 文件时，推荐使用 Apache POI 库（简称 POI），该库支持对多种 Microsoft Office 文件格式的文件进行读写。本章将介绍如何在 Spring Boot 项目中使用 POI 读取用户上传的 Excel 文件包含的数据，以实现批量上传数据的目的。

22.1 案例效果预览

本章 Spring Boot 项目实现的功能有两个：一个是通过点击超链接，下载 Excel 格式的模板文件；另一个是把已经填写完成的 Excel 格式的模板文件发送给本地服务器。启动本章的 Spring Boot 项目后，打开浏览器，输入网址"http://127.0.0.1:8080/index"，按下回车键，就会显示如图 22.1 所示的初始化的用于批量上传数据的页面。用户点击"模板"超链接后，通过如图 22.2 所示的"新建下载任务"对话框，即可下载一个如图 22.3 所示的空的 Excel 格式的

图 22.1 初始化的、用于批量上传数据的页面

图 22.2 点击"模板"超链接后，弹出"新建下载任务"对话框

模板文件。用户把 Excel 格式的模板文件填写完成后，先通过单击图 22.4 中的"选择文件"按钮，选择已经填写完成的模板文件；再通过单击图 22.4 中的"上传"按钮，把已经填写完成的模板文件发送给本地服务器，并且在如图 22.5 所示的页面上显示已经批量上传的考试成绩。

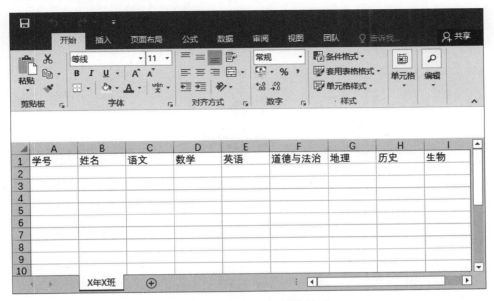

图 22.3　Excel 格式的模板文件

图 22.4　选择已经填写完成的、Excel 格式的模板文件

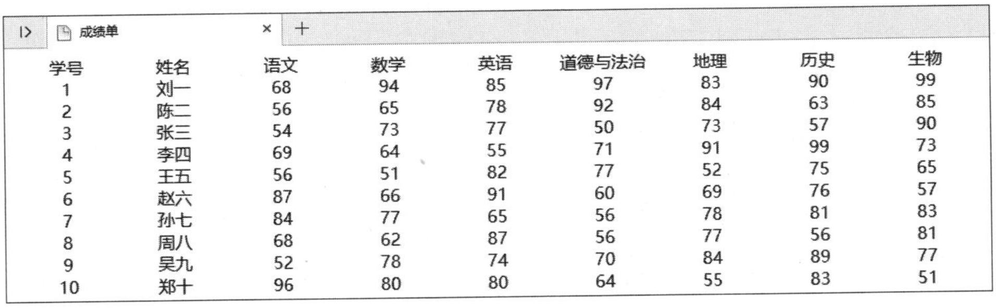

学号	姓名	语文	数学	英语	道德与法治	地理	历史	生物
1	刘一	68	94	85	97	83	90	99
2	陈二	56	65	78	92	84	63	85
3	张三	54	73	77	50	73	57	90
4	李四	69	64	55	71	91	99	73
5	王五	56	51	82	77	52	75	65
6	赵六	87	66	91	60	69	76	57
7	孙七	84	77	65	56	78	81	83
8	周八	68	62	87	56	77	56	81
9	吴九	52	78	74	70	84	89	77
10	郑十	96	80	80	64	55	83	51

图 22.5　显示已经批量上传的考试成绩

22.2　业务流程图

批量上传考试成绩的业务流程如图 22.6 所示。

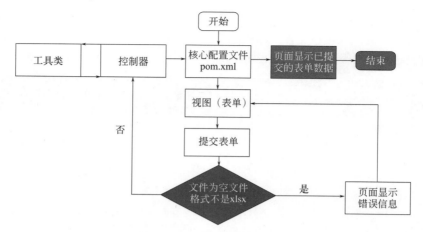

图 22.6　批量上传考试成绩的业务流程

22.3　实现步骤

Java 有很多上传文件的实现方案，例如 Servlet 3.0 自带的 @MultipartConfig 注解、Apache 提供的 common upload 组件等。此外，Spring MVC 也提供了一套自己的实现方案，并且用起来更加简单。

org.springframework.web.multipart.MultipartFile 是 Spring MVC 中用于接收由前端传递而来的文件的接口。MultipartFile 可以把由前端传递而来的文件中的数据转移给服务器，这样就能够实现上传文件到服务器的功能。Spring Boot 同样采用了 Spring MVC 的这个实现方案。

本章 Spring Boot 项目的实现过程分为了以下 5 个步骤：编写模型类、编写工具类、编写控制器类、编写 JSP 文件和编写 XML 文件。下面将着重讲解其中的主要步骤。

22.3.1　储备知识

Excel 文件有两种格式：xls 和 xlsx。前者是 2003 及更早版本的 Excel 文件的格式；后者是 2007 及之后版本的 Excel 文件的格式。xls 格式现在用得比较少了，虽然现在仍然支持此格式，但不推荐使用。

因为 POI 读写 xlsx 文件与读写 xls 文件所使用的 API 不同，所以向 Spring Boot 项目中的 pom.xml 文件添加的依赖也不同。

当读写 xlsx 文件时，需要添加以下依赖（可采用最新版本）。

```
01 <dependency>
02     <groupId>org.apache.poi</groupId>
03     <artifactId>poi-ooxml</artifactId>
04     <version>4.1.2</version>
05 </dependency>
```

当读写 xls 文件时，需要添加以下依赖（可采用最新版本）。

```
01 <dependency>
02     <groupId>org.apache.poi</groupId>
03     <artifactId>poi</artifactId>
```

```
04        <version>4.1.2</version>
05    </dependency>
```

POI 把一个 Excel 文件划分为如图 22.7 所示的几个部分,每一个部分对应一个 POI 接口。Workbook 表示整个 Excel 文件,Sheet 表示文件中的分页(即工作表),Row 表示一页中的一行内容,Cell 表示一个具体的单元格。

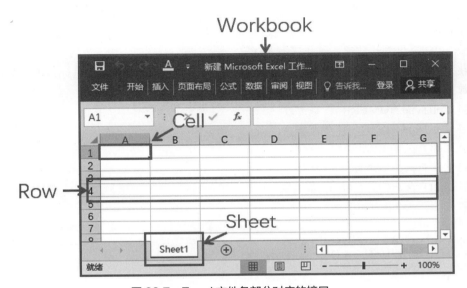

图 22.7 Excel 文件各部分对应的接口

这些接口都位于 org.apache.poi.ss.usermodel 包下,读取文件中每一个单元格数据需要按照先后顺序创建这些接口对象,顺序为 Workbook > Sheet > Row > Cell。

创建 Workbook 对象需要使用 WorkbookFactory 工厂类,该类提供了两个常用方法创建指定 Excel 文件对象。

① 根据 File 对象创建 Workbook,语法如下:

```
File file = new File("D:\\demo.xlsx");
Workbook workbook = WorkbookFactory.create(file);
```

② 从字节输入流中创建 Workbook,语法如下。

```
InputStream is = new FileInputStream("D:\\demo.xlsx");
Workbook workbook = WorkbookFactory.create(is);
```

如果是读取网页上传的 Excel 文件,通常采用第二种方式,把 MultipartFile 的 getInputStream() 方法作为数据来源。

获得 Workbook 对象之后就可以继续读取文件中的分页内容,其语法如下:

```
Sheet sheet = workbook.getSheetAt(0);
```

getSheetAt() 的参数为分页的索引,第一个页的索引为 0。文件分页总数可以通过 workbook.getNumberOfSheets() 方法获得。

获得 Sheet 对象之后就可以读取分页中的每一行内容,其语法如下:

```
Row row = sheet.getRow(0);
```

getRow(0) 的参数为行索引，第一行索引为 0。有数据的总行数可以通过 sheet.getLastRowNum() + 1 的方式获得。

获得 Row 对象之后就可以读取每一个具体单元格的内容了，其语法如下：

```
Cell cell = row.getCell(0);
```

getCell(0) 的参数为列索引，第一列索引为 0。每一行总列数可以通过 row.getLastCellNum() 方法获得，结果无须加 1。

获得 Cell 对象也就获得单元格中的具体数据。Excel 中的单元格也分为不同数据类型，这些数据类型在 POI 中用 CellType 枚举表示，其中包括：

- ☑ CellType.NUMERIC：数字；
- ☑ CellType.STRING：字符串；
- ☑ CellType.FORMULA：公式；
- ☑ CellType.BLANK：空内容；
- ☑ CellType.BOOLEAN：布尔值；
- ☑ CellType.ERROR：错误单元格。

开发者可以调用 Cell 对象的 getCellType() 判断单元格的数据类型，例如：

```
01  if (cell.getCellType() == CellType.NUMERIC) {
02      // 数字格式，需要转换
03  }
```

因为单元格支持的类型多，所以 Cell 对象也提供了返回不同类型的方法，常用方法如下：

```
01  boolean bool = cell.getBooleanCellValue(); // 返回布尔值
02  java.util.Date date = cell.getDateCellValue(); // 返回日期对象
03  double number = cell.getNumericCellValue(); // 返回数字
04  String str = cell.getStringCellValue(); // 返回文本数据
05  String formula = cell.getCellFormula(); // 返回公式字符串
06  RichTextString richText = cell.getRichStringCellValue(); // 返回富文本
```

Cell 对象类似强类型数据，不能自动转为其他类型。如果 Cell 中保存的数据为数字类型，则无法使用 getStringCellValue() 方法返回数字的字符串形式，只能先使用 getNumericCellValue() 方法先获取 double 值，再将其转为字符串。如果想要忽略格式，让 Cell 中所有格式的数据都以字符串形式返回，可以使用 cell.toString() 方法。

22.3.2 为项目添加依赖

pom.xml 是 Maven 构建项目的核心配置文件，因此可以在 pom.xml 文件中为 Spring Boot 项目添加新的依赖，添加依赖的位置是在 <dependencies> 标签的内部。

双击 Spring Boot 项目中的 pom.xml 文件。在 pom.xml 的代码窗口中，先找到 <dependencies> 标签，再在其中为 Spring Boot 项目添加以下依赖。

```
01  <dependency>
02      <groupId>org.springframework.boot</groupId>
```

```
03        <artifactId>spring-boot-starter-thymeleaf</artifactId>
04    </dependency>
05    <dependency>
06        <groupId>org.springframework.boot</groupId>
07        <artifactId>spring-boot-starter-web</artifactId>
08    </dependency>
09    <dependency>
10        <groupId>org.apache.poi</groupId>
11        <artifactId>poi-ooxml</artifactId>
12        <version>4.1.2</version>
13    </dependency>
```

22.3.3 编写工具类

首先在 Spring Boot 项目中，创建一个名为"com.mr.common"的包。然后在这个包中，创建一个名为"ExcelUtil"的工具类。这个工具类专门用于提取 Excel 格式的模板文件中的数据。因为 Excel 格式的模板文件中的第一行为表头，所以在读取数据时要忽略第一行。遍历 Excel 文件中的第一个工作表中的所有行数据，把每一个单元格的字符串类型的值都保存在一个二维数组里，最后把这个二维数组作为返回值。ExcelUtil 类的代码如下所示。

```
01 package com.mr.common;
02 import java.io.IOException;
03 import java.io.InputStream;
04 import org.apache.poi.EncryptedDocumentException;
05 import org.apache.poi.ss.usermodel.Cell;
06 import org.apache.poi.ss.usermodel.CellType;
07 import org.apache.poi.ss.usermodel.Row;
08 import org.apache.poi.ss.usermodel.Sheet;
09 import org.apache.poi.ss.usermodel.Workbook;
10 import org.apache.poi.ss.usermodel.WorkbookFactory;
11
12 public class ExcelUtil {
13     public static String[][] readXlsx(InputStream is) {
14         Workbook workbook = null;
15         try {
16             workbook = WorkbookFactory.create(is);// 从流中读取 Excel
17             is.close();
18         } catch (EncryptedDocumentException e) {
19             e.printStackTrace();
20         } catch (IOException e) {
21             e.printStackTrace();
22         }
23         Sheet sheet = workbook.getSheetAt(0);// 读取第一页
24         int rowLengh = sheet.getLastRowNum();// 获取总行数
25         String report[][] = new String[rowLengh - 1][9];// 去掉行头，9 列
26         // 遍历所有行，索引从 1 开始（忽略第一行）
27         for (int rowIndex = 1; rowIndex < rowLengh; rowIndex++) {
28             Row row = sheet.getRow(rowIndex);  // 获取列对象
29             // 遍历列中的每一个单元格
30             for (int cellIndex = 0; cellIndex < row.getLastCellNum(); cellIndex++) {
31                 Cell cell = row.getCell(cellIndex);// 获取单元格
32                 if (cell.getCellType() == CellType.NUMERIC) {// 如果是数字格式
33                     // 将 double 类型的格式化为无小数点字符串
34                     report[rowIndex - 1][cellIndex] =
35                             String.format("%.0f", cell.getNumericCellValue());
36                 } else {// 不是数字类型就获取字符格式数据
```

```
37                    report[rowIndex - 1][cellIndex] = cell.getStringCellValue();
38                }
39            }
40        }
41        return report;
42    }
43 }
```

22.3.4 编写控制器类

首先在 Spring Boot 项目中，创建一个名为"com.mr.controller"的包。然后在这个包中，创建一个名为"PoiController"的控制器类。这个控制器类除了提供页面跳转功能外，还要处理用户上传的已经填写完成的 Excel 格式的模板文件。当控制器接收到用户上传的文件后，不仅要判断这个文件是否为空文件，还有判断这个文件的格式是不是 xlsx。如果用户上传的不是 xlsx 格式的 Excel 文件，控制器要跳转到错误页面并给出错误提示。如果用户上传的是 xlsx 格式的 Excel 文件，就先调用 ExcelUtil 工具类将 Excel 文件中的数据都提取出来，再把数据交给 school_report.html 页面进行展示。PoiController 类的代码如下所示。

```
01 package com.mr.controller;
02 import java.io.IOException;
03 import org.springframework.stereotype.Controller;
04 import org.springframework.ui.Model;
05 import org.springframework.web.bind.annotation.RequestMapping;
06 import org.springframework.web.multipart.MultipartFile;
07 import com.mr.common.ExcelUtil;
08
09 @Controller
10 public class PoiController {
11     @RequestMapping("/upload")
12     public String uploadxlsx(MultipartFile file, Model model) throws IOException {
13         if (file.isEmpty()) {
14             model.addAttribute("message", " 未上传任何文件！");
15             return "error";
16         } else {
17             String filename = file.getOriginalFilename();
18             if (!filename.endsWith(".xlsx")) {
19                 model.addAttribute("message", " 请使用配套模板！");
20                 return "error";
21             }
22             // 从 Excel 文件中读取行列数据（除第一行）
23             String report[][] = ExcelUtil.readXLsx(file.getInputStream());
24             model.addAttribute("report", report);// 行列输出发送给前端页面
25             return "school_report";
26         }
27     }
28
29     @RequestMapping("/index")
30     public String index() {
31         return "upload";
32     }
33 }
```

22.3.5 编写视图文件

upload.html 为用户上传 Excel 的页面。为了方便用户获取模板文件，此页面应提供空模板文件的下载链接。school_report.xlsx 为空模板文件，在项目中存放的位置如图 22.8 所示，这样空模板文件可以通过静态连接的方式下载。

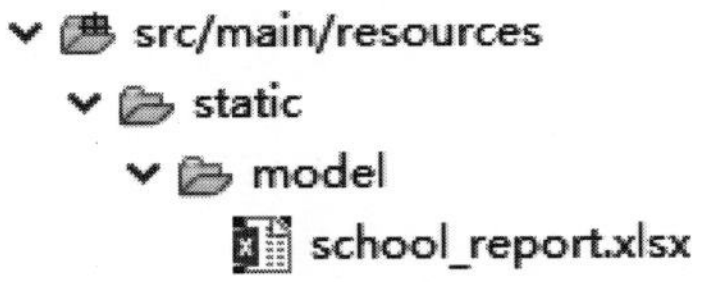

```
src/main/resources
  static
    model
      school_report.xlsx
```

图 22.8 成绩单空模板存放位置

upload.html 中展示的内容比较少，仅包含一个下载链接和一个提交文件的表单，其代码如下所示。

```html
01 <!DOCTYPE html>
02 <html>
03 <head>
04 <meta charset="UTF-8">
05 </head>
06 <body>
07     <p> 请填写 <a href="model/school_report.xlsx"> 模板 </a>，并上传成绩单 </p>
08     <form action="upload" method="post" enctype="multipart/form-data">
09         <input type="file" name="file" /> <input type="submit" value=" 上传 " />
10     </form>
11 </body>
12 </html>
```

error.html 是给出错误提示的错误页面。如果用户上传的不是 xlsx 格式的 Excel 文件，控制器要跳转到错误页面并给出错误提示。error.html 也很简单，包含 3 个内容：一个是采用 Thymeleaf 模板引擎，一个是给出错误提示，另一个是"返回上传页"的超链接。其代码如下所示。

```html
01 <!DOCTYPE html>
02 <html xmlns:th="http://www.thymeleaf.org">
03 <head>
04 <meta charset="UTF-8">
05 <title> 错误 </title>
06 </head>
07 <body>
08     <h1 th:text="*{message}"></h1>
09     <a href="/index"> 返回上传页 </a>
10 </body>
11 </html>
```

school_report.html 是展示用户提交的数据的页面，该页面采用 Thymeleaf 模板引擎，将 div 渲染成表格风格，固定表头之后，遍历服务器传递的数据，按照数据原本的结构逐行展示。school_report.html 页面的代码如下所示。

```html
01 <!DOCTYPE html>
02 <html xmlns:th="http://www.thymeleaf.org">
03 <head>
04 <meta charset="UTF-8">
```

```html
05 <style type="text/css">
06 .table-tr {
07     display: table-row;
08 }
09
10 .table-td {
11     display: table-cell;
12     width: 100px;
13     text-align: center;
14 }
15 </style>
16
17 <title> 成绩单 </title>
18 </head>
19 <body>
20     <div class="table-tr">
21         <div class="table-td"> 学号 </div>
22         <div class="table-td"> 姓名 </div>
23         <div class="table-td"> 语文 </div>
24         <div class="table-td"> 数学 </div>
25         <div class="table-td"> 英语 </div>
26         <div class="table-td"> 道德与法治 </div>
27         <div class="table-td"> 地理 </div>
28         <div class="table-td"> 历史 </div>
29         <div class="table-td"> 生物 </div>
30     </div>
31     <div class="table-tr" th:each="row:${report}">
32         <div class="table-td" th:each="cell:${row}">
33             <a th:text="${cell}"></a>
34         </div>
35     </div>
36 </body>
37 </html>
```

第 23 章
页面动态展示服务器回执
（Spring Boot+WebSocket API 实现）

Java 实现长连接最常用的技术就是 WebSocket。WebSocket 是 HTML5 定义的基于 TCP 的全双工通信协议，客户端（常见为浏览器）与服务端连接之前会进行一次"握手"，两端完成"握手"之后就会建立一个连接通道。客户端和服务端通过该连接互相发送数据。如果有一方要关闭连接，则需要再完成一次"握手"来通知对方同步关闭。WebSocket 将数据交互的细节都封装了起来，开发人员无须知道数据头怎么编写、"握手"怎么实现，只需调用 WebSocket API 即可以创建长连接并实时传输数据。

23.1 案例效果预览

本章将通过一个简单且完整的 Spring Boot 项目来演示客户端与服务端如何利用 WebSocket 协议进行连接和通信。

启动项目，打开浏览器，输入网址 "http://127.0.0.1:8080/index"。如图 23.1 所示，首先在网页中的输入框里输入一些文字内容，然后点击"发送"按钮。等待 0.5s 之后，服务端会将接收到的消息再返回给客户端。

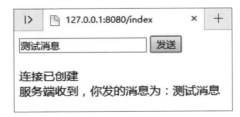

图 23.1 在浏览器上看到的内容

同时，服务端也会将接收到的消息打印在控制台上。如图 23.2 所示，当浏览器关闭时，服务端会显示"客户端已关闭"的日志。

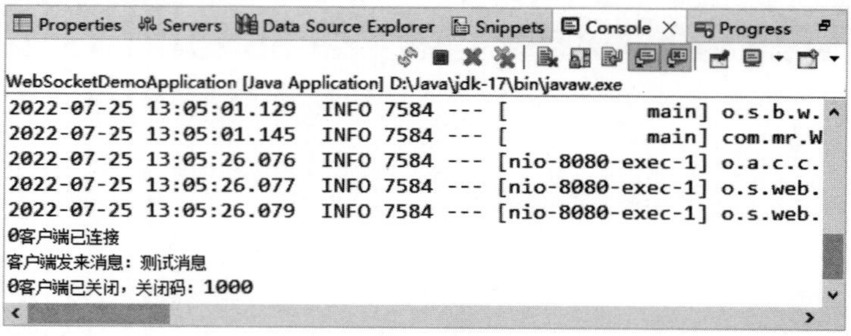

图 23.2 浏览器关闭后，服务器在控制台上打印的日志内容

23.2 客户端与服务端之间的触发关系图

客户端和服务端的事件名称极为相似，这些事件相互之间是存在触发顺序的，触发关系如图 23.3 所示，方框内分别为客户端和服务端的事件，无方框的为具体代码。

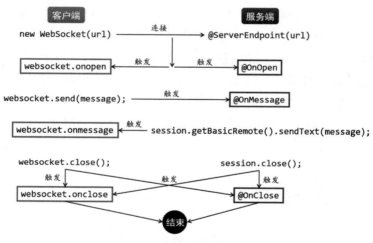

图 23.3 客户端事件与服务端事件的触发关系

23.3 实现步骤

本章 Spring Boot 项目的实现过程分为以下 5 个步骤：添加依赖、编写配置类、编写服务端、编写客户端和创建控制器。下面将着重讲解其中的主要步骤。

23.3.1 储备知识

WebSocket 的客户端（前端）通常使用 JavaScript 实现，服务端使用 Java 技术实现，下面将分别介绍服务端和客户端的实现方式。

（1）端点

端点的英文是 endpoint，在 WebSocket 协议中表示对话的一端。Java EE 中使用 javax.websocket.Endpoint 来表示端点类。Java EE 和 Spring Boot 都推荐开发者使用注解创建服务器端点，本节将介绍如何使用注解创建并使用服务端。

① 添加依赖　虽然 Java EE 本身支持 WebSocket 技术，但想要在 Spring Boot 项目中使用，仍需要添加相关依赖。在 pom.xml 文件中添加以下依赖即可。

```
01 <dependency>
02     <groupId>org.springframework.boot</groupId>
03     <artifactId>spring-boot-starter-websocket</artifactId>
04 </dependency>
```

② 开启自动注册端点　Spring Boot 自动装配功能虽然已经很强大了，但是没有提供自动装配 WebSocket 端点类的功能。开发者想要让 Spring Boot 能够自动扫描到 WebSocket 端点类，需要手动注册 ServerEndpointExporter 的 Bean，这样 Spring Boot 才能自动把所有被 @ServerEndpoint 标注的类识别为 WebSocket 端点类。

注册 ServerEndpointExporter 的代码因为非常简单，所以相当于套用一段固定的代码。开发者可以直接将以下代码复制到自己的 Spring Boot 项目中。

```
01 package com.mr.config;
02 import org.springframework.context.annotation.Bean;
03 import org.springframework.context.annotation.Configuration;
04 import org.springframework.web.socket.server.standard.ServerEndpointExporter;
05
06 @Configuration
07 public class WebSocketConfig {
08
09     @Bean
10     public ServerEndpointExporter serverEndpointExporter() {
11         return new ServerEndpointExporter();
12     }
13 }
```

这是一个 @Configuration 配置类，类名和存放的包名可根据开发者的项目结构重新命名。类中仅有一个方法，返回一个 ServerEndpointExporter 类的对象并将其注册成 Bean。

③ 创建服务器端点　@ServerEndpoint 注解用来标注端点类，该注解位于 javax.websocket.server 包下，是 Java EE 提供的注解。@ServerEndpoint 注解需要配合 @Component 注解一起使用。创建端点类的语法格式如下所示。

```
@Component
@ServerEndpoint("path")
public class ClassEndpoint { }
```

ClassEndpoint 为端点类的类名，类名可由开发者自行定义，但名字应以 Endpoint 结尾。@ServerEndpoint 将类标注为 WebSocket 端点类，"path" 是端点映射的路径，该路径可以是多级路径，例如 "/user/login"。@Component 注解让端点类可以被 Spring Boot 自动注册。

因为 WebSocket 协议不是 HTTP 协议，所以 @ServerEndpoint 的完整路径也不是以 "http://" 开头的，而是以 "ws://" 开头。例如，@ServerEndpoint("path") 所映射的完整 WebSocket 路径为：

```
ws://127.0.0.1:8080/path
```

客户端也必须使用此路径才能与服务端创建连接。

一个服务端可以同时拥有多个端点类，不同端点要类映射不同路径，其逻辑类似于 Spring Boot 中的 Controller 控制器。

④ Session 会话对象　javax.websocket.Session 是 WebSocket 中的会话接口，客户端每次与服务端创建连接都会产生一个 Session 对象。客户端只能使用一个 Session，但由于服务端可以同时连接多个客户端，使得服务端可以同时使用多个 Session。

服务端可以通过 Session 对象获取 RemoteEndpoint 远程端点接口的对象，RemoteEndpoint 还提供了两个子接口，分别为 RemoteEndpoint.Basic（同步发送消息接口）和 RemoteEndpoint.Async（异步发送消息接口）。服务端可以使用这两个接口对象向客户端发送消息，语法格式如下所示。

```
session.getBasicRemote().sendText("同步发送的消息");
session.getAsyncRemote().sendText("异步发送的消息");
```

（2）页面客户端

WebSocket 客户端通常都是网页浏览器，浏览器中使用的 WebSocket 技术是已经被 W3C 标准化的 JavaScript WebSocket API。开发者可以直接使用 JavaScript（简称 JS）脚本创建网页与服务端之间的长链接。本节将介绍如何在 HTML 页面中使用 JavaScript 技术创建 WebSocket 客户端的相关方法。

① JavaScript 中的 WebSocket 对象　在 JavaScript 语言中可以直接使用 new 关键字创建 WebSocket 对象，其语法格式如下所示。

```
var websocket = new WebSocket("ws://127.0.0.1:8080/login");
```

构造方法的参数为长链接所映射的 WebSocket 路径，该路径必须与服务端映射的路径相同，否则无法建立任何连接。

建立连接之后的 WebSocket 对象有一个 readyState 属性，取值范围为 0~3 之间的整数，不同整数对应的状态如下：

- ☑ 0，正在尝试与服务端建立连接；
- ☑ 1，连接成功；
- ☑ 2，即将关闭；
- ☑ 3，已经关闭。

WebSocket 对象有两个常用方法，send() 方法用来向服务端发送消息，close() 方法可以正常关闭 WebSocket 连接。

② 事件及触发的方法　JavaScript 的 WebSocket 对象也有"打开连接""接收消息""发生错误"和"关闭连接"4 个事件，这 4 个事件与服务器端点的 4 个事件逻辑相同。例如，WebSocket 对象打开连接事件也是 onopen，其语法格式如下所示。

```
var websocket = new WebSocket(url);
websocket.onopen = function() { };
```

当客户端与服务端成功连接后，就会自动触发该事件对应的方法。

WebSocket 对象接收服务端消息的事件是 onmessage，方法参数为事件对象，调用事件对象的 data 属性即可获取服务端的消息内容，其语法格式如下所示。

```
var websocket = new WebSocket(url);
```

```
websocket.onmessage = function(event) {
    alert(event.data);
}
```

WebSocket 对象也有错误事件,当两端发送消息时若出现任何异常都会触发此事件。事件名为 onerror,其语法格式如下所示。

```
var websocket = new WebSocket(url):
websocket.onerror = function() { };
```

WebSocket 对象的关闭连接事件是 onclose,语法格式如下所示。

```
var websocket = new WebSocket(url):
websocket.onclose = function() { };
```

23.3.2 添加依赖

本章 Spring Boot 项目不仅要添加 websocket 依赖,还要添加 Web 和 Thymeleaf 依赖。pom.xml 添加的内容如下所示。

```
01 <dependency>
02     <groupId>org.springframework.boot</groupId>
03     <artifactId>spring-boot-starter-thymeleaf</artifactId>
04 </dependency>
05 <dependency>
06     <groupId>org.springframework.boot</groupId>
07     <artifactId>spring-boot-starter-web</artifactId>
08 </dependency>
09 <dependency>
10     <groupId>org.springframework.boot</groupId>
11     <artifactId>spring-boot-starter-websocket</artifactId>
12 </dependency>
```

23.3.3 编写配置类

想让 Spring Boot 可以自动注册端点类,开发人员必须手动注册 ServerEndpointExporter 对象。因此,应先在 Spring Boot 项目中的源文件夹(即"src/main/java")下,创建名为"com.mr.config"的包,再在这个包下创建配置类(即 WebSocketConfig),而后在配置类中填入如下代码。

```
01 package com.mr.config;
02 import org.springframework.context.annotation.Bean;
03 import org.springframework.context.annotation.Configuration;
04 import org.springframework.web.socket.server.standard.ServerEndpointExporter;
05 @Configuration
06 public class WebSocketConfig {
07     @Bean
08     public ServerEndpointExporter serverEndpointExporter() {
09         return new ServerEndpointExporter();
10     }
11 }
```

23.3.4 编写服务端

在 Spring Boot 项目中的源文件夹（即"src/main/java"）下，创建名为"com.mr.websoket"的包。在这个包下创建 TestWebSocketEndpoint 端点类，并使用 @Component 注解和 @ServerEndpoint 注解予以标注。服务端映射的路径为"/test"。服务端将实现的功能如下所示。

① 当服务端与客户端成功创建连接后，在控制台上会打印"已连接"的日志，并给出会话的编号；

② 当连接关闭时，在控制台上会打印关闭状态码；

③ 当服务端收到由客户端发来的消息时，要延迟 500ms 再回复；

④ 如果发生任何异常，则直接打印异常堆栈的日志。

实现上述功能的 TestWebSocketEndpoint 类的代码如下所示。

```
01 package com.mr.websoket;
02 import java.io.IOException;
03 import javax.websocket.CloseReason;
04 import javax.websocket.OnClose;
05 import javax.websocket.OnError;
06 import javax.websocket.OnMessage;
07 import javax.websocket.OnOpen;
08 import javax.websocket.Session;
09 import javax.websocket.server.ServerEndpoint;
10 import org.springframework.stereotype.Component;
11
12 @Component
13 @ServerEndpoint("/test") // 设置端点的映射路径
14 public class TestWebSocketEndpoint {
15     @OnOpen
16     public void onOpen(Session session) throws IOException {
17         System.out.println(session.getId() + "客户端已连接");
18
19     }
20
21     @OnClose
22     public void onClose(Session session, CloseReason reason) {
23         System.out.println(session.getId() + "客户端已关闭，关闭码："
24             + reason.getCloseCode().getCode());
25     }
26
27     @OnMessage
28     public void onMessage(String message, Session session) {
29         System.out.println("客户端发来消息：" + message);
30         try {
31             Thread.sleep(500);// 休眠 500ms
32         } catch (InterruptedException e) {
33             e.printStackTrace();
34         }
35         session.getAsyncRemote().sendText("服务端收到，你发的消息为：" + message);
36     }
37
38     @OnError
39     public void onError(Session session, Throwable e) {
40         e.printStackTrace();// 打印异常
41     }
42 }
```

23.3.5 编写客户端

客户端将采用 HTML 和 JavaScript 予以实现，要实现的功能如下所示。
① 网页包含一个文本框、一个"发送"按钮和一个显示日志文本的区域；
② 根据当前网页的 URL 地址拼接 WebSocket 映射的路径；
③ 监听 WebSocket 对象的 4 个事件，每一个事件都会在网页中打印与其匹配的日志；
④ 监听浏览器窗口的关闭事件，一旦网页被关闭，要及时关闭 WebSocket 连接。
客户端页面名为 socket.html，其代码如下所示。

```html
01  <!DOCTYPE html>
02  <html>
03  <head>
04  <meta charset="UTF-8">
05  <script type="text/javascript">
06      var websocket = null;
07      var local = window.location; // 当前页面的 URL 地址
08      var url = "ws://" + local.host + "/test";// 长链接地址
09      // 判断当前浏览器是否支持 WebSocket
10      if ("WebSocket" in window) {
11          websocket = new WebSocket(url);
12      } else {
13          alert(" 当前浏览器不支持长链接，请换其他浏览器 ")
14      }
15
16      // 连接发生错误触发的方法
17      websocket.onerror = function() {
18          document.getElementById("message").innerHTML += "<br/> 发生错误 ";
19          websocket.close();
20      }
21
22      // 连接成功建立触发的方法
23      websocket.onopen = function(event) {
24          document.getElementById("message").innerHTML += "<br/> 连接已创建 ";
25      }
26
27      // 连接关闭触发的方法
28      websocket.onclose = function() {
29          document.getElementById("message").innerHTML += "<br/> 连接已关闭 ";
30      }
31
32      // 接收到消息触发的方法
33      websocket.onmessage = function(event) {
34          // 将服务端发来的消息拼接到 div 中
35          document.getElementById("message").innerHTML += "<br/>" + event.data;
36      }
37
38      // 监听窗口关闭事件，当窗口关闭后要主动关闭 websocket 连接
39      window.onbeforeunload = function() {
40          websocket.close();
41      }
42
43      function send() {// 点击按钮触发的方法
44          var message = document.getElementById("text").value;// 获取输入框中的文本
45          websocket.send(message);// 发送给服务端
46      }
47  </script>
48  </head>
49  <body>
```

```
50    <input type="text" id="text">
51    <input type="button" id="btn" value="发送" onclick="send()" />
52    <br />
53    <div id="message"></div>
54  </body>
55  </html>
```

23.3.6　创建控制器

在 Spring Boot 项目中的源文件夹（即"src/main/java"）下，创建名为"com.mr.controller"的包。在这个包下创建 IndexController 控制器类，并使用 @Controller 注解予以标注。当用户访问"/index"地址时，页面可自动跳转至 socket.html。用于实现控制器的代码如下所示。

```
01  package com.mr.controller;
02  import org.springframework.stereotype.Controller;
03  import org.springframework.web.bind.annotation.RequestMapping;
04
05  @Controller
06  public class IndexController {
07      @RequestMapping("/index")
08      public String index() {
09          return "socket";
10      }
11  }
```

扫码获取本书
资源

第 24 章
模拟手机扫码登录（Spring Boot+qrcode.js+ 二维码扫码技术实现）

现在很多互联网产品都同时推出网页、手机 APP 等多个客户端。为了提高用户账号的安全性，减少用户的操作步骤，这些互联网产品允许用户先通过手机扫码的方式完成登录的操作后，再使用手机 APP 扫描网站提供的二维码完成登录的操作。这个登录的过程采用的核心技术是长链接技术。本章将模拟通过手机扫码的方式完成登录的操作。

24.1 案例效果预览

启动本章的 Spring Boot 项目后，打开浏览器，输入网址"http://127.0.0.1:8080/index"，即可看到如图 24.1 所示页面。用户可以打开手机任意 APP 扫描页面中的二维码，手机就会访问页面下方的 URL 地址，一旦服务端接收到此地址发来的请求，就会认为手机扫码登录成功，二维码页面就会自动跳转至如图 24.3 所示的登录成功页面。

图 24.1　扫码登录页面

如果用户的手机与服务端无法在同一局域网内，也可以复制二维码下方的 URL 地址，打开另一个浏览器并访问复制的地址，操作如图 24.2 所示。一旦浏览器访问了该网址，服务端就会通知二维码页面跳转至如图 24.3 所示的登录成功页面。

图 24.2　在火狐浏览器中访问二维码下方的地址

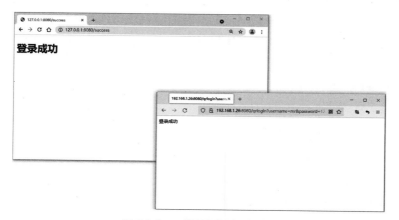

图 24.3　二维码页面自动跳转

24.2　业务流程图

模拟手机扫码登录的业务流程如图 24.4 所示。

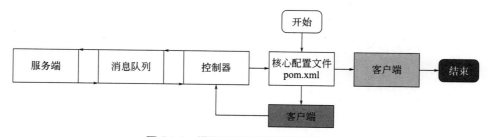

图 24.4　模拟手机扫码登录的业务流程

24.3 实现步骤

本章 Spring Boot 项目的实现过程分为以下 7 个步骤：添加依赖、添加 qrcode.js、模拟消息队列、编写配置类、服务端实现、客户端实现和控制器实现。下面将依次对这 7 个步骤进行讲解。

24.3.1 添加依赖

本章 Spring Boot 项目不仅要添加 websocket 依赖，还要添加 Web 和 Thymeleaf 依赖。pom.xml 添加的内容如下所示。

```
01 <dependency>
02     <groupId>org.springframework.boot</groupId>
03     <artifactId>spring-boot-starter-thymeleaf</artifactId>
04 </dependency>
05 <dependency>
06     <groupId>org.springframework.boot</groupId>
07     <artifactId>spring-boot-starter-web</artifactId>
08 </dependency>
09 <dependency>
10     <groupId>org.springframework.boot</groupId>
11     <artifactId>spring-boot-starter-websocket</artifactId>
12 </dependency>
```

24.3.2 添加 qrcode.js

手机扫码的关键是页面能够显示二维码。为此，本章 Spring Boot 项目采用的工具是简单易用的 qrcode.js 文件，它是一个可以自动在页面生成二维码的 JavaScript 库。qrcode.js 文件的下载地址是"https://github.com/davidshimjs/qrcodejs"。

qrcode.js 文件下载完成后，将其置于如图 24.5 所示的本章 Spring Boot 项目中的 static 目录下的 js 文件夹中。

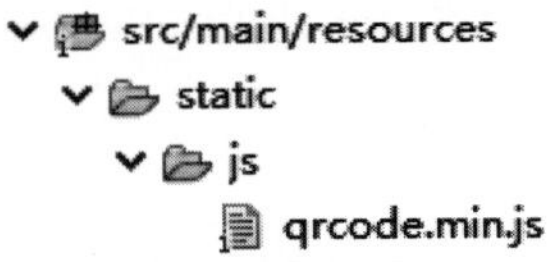

图 24.5　qrcode.js 文件所在位置

qrcode.js 的使用方式非常简单，只需要创建一个容器，并创建一个二维对象，其语法格式如下所示。

```
01 <div id="qr"></div>                          <!-- 显示二维码的容器 -->
02 <script type="text/javascript">              <!-- 在容器之后创建 QRCode 对象，自动生成二维码 -->
03     new QRCode(document.getElementById("qr"), "http://www.mingrisoft.com");
04 </script>
```

24.3.3 模拟消息队列

虽然手机和网页连接的是同一个服务端，但两者采用的协议不同，需要借助一个消息队列让客户端和服务端互通。

QRLoginMQ 类是本章 Spring Boot 项目使用 Java 代码模拟的一个消息队列，它被存储在源文件夹（即 "src/main/java"）下的名为 "com.mr.common" 的包中。在 QRLoginMQ 类中，使用了线程安全的 Map 集合记录每个用户的登录状态。其中，key 为用户名，value 是一个布尔值，表示该用户是否已完成扫码登录。服务端会不停地扫描 Map 集合中用户的登录状态，当用户的登录状态为 true 时，实现页面的跳转。

在 QRLoginMQ 类中，包含 3 个方法，分别是查看指定用户的登录状态、确认指定用户已登录和取消指定用户的登录状态。QRLoginMQ 类的代码如下所示。

```
01  package com.mr.common;
02  import java.util.concurrent.ConcurrentHashMap;
03  public class QRLoginMQ {
04      // 线程安全键值对
05      private static ConcurrentHashMap<String, Boolean> map = new ConcurrentHashMap<>();
06
07      public static void confirmLogin(String username) {// 确认 username 用户已登录
08          map.put(username, true);// 该用户的登录状态 true
09      }
10
11      public static void logout(String username) {// 取消用户 username 用户登录状态
12          map.remove(username);// 删除记录
13      }
14
15      public static boolean checkLogin(String username) {// 获取 username 用户的登录状态
16          Boolean result = map.get(username);
17          return result != null ? result : false;// 如果登录状态 null 就返回 false
18      }
19  }
```

24.3.4 编写配置类

想让 Spring Boot 可以自动注册端点类，开发人员必须手动注册 ServerEndpointExporter 对象。因此，应先在 Spring Boot 项目中的源文件夹（即 "src/main/java"）下创建名为 "com.mr.config" 的包，再在这个包下创建配置类（即 WebSocketConfig），而后在配置类中填入如下代码。

```
01  package com.mr.config;
02  import org.springframework.context.annotation.Bean;
03  import org.springframework.context.annotation.Configuration;
04  import org.springframework.web.socket.server.standard.ServerEndpointExporter;
05  @Configuration
06  public class WebSocketConfig {
07      @Bean
08      public ServerEndpointExporter serverEndpointExporter() {
09          return new ServerEndpointExporter();
10      }
11  }
```

24.3.5 服务端实现

模拟的消息队列类编写完成后，就可以编写服务端点类了。TestWebSocketEndpoint 类是本章 Spring Boot 项目中的服务端点类，它被存储在源文件夹（即 "src/main/java"）下的名为

"com.mr.websoket"的包中。在 TestWebSocketEndpoint 类中，需要创建一个线程属性，当 @OnOpen 事件被触发时，说明用户打开了扫描二维码登录页面。这时，启动线程，服务端不断扫描消息队列中用户的登录状态。一旦用户完成扫码登录，就向客户端发送页面跳转的目标地址。如果 WebSocket 断开连接，就要及时停止线程。TestWebSocketEndpoint 类的代码如下所示。

```java
01 package com.mr.websoket;
02 import java.io.IOException;
03 import javax.websocket.OnClose;
04 import javax.websocket.OnOpen;
05 import javax.websocket.Session;
06 import javax.websocket.server.ServerEndpoint;
07 import org.springframework.stereotype.Component;
08 import com.mr.common.QRLoginMQ;
09
10 @Component
11 @ServerEndpoint("/qrlogin") // 设置端点的映射路径
12 public class TestWebSocketEndpoint {
13     private Thread t;// 扫描消息的线程
14     private boolean theadFinsh = false;// 线程是否停止
15
16     @OnOpen
17     public void onOpen(Session session) {
18         t = new Thread(new Runnable() {// 实例化线程
19             @Override
20             public void run() {
21                 while (!theadFinsh) {
22                     if (QRLoginMQ.checkLogin("mr")) {// 如果"mr"这个用户已登录
23                         try {
24                             String url = "/success"; // 登录成功后前端要跳转的地址
25                             session.getBasicRemote().sendText(url);// 发送前端跳转地址
26                             QRLoginMQ.logout("mr");
27                         } catch (IOException e) {
28                             e.printStackTrace();
29                         }
30                     }
31                     try {
32                         Thread.sleep(500);// 暂停 500ms
33                     } catch (InterruptedException e) {
34                         e.printStackTrace();
35                     }
36                 }
37             }
38         });
39         t.start();// 启动线程
40     }
41
42     @OnClose
43     public void onClose(Session session) {
44         theadFinsh = true;// 停止线程
45     }
46 }
```

24.3.6 客户端实现

客户端包含两个页面。其中，login.html 是显示二维码的页面，它不仅会显示二维码，还会显示与二维码对应的 URL 地址（读者朋友如果无法让手机与服务端共处同一局域网，那么可以手动访问与二维码对应的 URL 地址，以实现手机扫码登录的功能）；success.html 页面是手机扫码登录成功后跳转的页面。login.html 和 success.html 被存储在本章 Spring Boot 项目中的"src/main/resources"文件夹下的名为"templates"的文件夹中。

  login.html 页面先通过 Thymeleaf 模板获取到由服务端发送的二维码 URL 地址，再在其中显示用于完成登录操作的二维码。通过创建 WebSocket 对象的方式开启连接后，等待服务端反馈手机扫码登录的结果。如果服务端将登录成功后页面跳转的 URL 地址返回，就关闭 WebSocket 连接，并实现页面的跳转。login.html 页面的代码如下所示。

```
01  <!DOCTYPE html>
02  <html xmlns:th="http://www.thymeleaf.org">
03  <head>
04  <meta charset="UTF-8">
05  <script type="text/javascript" src="js/qrcode.min.js"></script>
06  <script th:inline="javascript">  /* 将 thymeleaf 中的值赋给 JS   */
07      var qrtext = [[${url}]];// 二维码的 URL 地址
08      qrtext += "?username=mr&password=123456";// 拼接参数，理论上该步骤应在扫码 APP 内部实现
09  </script>
10  <script type="text/javascript">
11      var websocket = null;// 连接对象
12      var local = window.location;// 当前页面的 URL 地址
13      var url = "ws://" + local.host + "/qrlogin";// 长连接地址
14      // 判断当前浏览器是否支持 WebSocket
15      if ('WebSocket' in window) {
16          websocket = new WebSocket(url);
17      } else {
18          alert(" 当前浏览器不支持长连接，请换其他浏览器 ")
19      }
20  
21      websocket.onmessage = function(event) { // 接收消息
22          websocket.close();
23          window.location.href = event.data; // 页面跳转至其他地址
24      }
25      // 监听窗口关闭事件，当窗口关闭后要主动关闭 websocket 连接
26      window.onbeforeunload = function() {
27          websocket.close();
28      }
29  </script>
30  </head>
31  <body>
32      <h1>扫描二维码登录 </h1>
33      <div id="qrcode"></div>       <!-- 二维码 -->
34      <p id="mark"></p>             <!-- 文字提示 -->
35      <script type="text/javascript">
36          document.getElementById("mark").innerHTML = " 等同于在其他浏览器访问：" + qrtext;
37          new QRCode(document.getElementById("qrcode"), qrtext);// 在 div 中创建二维码图片
38      </script>
39  </body>
40  </html>
```

success.html 页面仅用于显示登录成功后的提示信息，其代码如下所示。

```
01  <!DOCTYPE html>
02  <html>
03  <head>
04  <meta charset="UTF-8">
05  </head>
06  <body>
```

```
07    <h1> 登录成功 </h1>
08    </body>
09 </html>
```

24.3.7 控制器实现

本章 Spring Boot 项目中的控制器不仅用于页面跳转，而且用于向客户端发送与二维码对应的 URL 地址，还用于接收手机 APP 发送的扫码登录请求。与二维码对应的 URL 地址是由本地服务端的局域网内的 IP 地址（非 127.0.0.1）拼接而成的。这样才能保证相同局域网下的其他 IP 地址能够正常访问到服务端。此外，通过采用"固定账号密码"的方式，对用户名和密码进行校验。

LoginController 类是本章 Spring Boot 项目中的控制器类，它被存储在源文件夹（即"src/main/java"）下的名为"com.mr.controller"的包中。

LoginController 类的代码如下所示。

```
01 package com.mr.controller;
02 import java.net.InetAddress;
03 import java.net.UnknownHostException;
04 import org.springframework.stereotype.Controller;
05 import org.springframework.ui.Model;
06 import org.springframework.web.bind.annotation.RequestMapping;
07 import org.springframework.web.bind.annotation.ResponseBody;
08 import com.mr.common.QRLoginMQ;
09
10 @Controller
11 public class LoginController {
12
13     @RequestMapping("/qrlogin")
14     @ResponseBody
15     public String login(String username, String password) {
16         if ("mr".equals(username) && "123456".equals(password)) {
17             QRLoginMQ.confirmLogin("mr");
18             return " 登录成功 ";
19         }
20         return " 账号或密码错误 ";
21     }
22
23     @RequestMapping("/index")
24     public String index(Model model) throws UnknownHostException {
25         InetAddress address = InetAddress.getLocalHost();// 本机器的局域网地址
26         String ip = address.getHostAddress().toString();// 转为 IP 字符串
27         String addr = "http://" + ip + ":8080/qrlogin";// 拼接成 URL
28         model.addAttribute("url", addr);// 传递给前端
29         return "login";
30     }
31
32     @RequestMapping("/success")
33     public String loginSuccess() {
34         return "success";
35     }
36 }
```

第 25 章

网页聊天室
（Spring Boot+jQuery 技术实现）

扫码获取本书资源

长链接最显著的优势就是可以实现双屏信息同步，也就是显示在两个网页里的信息保持同步且实时更新。最典型的例子就是网页聊天室：A 用户在网页里发送的消息可以立即显示在 B 用户的网页里。基于此原理，即可实现多个用户在网页里实时互发消息的功能，就像在 QQ 群里聊天一样。本章将模拟一个网页聊天室，实现多个用户在网页里实时互发消息的功能。

25.1 案例效果预览

启动本章的 Spring Boot 项目后，打开谷歌浏览器，输入网址 "http://127.0.0.1:8080/index"，即可看到如图 25.1 所示页面，每个用户都可以看到自己在聊天室中的 ID，例如图 25.1 中的 "游客 0"。

图 25.1　用谷歌浏览器打开聊天室，模拟第一位用户

打开另一个浏览器（例如火狐），输入网址"http://127.0.0.1:8080/index"。如图25.2所示，这时聊天室里其他用户可以收到新用户进入聊天室的通知。

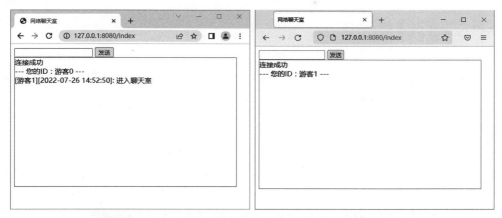

图25.2　用火狐浏览器打开聊天室，模拟第二位用户，第一位用户可以看到其进入了聊天室

如果某个用户在文本框中填写了消息，并点击"发送"按钮，那么其他用户会立刻看到这条消息，其效果如图25.3和图25.4所示。

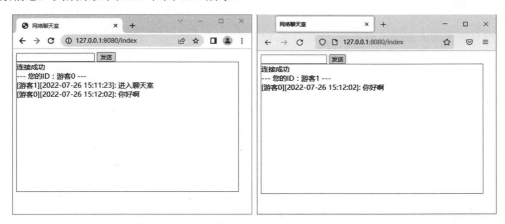

图25.3　游客0发送消息，所有用户都能看到

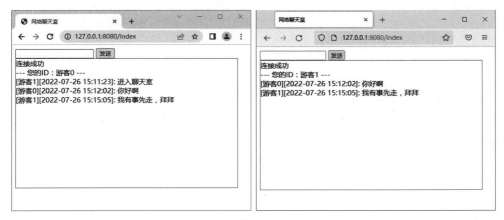

图25.4　游客1发送消息，所有用户也能看到

如果有某个用户关闭了 WebSocket 连接，那么其他用户可以看到服务器推送的关于用户退出的通知，其效果如图 25.5 所示。

图 25.5　游客 1 关闭浏览器，游客 0 可以看到其离开的通知消息

25.2　业务流程图

网页聊天室的业务流程如图 25.6 所示。

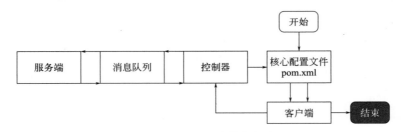

图 25.6　网页聊天室的业务流程

25.3　实现步骤

本章 Spring Boot 项目的实现过程分为以下 7 个步骤：添加依赖、添加 jQuery、编写配置类、自定义会话组、服务端实现、客户端实现和控制器实现。下面将依次对这 7 个步骤进行讲解。

25.3.1　添加依赖

本章 Spring Boot 项目不仅要添加 websocket 依赖，还要添加 Web 和 Thymeleaf 依赖。pom.xml 添加的内容如下所示。

```
01 <dependency>
02     <groupId>org.springframework.boot</groupId>
03     <artifactId>spring-boot-starter-thymeleaf</artifactId>
04 </dependency>
05 <dependency>
```

```
06     <groupId>org.springframework.boot</groupId>
07     <artifactId>spring-boot-starter-web</artifactId>
08 </dependency>
09 <dependency>
10     <groupId>org.springframework.boot</groupId>
11     <artifactId>spring-boot-starter-websocket</artifactId>
12 </dependency>
```

25.3.2 添加 jQuery

本章 Spring Boot 项目使用了 JavaScript 最常见的框架（即 jQuery），它可以有效简化 JavaScript 代码。

从官方网站下载完 jQuery 库之后，将 jquery-3.6.0.min.js 文件置于如图 25.7 所示的本章 Spring Boot 项目中的 static 目录下的 js 文件夹中。

图 25.7　jquery-3.6.0.min.js 文件的位置

 本章 Spring Boot 项目采用的 jQuery 库是 3.6.0 版本。

25.3.3 编写配置类

想让 Spring Boot 可以自动注册端点类，开发人员必须手动注册 ServerEndpointExporter 对象。因此，应先在 Spring Boot 项目中的源文件夹（即"src/main/java"）下创建名为"com.mr.config"的包，再在这个包下创建配置类（即 WebSocketConfig），而后在配置类中填入如下代码。

```
01 package com.mr.config;
02 import org.springframework.context.annotation.Bean;
03 import org.springframework.context.annotation.Configuration;
04 import org.springframework.web.socket.server.standard.ServerEndpointExporter;
05 @Configuration
06 public class WebSocketConfig {
07     /**
08      * 注入一个 ServerEndpointExporter，该 Bean 会自动注册使用 @ServerEndpoint 声明的类
09      */
10     @Bean
11     public ServerEndpointExporter serverEndpointExporter() {
12         return new ServerEndpointExporter();
13     }
14 }
```

25.3.4 自定义会话组

在一个客户端发送消息后，如果让服务端把该消息发送给其他客户端，就应该在启动服务端时建立一个会话组。每当一个客户端连接服务端时，就把用于实现当前连接的会话对象

保存在会话组中。在服务端接收到消息后,服务端会先遍历会话组中的每一个会话对象,再向每一个在线的客户端发送该消息。这样,就实现了群发消息的功能。

WebSocketGroup类是本章Spring Boot项目中的会话组类,它被存储在源文件夹(即"src/main/java")下的名为"com.mr.common"的包中。在WebSocketGroup类中,使用Map集合存储所有的会话对象,其中,key为会话的编号(session id),value为会话对象。此外,其中还有一个AtomicInteger类型属性用于记录当前的在线人数。AtomicInteger是原子整数类,这种数据类型的数字因为在递增或递减的过程中是线程安全的,所以非常适合用于做统计。

WebSocketGroup类的代码如下所示。

```java
01  package com.mr.common;
02  import java.io.IOException;
03  import java.text.*;
04  import java.util.*;
05  import java.util.concurrent.atomic.AtomicInteger;
06  import javax.websocket.Session;
07  import org.slf4j.*;
08  public class WebSocketGroup {
09      // 日志对象
10      private static final Logger log = LoggerFactory.getLogger(WebSocketGroup.class);
11      // 原子整数,记录在线人数
12      private static final AtomicInteger ONLINE_COUNT = new AtomicInteger();
13      // 保存所有在线的Session
14      private static final Map<String, Session> ONLINE_SESSIONS = new HashMap<>();
15      // 日期格式化
16      static final DateFormat DATEFORMAT = new SimpleDateFormat("yyyy-MM-dd HH:mm:ss");
17      /**
18       * 在所有在线用户发送消息
19       *
20       * @param message 消息内容
21       * @param session 发送消息的会话
22       */
23      public static void sendAll(String message, Session session) {
24          // 用原有信息上拼接用户ID和发送时间
25          message = "[ 游客 " + session.getId() + "]["
26                  + DATEFORMAT.format(new Date()) + "]: " + message;
27          for (String id : ONLINE_SESSIONS.keySet()) {
28              Session one = ONLINE_SESSIONS.get(id);
29              try {
30                  one.getBasicRemote().sendText(message);
31              } catch (IOException e) {
32                  e.printStackTrace();
33                  log.error("{}客户端发送消息失败 ", one.getId());
34              }
35          }
36      }
37      /**
38       * 添加会话
39       *
40       * @param session
41       */
42      public static void addSession(Session session) {
43          ONLINE_COUNT.incrementAndGet(); // 在线数加1
44          WebSocketGroup.sendAll(" 进入聊天室", session);
45          ONLINE_SESSIONS.put(session.getId(), session);
46          log.info(" 有新连接加入:id{}, 当前在线人数为: {}",
47                  session.getId(), ONLINE_COUNT.get());
48      }
```

```
49    /**
50     * 删除会话
51     *
52     * @param session
53     */
54    public static void removeSession(Session session) {
55        ONLINE_COUNT.decrementAndGet();  // 在线数减1
56        ONLINE_SESSIONS.remove(session.getId());
57        WebSocketGroup.sendALL(" 离开聊天室 ", session);
58        log.info("id{} 连接关闭,当前在线人数为: {}", session.getId(), ONLINE_COUNT.get());
59    }
60 }
```

25.3.5 服务端实现

服务端在创建连接后要立即向客户端返回一套信息,告知当前客户端在聊天室中的 ID(即"会话编号")。在此之后的群发消息的功能都是由 WebSocketGroup 会话组实现的。如果有新的客户端连接服务端,那么服务端要将用于实现当前连接的会话对象添加到会话组中;如果有客户端关闭与服务端的连接,那么服务端要将用于实现当前连接的会话对象从会话组中删除。

ChatRoomEndpoint 类是本章 Spring Boot 项目中的服务端类,它被存储在源文件夹(即"src/main/java")下的名为"com.mr.websoket"的包中。

服务端 ChatRoomEndpoint 类的代码如下所示。

```
01 package com.mr.websoket;
02 import java.io.IOException;
03 import javax.websocket.*;
04 import javax.websocket.server.ServerEndpoint;
05 import org.springframework.stereotype.Component;
06 import com.mr.common.WebSocketGroup;
07 @Component
08 @ServerEndpoint("/chatroom")  // 设置端点的映射路径
09 public class ChatRoomEndpoint {
10     /**
11      * 连接开启时触发的方法
12      *
13      * @param session
14      */
15     @OnOpen
16     public void onOpen(Session session) {
17         WebSocketGroup.addSession(session);// 向组中添加新会话
18         try {
19             // 单独发一条消息,告诉用户在聊天室所使用的 ID
20             session.getBasicRemote().sendText("--- 您的 ID: 游客 "
21                     + session.getId() + " ---");
22         } catch (IOException e) {
23             e.printStackTrace();
24         }
25     }
26     /**
27      * 连接关闭调用的方法
28      */
29     @OnClose
30     public void onClose(Session session) {
```

```
31              WebSocketGroup.removeSession(session);// 从组中删除会话
32        }
33        /**
34         * 收到客户端消息后调用的方法
35         *
36         * @param message 客户端发送过来的消息
37         */
38        @OnMessage
39        public void onMessage(String message, Session session) {
40            WebSocketGroup.sendAll(message, session);// 向组中所有人发送消息
41        }
42        @OnError
43        public void onError(Session session, Throwable e) {
44            e.printStackTrace();// 打印异常
45        }
46    }
```

25.3.6 客户端实现

客户端由本章 Spring Boot 项目中的 "src/main/resources" 文件夹下的名为 "templates" 的文件夹中的名为 "socket" 的 HTML 页面予以实现。也就是说，发送消息、接收消息、显示消息等业务都是在这个 HTML 页面中完成的。在 HTML 页面中的文本框下方，是用于显示聊天记录的区域。从服务端发送的信息都会作为聊天记录显示在这个区域内。如果聊天记录过多，那么这个区域还会提供滚动条。socket.html 的代码如下所示。

```
01   <!DOCTYPE html>
02   <html>
03   <head>
04   <meta charset="UTF-8">
05   <title> 网络聊天室 </title>
06   <script type="text/javascript" src="/js/jquery-3.6.0.min.js"></script>
07   <script type="text/javascript">
08       var websocket = null;// 连接对象
09       var local = window.location;// 当前页面的 URL 地址
10       var url = "ws://" + local.host + "/chatroom";// 长链接地址
11       // 判断当前浏览器是否支持 WebSocket
12       if ('WebSocket' in window) {
13           websocket = new WebSocket(url);
14       } else {
15           alert(" 当前浏览器不支持长链接，请换其他浏览器 ")
16       }
17
18       // 连接发生错误触发的方法
19       websocket.onerror = function() {
20           setMessageInnerHTML(" 连接发生错误 ");
21           websocket.close();
22       };
23
24       // 连接成功建立触发的方法
25       websocket.onopen = function(event) {
26           setMessageInnerHTML(" 连接成功 ");
27       }
28
29       // 连接关闭触发的方法
30       websocket.onclose = function() {
31           setMessageInnerHTML(" 连接已关闭 ");
```

```
32      }
33
34      // 接收到消息触发的方法
35      websocket.onmessage = function(event) {
36          setMessageInnerHTML(event.data);// 向网页中添加收到的消息
37      }
38
39      // 监听窗口关闭事件,当窗口关闭后要主动关闭websocket连接
40      window.onbeforeunload = function() {
41          websocket.close();
42      }
43
44      // 将消息显示在网页上
45      function setMessageInnerHTML(innerHTML) {
46          $("#message").append(innerHTML + '<br/>');// 在div底部插入新消息
47          $("#message").scrollTop($("#message")[0].scrollHeight);// 滚动条保持在最底部
48      }
49
50      function send() {// 发送消息
51          var message = $("#text").val();// 获取输入框中的文本
52          websocket.send(message);// 发送
53          $("#text").val("");// 清空文本框
54      }
55
56      $(function() {
57          $("#btn").click(function() {// 点击按钮时
58              send();// 发送消息
59          });
60      });
61  </script>
62  </head>
63  <body>
64      <input type="text" id="text">
65      <input type="button" id="btn" value="发送" />
66      <br />
67      <div id="message" style=
68          "height: 300px; width: 500px; border: 1px solid red; overflow-y: auto">
69      </div>
70  </body>
71  </html>
```

25.3.7 控制器实现

在 Spring Boot 项目中的源文件夹（即"src/main/java"）下，创建名为"com.mr.controller"的包。在这个包下创建 IndexController 控制器类，并使用 @Controller 注解予以标注。当用户访问"/index"地址时，页面可自动跳转至 socket.html。用于实现控制器的代码如下所示。

```
01  package com.mr.controller;
02  import org.springframework.stereotype.Controller;
03  import org.springframework.web.bind.annotation.RequestMapping;
04  @Controller
05  public class IndexController {
06      @RequestMapping("/index")
07      public String index() {
08          return "socket";
09      }
10  }
```

第 26 章
高并发抢票服务
（Spring Boot+Redis 实现）

扫码获取本书资源

谈起目前流行的 NoSQL，就不得不提本章的主角——Redis。Redis 是一款基于内存的 Key-Value 结构的数据库，再加上其底层采用单线程、多路 I/O 复用模型，Redis 的运行速度非常快，可以很好地完成高并发大数据的吞吐任务。Redis 像一个超大的 Map 键值对，需要通过键来找数据。Redis 支持多种数据类型，其中包括 string 字符串类型、hash 哈希类型、list 列表（或链表）类型、set 集合类型和 zset 有序集合类型。Redis 的作用相当于为网站项目提供一个类似 CPU 缓存的东西，因此很多程序开发人员喜欢把 Redis 称作"缓存"。使用 Redis 的原子递增服务可以很好地解决高并发的抢票场景。

26.1 案例效果预览

某网站开通限量抢票服务，用户可通过点击购票链接完成下单操作。在这个场景中，服务端要确保用户的下单数量不能超过票的最大库存数。为此，最好的办法就是把所有用户的抢票请求均交由 Redis 的原子自增命令分发排队编号；编号号码超出票的最大库存数的用户不予提供下单服务。

编写完本章 Spring Boot 项目的代码后，启动本章 Spring Boot 项目，打开浏览器，输入网址"http://127.0.0.1:8080/index"，即可进入如图 26.1 所示的抢票页面。用户点击"立即抢票"超链接即可开始抢票。

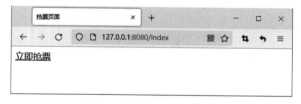

图 26.1　抢票的入口页面

如果用户第一次点击"立即抢票"超链接，就会看到如图 26.2 所示的"抢票成功"的页面。其中，票号为 ticket001 表示抢到的是第一张票。如果读者朋友可以让多个浏览器同时点击抢票，就能够看到每个人都抢到了不同票号的票。但是，一旦所有票都被抢完，用户点击"立即抢票"超链接后，就只能看到如图 26.3 所示的"所有票都卖完了"的页面。

图 26.2　成功抢到第一张票　　　　　　图 26.3　所有票都卖完了

26.2 业务流程图

高并发抢票服务的业务流程如图 26.4 所示。

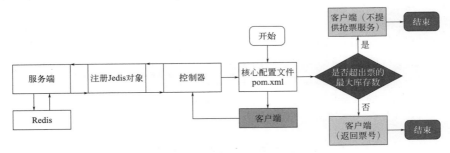

图 26.4　高并发抢票服务的业务流程

26.3 实现步骤

本章程序的实现过程分为以下 7 个步骤：Windows 系统搭建 Redis 环境、添加依赖、编写配置项、注册 Jedis 对象、编写购票服务、控制器实现和编写抢票入口页面。下面将依次对这 7 个步骤进行讲解。

26.3.1　Windows 系统搭建 Redis 环境

本节将从下载和启动两个方面介绍如何在 Windows 系统中搭建的 Redis 环境。

（1）下载

Redis 面向 Windows 系统版本的安装包需要到 GitHub 下载。打开浏览器，输入网址"https://github.com/MicrosoftArchive/redis/releases"，即可打开如图 26.5 所示的页面，其中展示了当前可下载的 Redis 版本。

单击图 26.5 中的"3.2.100"超链接，即可进入如图 26.6 所示的下载页面。在页面下方，可以找到不同格式的安装包。先下载如图 26.6 所示的 ZIP 压缩包，再将其解压到本地硬盘中。

第 2 篇 案 例 篇

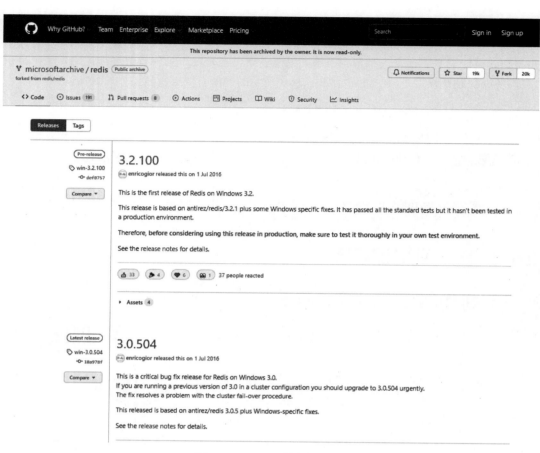

图 26.5　可下载的版本列表

图 26.6　ZIP 压缩包下载位置

（2）启动

将 ZIP 压缩包解压到本地硬盘中后，双击解压后的文件夹，即可看到如图 26.7 所示的文件结构。其中最关键的两个文件是 redis-server.exe（启动服务）文件和 redis-cli.exe（启动命令行）文件。

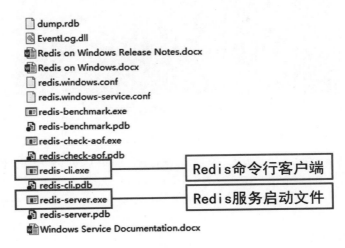

图 26.7　文件结构

双击 redis-server.exe 文件，即可启动 Redis 服务，正常启动后可以看到如图 26.8 所示的窗口。在该窗口中，显示了 Redis 的版本号、Redis 服务使用的端口号（Port）和进程号（PID）。如果此窗口被关闭，Redis 服务也会随之关闭。因此，在学习、开发、测试过程中，应确保此窗口处于运行状态。

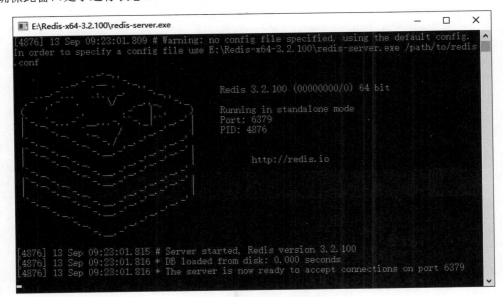

图 26.8　服务成功启动的窗口

双击 redis-cli.exe 文件，即可打开 Redis 自带的如图 26.9 所示的命令行窗口。此窗口会自动连接本地的 Redis 服务，用户可以在此窗口中执行 Redis 命令并查看结果。

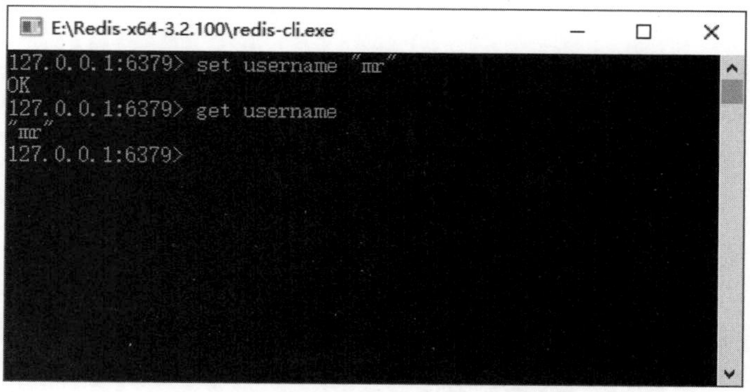

图 26.9　客户端命令行窗口

> **说明**　注意 redis-server.exe（启动服务）文件和 redis-cli.exe（启动命令行）文件的启动顺序，即先双击 redis-server.exe 启动服务，再双击 redis-cli.exe 输入命令。

26.3.2　添加依赖

本章 Spring Boot 项目需要的依赖有 Web、Thymeleaf 和 Redis，为此在 pom.xml 文件中添加以下内容。

```
01 <dependency>
02     <groupId>org.springframework.boot</groupId>
03     <artifactId>spring-boot-starter-thymeleaf</artifactId>
04 </dependency>
05 <dependency>
06     <groupId>org.springframework.boot</groupId>
07     <artifactId>spring-boot-starter-web</artifactId>
08 </dependency>
09 <dependency>
10     <groupId>org.springframework.boot</groupId>
11     <artifactId>spring-boot-starter-redis</artifactId>
12     <version>1.4.7.RELEASE</version>
13 </dependency>
```

26.3.3　编写配置项

在 application.properties 文件中，添加如下的配置内容。

```
01 spring.redis.host=127.0.0.1
02 spring.redis.port=6379
03 ticket.total=12
```

上述配置内容的前两行是 Redis 的连接信息，第三行是自定义的票的最大库存数，读者朋友可自行修改。

26.3.4　注册 Jedis 对象

在本章 Spring Boot 项目中的源文件夹（即"src/main/java"）下，创建名为"com.

mr.config"的包。在这个包下，创建 JedisConfig 类。在这个类中，先注入 Environment 环境组件，再从配置文件中读取连接 Redis 的 IP 和端口，而后创建 Jedis 对象。JedisConfig 类的代码如下所示。

```
01 package com.mr.config;
02 import org.springframework.beans.factory.annotation.Autowired;
03 import org.springframework.context.annotation.*;
04 import org.springframework.core.env.Environment;
05 import redis.clients.jedis.*;
06
07 @Configuration
08 public class JedisConfig {
09     @Autowired
10     Environment env;// 注入环境组件，读配置文件
11     @Bean
12     public Jedis getJedis() {
13         return new Jedis(new HostAndPort(// 设置域名与端口
14                 env.getProperty("spring.redis.host"), // 获取配置的 IP
15                 env.getProperty("spring.redis.port", Integer.class)// 获取配置端口
16         ), new JedisClientConfig() {// 实现客户端配置接口对象
17             public int getConnectionTimeoutMillis() {// 超时毫秒数
18                 return 2000;
19             }
20             public String getPassword() {// 密码默认为空
21                 return null;
22             }
23         }
24         );
25     }
26 }
```

26.3.5 编写购票服务

TicketsService 类是本章 Spring Boot 项目中的购票服务类，它被存储在源文件夹（即"src/main/java"）下的名为"com.mr.service"的包中。

在购票服务类中，注入已完成注册的 Jedis 对象和配置文件中的票的最大库存数。同时，创建两个常量用于保存 Redis 中的键名称：一个表示用于原子递增的已经抢票的票数，另一个表示抢票活动的结束状态。

在抢票方法中，首先读取抢票活动的结束状态，如果抢票活动已结束，就返回 null；否则，就执行原子递增命令。如果递增之后的数字超出票的最大库存数，就将抢票活动的状态调整为"结束"，即不提供抢票服务；如果递增之后的数字没有超出票的最大库存数，就提供抢票服务，并返回被抢票的票号字符串。

TicketsService 类的代码如下所示。

```
01 package com.mr.service;
02 import org.springframework.beans.factory.annotation.*;
03 import org.springframework.stereotype.Service;
04 import redis.clients.jedis.Jedis;
05
06 @Service
07 public class TicketsService {
```

```java
08      @Autowired
09      Jedis jedis;
10      @Value("${ticket.total}") // 自动注入配置文件的值
11      Long total;
12      final String COUNT_KEY = "ticketscount";// 自增的已售票数
13      final String FINISH_KEY = "scramble.finish";// 抢票结束表示，true 表示结束
14      public String scramble() {
15          String finish = jedis.get(FINISH_KEY);// 获取结束状态
16          if (!"ture".equals(finish)) {// 如果抢票未结束
17              Long applicationNumber = jedis.incr(COUNT_KEY);// 出一张票
18              if (applicationNumber <= total) {// 如果当前票数小于等于最大票数，则出票
19                  // 表示数字的字符串的长度为3，用0补位
20                  return String.format("ticket%03d", applicationNumber);
21              } else {
22                  jedis.set(FINISH_KEY, "ture");// 抢票状态设为结束
23              }
24          }
25          return null;// 没票了
26      }
27  }
```

26.3.6 控制器实现

TicketController 类是本章 Spring Boot 项目中的控制器类，它被存储在源文件夹（即"src/main/java"）下的名为"com.mr.controller"的包中。

控制器接收到"/scramble"的请求后，调用购票服务中的抢票方法。如果用户抢票成功，就告知用户被抢票的票号；如果用户抢票失败，就提示用户"所有票都已经抢完了"。

TicketController 类的代码如下所示。

```java
01  package com.mr.controller;
02  import org.springframework.beans.factory.annotation.Autowired;
03  import org.springframework.stereotype.Controller;
04  import org.springframework.web.bind.annotation.*;
05  import com.mr.service.TicketsService;
06
07  @Controller
08  public class TicketController {
09      @Autowired
10      TicketsService service;
11      @RequestMapping("/scramble")
12      @ResponseBody
13      public String grab() {
14          String ticketnum = service.scramble();// 抢票
15          if (ticketnum == null) {// 没抢到
16              return "<h1> 对不起，所有票都已经抢完了！</h1>";
17          } else {// 抢到了
18              return "<h1> 请牢记您的票号：" + ticketnum + "</h1>";
19          }
20      }
21      @RequestMapping("/index")
22      public String index() {
23          return "buyticket";
24      }
25  }
```

26.3.7 编写抢票入口页面

buyticket.html 是本章 Spring Boot 项目中的入口页面，它被存储在文件夹（即"src/main/resources"）下的名为"templates"的文件中。

在 buyticket.html 抢票入口页面中，仅包含了一个"立即抢票"超链接。buyticket.html 的代码如下所示。

```html
01  <!DOCTYPE html>
02  <html>
03  <head>
04  <meta charset="UTF-8">
05  <title> 抢票页面 </title>
06  </head>
07  <body>
08      <a href="/scramble" style="font-size:18px; "> 立即抢票 </a>
09  </body>
10  </html>
```

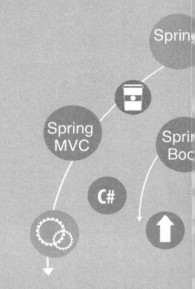

第 3 篇
项目篇

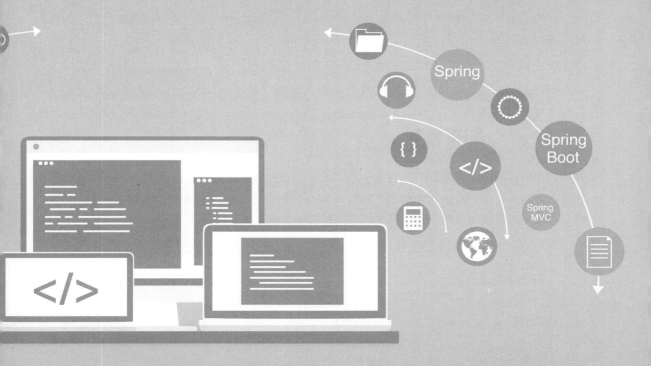

第 27 章 K12(中小学)综合测评系统（Spring MVC+jQuery+MySQL 数据库实现）

第 28 章 Show——企业最佳展示平台（Spring 框架 +HTML5+ MySQL 数据库实现）

扫码获取本书
资源

第 27 章
K12（中小学）综合测评系统
（Spring MVC+jQuery+MySQL 数据库实现）

K12（中小学）综合测评系统，针对科目结果进行科学分析，以图例的形式展现中小学生的各项学习指标，用于定期或不定期检测学生各项数值的高低，对于中小学生的学习及生活等各方面可以起到关键的指导作用。

27.1 需求分析

K12 综合测评系统通过分析学生的学习基础和学习风格，为学生改进学习策略和学习方法提供依据，科学地反映中小学学生的行为活动中的心理特征，评估家庭教育的得失及对学生学习造成的正负面影响。K12 综合测评系统的开发细节设计如图 27.1 所示。

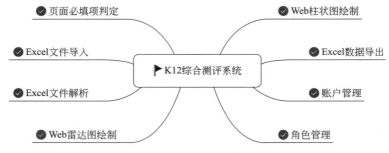

图 27.1　K12 综合测评系统相关开发细节

27.2 系统设计

27.2.1 开发环境

开发 K12 综合测评系统之前，本地计算机需满足以下条件。
☑ 操作系统：Windows 10；

第 27 章　K12（中小学）综合测评系统（Spring MVC+jQuery+MySQL 数据库实现）

- ☑ JDK 环境：JDK 17；
- ☑ 开发工具：Eclipse for Java EE；
- ☑ Web 服务器：Tomcat 9；
- ☑ 系统框架：Spring MVC；
- ☑ 数据库：MySQL 5.6 数据库；
- ☑ 浏览器：推荐使用 Google Chrome 浏览器；
- ☑ 分辨率：推荐使用 1280×960 像素。

27.2.2　功能结构

K12 综合测评系统分为两个部分，分别为业务逻辑和系统管理，具体功能如图 27.2 所示。

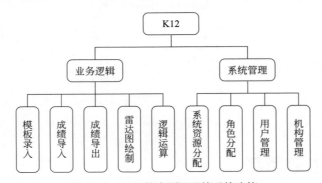

图 27.2　K12 综合测评系统系统功能

27.2.3　业务流程

K12 综合测评系统业务流程如图 27.3 所示。

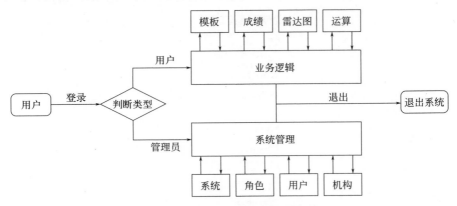

图 27.3　K12 综合测评系统业务流程

27.2.4　项目结构

在 "com/back" 下建立 base 包，用于系统框架代码整合管理；建立 testpro 包，用于业务代码整合管理。在 base 和 testpro 包下建立对应的 controller 控制层、dao 数据层、mapping 映射层和 service 事务层等，创建后的项目目录结构如图 27.4 所示。

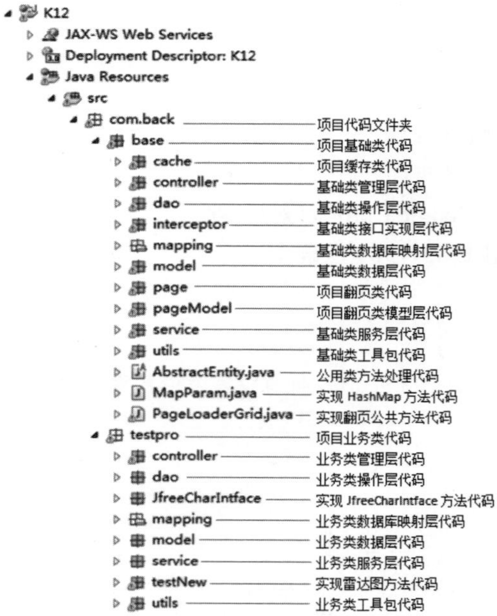
K12
JAX-WS Web Services
Deployment Descriptor: K12
Java Resources
src
com.back 项目代码文件夹
base 项目基础类代码
cache 项目缓存类代码
controller 基础类管理层代码
dao 基础类操作层代码
interceptor 基础类接口实现层代码
mapping 基础类数据库映射层代码
model 基础类数据层代码
page 项目翻页类代码
pageModel 项目翻页类模型层代码
service 基础类服务层代码
utils 基础类工具包代码
AbstractEntity.java 公用类方法处理代码
MapParam.java 实现 HashMap 方法代码
PageLoaderGrid.java 实现翻页公共方法代码
testpro 项目业务类代码
controller 业务类管理层代码
dao 业务类操作层代码
JfreeCharIntface 实现 JfreeCharIntface 方法代码
mapping 业务类数据库映射层代码
model 业务类数据层代码
service 业务类服务层代码
testNew 实现雷达图方法代码
utils 业务类工具包代码

图 27.4　项目结构

27.3　创建项目

27.3.1　基础数据库表

K12 综合测评系统使用 MySQL 数据库进行数据存储、数据运算和数据展示等，在名称为“k12”的数据库中独立建立各个模块所需表。MySQL 数据库整体表结构如图 27.5 所示。

ftbk_article
ftbk_article_columns
rel_cus_dept
rel_notice_dept
sys_data_dic
sys_dic_type
tacl
tcompany
tdepartment
tlogin
tloginrole
tmenu
tparty
tperson
tposition
tresource
trole
troletask
ts_menu_role
ts_rawty
ttask
tx_datacount
tx_datacount_main
tx_nameorder
ty_model
ty_model_language
ty_model_main

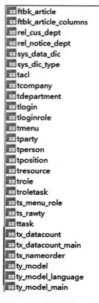

图 27.5　数据库表预览

K12 系统框架基础数据库表如表 27.1 所示。

表 27.1 基础表

数据库表名称	作用
tlogin	用户名
tperson	角色
tparty	部门
tacl	权限
tmenu	菜单列表
tloginrole	用户 ID 与角色 ID 关系表

业务表如表 27.2 所示。

表 27.2 业务表

数据库表名称	作用
ts_menu_role	学科表
ts_rawty	学科内容项
tx_datacount_main	成绩主表
tx_datacount	成绩明细表
tx_nameorder	学生排序表
ty_model_main	模板主表
ty_model	模板明细表
ty_model_language	模板评价表

27.3.2 配置文件

在项目中创建"resources"配置信息文件夹，用于归类整理项目中的各种技术所需的配置，如图 27.6 所示。

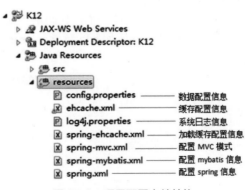

图 27.6 项目配置文件结构

在 spring-mybatis.xml 文件中配置数据源，实现与数据库的互联，代码如下：

（代码位置：资源包 \Code\27\Bits\01.txt）

```xml
01 <!-- 配置数据源 -->
02     <bean name="dataSource" class="com.alibaba.druid.pool.DruidDataSource" init-method="init" destroy-method="close">
03         <property name="url" value="${jdbc_url}" />
04         <property name="username" value="${jdbc_username}" />
05         <property name="password" value="${jdbc_password}" />
06         <!-- 初始化连接大小 -->
07         <property name="initialSize" value="0" />
08         <!-- 连接池最大使用连接数量 -->
09         <property name="maxActive" value="20" />
10         <!-- 连接池最大空闲 -->
11         <property name="maxIdle" value="20" />
12         <!-- 连接池最小空闲 -->
13         <property name="minIdle" value="0" />
14         <!-- 获取连接最大等待时间 -->
15         <property name="maxWait" value="60000" />
16
17         <property name="validationQuery" value="${validationQuery}" />
18         <property name="testOnBorrow" value="false" />
19         <property name="testOnReturn" value="false" />
20         <property name="testWhileIdle" value="true" />
21
22         <!-- 配置间隔多久才进行一次检测，检测需要关闭的空闲连接，单位是毫秒 -->
23         <property name="timeBetweenEvictionRunsMillis" value="60000" />
24         <!-- 配置一个连接在池中最小生存的时间，单位是毫秒 -->
25         <property name="minEvictableIdleTimeMillis" value="25200000" />
26
27         <!-- 打开 removeAbandoned 功能 -->
28         <property name="removeAbandoned" value="true" />
29         <!-- 1800 秒，也就是 30 分钟 -->
30         <property name="removeAbandonedTimeout" value="1800" />
31         <!-- 关闭 abanded 连接时输出错误日志 -->
32         <property name="logAbandoned" value="true" />
33
34         <property name="filters" value="config" />
35         <property name="connectionProperties" value="config.decrypt=false" />
36     </bean>
```

配置事务管理器：事务就是用来解决类似问题的。事务是一系列的动作，它们综合在一起才是一个完整的工作单元，这些动作必须全部完成，如果有一个失败的话，那么事务就会回滚到最开始的状态，仿佛什么都没发生过一样。在企业级应用程序开发中，事务管理是必不可少的技术，用来确保数据的完整性和一致性。本段代码用于配置 K12 综合测评系统需要的事务操作，主要为针对数据库的操作，方法如 add 新增、insert 插入、update 更新等。代码如下：

（代码位置：资源包 \Code\27\Bits\02.txt）

```xml
01 <!-- 配置事务管理器 -->
02 <bean id="transactionManager"
03        class="org.springframework.jdbc.datasource.DataSourceTransactionManager">
04     <property name="dataSource" ref="dataSource" />
05 </bean>
06
07 <!-- 拦截器方式配置事物 -->
```

```xml
08 <tx:advice id="transactionAdvice" transaction-manager="transactionManager">
09     <tx:attributes>
10         <tx:method name="add*" propagation="REQUIRED" />
11         <tx:method name="append*" propagation="REQUIRED" />
12         <tx:method name="insert*" propagation="REQUIRED" />
13         <tx:method name="save*" propagation="REQUIRED" />
14         <tx:method name="update*" propagation="REQUIRED" />
15         <tx:method name="modify*" propagation="REQUIRED" />
16         <tx:method name="edit*" propagation="REQUIRED" />
17         <tx:method name="delete*" propagation="REQUIRED" />
18         <tx:method name="remove*" propagation="REQUIRED" />
19         <tx:method name="repair" propagation="REQUIRED" />
20         <tx:method name="query*" propagation="REQUIRED" />
21         <tx:method name="delAndRepair" propagation="REQUIRED" />
22         <tx:method name="confirm" propagation="REQUIRED" />
23         <tx:method name="*" propagation="SUPPORTS" />
24     </tx:attributes>
25 </tx:advice>
```

系统缓存配置：系统缓存介于服务器和客户端之间，监控请求，并且把请求输出的内容另行存储一份副本，如果监控请求是相同的 URL 地址，则直接请求保存的副本，而不再次麻烦服务器运行，提高效率和响应时间，节约服务器资源。

cache（高速缓冲存储器）是一种特殊的存储器子系统，其中复制了频繁使用的数据，以利于快速访问。存储器的高速缓冲存储器存储了频繁访问的 RAM 位置的内容及这些数据项的存储地址。当处理器引用存储器中的某地址时，高速缓冲存储器便检查是否存有该地址。如果存有该地址，则将数据返回处理器；如果没有保存该地址，则进行常规的存储器访问。因为高速缓冲存储器总是比主 RAM 存储器速度快，所以当 RAM 的访问速度低于微处理器的速度时，常使用高速缓冲存储器，代码如下：

（代码位置：资源包 \Code\27\Bits\03.txt）

```xml
01 <?xml version="1.0" encoding="UTF-8"?>
02 <ehcache xmlns:xsi="http://www.w3.org/2001/XMLSchema-instance" xsi:noNamespaceSchemaLocation="ehcache.xsd" updateCheck="true" monitoring="autodetect" dynamicConfig="true">
03     <diskStore path="java.io.tmpdir" />
04     <!--
05     name：Cache 的唯一标识
06     maxElementsInMemory：内存中最大缓存对象数
07     maxElementsOnDisk：磁盘中最大缓存对象数，若是 0 表示无穷大
08     eternal：Element 是否永久有效，一旦设置了，timeout 将不起作用
09     overflowToDisk：配置此属性，当内存中 Element 数量达到 maxElementsInMemory 时，Ehcache 会将 Element 写到磁盘中
10     timeToIdleSeconds：设置 Element 在失效前的允许闲置时间。仅当 element 不是永久有效时使用，可选属性，默认值是 0，也就是可闲置时间无穷大
11     timeToLiveSeconds：设置 Element 在失效前允许存活时间。最长时间介于创建时间和失效时间之间。仅当 element 不是永久有效时使用，默认是 0，也就是 element 存活时间无穷大
12     diskPersistent：是否缓存虚拟机重启期间的数据
13     diskExpiryThreadIntervalSeconds：磁盘失效线程运行时间间隔，默认是 120s
14     diskSpoolBufferSizeMB：这个参数设置 DiskStore（磁盘缓存）的缓存区大小，默认是 30MB。每个 Cache 都应该有自己的一个缓冲区
15     memoryStoreEvictionPolicy：当达到 maxElementsInMemory 限制时，Ehcache 将会根据指定的策略去清理内存，默认策略是 LRU（最近最少使用），也可以设置为 FIFO（先进先出）或是 LFU（较少使用）
16     -->
17     <defaultCache maxElementsInMemory="10000" eternal="false" timeToIdleSeconds="120" timeToLiveSeconds="120" overflowToDisk="true" maxElementsOnDisk="10000000" diskPersistent="false" diskExpiryThreadIntervalSeconds="120" memoryStoreEvictionPolicy="LRU" />
```

```
18
19      <cache name="resourceTypeServiceCache" maxElementsInMemory="10000"
maxElementsOnDisk="1000" eternal="false" overflowToDisk="true" diskSpoolBufferSizeMB="20"
timeToIdleSeconds="300" timeToLiveSeconds="600" memoryStoreEvictionPolicy="LFU" />
20      <cache name="resourceTypeDaoCache" maxElementsInMemory="10000"
maxElementsOnDisk="1000" eternal="false" overflowToDisk="true" diskSpoolBufferSizeMB="20"
timeToIdleSeconds="300" timeToLiveSeconds="600" memoryStoreEvictionPolicy="LFU" />
21      <cache name="bugTypeServiceCache" maxElementsInMemory="10000"
maxElementsOnDisk="1000" eternal="false" overflowToDisk="true" diskSpoolBufferSizeMB="20"
timeToIdleSeconds="300" timeToLiveSeconds="600" memoryStoreEvictionPolicy="LFU" />
22      <cache name="bugTypeDaoCache" maxElementsInMemory="10000" maxElementsOnDisk="1000"
eternal="false" overflowToDisk="true" diskSpoolBufferSizeMB="20" timeToIdleSeconds="300"
timeToLiveSeconds="600" memoryStoreEvictionPolicy="LFU" />
23 </ehcache>
```

配置Log4j文件：用于系统日志输出，Log4j是Apache的一个开源项目，通过使用Log4j，我们可以控制日志信息输送的目的地是控制台、文件和GUI组件，代码如下：

（代码位置：资源包 \Code\27\Bits\04.txt）

```
01 log4j.rootLogger=INFO,Console,File
02
03 log4j.appender.Console=org.apache.log4j.ConsoleAppender
04 log4j.appender.Console.Target=System.out
05 log4j.appender.Console.layout=org.apache.log4j.PatternLayout
06 log4j.appender.Console.layout.ConversionPattern=[%c]%m%n
07
08 log4j.appender.File=org.apache.log4j.RollingFileAppender
09 log4j.appender.File.File=D:/mybatis.log
10 log4j.appender.File.MaxFileSize=10MB
11 log4j.appender.File.Threshold=ALL
12 log4j.appender.File.layout=org.apache.log4j.PatternLayout
13 log4j.appender.File.layout.ConversionPattern=[%p][%d{yyyy-MM-dd HH\:mm\:ss,SSS}][%c]%m%n
14
15 log4j.logger.com.ibatis=DEBUG
16 log4j.logger.com.ibatis.common.jdbc.SimpleDataSource=DEBUG
17 log4j.logger.com.ibatis.common.jdbc.ScriptRunner=DEBUG
18 log4j.logger.com.ibatis.sqlmap.engine.impl.SqlMapClientDelegate=DEBUG
19 log4j.logger.java.sql.Connection=DEBUG
20 log4j.logger.java.sql.Statement=DEBUG
21 log4j.logger.java.sql.PreparedStatement=DEBUG
```

在以往的JDBCTemplate中事务提交成功，异常处理都是通过try/catch来完成，而在Spring中容器集成了TransactionTemplate，它封装了所有对事务处理的功能，包括异常时事务回滚、操作成功时数据提交等复杂业务功能。这都是由Spring容器来管理，大大减少了程序员的代码量，也对事务有了很好的管理控制。Spring配置代码如下：

（代码位置：资源包 \Code\27\Bits\05.txt）

```
01 <?xml version="1.0" encoding="UTF-8"?>
02 <beans
03 xmlns="http://www.springframework.org/schema/beans" xmlns:xsi="http://www.w3.org/2001/
XMLSchema-instance" xmlns:context="http://www.springframework.org/schema/context"
xsi:schemaLocation="
04 http://www.springframework.org/schema/beans
05 http://www.springframework.org/schema/beans/spring-beans-3.0.xsd
06 http://www.springframework.org/schema/context
```

```
07    http://www.springframework.org/schema/context/spring-context-3.0.xsd
08    ">
09    <!-- 引入属性文件 -->
10    <context:property-placeholder location="classpath:config.properties" />
11    <!-- 自动扫描（自动注入） -->
12    <context:component-scan base-package="com.back.base.service;com.back.testpro.service" />
13    </beans>
```

27.4 Excel 文件解析模块

27.4.1 页面必填项判定

在模块功能操作页面进行必填项的填写，选择所需上传的文件，如不满足系统要求，则显示红色框提示，并且当鼠标指向其提示范围内时显示详细说明。效果如图 27.7 所示。

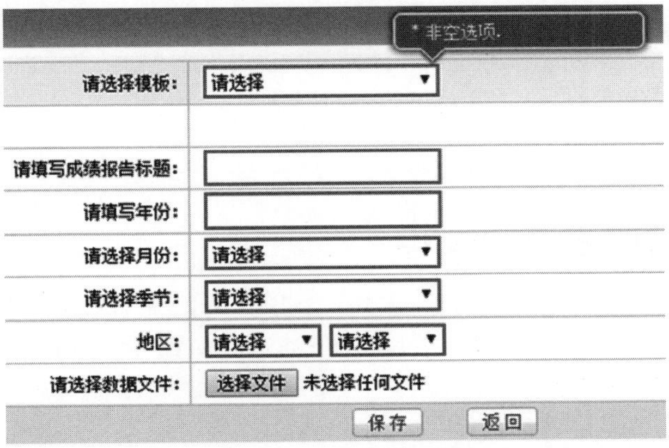

图 27.7 页面判定展示

定义通用 JavaScript 方法，对需要校验内容的页面进行填写。页面通过使用"$("#XXX").validationEngine"方法进行页面处理，这里"XXX"指定义的名称，用于区别校验不同内容。JavaScript 代码如下：

（代码位置：资源包\Code\27\Bits\06.txt）

```
01  $(document).ready(function() {
02      $("#tempMess").validationEngine({
03          // 触发的事件   validationEventTriggers:"keyup blur",
04          validationEventTriggers : "keyup blur",
05          inlineValidation : true,// 是否即时验证, false 为提交表单时验证, 默认 true
06          // 为 true 时即使有不符合的也提交表单, false 表示只有全部通过验证了才能提交表单, 默认 false
07          success : false,
08          // 提示所在的位置, topLeft, topRight, bottomLeft, centerRight, bottomRight
09          promptPosition : "topRight",
10      });
11      $("#kinMess1").validationEngine({
12          // 触发的事件   validationEventTriggers:"keyup blur",
13          validationEventTriggers : "keyup blur",
14          inlineValidation : true,// 是否即时验证, false 为提交表单时验证, 默认 true
```

```
15          // 为 true 时即使有不符合的也提交表单，false 表示只有全部通过验证了才能提交表单，默认 false
16          success : false,
17          // 提示所在的位置，topLeft, topRight, bottomLeft, centerRight, bottomRight
18          promptPosition : "topRight",
19      });
20      $("#kinMess2").validationEngine({
21          // 触发的事件   validationEventTriggers:"keyup blur",
22          validationEventTriggers : "keyup blur",
23          inlineValidation : true,// 是否即时验证，false 为提交表单时验证，默认 true
24          // 为 true 时即使有不符合的也提交表单，false 表示只有全部通过验证了才能提交表单，默认 false
25          success : false,
26          // 提示所在的位置，topLeft, topRight, bottomLeft, centerRight, bottomRight
27          promptPosition : "topRight",
28      });
29      $("#tempMess2").validationEngine({
30          // 触发的事件   validationEventTriggers:"keyup blur",
31          validationEventTriggers : "keyup blur",
32          // 是否即时验证，false 为提交表单时验证，默认 true
33          inlineValidation : true,
34          // 为 true 时即使有不符合的也提交表单，false 表示只有全部通过验证了才能提交表单，默认 false
35          success : false,
36          // 提示所在的位置，topLeft, topRight, bottomLeft, centerRight, bottomRight
37          promptPosition : "topRight",
38      });
39  });
```

27.4.2 上传选取 Excel 文件

页面使用 <input> 标签进行附件内容上传，标签中 type 属性标识着内容类型，这里需上传 Excel 进行解析，所以 type 属性赋值为"file"；accept 属性为所选取文件类型，".xls"代表 Excel 文件。操作如图 27.8 所示。

图 27.8　上传 Excel 操作图

在 <form> 标签中加入 enctype="multipart/form-data" 属性，并定义 id、name、method="post" 和执行方法名称属性，代码如下：

（代码位置：资源包 \Code\27\Bits\07.txt）

```
01 <form id="dataForm" name="dataForm" method="post"
02       enctype="multipart/form-data"
03       action="${ctx}/back/dataCount_upload.do">
```

实现选择文件输入框，需要定义 id 与 name 属性，另外还必须设置 type="file" 与 accept=".xls"。代码如下：

（代码位置：资源包 \Code\27\Bits\08.txt）

```
01 <tr>
02     <td class="mains">请选择数据文件：</td>
03     <td><input id="excelFile" name="excelFile" type="file" accept=".xls" />
04     </td>
05 </tr>
```

27.4.3 页面上传校验判定

定义 JavaScript 方法，用于上传前的各项属性判断，通过信息的判定和信息的组合，向后台传递可使用的属性内容。代码如下：

（代码位置：资源包 \Code\27\Bits\09.txt）

```
01 function addTempMess() {
02     if ($("#tempMess").validationEngine({ // 获取 tempMess 对象
03         returnIsValid : true, // 设置 bool 函数 true
04         promptPosition : "topRight", // 设置显示位置
05         ajaxSubmit : true // 设置 bool 函数 true
06     }) == false) {
07         return false;
08     }
09     var ef = $("#excelFile").val(); // 获取 excelFile 对象
10     if (ef == "" || ef.length == 0) { // 如果为空
11         alert("请选择上传文件！") // 页面提示
12         return false; // 返回错误
13     }
14     var fileA = ef.split("//"); // 截取文件名称
15     var fileB = fileA[fileA.length - 1].toLowerCase().split("."); // 根据 "." 截取对象
16     var fileC = fileB[fileB.length - 1]; // 获得文件结尾
17     if (fileC != "xls") {
18         alert("请选择 office2003 版本 Excel 文件！")
19         return false;
20     }
21     var year = document.getElementById("year").value; // 获取 year 对象
22     var yearId = document.getElementById("yearId").value; // 获取 yearId 对象
23     var monthId = document.getElementById("monthId").value; // 获取 monthId 对象
24     var city = document.getElementById("city").value; // 获取 city 对象
25     var modelId = document.getElementById("mcId").value; // 获取 mcId 对象
26     document.dataForm.tdmYearseason.value = year+yearId; // tdmYearseason 数据
27     document.dataForm.tdmYearmonth.value = year+"."+monthId; // tdmYearmonth 数据
28     document.dataForm.tdmTestarea.value = city; // tdmTestarea 数据赋值
29     document.dataForm.modelId.value = modelId; // modelId 数据赋值
30     if(confirm("确定进行数据上传吗？确定开始后，请勿进行其他操作并等待上传完毕。")){
31         document.getElementById("show1").style.display = "none"; // 页面 show1 项隐藏
32         document.getElementById("show2").style.display = "block"; // 页面 show2 项开启
33         document.dataForm.submit(); // 请求提交
34     }
35 }
```

27.4.4 后台 Excel 接收方法

定义一个接收 Excel 文件的方法，通过 POI 组件实现，该组件是 Apache 组织提供的用于操作 Excel 的。其中，POIFSFileSystem 对象是专门用来解析 Excel 的；HSSFWorkbook 对象用于获取上传的 Excel 文件；HSSFSheet 对象用于获取文件中第一个 Sheet 分页。代码如下：

（代码位置：资源包 \Code\27\Bits\10.txt）

```
01 POIFSFileSystem fs = new POIFSFileSystem(file.getInputStream()); // 获取上传对象
02 HSSFWorkbook wb = new HSSFWorkbook(fs); // 获取 xls 工作簿对象
03 // 获取工作簿中第一个 sheet 表
04 HSSFSheet sheet = wb.getSheetAt(0);
05 // 获取 sheet 表中总行数
06 iRowNum = sheet.getPhysicalNumberOfRows(
07 if (iRowNum == 0) { // 行数为 0
08     model.put("href", "dataCount_list.do?id=" + id); // 错误页面跳转方法
09     model.put("msg", " 数据错误请核对！ "); // 错误页面提示信息
10     return IConstant.ERROR_PAGE;
11 }
```

27.4.5 后台 Excel 数据处理方法

根据 Excel 中所含内容，进行相关业务逻辑的编写。处理之前先进行判定 Excel 列数与所选模块项数是否相等，根据模板项进行数据分析，例如：第 2 列为考号，第 3 列为姓名等。在本模块采用 HSSF 技术，HSSF 是 Horrible SpreadSheet Format 的缩写，通过 HSSF 可以用代码来读取、写入和修改 Excel 文件。HSSF 为读取操作提供了两类 API，即 usermodel 用户模型和 eventusermodel 事件-用户模型。将 Excel 中各列学科得分进行总分、平均分等计算。代码如下：

（代码位置：资源包 \Code\27\Bits\11.txt）

```
01 /** 开始读取行数据 */
02 int startRowNum = 1; //Excel 1 含标题，0 不含标题
03 for (int j = startRowNum; j < iRowNum; j++) {
04     HSSFRow rowTmp = sheet.getRow(j);
05     if (rowTmp == null) { // 判断是否为空行
06         continue;
07     }
08     if (j == startRowNum) {
09         iCellNum = rowTmp.getLastCellNum(); // 获取列数
10         if (iCellNum != tys.size()) { // 判断列数与模板项数
11             model.put("href", "dataCount_list.do?id=" + id);
12             model.put("msg", " 导入表格列数与所选模板项数不符！请核对后重新上传。");
13             return IConstant.ERROR_PAGE;
14         }
15         // 获取第一行中总单元格总数 +1
16         iCellNum = iCellNum + 1;
17     }
18     String aValues[] = new String[iCellNum]; // 定义集合数组 aValues
19     /** 开始读取每行中每个单元格数据 */
20     for (int k = 0; k < iCellNum; k++) {
21         HSSFCell cellTmp = rowTmp.getCell(k);
22         if (cellTmp == null) { // 判断是否为空单元格
23             aValues[k] = new String("");
24             continue;
25         }
```

```
26                aValues[k] = commonController.parseCell(cellTmp); // 解析单元格中的数据
27            }
28            String mainID = UUID.randomUUID().toString(); // 定义主键 UUID
29            TxDataCountMain tdcm1 = new TxDataCountMain(); //TxDataCountMain 对象
30            tdcm1.setTdmId(mainID);
31            tdcm1.setTdmMrid(tdcm.getTdmMrid());
32            tdcm1.setTdmTestarea(tdcm.getTdmTestarea());
33            tdcm1.setTdmYearmonth(tdcm.getTdmYearmonth());
34            tdcm1.setTdmYearseason(tdcm.getTdmYearseason());
35            tdcm1.setTdmName(aValues[3]); // 姓名
36            tdcm1.setTdmTestnum(aValues[2]); // 考号
37            tdcm1.setTdmSchool(aValues[9]); // 学校
38            tdcm1.setTdmGrade(aValues[6]); // 年级
39            tdcm1.setTdmClass(aValues[7]); // 班级
40            tdcm1.setTdmSpare5(aValues[4]); // 身份证
41            tdcm1.setTdmSpare1(tdcm.getTdmSpare1()); // 报告名称
42            ArrayList<Double> numAllR = new ArrayList<Double>(); // 右侧项总和用于排名
43            String gen = ""; // 综合分析
44            String adv = ""; // 专家建议
45            for (int r = 0; r < tys.size(); r++) {
46                TyModel tm = tys.get(r);
47                TxDataCount tdc = new TxDataCount();
48                tdc.setTxdcMainid(mainID);
49                tdc.setTxdcOrder(tm.getTymOrder());
50                tdc.setTxdcName(tm.getTymName());
51                tdc.setTxdcFlag(tm.getTymFlag());
52                tdc.setTxdcSide(tm.getTymSide());
53                // 数据集合(得分;满分;得分率;等级;团队平均得分率;标准偏差;标准分)
54                if (tm.getTymFlag() == 1) {
55                    tdc.setTxdcCount(aValues[r] + ";" + tm.getTymFuldata());
56                    String level = commonController.numLevel(aValues[r], tm.getTymFuldata());
57                    String advLevel = commonController.advLevel(aValues[r], tm.getTymFuldata());
58                    TyModelLanguage tmlnew0 = mapTymlans0.get(tm.getTymName());
59                    TyModelLanguage tmlnew1 = mapTymlans1.get(tm.getTymName());
60                    if (level.equals("A") && !tmlnew0.getTymlLevel1().equals("")) {
61                        gen = gen + "【" + tm.getTymName() + "】" + tmlnew0.getTymlLevel1();
62                    }
63                    if (level.equals("B") && !tmlnew0.getTymlLevel2().equals("")) {
64                        gen = gen + "【" + tm.getTymName() + "】" + tmlnew0.getTymlLevel2();
65                    }
66                    if (level.equals("C") && !tmlnew0.getTymlLevel3().equals("")) {
67                        gen = gen + "【" + tm.getTymName() + "】" + tmlnew0.getTymlLevel3();
68                    }
69                    if (level.equals("D") && !tmlnew0.getTymlLevel4().equals("")) {
70                        gen = gen + "【" + tm.getTymName() + "】" + tmlnew0.getTymlLevel4();
71                    }
72                    if (advLevel.equals("A") && !tmlnew1.getTymlLevel1().equals("")) {
73                        adv = adv + "【" + tm.getTymName() + "】" + tmlnew1.getTymlLevel1();
74                    }
75                    if (advLevel.equals("B") && !tmlnew1.getTymlLevel2().equals("")) {
76                        adv = adv + "【" + tm.getTymName() + "】" + tmlnew1.getTymlLevel2();
77                    }
78                    if (advLevel.equals("C") && !tmlnew1.getTymlLevel3().equals("")) {
79                        adv = adv + "【" + tm.getTymName() + "】" + tmlnew1.getTymlLevel3();
80                    }
81                    if (advLevel.equals("D") && !tmlnew1.getTymlLevel4().equals("")) {
82                        adv = adv + "【" + tm.getTymName() + "】" + tmlnew1.getTymlLevel4();
83                    }
84                    if (tm.getTymSide().equals("L")) { //L 区操作
85                        List<Double> listL1 = new ArrayList<Double>(); //Double 型列表
```

```
 86                 listL1 = mapL.get(tm.getTymName());
 87                 listL1.add(Double.valueOf(aValues[r]));    // 列表赋值
 88                 mapL.put(tm.getTymName(), listL1);
 89             } else if (tm.getTymSide().equals("R")) {  //R 区操作
 90                 List<Double> listR1 = new ArrayList<Double>();
 91                 listR1 = mapR.get(tm.getTymName());
 92                 listR1.add(Double.valueOf(aValues[r]));
 93                 mapR.put(tm.getTymName(), listR1);
 94                 numAllR.add(Double.valueOf(aValues[r]));
 95                 listRfull.add(Double.valueOf(tm.getTymFuldata()));
 96             }
 97             } else if (tm.getTymFlag() == 0) {
 98                 tdc.setTxdcCount(aValues[r]);
 99             }
100             tdcs.add(tdc);
101         }
102         tdcm1.setTdmSpare4(commonController.numAll(numAllR));  // 数据计算 numAll 总和
103         tdcm1.setTdmSpare6(gen + "||" + adv);  // 数据组合赋值
104         listAllsum.add(Double.valueOf(commonController.numAll(numAllR)));// 数据类型转换保存
105         tdcms.add(tdcm1);
106         fh++;
107     }
108     /** 结束读取每行中每个单元格数据 */
```

27.4.6 自定义排序规则

K12 综合测评系统根据业务逻辑，对上传的 Excel 文件内的学生成绩进行总分由高到低排序，排序后用循环方法进行数据整理并给予排名名次。将文件中多位学生的 TxDataCountMain 数据信息对象针对 tdmSpare4 总分属性进行对比、排序，并根据 tdmTestnum 学号属性进行可能的二次排列，最后得出所需列表。代码如下：

（代码位置：资源包\Code\27\Bits\12.txt）

```
01 /** 定义排序规则 **/
02 Comparator<TxDataCountMain> comparator = new Comparator<TxDataCountMain>() {
03     public int compare(TxDataCountMain s1, TxDataCountMain s2) { // 先排成绩
04         if (s1.getTdmSpare4() != s2.getTdmSpare4()) { // 数据比较
05             return
06                 Integer.valueOf((int)Double.valueOf(s2.getTdmSpare4())-Double.valueOf(s1.getTdmSpare4())));
07         } else { // 成绩相同则按考号排序
08             return s1.getTdmTestnum().compareTo(s2.getTdmTestnum());
09         }
10     }
11 };
12 Collections.sort(tdcms, comparator); //tdcms 排序
13 int rangKing = 1; // 排序起始数
14 ArrayList<TxDataCountMain> txDataCountMainArrayList = new ArrayList<TxDataCountMain>();
15 ArrayList<TxDataCount> txDataCountArrayList = new ArrayList<TxDataCount>();
16 if (tdcms.size() > 0) {
17     for (int i = 0; i < tdcms.size(); i++) {
18         TxDataCountMain tdm1 = tdcms.get(i); // 获取对象
19         String stdAllNum = commonController.standNum(listAllsum, tdm1.getTdmSpare4(),
20             commonController.stdevData(listAllsum)); // 标准总分
21         tdm1.setTdmSpare6(tdm1.getTdmSpare6() + "||" + stdAllNum); // 数据组合赋值
22         if (i < 1) {
23             tdm1.setTdmSpare2(String.valueOf(rangKing)); // 数据类型转换
```

```
24              tdm1.setTdmSpare3(commonController.perData("100", rangKing, tdcms.size()));
25              rangKing++;
26              txDataCountMainArrayList.add(tdm1);
27              continue;  // 循环
28          }
29          TxDataCountMain tdm2 = tdcms.get(i - 1); // 获取 tdcms 对象信息
30          if (tdm2.getTdmSpare4().equals(tdm1.getTdmSpare4())) { // 数据对比
31              tdm1.setTdmSpare2(tdm2.getTdmSpare2()); //tdm1 数据赋值
32              tdm1.setTdmSpare3(commonController.perData("100",Integer.valueOf(tdm2.getTdmSpare2()), tdcms.size())); // 通过 perData 方法计算平均数
33              txDataCountMainArrayList.add(tdm1);
34              continue; // 循环
35          }
36          tdm1.setTdmSpare2(String.valueOf(rangKing));
37          tdm1.setTdmSpare3(commonController.perData("100", rangKing, tdcms.size()));
38          rangKing++;
39          txDataCountMainArrayList.add(tdm1); // 获取对象
40      }
41  }
```

27.4.7 实现数据存储

事务存储类定义数据存储方法，其中给 id 赋值 UUID 进行唯一标识，UUID 是指在一台机器上生成的数字，它保证对在同一时空中的所有机器都是唯一的。通常平台会提供生成的 API，按照开放软件基金会 (OSF) 制定的标准计算，用到了以太网卡地址、纳秒级时间、芯片 ID 码和许多可能的数字。将所传 Excel 文件中学生的成绩主表和明细表两部分信息，通过非空项判定和循环处理，最终通过事务的 insert 方法存入数据库对应的表中存储。代码如下：

（代码位置：资源包 \Code\27\Bits\13.txt）

```
01  public int insertNew(ArrayList<TxDataCountMain> txDataCountMainArrayList,
02      ArrayList<TxDataCount> txDataCountArrayList) {
03      if (txDataCountMainArrayList != null && txDataCountMainArrayList.size() > 0) {
04          for (int i = 0; i < txDataCountMainArrayList.size(); i++) { // 数据循环
05              TxDataCountMain txDataCountMain = txDataCountMainArrayList.get(i);
06              if(txDataCountMain.getTdmId()==null||txDataCountMain.getTdmId().equals("")) {
07                  txDataCountMain.setTdmId(UUID.randomUUID().toString()); // 赋值 UUID 主键
08              }
09              txDataCountMainMapper.insert(txDataCountMain); // 事务方法 insert 插入
10          }
11      }
12      if (txDataCountArrayList != null && txDataCountArrayList.size() > 0) {
13          for (int i = 0; i < txDataCountArrayList.size(); i++) { // 数据循环
14              TxDataCount txDataCount = txDataCountArrayList.get(i);
15              if (txDataCount.getTxdcId() == null || txDataCount.getTxdcId().equals("")) {
16                  txDataCount.setTxdcId(UUID.randomUUID().toString()); // 赋值 UUID 主键
17              }
18              txDataCountMapper.insert(txDataCount); // 事务方法 insert 插入
19          }
20      }
21      return 0;
22  }
```

27.5 雷达图模块

K12综合测评系统中将学生各科成绩以图表形式进行展现，图表数据比较直观，分类性强，清晰观察每组数据的独立分布，此外图表形式比较美观，在累计图谱上有较多应用，数据较多时比线性图谱清晰直观。K12综合测评系统使用雷达图显示数学等项目内容信息，如图27.9所示。

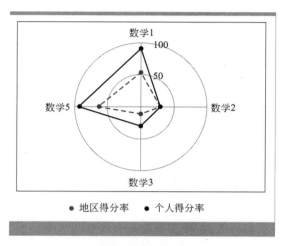

图27.9 雷达图

27.5.1 数据集合处理

在使用JFreechart进行数据集合处理时，首先使用DefaultCategoryDataset对象进行所需图形的基础绘制，然后使用CalibrationSpiderWebPlotDemo对象进行基本图形构成，最后生成barChart图片。代码如下：

（代码位置：资源包\Code\27\Bits\14.txt）

```
01  /** 生成L雷达图 begin **/
02  DefaultCategoryDataset dataset1 =
03      (DefaultCategoryDataset) CalibrationSpiderWebPlotDemo.createDatasetFlx(tdcsL);
04  JFreeChart chart1 = CalibrationSpiderWebPlotDemo.createChart(dataset1,0);
05  String url1 = request.getSession().getServletContext().getRealPath("/")+"/images/";
06  String fileName1 = barChart.newCreatChart(chart1, 250, 200, null, session, url1);
07  String graphURL1 = request.getSession().getServletContext().getRealPath("/") +
    fileName1;
08  model.put("fileName1", fileName1);
09  model.put("graphURL1", graphURL1);
10  /** 生成L雷达图 end **/
```

27.5.2 雷达图数据处理方法

创建雷达图数据处理方法时，首先根据业务列表创建DefaultCategoryDataset数据集合信息，然后根据传递的List<TxDataCount>，进行各个对象的数据分隔，再将分隔后的代码进行数据计算，并赋值到DefaultCategoryDataset对象中进行保存，代码如下：

(代码位置：资源包 \Code\27\Bits\15.txt)

```java
01 /**
02  * 灵活性 - 构造数据集
03  */
04 public static CategoryDataset createDatasetFlx(List<TxDataCount> list) {
05     DefaultCategoryDataset dataset = new DefaultCategoryDataset();
06     String group1 = "地区得分率";
07     String group2 = "个人得分率";
08     for(int i=0;i<list.size();i++){ //list 列表循环
09         TxDataCount tc = list.get(i); // 获取 list 对象
10         String[] o = tc.getTxdcCount().split(";"); // 根据";"进行分隔
11         if(o[1].equals("0")){ // 如果数组为 0
12             continue; //continue 方法
13         }
14         // 数据集合 (0 得分 ;1 满分 ;2 得分率 ;3 等级 ;4 团队平均得分率 ;5 标准偏差 ;6 标准分 )
15         dataset.addValue(Double.valueOf(o[4]),group1,tc.getTxdcName());
16         dataset.addValue(Double.valueOf(o[2]),group2,tc.getTxdcName());
17     }
18     return dataset;
19 }
```

27.5.3 创建雷达图

使用 CalibrationSpiderWebPlot 类创建雷达图信息，该类隶属于 JFreechart 工具类，使用该类进行雷达图的两部分设置：①在雷达图中加入刻度属性，可自定义刻度数以及刻度的最大值，同时刻度值前后可以加入单位符号；②在雷达图中加入圆环属性，圆环的半径与刻度一一对应。本方法代码如下：

(代码位置：资源包 \Code\27\Bits\16.txt)

```java
01 /**
02  * 创建图表
03  */
04 public static JFreeChart createChart(CategoryDataset categorydataset,int i) {
05     CalibrationSpiderWebPlot spiderwebplot =
06             new CalibrationSpiderWebPlot(categorydataset);
07     // 标准分类提示器
08     spiderwebplot.setToolTipGenerator(new StandardCategoryToolTipGenerator());
09     spiderwebplot.setTicks(2); // 刻度数
10     spiderwebplot.setWebFilled(false); // 阴影
11     spiderwebplot.setBackgroundPaint(Color.white); // 背景颜色
12     spiderwebplot.setLabelFont(new Font("微软雅黑",Font.PLAIN,9)); // 字体
13     spiderwebplot.setAxisLinePaint(Color.lightGray); //XY 轴线颜色
14     // 设置线条颜色宽度
15     spiderwebplot.setSeriesOutlineStroke
16             (0,new BasicStroke(1.0F, 1, 1, 1.0F, new float[] { 6F, 6F }, 0.0F));
17     spiderwebplot.setSeriesOutlineStroke(1,new BasicStroke(1.0F, 1, 1, 1.0F, null,
0.0F));
18     JFreeChart jfreechart =
19             new JFreeChart("", TextTitle.DEFAULT_FONT, spiderwebplot, false);
20     if(i==0){
21         jfreechart.setBackgroundPaint(Color.white); //i=0 背景颜色
22     }
23     if(i==1){
24         jfreechart.setBackgroundPaint(new Color(203,254,254)); //i=1 背景颜色
25     }
```

```
26    LegendTitle legendtitle = new LegendTitle(spiderwebplot);   // 加载 LegendTitle 对象
27    legendtitle.setPosition(RectangleEdge.BOTTOM);   // 设置焦点颜色
28    legendtitle.setItemFont(new Font("微软雅黑",Font.PLAIN,14));   // 设置字体颜色大小
29    jfreechart.addSubtitle(legendtitle);   // 保存 legendtitle 对象
30    return jfreechart;
31 }
```

27.5.4 图片信息处理

使用 JFreeChart 将雷达图信息生成 PNG 图片。JFreeChart 是 Java 平台上的一个开放的图表绘制类库，完全使用 Java 语言编写，是为 applications(应用程序)、applets(小应用程序)、servlets(特殊规范的 java 类) 和 JSP 页面等使用而设计的。代码如下：

（代码位置：资源包 \Code\27\Bits\17.txt）

```
01 public static String newCreatChart(JFreeChart chart, int i, int j,
02 Object object, HttpSession session, String url) {   // 获取方法属性信息
03     String name = "";
04     chart.setBackgroundImageAlpha(0.0f);   // 设置图片背景边框
05     try {
06         name = saveChartAsPNG(chart, i, j, null, session, url);   //saveChartAsPNG 处理
07     } catch (IOException e) {   // 捕获 IOException 异常
08         // TODO Auto-generated catch block
09         e.printStackTrace();   // 显示 IOException 异常
10     }
11     return name;
12 }
```

27.5.5 图片保存方法

重构 JFreeChart 的 saveChartAsPNG() 方法，修改默认的保存方式。首先通过 File.createTempFile() 方法进行图片的创建，然后通过 ServletUtilities.registerChartForDeletion 方法进行图片信息的处理。代码如下：

（代码位置：资源包 \Code\27\Bits\18.txt）

```
01 // 覆盖父类的方法
02 public static String saveChartAsPNG(JFreeChart chart, int width, int height,
03 ChartRenderingInfo info, HttpSession session, String url) throws IOException {
04     if (chart == null) {   // 判定图片信息
05         throw new IllegalArgumentException("Null 'chart' argument.");   // 返回系统异常信息
06     }
07     createTempDir(url);   // 通过 url 地址进行创建
08     String prefix = ServletUtilities.getTempFilePrefix();   // 获取 TempFilePrefix
09     if (session == null) {
10         prefix = ServletUtilities.getTempOneTimeFilePrefix();   // 获取 TempOneTimeFilePrefix
11     }
12     File tempFile = File.createTempFile(prefix, ".png", new File(url));   // 创建文件
13     info = new ChartRenderingInfo(new StandardEntityCollection());   // 数据处理
14     ChartUtilities.saveChartAsPNG(tempFile, chart, width, height, info);   // 保存 PNG 图片
15     if (session != null) {
16         ServletUtilities.registerChartForDeletion(tempFile, session);   // 传递文件
17     }
18     return tempFile.getName();
19 }
```

27.5.6 页面图片展示

在页面中引入图片进行显示,主要使用 HTML 中的 <img> 标签实现,其中 src 为图片系统地址。代码如下:

(代码位置:资源包 \Code\27\Bits\19.txt)

```
01 <tr>
02     <!-- 图形展示 使用 img 标签 src 地址 -->
03     <td colspan="7" align="center"><IMG src="${ctx}/images/${fileName1}">
04     </td>
05     <td colspan="7" align="center" bgcolor="#f5f5f5">
06         <IMG src="${ctx}/images/${fileName2}">
07     </td>
08     <td colspan="4" align="center"><IMG src="${ctx}/images/${fileName3}">
09     </td>
10 </tr>
```

27.6 数据信息导出模块

本模块使用的数据表:tx_datacount_amin、tx_datacount 表(数据表结构参见表 27.2)

在 Web 项目开发中,数据的导出在生产管理或者财务系统中用得非常普遍,因为这些系统经常要做一些打印报表的工作。而数据导出的格式一般就是 Excel,导出效果如图 27.10 所示。

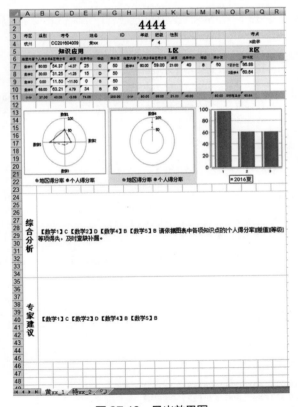

图 27.10 导出效果图

27.6.1 数据信息处理方法

使用 jxl 技术实现信息导出,jxl.jar 是通过 Java 操作 Excel 表格的工具类库。K12 综合测评系统允许批量或单独进行学生成绩导出操作,导出的 Excel 如图 27.10 所示,图片信息包含雷达图和柱状图,基本信息包含考区、考号、姓名等,并用不同区域颜色进行区分,一目了然。批量导出时用 Excel 下方各个 Sheet 进行区分,Sheet 名称统一编写格式为:姓名 + 编号。writeExcel 方法代码如下:

(代码位置:资源包 \Code\27\Bits\20.txt)

```java
01 /**
02  * 创建 excel
03  *
04  * @param filename
05  * @param mId
06  * @param id
07  * @return
08  */
09 public boolean writeExcel(String filename, String mId, String id) {
10     PageContext page = PageContext.getContext(request, rowPerPage); // 获得分页标签
11     page.setPagination(false); // 分页状态
12     boolean bl = false;
13     try {
14         this.filename = filename;
15         web = new WriteExcelBean(filename, 0); // 写标题
16         web.writeAble(); // 创建 Excel
17         String[] Cid = null;
18         if (mId != "" || mId.length() > 0) {
19             String Countid = mId.replaceAll(",", ";"); //replaceAll 替换
20             Cid = Countid.split(";"); //split 分割
21         }
22         for (int j = 0; j < Cid.length; j++) {
23             String dateId = Cid[j]; // 获取数组对象信息
24             // 取得成绩对象主表
25             TxDataCountMain tdcm = txDataCountMainService.selectByPrimaryKey(dateId);
26             String[] talk = tdcm.getTdmSpare6().split("\\|\\|"); //split 分割
27             String gen = talk[0];
28             String adv = talk[1];
29             String stand1 = talk[2]; // 标准总分 1
30             String stand2 = ""; // 标准总分 2
31             String stand3 = ""; // 标准总分 3
32             TxDataCount tdc = new TxDataCount();
33             tdc.setTxdcMainid(dateId);
34             List<TxDataCount> tdcs = txDataCountService.queryTempList(tdc); // 取得子表
35             web.writeAbleSheet(tdcm.getTdmName(), j); // 命名 Sheet
36             /*------ 生成 Excel 数据   begin-----------*/
37             /*-0-*/
38             web.addMergeCell(0, 0, 17, 1, tdcm.getTdmSpare1(), web.wcftitle);
39             /*-2-*/
40             web.addMergeCell(0, 2, 0, 2, "考区", web.wcfcaptionGreen1);
41             web.addMergeCell(1, 2, 1, 2, "组别", web.wcfcaptionGreen1);
42             web.addMergeCell(2, 2, 3, 2, "考号", web.wcfcaptionGreen1);
43             web.addMergeCell(4, 2, 5, 2, "姓名", web.wcfcaptionGreen1);
44             web.addMergeCell(6, 2, 7, 2, "ID", web.wcfcaptionGreen1);
45             web.addMergeCell(8, 2, 8, 2, "年级", web.wcfcaptionGreen1);
46             web.addMergeCell(9, 2, 9, 2, "班级", web.wcfcaptionGreen1);
47             web.addMergeCell(10, 2, 10, 2, "性别", web.wcfcaptionGreen1);
48             web.addCellCaptionGreen(11, 2, "");
49             web.addCellCaptionGreen(12, 2, "");
50             web.addCellCaptionGreen(13, 2, "");
```

```
51            web.addMergeCell(14, 2, 17, 2, "考点", web.wcfcaptionGreen1);
52 .../ 省略部分代码
```

27.6.2 设置导出 Excel 格式

设置导出 Excel 格式，主要是设置 Excel 表格颜色和大小，其中 col 为起始行数，row 为起始列数，context 为表格内容，wcfresultYellow 为全局变量对应颜色样式。使用 try/catch 方法进行异常处理，保证系统运行。导出方法的代码如下：

（代码位置：资源包\Code\27\Bits\21.txt）

```
01 /**
02  * 黄色背景结果
03  * @param row
04  * @param col
05  * @param context
06  *              插入 String
07  */
08 public void addCellResultYellow(int col, int row, String context) {
09     try {
10         ws.addCell(new Label(col, row, context, wcfresultYellow));  // 设置表格样式
11         // 捕获 RowsExceededException 数据导出异常
12     } catch (RowsExceededException e) {
13         close();
14         e.printStackTrace(); // 异常输出显示
15         // 捕获 WriteException 数据读写异常
16     } catch (WriteException e) {
17         close();
18         e.printStackTrace(); // 异常输出显示
19     }
20 }
```

27.6.3 设置 Excel 图片信息

在导出 Excel 中添加图片信息显示。首先通过 URL 获得图片文件 File，然后使用 WritableImage 处理图片信息，最后使用静态变量 ws 将处理完毕的图片信息加入至 Excel 中。方法代码如下：

（代码位置：资源包\Code\27\Bits\22.txt）

```
01 /**
02  * @param url
03  * 插入图片 url
04  */
05 public void addPic(String url, int col, int row, int width, int height) {
06     try {
07         File imgFile = new File(url);
08         // WritableImage(col, row, width, height, imgFile);
09         // col、row 分别是图片的起始列和起始行，width、height 分别是指图片跨越的列数与行数
10         WritableImage image = new WritableImage(col, row, width, height, imgFile);
11         ws.addImage(image); // 添加图片
12     } catch (Exception e) {
13         // TODO Auto-generated catch block
14         e.printStackTrace();
15     }
16 }
```

27.6.4 Excel 报表的导出

将 Excel 导出至本地计算机，使用 ServletOutputStream 以二进制输出方法进行数据导出。需要注意的是，在 Excel 中需要使用 URLEncoder.encode() 方法进行 UTF-8 编码格式处理，以保证中文不出现乱码情况。代码如下：

（代码位置：资源包 \Code\27\Bits\23.txt）

```java
01 /**
02  * 利用 response 下载数据流文件
03  *
04  * @param request
05  * @param response
06  * @return
07  * @throws IOException
08  */
09 public boolean downExcel(HttpServletRequest request, HttpServletResponse response)
10     throws IOException {
11     final String CONTENT_TYPE = "APPLICATION/OCTET-STREAM";
12     response.setContentType(CONTENT_TYPE); // 设置类型
13     String fileName = filename; // 获取静态变量
14     //fileName 数据截取
15     String extension = fileName.substring(fileName.lastIndexOf(".") + 1);
16     if ("doc".equals(extension)) {
17         fileName = "stateReportDoc.doc"; // 暂定文件名称
18     }
19     fileName = URLEncoder.encode(fileName, "utf-8"); // 设置文件名称
20     try {
21         response.setHeader("Content-Disposition","attachment;filename=\""+fileName+"\"");
22         // 加载 ServletOutputStream 输出流对象
23         ServletOutputStream outputStream = response.getOutputStream();
24         InputStream inputStream = null; // 创建 InputStream 输入
25         inputStream = new FileInputStream(filename); // 获取文件
26         int chunk = inputStream.available(); // 获取输入流字节
27         byte[] buffer = new byte[chunk]; // 设置字节数组
28         int length = -1;
29         if (inputStream == null) { // 判定输入流是否为空
30             System.out.println(" 输入流为空！！ ");
31         } else {
32             while ((length = inputStream.read(buffer)) != -1) { // 设置输出流长度
33                 outputStream.write(buffer, 0, length);   // 读入流保存在 Byte 数组中
34             }
35         }
36         inputStream.close(); // 关闭输入流
37         outputStream.flush(); // 刷新输入流
38         outputStream.close(); // 关闭输出流
39         return true;
40     } catch (IOException ex1) { // 获取 IO 流异常
41         System.out.println(" 下载错误 ");
42         System.out.println(ex1);
43         try {
44             PrintWriter out = response.getWriter(); //PrintWriter 窗体
45             out.println("<html>"); // 加载窗体样式内容
46             out.println("<head><title>Down</title></head>"); // 加载窗体样式内容
47             out.println("<body bgcolor=\"#ffffff\">"); // 加载窗体样式内容
48             out.println("<p> 下载文件错误!!</p>"); // 加载窗体样式内容
49             out.println("</body></html>"); // 加载窗体样式内容
50         } catch (Exception e) {
51             // 不能重复抛出异常
52         }
```

```
53        }
54        return false;
55 }
```

27.7 个人信息排序

> 本模块使用的数据表：tx_nameorder 表（数据表结构参见表 27.2）

根据 K12 综合测评系统功能设计，需要实现个人信息录入排序功能。用于允许用户将个人信息录入或导入至数据库保存，通过数据库给予唯一指定的编号，以便于进行数据追踪列使用。在个人信息排序模块增加查询功能，以辅助用户进行个人信息的查询与更改。页面如图 27.11 所示。

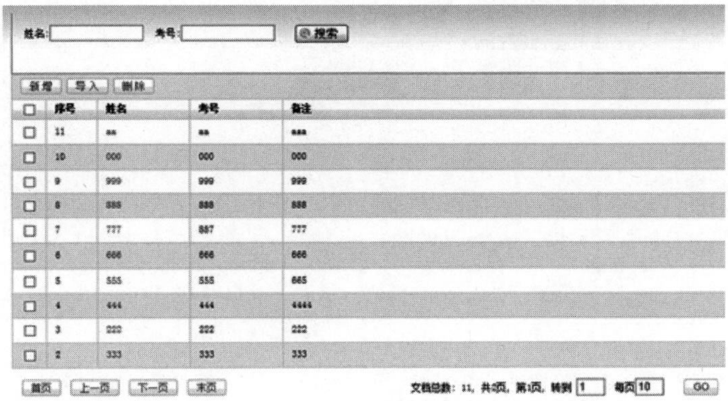

图 27.11 个人信息排序

27.7.1 页面数据信息录入

定义 from 表单标记，在表单里面放置各种接收用户输入的控件并且使用 POST 方法提交表单，数据将以数据块的形式提交到服务器，代码如下：

（代码位置：资源包 \Code\27\Bits\24.txt）

```
01 <!-- 内容开始 -->
02 <div class="content" style="padding-top: 10px;">
03    <form id="dataForm" name="dataForm" method="post"
04        enctype="multipart/form-data" action="${ctx}/back/txno_add.do">
05        <table cellpadding="0" cellspacing="0" border="0" class="uiTable"
06            id="tempMess">
07            <tr>
08                <td> </td>
09            </tr>
10            <tr>
11                <td> </td>
12            </tr>
13            <tr>
14                <td align="left"> 姓名：<input type="text" name="txnoName"
15                    id="txnoName" value="" class="validate[required,length[0,10]]">
16                </td>
```

```
17            </tr>
18            <tr>
19                <td> </td>
20            </tr>
21            <tr>
22                <td align="left">考号：
23                <textarea name="txnoSpare1" id="txnoSpare1" ></textarea>
24                </td>
25            </tr>
26            <tr>
27                <td> </td>
28            </tr>
29            <tr>
30                <td align="left"> 备注：
31                <textarea name="txnoRemark" id="txnoRemark" ></textarea>
32                </td>
33            </tr>
34            <tr>
35                <td> </td>
36            </tr>
37            <tr>
38                <td> </td>
39            </tr>
40        </table>
41        <div class="page">
42            <input id="sc" type="button" value=" 保 存 " class="but_shop"
43                onclick="addTempMess()" />  <input type="button"
44                value=" 返 回 " class="but_shop" onclick="history.back(-1)" />
45        </div>
46    </form>
47 </div>
```

27.7.2 接收个人信息数据

个人信息后台接收页面输入的数据信息 txNameOrder 对象，并进行非空判定后进行数据保存操作，其中 ModelMap 为分页显示；@RequestMapping 是一个用来处理请求地址映射的注解，可用于类或方法上。用于类上，表示类中的所有响应请求的方法都是以该地址作为父路径；value 指定请求的实际地址，指定的地址可以是 URI Template 模式，代码如下：

（代码位置：资源包 \Code\27\Bits\25.txt）

```
01 /*
02  * 姓名序号新增
03  */
04 @RequestMapping(value = "/back/txno_add")
05 public String countadd(txNameOrder txno, ModelMap model) {
06     PageContext page = PageContext.getContext(request, rowPerPage); // 获得分页标签
07     page.setPagination(false); // 分页状态
08     model.put("page", page); // 传递页面信息
09     model.put("txno", txno); // 传递页面信息
10     if (txno.getTxnoName() == null || txno.getTxnoName().equals("")) {
11         return "backpage/testpro/nameOrder/edit"; // 返回页面
12     }
13     txNameOrderService.insertSelective(txno); //txno 对象保存方法
14     return "redirect:/back/txno_list.do"; // 返回方法
15 }
```

27.7.3 个人信息数据存储

根据 txNameOrder 对象所含内容进行保存，若对象内的属性有值或不为 null 状态，则进行数据库的插入操作，代码如下：

（代码位置：资源包 \Code\27\Bits\26.txt）

```xml
01  <insert id="insertSelective" parameterType="com.back.testpro.model.txNameOrder" >
02      insert into tx_nameorder
03      <trim prefix="(" suffix=")" suffixOverrides="," >
04          <if test="txnoId != null" >
05              txno_id,
06          </if>
07          <if test="txnoName != null" >
08              txno_name,
09          </if>
10          <if test="txnoRemark != null" >
11              txno_remark,
12          </if>
13          <if test="txnoSpare1 != null" >
14              txno_spare1,
15          </if>
16          <if test="txnoSpare2 != null" >
17              txno_spare2,
18          </if>
19          <if test="txnoSpare3 != null" >
20              txno_spare3,
21          </if>
22          <if test="txnoSpare4 != null" >
23              txno_spare4,
24          </if>
25          <if test="txnoSpare5 != null" >
26              txno_spare5,
27          </if>
28      </trim>
29      <trim prefix="values (" suffix=")" suffixOverrides="," >
30          <if test="txnoId != null" >
31              #{txnoId,jdbcType=INTEGER},
32          </if>
33          <if test="txnoName != null" >
34              #{txnoName,jdbcType=VARCHAR},
35          </if>
36          <if test="txnoRemark != null" >
37              #{txnoRemark,jdbcType=VARCHAR},
38          </if>
39          <if test="txnoSpare1 != null" >
40              #{txnoSpare1,jdbcType=VARCHAR},
41          </if>
42          <if test="txnoSpare2 != null" >
43              #{txnoSpare2,jdbcType=VARCHAR},
44          </if>
45          <if test="txnoSpare3 != null" >
46              #{txnoSpare3,jdbcType=VARCHAR},
47          </if>
48          <if test="txnoSpare4 != null" >
49              #{txnoSpare4,jdbcType=VARCHAR},
50          </if>
51          <if test="txnoSpare5 != null" >
52              #{txnoSpare5,jdbcType=VARCHAR},
53          </if>
54      </trim>
55  </insert>
```

扫码获取本书资源

第 28 章
Show——企业最佳展示平台
（Spring 框架 +HTML5+MySQL 数据库实现）

Show——企业最佳展示平台系统 (以下简称 Show 系统)，是一个集制作和传播于一体的现代化在线 HTML5 平台。通过这个平台，企业用户能够以更加直观、精彩和便捷的方式进行自我展示。

28.1 需求分析

Show 系统不仅能够让用户通过自身的社会化媒体账号完成传播信息、展示业务、收集潜在客户信息等操作，而且能够让用户随时了解信息的传播效果，明确业务的营销重点，根据潜在客户的需求特点优化营销策略，还向用户提供免费、零门槛的平台，让用户进行移动式自营销的业务操作。Show 系统的设计可以分为前台应用和后台维护，这两方面各自的开发细节如图 28.1 和图 28.2 所示。

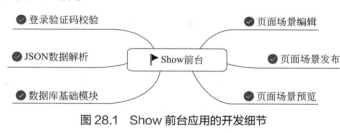

图 28.1　Show 前台应用的开发细节

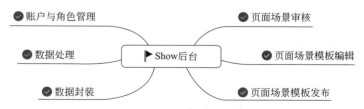

图 28.2　Show 后台维护的开发细节

28.2 系统设计

28.2.1 开发环境

开发 Show 系统之前，本地计算机需满足以下条件。
- ☑ 操作系统：Windows 10；
- ☑ JDK 环境：JDK 17；
- ☑ 开发工具：Eclipse for Java EE；
- ☑ Web 服务器：Tomcat 9；
- ☑ 系统框架：Spring MVC；
- ☑ 数据库：MySQL 5.6 数据库；
- ☑ 浏览器：推荐使用 Google Chrome 浏览器；
- ☑ 分辨率：推荐使用 1280×960 像素。

28.2.2 功能结构

Show 系统的功能结构也分为前台和后台，这两方面各自的功能如图 28.3 和图 28.4 所示。

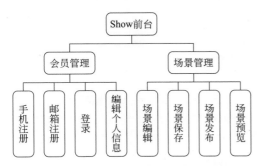

图 28.3　Show 系统前台的功能

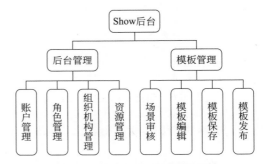

图 28.4　Show 系统后台的功能

28.2.3 业务流程

Show 系统的业务流程如图 28.5 所示。

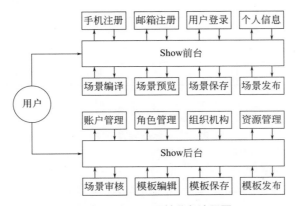

图 28.5　Show 网站业务流程图

28.2.4 项目结构

Show 系统的项目结构如图 28.6 所示。

28.3 数据表设计

Show 系统根据功能结构为每个独立模块设置了一个用于存储数据的数据表，Show 系统的数据库中的数据表预览如图 28.7 所示。

图 28.6　Show 系统的项目结构

图 28.7　数据库中的数据表预览

Show 系统的基础数据表及其作用如表 28.1 所示。

表 28.1　基础数据表及其作用

数据库表名称	作用
t_login	用户名
t_person	角色
t_party	部门
t_acl	权限
t_menu	菜单列表
t_loginrole	用户 ID 与角色 ID 关系表

Show 系统的业务数据表及其作用如表 28.2 所示。

表 28.2　业务数据表及其作用

数据库表名称	作用
tb_code_group	基础信息类型表
tb_code	基础信息值表

续表

数据库表名称	作用
tb_controls	基础控件表
tb_attrs	基础控件属性表
ts_values	基础控件属性值表
ts_jsfile	基础 JavaScript 引用库
ts_cssfile	基础 CSS 引用库
ts_temps	模板表
ts_temp_pag	模板分页表
ts_temp_control_value	模板控件，值集合表
tb_scene_custom	场景自定义类型表
tb_scene_pag	场景分页表
tb_scene_control_value	场景控件，值集合表
tb_show_user	用户表
tb_user_scene	用户场景对应表
tb_news	用户消息表
tb_user_read	用户消息已读表
tb_integral_detailed	用户积分明细
ts_journal	日志表
tb_scene	场景表
tb_File	文件表

28.4 前台场景基础模块

▣ 本模块使用的数据表：tb_scene_pag、tb_scene 表

用户登录 Show 系统进行场景创建与编辑功能，创建与编辑成功后可以进行发布展示。如图 28.8 所示。

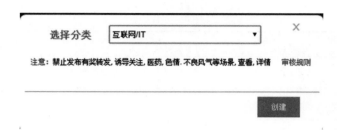

图 28.8　选择分类进行创建

28.4.1　获取场景基础数据

公共接口类 HttpServletRequest 继承自 ServletRequest，客户端浏览器发出的请求被封装成一个 HttpServletRequest 对象。该对象包括所有的信息，请求的地址、请求的参数、提交的数据、上传文件客户端的 IP 甚至客户端操作系统都包含在内。HttpServletResponse 继承了 ServletResponse 接口，并提供了与 HTTP 协议有关的方法，这些方法的主要功能是设置 HTTP 状态码和管理 Cookie。用户从数据库中获取基础公共数据，在个人页面中进行编辑时使用，如图 28.9 所示。

图 28.9　基础字体

① 控制层：从用户接收请求，将模型与视图匹配在一起，共同完成用户的请求。ComModel_1 为返回页面对象，包含 String success、int code、String msg、Map obj、List map 和 List list，使用 List<TbScenePag>tbScenePags 泛型接收查询对象，代码如下：

（代码位置：资源包 \Code\28\Bits\01.txt）

```
01  /**
02   *
03   * scene.pageList
04   *
05   */
06  @RequestMapping(value = "/web/scene_pageList")
07  @ResponseBody
08  public ComModel_1 scenePageList(HttpServletRequest request) {
09      ComModel_1 C1 = new ComModel_1();  // 加载 ComModel_1 对象
10      String sceneCode = request.getParameter("sceneCode");  // 获取 sceneCode 传值
11      TbScenePag tbScenePag = new TbScenePag();  // 加载 TbScenePag 对象
12      tbScenePag.setSceneCode(sceneCode);  // 赋值
13      List<TbScenePag> tbScenePags = tbScenePagService.queryTempList(tbScenePag);
14      if (tbScenePags != null && tbScenePags.size() > 0) {  // 判断 tbScenePags 非空
15          TbScene tbScene = tbSceneService.selectBySceneCode(sceneCode);  // 查询 TbScene 对象
16          C1.setSuccess("true");
17          C1.setCode(200);
18          C1.setMsg("success");
19          List<Map<String, Object>> sublist = new ArrayList<Map<String, Object>>();
20          for (int i = 0; i < tbScenePags.size(); i++) {  // 循环
21              Map<String, Object> map = new HashMap<String, Object>();  // 设置 map 范型
22              map.put("id", tbScenePags.get(i).getScenePagId());  //map 赋值编号
```

```
23 map.put("sceneId", tbScene.getSceneId()); //map 赋值场景编号
24 map.put("num", tbScenePags.get(i).getNum()); //map 赋值数字
25 map.put("name", tbScenePags.get(i).getPagename()); //map 赋值名称
26 map.put("properties", null); //map 赋值属性
27 map.put("elements", null); //map 赋值元素
28 map.put("scene", null); //map 赋值场景
29 sublist.add(map); // 加载 map 信息
30 }
31 C1.setList(sublist); // 加载对象信息 sublist
32 } else {
33     C1.setSuccess("false"); // 加载错误信息
34     C1.setCode(403);
35     C1.setMsg(" 基础数据服务器获取失败 ");
36 }
37 return C1;
38 }
```

② 事务层：根据不同的逻辑执行不同的方法。queryTempList 方法返回值 List<TbScenePag>，List 列表范型为 TbScenePag 对象。代码如下：

（代码位置：资源包 \Code\28\Bits\02.txt）

```
01 @Override
02 public List<TbScenePag> queryTempList(TbScenePag record) {
03     // TODO Auto-generated method stub
04     // return 方法返回
05     return tbScenePagMapper.queryTempList(record);
06 }
```

③ 映射层：将数据库表形象化，用配置文件进行管理，包括读取和修改等。Mybatis 使用 select 方法，封装对象为 TbScenePag，按照 num 的 asc 正序排列，使用 SQL 语言格式，代码如下：

（代码位置：资源包 \Code\28\Bits\03.txt）

```
01 <select id="queryTempList" resultMap="ResultMapWithBLOBs"
02     parameterType="com.mingrisoft.model.TbScenePag">
03     select
04     <include refid="Base_Column_List" />
05     ,
06     <include refid="Blob_Column_List" />
07     from tb_scene_pag
08     <where>
09         (1=1)
10         <if test="scenePagId!=null and scenePagId!=''">
11             and scene_pag_id = #{scenePagId,jdbcType=INTEGER}
12         </if>
13         <if test="sceneCode!=null and sceneCode!=''">
14             and scene_code = #{sceneCode,jdbcType=INTEGER}
15         </if>
16     </where>
17     order by num asc
18 </select>
```

28.4.2 获取场景样式属性

HashMap<K, V> 对象采用散列表这种数据结构存储数据，习惯上称 HashMap<K, V> 对象为散列映射对象。散列映射用于存储键值数据对，允许把任何数量的键值数据对存储在一

起。键不可以发生逻辑冲突，两个数据项不要使用相同的键，如果出现两个数据项对应相同的键，那么先前散列映射中的键值对将被替换。散列映射在它需要更多的存储空间时会自动增大容量。系统根据用户请求，在数据库中读取与用户相关的场景样式属性，如背景库、我的背景等，如图 28.10 所示。

图 28.10　获取样式素材

① 控制层：从用户接收请求，将模型与视图匹配在一起，共同完成用户的请求。使用泛型 Map<String,Object> MAPscene 对应的 Key 和 value 的属性。代码如下：

（代码位置：资源包 \Code\28\Bits\04.txt）

```
01  /**
02   *
03   * scene.design
04   *
05   */
06  @RequestMapping(value = "/web/scene_design")
07  @ResponseBody
08  public ComModel_2 sceneDesign(HttpServletRequest request) {
09      ComModel_2 C2 = new ComModel_2();  // 加载 ComModel_2 对象
10      String pageID = request.getParameter("pageID");  // 获取页面 pageID 值
11      TbScenePag tbScenePag =
12          tbScenePagService.selectByPrimaryKey(Integer.valueOf(pageID));
13      if (tbScenePag != null) {  // 判定 tbScenePag 非空
14          TbScene tbScene = tbSceneService.selectBySceneCode(tbScenePag.getSceneCode());
15          if (tbScene == null) {  // 判定 tbScene 为空
16              C2.setSuccess("false");  // 加载错误信息
17              C2.setCode(403);
18              C2.setMsg(" 基础数据服务器获取失败 ");
19              return C2;
```

第28章 Show——企业最佳展示平台（Spring 框架 +HTML5+MySQL 数据库实现）

```
20          }
21          C2.setSuccess("true"); // 加载正确信息，下同
22          C2.setCode(200);
23          C2.setMsg("success");
24          Map<String, Object> MAPscene = new HashMap<String, Object>(); // 定义 map 范型
25          MAPscene.put("id", tbScene.getSceneId()); // 页面编号项赋值
26          MAPscene.put("name", tbScene.getSceneName()); // 页面名称项赋值
27          MAPscene.put("createUser", tbScene.getAuthor()); // 页面创建用户项赋值
28          MAPscene.put("createTime", Long.valueOf("1425998747000")); // 页面创建时间项赋值
29          MAPscene.put("type", tbScene.getSceneCustomId()); // 页面类型项赋值
30          MAPscene.put("pageMode", tbScene.getMovietype()); // 页面方式项赋值
31          MAPscene.put("isTpl", Integer.valueOf("0"));
32          MAPscene.put("isPromotion", Integer.valueOf("0")); // 页面推广项赋值
33          MAPscene.put("status", Integer.valueOf("1")); // 页面状态项赋值
34          MAPscene.put("openLimit", Integer.valueOf("0")); // 页面开放限制项赋值
35          MAPscene.put("submitLimit", Integer.valueOf("0")); // 页面提交限制项赋值
36          MAPscene.put("startDate", null); // 页面开始日期项赋值
37          MAPscene.put("endDate", null); // 页面终止日期项赋值
38          MAPscene.put("accessCode", null); // 页面访问代码项赋值
39          MAPscene.put("thirdCode", null); // 页面第三方代码项赋值
40          MAPscene.put("updateTime", "1426038857000"); // 页面升级时间项赋值
41          MAPscene.put("publishTime", "1426038857000"); // 页面出版时间项赋值
42          // 页面 applyTemplate 项赋值
43          MAPscene.put("applyTemplate", "0");
44          // 页面 applyPromotion 项赋值
45          MAPscene.put("applyPromotion", "0");
46          MAPscene.put("sourceId", null); // 页面资源编号项赋值
47          MAPscene.put("code", tbScene.getSceneCode()); // 页面代码项赋值
48          MAPscene.put("description", tbScene.getDes()); // 页面类型项赋值
49          MAPscene.put("sort", "0"); // 页面分类项赋值
50          MAPscene.put("pageCount", "0"); // 页面总数项赋值
51          MAPscene.put("dataCount", "0"); // 页面数据总数项赋值
52          MAPscene.put("showCount", tbScene.getMouseclick()); // 页面显示总数项赋值
53          // 页面 userLoginName 项赋值
54          MAPscene.put("userLoginName", null);
55          MAPscene.put("userName", null); // 页面用户名项赋值
56          List<Map<String, Object>> Listelements = new ArrayList<Map<String, Object>>();
57          if(tbScenePag.getContentText()!=null&&tbScenePag.getContentText().length()>0){
58              // 将数据进行 JSON 转换
59              JSONArray json = JSONArray.fromObject(tbScenePag.getContentText());
60              if (json.size() > 0) { // 判断 JSON 长度
61                  for (int i = 0; i < json.size(); i++) { // 循环 JSON
62                      Map<String, Object> MAPelements = new HashMap<String, Object>();
63                      JSONObject job = json.getJSONObject(i); // 获取 JSON 对象
64                      Iterator it = job.keys(); // 获取 Iterator 遍历
65                      while (it.hasNext()) { // 判断遍历值为 true
66                          String key = String.valueOf(it.next()); // 获取遍历值
67                          if (key.equals("css")) { // 判定值是否为 css
68                              JSONObject Cssjson =
69                                  JSONObject.fromObject(job.get(key).toString());
70                              Iterator itcss = Cssjson.keys(); // 获取 Iterator 遍历
71                              // 定义泛型 map
72                              Map<String, Object> MAPcss = new HashMap<String, Object>();
73                              while (itcss.hasNext()) { // 判定 itcss 是否为真
74                                  // 获取 itcss 对象
75                                  String keycss = String.valueOf(itcss.next());
76                                  Object valuecss = Cssjson.get(keycss); //JSON 转换对象
77                                  MAPcss.put(keycss, valuecss);
```

```
78                                      }
79                                      MAPelements.put(key, MAPcss); // 加载 MAPelements 元素
80                                  } else {
81                                      Object value = job.get(key);
82                                      if (value.equals("null")) { // 判定是否为空
83                                          MAPelements.put(key, ""); // 范型 map 赋值
84                                      } else {
85                                          MAPelements.put(key, value); // 范型 map 赋值
86                                      }
87                                  }
88                              }
89                              Listelements.add(MAPelements); // 添加对象
90                          }
91                      }
92                  }
93                  Map<String, Object> map = new HashMap<String, Object>(); // 定义 map 范型
94              map.put("id", tbScenePag.getScenePagId()); // 加载 map 元素
95              map.put("sceneId", tbScene.getSceneId()); // 场景编号赋值
96              map.put("num", tbScenePag.getNum()); // 号码赋值
97              map.put("name", null); // 名称赋值
98              map.put("properties", null); // 属性赋值
99              map.put("elements", Listelements); // 元素赋值
100             map.put("scene", MAPscene); // 场景赋值
101             C2.setObj(map); // 设置 Obj 对象
102         } else {
103             C2.setSuccess("false"); // 返回页面错误信息
104             C2.setCode(403);
105             C2.setMsg(" 基础数据服务器获取失败 ");
106         }
107         return C2;
108 }
```

② 事务层：根据不同的逻辑执行不同的方法。方法返回查询的 TbScene 对象，代码如下：

（代码位置：资源包 \Code\28\Bits\05.txt）

```
01 @Override
02 public TbScene selectBySceneCode(String record) {
03     // TODO Auto-generated method stub
04     //return 方法返回 TbScene 对象信息
05     return tbSceneMapper.selectBySceneCode(record);
06 }
```

③ 映射层：将数据库表形象化，用配置文件进行管理，包括读取和修改等。使用 Mybatis 工具执行数据库 select 查询方法，resultMap 为返回值的形式 BaseResultMap，使用 SQL 语言格式。代码如下：

（代码位置：资源包 \Code\28\Bits\06.txt）

```
01 <select id="selectBySceneCode" resultMap="BaseResultMap"
02     parameterType="java.lang.String">
03     select
04     <include refid="Base_Column_List" />
05     from tb_scene
06     where scene_code = #{sceneCode,jdbcType=VARCHAR}
07 </select>
```

28.4.3　实现场景保存

后台进行个人页面场景保存操作，将数据信息保存至数据库表中。

① 控制层：从用户接收请求，将模型与视图匹配在一起，共同完成用户的请求。封装 TbScenePag 对象，将获取的 elements、name、num 赋值至对象中的 ContentText、Pagename、Num 中，并进行更新操作，代码如下：

（代码位置：资源包 \Code\28\Bits\07.txt）

```java
/**
 *
 * scene.savePage
 *
 */
@RequestMapping(value = "/web/scene_savePage")
@ResponseBody
public ScenePageListNew sceneSavePage(HttpServletRequest request) {
    ScenePageListNew spl = new ScenePageListNew(); //加载 ScenePageListNew
    String id = request.getParameter("id"); // 获取页面 id 值
    String sceneId = request.getParameter("sceneId"); // 获取页面 sceneId 值
    String num = request.getParameter("num"); // 获取页面 num 值
    String name = request.getParameter("name"); // 获取页面 name 值
    String elements = request.getParameter("elements"); // 获取页面 elements 值
    try {
        TbScenePag tbScenePag =
            tbScenePagService.selectByPrimaryKey(Integer.valueOf(id));
        tbScenePag.setContentText(elements); //tbScenePag 赋值
        tbScenePag.setPagename(name);
        tbScenePag.setNum(Integer.valueOf(num));
        // 进行 tbScenePag 更新操作
        tbScenePagService.updateByPrimaryKeySelective(tbScenePag);
        spl.setSuccess("true"); // 页面返回值
        spl.setCode(200);
        spl.setMsg("success");
    } catch (Exception e) {
        spl.setSuccess("false"); // 页面失败返回值
        spl.setCode(403);
        spl.setMsg(" 保存失败 ");
    }
    return spl;
}
```

② 事务层：根据不同的逻辑执行不同的方法。编写事务 updateByPrimaryKeySelective 方法，参数为 TbScenePag 对象，代码如下：

（代码位置：资源包 \Code\28\Bits\08.txt）

```java
@Override
public int updateByPrimaryKeySelective(TbScenePag record) {
    // TODO Auto-generated method stub
    // return 方法返回 int 数字类型
    return tbScenePagMapper.updateByPrimaryKeySelective(record);
}
```

③ 映射层：将数据库表形象化，用配置文件进行管理，包括读取和修改等。使用 Mybatis 进行 update 操作，其中 parameterType 属性为 TbScenePag 对象，id 名称为 updateByPrimaryKeySelective，代码如下：

（代码位置：资源包 \Code\28\Bits\09.txt）

```
01 <update id="updateByPrimaryKeySelective"
02       parameterType="com.mingrisoft.model.TbScenePag">
03    update tb_scene_pag
04    <set>
05        <if test="flipCodeId != null">
06            flip_code_id = #{flipCodeId,jdbcType=INTEGER},
07        </if>
08        <if test="num != null">
09            num = #{num,jdbcType=INTEGER},
10        </if>
11        <if test="sceneCode != null">
12            scene_code = #{sceneCode,jdbcType=VARCHAR},
13        </if>
14        <if test="pagename != null">
15            pageName = #{pagename,jdbcType=VARCHAR},
16        </if>
17        <if test="contentText != null">
18            content_text = #{contentText,jdbcType=LONGVARCHAR},
19        </if>
20    </set>
21    where scene_pag_id = #{scenePagId,jdbcType=INTEGER}
22 </update>
```

28.5 前台场景编辑模块

本模块使用的数据表：tb_scene_pag、tb_scene_custom、tb_scene 表

28.5.1 场景的拖拽排序

在个人页面编辑场景页面可以通过鼠标调整页面排列顺序，只要将左侧页面拉至目标位置即可，效果如图 28.11 所示。

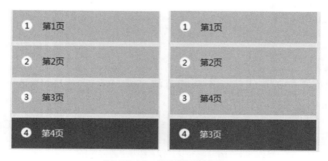

图 28.11 场景拖拽排序

根据传入页面编号 id、页面排序编号 pos，将存储在数据库中的信息进行更新、保存，后台实现代码如下：

（代码位置：资源包 \Code\28\Bits\10.txt）

```
01 /**
02  *
```

```
03 * scene.pageSort
04 *
05 */
06 @RequestMapping(value = "/web/scene_pageSort")
07 @ResponseBody
08 public ScenePageListNew scenePageSort(HttpServletRequest request) {
09     ScenePageListNew spl = new ScenePageListNew();
10     int id = Integer.valueOf(request.getParameter("id")); // 获取页面 id 值
11     int pos = Integer.valueOf(request.getParameter("pos")); // 获取页面 pos 值
12     TbScenePag tbScenePag =
13         tbScenePagService.selectByPrimaryKey(id); // 获取 TbScenePag 对象
14     if (tbScenePag != null) { // 判定 TbScenePag 对象非空
15         TbScenePag tbScenePagNew = new TbScenePag();
16         tbScenePagNew.setSceneCode(tbScenePag.getSceneCode());
17         List<TbScenePag> tbScenePags = tbScenePagService.queryTempList(tbScenePagNew);
18         for (TbScenePag tsp : tbScenePags) { // 循环 TbScenePag 对象
19             if (tsp.getScenePagId() == id) { // 处理当前页
20                 tsp.setNum(pos); //tsp 赋值
21                 if (tsp.getPagename() == null) {
22                     tsp.setPagename("第 " + pos + " 页"); //tsp 赋值
23                 }
24                 tbScenePagService.updateByPrimaryKeySelective(tsp); //tsp 更新操作
25                 continue;
26             }
27             if (tbScenePag.getNum() < pos) { // 处理编号小于当前的页面
28                 // 判定值大小
29                 if (tsp.getNum() <= pos && tsp.getNum() > tbScenePag.getNum()) {
30                     tsp.setNum(tsp.getNum() - 1); // 获取后进行减 1
31                     if (tsp.getPagename() == null) { // 判定页面名称是否为空
32                         // 获取后进行减 1
33                         tsp.setPagename("第 " + (tsp.getNum() - 1) + " 页");
34                     }
35                     tbScenePagService.updateByPrimaryKeySelective(tsp); // 更新 tsp 对象
36                     continue;
37                 }
38             } else if (tbScenePag.getNum() > pos) { // 处理编号大于当前的页面
39                 if (tsp.getNum() >= pos && tsp.getNum() < tbScenePag.getNum()) {
40                     tsp.setNum(tsp.getNum() + 1); // 获取后进行加 1
41                     if (tsp.getPagename() == null) {
42                         tsp.setPagename("第 " + (tsp.getNum() + 1) + " 页"); // 获取后进行加 1
43                     }
44                     tbScenePagService.updateByPrimaryKeySelective(tsp); // 更新 tsp 对象
45                     continue; // 循环标识
46                 }
47             }
48         }
49         spl.setSuccess("true"); // 操作正确返回值
50         spl.setCode(200);
51         spl.setMsg("success");
52     } else {
53         spl.setSuccess("false"); // 操作错误返回值
54         spl.setCode(403);
55         spl.setMsg(" 页面顺序调整失败 ");
56     }
57     return spl;
58 }
```

28.5.2 新增场景页面

根据用户操作请求，系统从场景基础数据表中获取数据信息，通过逻辑关系以 jQuery 形式返回至前台页面中，以便于用户接下来的操作，代码如下：

（代码位置：资源包 \Code\28\Bits\11.txt）

```
/**
 *
 * scene.createPage
 *
 */
@RequestMapping(value = "/web/scene_createPage")
@ResponseBody
public ComModel_3 sceneCreatePage(HttpServletRequest request) {
    ComModel_3 C3 = new ComModel_3(); // 加载 ComModel_3 对象
    int id = Integer.valueOf(request.getParameter("id")); // 获取页面 id 值
    try {
        TbScenePag tbScenePagNew =
            tbScenePagService.creatNew(id); // 加载 TbScenePag 对象
        TbScene tbScene =
            tbSceneService.selectBySceneCode(tbScenePagNew.getSceneCode());
        C3.setSuccess("true"); // 加载成功信息
        C3.setCode(200);
        C3.setMsg("success");
        C3.setIscopy("false-----24622");
        Map<String, Object> MAPimage = new HashMap<String, Object>();
        MAPimage.put("imgSrc", "default_thum.jpg");
        MAPimage.put("isAdvancedUser", false);
        Map<String, Object> MAPscene = new HashMap<String, Object>();
        MAPscene.put("id", tbScene.getSceneId()); // 加载页面信息
        MAPscene.put("name", tbScene.getSceneName());
        MAPscene.put("createUser", tbScene.getAuthor()); // 页面创建用户信息
        MAPscene.put("createTime", Long.valueOf("1425998747000")); // 页面创建时间信息
        MAPscene.put("type", tbScene.getSceneTypeid()); // 页面类型信息
        MAPscene.put("pageMode", Long.valueOf("0")); // 页面方式信息
        MAPscene.put("image", MAPimage); // 页面影像信息
        MAPscene.put("isTpl", Long.valueOf("0"));
        MAPscene.put("isPromotion", Long.valueOf("0")); // 页面推广信息
        MAPscene.put("status", Long.valueOf("1")); // 页面状态信息
        MAPscene.put("openLimit", Long.valueOf("0")); // 页面开放限制信息
        MAPscene.put("submitLimit", Long.valueOf("0")); // 页面提交限制信息
        MAPscene.put("startDate", null); // 页面开始日期信息
        MAPscene.put("endDate", null); // 页面终止日期信息
        MAPscene.put("accessCode", null); // 页面访问代码信息
        MAPscene.put("thirdCode", null); // 页面第三方代码信息
        MAPscene.put("updateTime", Long.valueOf("1425998747000")); // 页面升级时间信息
        MAPscene.put("publishTime", Long.valueOf("1425998747000")); // 页面出版时间信息
        MAPscene.put("applyTemplate", Long.valueOf("0")); // 页面应用模板信息
        // 页面 applyPromotion 信息
        MAPscene.put("applyPromotion", Long.valueOf("0"));
        MAPscene.put("sourceId", null); // 页面资源编号信息
        MAPscene.put("code", "U705UCE43R"); // 页面代码信息
        MAPscene.put("description", ""); // 页面描述信息
        MAPscene.put("sort", Long.valueOf("0")); // 页面分类信息
        MAPscene.put("pageCount", Long.valueOf("0")); // 页面总数信息
        MAPscene.put("dataCount", Long.valueOf("0")); // 页面数据总数信息
        MAPscene.put("showCount", Long.valueOf("0")); // 页面显示总数信息
        MAPscene.put("userLoginName", null); // 页面用户登录名信息
        MAPscene.put("userName", null); // 页面用户名信息
```

```
54          Map<String, Object> map = new HashMap<String, Object>(); // 定义 map 范型
55          map.put("id", tbScenePagNew.getScenePagId()); // 页面编号信息
56          map.put("sceneId", tbScene.getSceneId()); // 页面场景编号信息
57          map.put("num", tbScenePagNew.getNum()); // 页面号码信息
58          map.put("name", null); // 页面名称信息
59          map.put("properties", null); // 页面属性信息
60          map.put("elements", null); // 页面元素信息
61          map.put("scene", MAPscene); // 页面场景信息
62          C3.setObj(map); // 加载 map 对象
63      } catch (Exception e) { // 捕获系统异常
64          C3.setSuccess("false"); // 加载页面错误信息
65          C3.setCode(403);
66          C3.setMsg(" 创建新页面失败 ");
67      }
68      return C3;
69  }
```

> **说明** jQuery 是一个兼容多浏览器的 JavaScript 库，jQuery 是免费、开源的，使用 MIT 许可协议。jQuery 的语法设计可以使开发更加便捷，例如操作文档对象、选择 DOM 元素、制作动画效果、事件处理、使用 Ajax 以及其他功能。除此以外，jQuery 提供 API 让开发者编写插件。其模块化的使用方式使开发者可以很轻松地开发出功能强大的静态或动态网页。

28.5.3 删除场景页面

Show 系统中允许用户删除指定的场景页面。在选中所需删除的场景页面后，单击"删除"按钮，即可删除指定的场景页面，删除后系统不予保留，用户无法进行删除后的恢复操作。如图 28.12 所示。

① 控制层：从用户接收请求，将模型与视图匹配在一起，共同完成用户的请求。方法返回 ScenePageListNew 对象，对象包含 success、code、msg 返回属性，属性内容包含页面所需控制信息，代码如下：

图 28.12 删除场景页面

（代码位置：资源包 \Code\28\Bits\12.txt）

```
01  /**
02   *
03   * scene.delPage
04   *
05   */
06  @RequestMapping(value = "/web/scene_delPage")
07  @ResponseBody
08  public ScenePageListNew sceneDelPage(HttpServletRequest request) {
09      ScenePageListNew spl = new ScenePageListNew(); // 加载 ScenePageListNew
10      int id = Integer.valueOf(request.getParameter("id")); // 获取页面 id 信息
11      try {
12          tbScenePagService.deleteByPrimaryKey(id); // 进行删除操作
13          spl.setSuccess("true"); // 操作成功信息
14          spl.setCode(200);
15          spl.setMsg("success");
16      } catch (Exception e) {
```

```
17        spl.setSuccess("false"); // 操作失败信息
18        spl.setCode(403);
19        spl.setMsg(" 删除页面失败 ");
20    }
21    return spl;
22 }
```

② 事务层：根据不同的逻辑执行不同的方法。参数 scenePagId 为 TbScenePag 对象的表主键，删除后进行大于 nums 的编号减 1 操作，代码如下：

（代码位置：资源包 \Code\28\Bits\13.txt）

```
01 @Override
02 public int deleteByPrimaryKey(Integer scenePagId) {
03     // TODO Auto-generated method stub
04     TbScenePag tbScenePag = tbScenePagMapper.selectByPrimaryKey(scenePagId);
05     int nums = tbScenePag.getNum(); // 获取 num 属性
06     String code = tbScenePag.getSceneCode(); // 获取 sceneCode 属性
07     tbScenePagMapper.deleteByPrimaryKey(scenePagId); // 进行删除操作
08     TbScenePag tbScenePagA = new TbScenePag(); // 加载 TbScenePag 对象
09     tbScenePagA.setSceneCode(code); //sceneCode 赋值
10     List<TbScenePag> tbScenePaglist = tbScenePagMapper.queryTempList(tbScenePagA);
11     for(TbScenePag tsp : tbScenePaglist){ // 循环 tbScenePaglist
12         if(tsp.getNum()>nums){ // 判定 num 属性值
13             tsp.setNum(tsp.getNum()-1); // 数值减 1
14             tbScenePagMapper.updateByPrimaryKeySelective(tsp); // 更新 tsp 操作
15         }
16     }
17     return 0;
18 }
```

③ 映射层：将数据库表形象化，用配置文件进行管理，包括读取和修改等。使用 Mybatis 的 delete 方法删除指定场景，其中 id 属性为 deleteByPrimaryKey，parameterType 属性为 Integer 数字型，代码如下：

（代码位置：资源包 \Code\28\Bits\14.txt）

```
01 <delete id="deleteByPrimaryKey" parameterType="java.lang.Integer">
02     delete from tb_scene_pag
03     where scene_pag_id = #{scenePagId,jdbcType=INTEGER}
04 </delete>
```

28.5.4 场景页面的复制

场景页面复制主要是通过复制当前页面生成一个新的页面信息，其实现步骤如下：选中需复制的页面单击"复制"按钮进行复制操作，复制操作将 100% 还原所选页面内全部信息和元素，如图 28.13 所示。

① 控制层：从用户接收请求，将模型与视图匹配在一起，共同完成用户的请求。方法使用 request.getParameter 接收的 id 属性，id 为 TbScenePag 对象的表主键，根据 id 进行查找 TbScenePag 对象，并进行新 TbScenePag 对象的操作，代码如下：

图 28.13　复制操作

第28章　Show——企业最佳展示平台（Spring 框架 +HTML5+MySQL 数据库实现）

（代码位置：资源包 \Code\28\Bits\15.txt）

```java
01 /**
02  *
03  * scene.copyPage
04  *
05  */
06 @RequestMapping(value = "/web/scene_copyPage")
07 @ResponseBody
08 public ComModel_3 sceneCopyPage(HttpServletRequest request) {
09     ComModel_3 C3 = new ComModel_3();  // 加载 ComModel_3 对象
10     int id = Integer.valueOf(request.getParameter("id"));  // 获取页面 id 值
11     try {
12         TbScenePag tbScenePag = tbScenePagService.copyNew(id);
13         TbScene tbScene = tbSceneService.selectBySceneCode(tbScenePag.getSceneCode());
14         Map<String, Object> MAPimage = new HashMap<String, Object>();  // 定义 map 范型
15         MAPimage.put("imgSrc", "default_thum.jpg");  // map 赋值
16         MAPimage.put("isAdvancedUser", false);
17         Map<String, Object> MAPscene = new HashMap<String, Object>();  // 定义地图场景范型
18         MAPscene.put("id", tbScene.getSceneId());  // 页面编号信息
19         MAPscene.put("name", tbScene.getSceneName());  // 页面名称信息
20         MAPscene.put("createUser", tbScene.getAuthor());  // 页面创建用户信息
21         MAPscene.put("createTime", Long.valueOf("1425998747000"));  // 页面创建时间信息
22         MAPscene.put("type", tbScene.getSceneTypeid());  // 页面类型信息
23         MAPscene.put("pageMode", Long.valueOf("0"));  // 页面方式信息
24         MAPscene.put("image", MAPimage);  // 页面影像信息
25         MAPscene.put("isTpl", Long.valueOf("0"));
26         MAPscene.put("isPromotion", Long.valueOf("0"));  // 页面推广信息
27         MAPscene.put("status", Long.valueOf("1"));  // 页面状态信息
28         MAPscene.put("openLimit", Long.valueOf("0"));  // 页面开放限制信息
29         MAPscene.put("submitLimit", Long.valueOf("0"));  // 页面提交限制信息
30         MAPscene.put("startDate", null);  // 页面开始日期信息
31         MAPscene.put("endDate", null);  // 页面终止日期信息
32         MAPscene.put("accessCode", null);  // 页面访问代码信息
33         MAPscene.put("thirdCode", null);  // 页面第三方代码信息
34         MAPscene.put("updateTime", Long.valueOf("1425998747000"));  // 页面升级日期信息
35         MAPscene.put("publishTime", Long.valueOf("1425998747000"));  // 页面出版日期信息
36         MAPscene.put("applyTemplate", Long.valueOf("0"));  // 页面应用模板信息
37         // 页面 applyPromotion 信息
38         MAPscene.put("applyPromotion", Long.valueOf("0"));
39         MAPscene.put("sourceId", null);  // 页面资源编号信息
40         MAPscene.put("code", "U705UCE43R");  // 页面代码信息
41         MAPscene.put("description", "");  // 页面描述信息
42         MAPscene.put("sort", Long.valueOf("0"));  // 页面分类信息
43         MAPscene.put("pageCount", Long.valueOf("0"));  // 页面总数信息
44         MAPscene.put("dataCount", Long.valueOf("0"));  // 页面数据总数信息
45         MAPscene.put("showCount", Long.valueOf("0"));  // 页面显示总数信息
46         MAPscene.put("userLoginName", null);  // 页面用户登录名信息
47         MAPscene.put("userName", null);  // 页面用户名信息
48         Map<String, Object> map = new HashMap<String, Object>();  // 定义 map 范型
49         map.put("id", tbScenePag.getScenePagId());  // 页面编号信息
50         map.put("sceneId", tbScene.getSceneId());  // 页面场景编号信息
51         map.put("num", tbScenePag.getNum());  // 页面号码信息
52         map.put("name", null);  // 页面名称信息
53         map.put("properties", null);  // 页面属性信息
54         map.put("elements", null);  // 页面元素信息
55         map.put("scene", MAPscene);  // 页面场景信息
56         C3.setObj(map);
57         C3.setSuccess("true");  // 操作成功返回信息
58         C3.setCode(200);
```

```
59          C3.setMsg("success");
60          C3.setIscopy("true-----24626");
61      } catch (Exception e) {
62          C3.setSuccess("false");  // 操作失败返回信息
63          C3.setCode(403);
64          C3.setMsg(" 复制页面失败 ");
65      }
66      return C3;
67  }
```

② 事务层：根据不同的逻辑执行不同的方法。将 TbScenePag 对象 num 值进行变更，新增页码为原页码加 1，大于此页码为原页码加 2，代码如下：

（代码位置：资源包 \Code\28\Bits\16.txt）

```
01  @Override
02  public TbScenePag copyNew(Integer record) {
03      TbScenePag r = new TbScenePag();  // 加载 TbScenePag 对象
04      TbScenePag tbScenePagA = tbScenePagMapper.selectByPrimaryKey(record);
05      int nums = tbScenePagA.getNum();
06      String code = tbScenePagA.getSceneCode();
07      TbScenePag tbScenePagB = new TbScenePag();
08      tbScenePagB.setSceneCode(code);
09      List<TbScenePag> tbScenePaglist = tbScenePagMapper.queryTempList(tbScenePagB);
10      for(TbScenePag tsp : tbScenePaglist){ // 循环 tbScenePaglist
11          if(tsp.getNum()>nums){
12              tsp.setNum(tsp.getNum()+2); // 值加 2
13              tbScenePagMapper.updateByPrimaryKeySelective(tsp); // 进行更新操作
14          }
15      }
16      tbScenePagB.setNum(nums+1); //nums 值加 1
17      tbScenePagB.setContentText(tbScenePagA.getContentText());
18      tbScenePagMapper.insert(tbScenePagB); // 进行插入操作
19      List<TbScenePag> tbScenePaglistA = tbScenePagMapper.queryTempList(tbScenePagB);
20      for(TbScenePag tsp : tbScenePaglistA){ // 循环 tbScenePaglistA
21          if(tsp.getNum()==(nums+1)){
22              r = tsp;
23              break; //break 跳出循环
24          }
25      }
26      return r;
27  }
```

③ 映射层：将数据库表形象化，用配置文件进行管理，包括读取和修改等。使用 Mybatis 的 insert 方法删除指定场景，其中 id 属性为 insert，parameterType 属性为 TbScene 对象，使用 SQL 语言规则。代码如下：

（代码位置：资源包 \Code\28\Bits\17.txt）

```
01  <insert id="insert" parameterType="com.mingrisoft.model.TbScene">
02      insert into tb_scene (scene_id, scene_name,addtime,
03      state_code_id, visit_num, use_num,
04      dic_code_id, cover, scene_custom_id,
05      js_file_id, css_file_id, scene_code,
06      sh, tj, musicUrl, videoUrl,
07      movietype, qrCode, author,
08      userNum, MouseClick,des,
09      scene_typeid, Modeled, fileType,
10      x, y, w, h,
```

```
11      )
12      values (#{sceneId,jdbcType=INTEGER}, #{sceneName,jdbcType=VARCHAR},
13      #{addtime,jdbcType=TIMESTAMP},
14      #{stateCodeId,jdbcType=INTEGER},
15       #{visitNum,jdbcType=INTEGER}, #{useNum,jdbcType=INTEGER},
16      #{dicCodeId,jdbcType=INTEGER}, #{cover,jdbcType=VARCHAR},
17      #{sceneCustomId,jdbcType=INTEGER},
18      #{jsFileId,jdbcType=INTEGER},
19       #{cssFileId,jdbcType=INTEGER}, #{sceneCode,jdbcType=VARCHAR},
20      #{sh,jdbcType=INTEGER}, #{tj,jdbcType=INTEGER},
21      #{musicurl,jdbcType=VARCHAR}, #{videourl,jdbcType=VARCHAR},
22      #{movietype,jdbcType=INTEGER}, #{qrcode,jdbcType=VARCHAR},
23      #{author,jdbcType=VARCHAR},
24      #{usernum,jdbcType=INTEGER},
25       #{mouseclick,jdbcType=INTEGER}, #{des,jdbcType=VARCHAR},
26      #{sceneTypeid,jdbcType=INTEGER}, #{modeled,jdbcType=INTEGER},
27      #{filetype,jdbcType=VARCHAR},
28      #{x,jdbcType=INTEGER},
29       #{y,jdbcType=INTEGER}, #{w,jdbcType=INTEGER}, #{h,jdbcType=INTEGER}
30      )
31  </insert>
```

28.5.5 预览场景页面

将数据信息从数据库表中提取，并以 jQuery 方式进行页面显示，如图 28.14 所示。

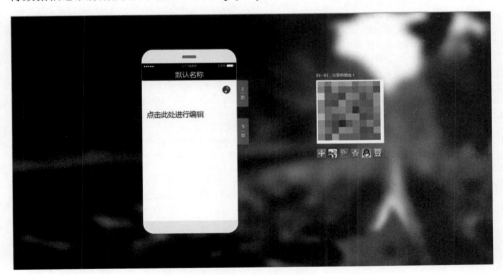

图 28.14　场景预览

Java Web 项目里使用 JSONObject 和 JSONArray 方法将 JSON 字符串转换成 jsonObject 对象。@ResponseBody 注解表示返回值为 JSON。根据用户编号 id，从数据库表中获取页面元素对象，并进行 JSON 转换后传至前台页面。方法代码如下：

（代码位置：资源包\Code\28\Bits\18.txt）

```
01  /**
02   *
03   * scene.preview
```

```java
04  *
05  */
06  @RequestMapping(value = "/web/scene_preview")
07  @ResponseBody
08  public ScenePageListNew scenePreview(HttpServletRequest request) {
09      ScenePageListNew spl = new ScenePageListNew();
10      String id = request.getParameter("id"); // 获取页面 id 值
11      TbScene tbScene = tbSceneService.selectByPrimaryKey(Integer.valueOf(id));
12      if (tbScene != null) { // 判定 tbScene 非空
13          TbScenePag tbScenePag = new TbScenePag();
14          tbScenePag.setSceneCode(tbScene.getSceneCode());
15          List<TbScenePag> tbScenePags = tbScenePagService.queryTempList(tbScenePag);
16          Map<String, Object> mapbgAudio = new HashMap<String, Object>(); // 定义 map 范型
17          mapbgAudio.put("url", tbScene.getCover()); //mapbgAudio 赋值
18          mapbgAudio.put("type", tbScene.getSceneCustomId());
19          Map<String, Object> mapproperty = new HashMap<String, Object>(); // 定义 map 范型
20          mapproperty.put("triggerLoop", true); // 页面 triggerLoop 信息
21          mapproperty.put("eqAdType", Long.valueOf("1")); // 页面 eqAdType 信息
22          mapproperty.put("hideEqAd", false); // 页面 hideEqAd 信息
23          Map<String, Object> mapObj = new HashMap<String, Object>(); // 定义 map 范型
24          mapObj.put("id", tbScene.getSceneId()); // 页面编号信息
25          mapObj.put("name", tbScene.getSceneName()); // 页面名称信息
26          mapObj.put("createUser", tbScene.getAuthor()); // 页面创建用户信息
27          mapObj.put("type", tbScene.getSceneCustomId()); // 页面类型信息
28          mapObj.put("pageMode", Long.valueOf("0")); // 页面方式信息
29          mapObj.put("cover", tbScene.getCover()); // 页面覆盖信息
30          mapObj.put("bgAudio", mapbgAudio); // 页面 bgAudio 信息
31          mapObj.put("code", tbScene.getSceneCode()); // 页面代码信息
32          mapObj.put("description", tbScene.getDes()); // 页面描述信息
33          mapObj.put("updateTime", Long.valueOf("1426045746000")); // 页面升级日期信息
34          mapObj.put("createTime", Long.valueOf("1426045746000")); // 页面创建日期信息
35          mapObj.put("property", mapproperty); // 页面属性信息
36          mapObj.put("publishTime", Long.valueOf("1426045746000")); // 页面出版日期信息
37          spl.setObj(mapObj); // 加载 mapObj 对象
38          if (tbScenePags.size() > 0) { // 判定数据长度
39              List<Map<String, Object>> List = new ArrayList<Map<String, Object>>();
40              for (TbScenePag tsp : tbScenePags) { //tbScenePags 循环
41                  List<Map<String, Object>> Listelements =
42                      new ArrayList<Map<String, Object>>();
43                  if (tsp.getContentText() != null && tsp.getContentText().length() > 0) {
44                      JSONArray json =
45                          JSONArray.fromObject(tsp.getContentText()); //JSON 处理数据信息
46                      if (json.size() > 0) { // 判定数据长度
47                          for (int i = 0; i < json.size(); i++) { // 循环 json 对象
48                              Map<String, Object> MAPelements =
49                                  new HashMap<String, Object>(); // 定义 map 范型
50                              JSONObject job = json.getJSONObject(i); //json 转换
51                              Iterator it = job.keys(); //Iterator 遍历信息
52                              while (it.hasNext()) { // 遍历循环
53                                  String key = String.valueOf(it.next()); // 获取对象属性信息
54                                  if (key.equals("css")) { // 判定字符串
55                                      JSONObject Cssjson =
56                                          JSONObject.fromObject(job.get(key).toString());
57                                      Iterator itcss = Cssjson.keys(); // 获取遍历数据
58                                      Map<String, Object> MAPcss =
59                                          new HashMap<String, Object>(); // 定义 map 范型
```

```java
60                          while (itcss.hasNext()) { // 遍历循环
61                              String keycss =
62                                  String.valueOf(itcss.next()); // 数据转换
63                              String valuecss =
64                                  Cssjson.get(keycss).toString(); // 数据格式化
65                              MAPcss.put(keycss, valuecss); //map 赋值
66                          }
67                          MAPelements.put(key, MAPcss); //map 赋值
68                      } else {
69                          String value = job.get(key).toString(); // 获取字符串
70                          if (value.equals("null")) { // 判定字符串
71                              MAPelements.put(key, "");
72                          } else {
73                              MAPelements.put(key, value); //map 数据赋值
74                          }
75                      }
76                  }
77                  Listelements.add(MAPelements); // 添加数据元素
78              }
79          }
80          Map<String, Object> map = new HashMap<String, Object>(); // 定义 map 范型
81          map.put("id", tsp.getScenePagId()); // 页面 id 信息
82          map.put("sceneId", tbScene.getSceneId()); // 页面 sceneId 信息
83          map.put("name", null); // 页面 name 信息
84          map.put("properties", null); // 页面 properties 信息
85          map.put("elements", Listelements); // 页面 elements 信息
86          map.put("scene", null); // 页面 scene 信息
87          List.add(map);
88      }
89      spl.setList(List); // 返回操作成功列表
90      spl.setSuccess("true"); // 返回操作成功信息
91      spl.setCode(200);
92      spl.setMsg(" 操作成功 ");
93  }
94  } else {
95      spl.setSuccess("false"); // 返回操作失败信息
96      spl.setCode(403);
97      spl.setMsg(" 预览失败 ");
98  }
99  return spl;
100 }
```

28.6 后台场景维护模块

> 本模块使用的数据表：tb_temp_pag、tb_temp_control_value、tb_temps 表

用户以管理员权限账户登录后台，主要用来对网站用户场景进行审核操作。用户场景管理页面效果如图 28.15 所示。

28.6.1 场景审核的实现

本功能实现管理员对前台用户场景编辑的审核操作，通过页面操作进行审核，审核通过后的场景将进入 "已审核场景" 列表中，如图 28.16 所示。

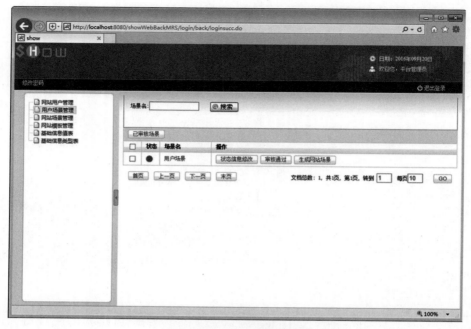

图 28.15　用户场景管理页面

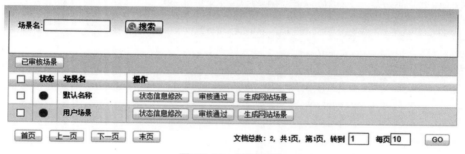

图 28.16　场景审核

具体实现步骤如下：

① 编写页面 JavaScript，实现弹出 confirm 提示，单击"确定"后进行操作，以及使用 Ajax 访问后台并接收返回值，代码如下：

（代码位置：资源包 \Code\28\Bits\19.txt）

```
01  function sh(id,name) {
02      if(confirm(" 点击此项将【"+name+"】场景审核通过。确定要继续进行吗？ ")){ // 页面 confirm 确认
03          var url = "${ctx}/back/showScene_shY.do?id="+id; // 设定执行方法
04          $.ajax({ //ajax 参数设置
05              type : "post", // 数据提交类型
06              url : url, // 数据提交地址
07              success : function(msg) { // 接收后台返回值
08                  msg = $.parseJSON(msg); // 解析 JSON
09                  if(msg == 'success'){ // 判定返回值
10                      alert(' 操作成功！ ');
11                      window.location.reload(); // 页面 reload 刷新
12                  }else if(msg =='error'){
```

```
13                    alert('操作失败！');
14                }
15            }
16        });
17    }
18 }
```

② 在页面中添加 <body></body> 标签，并使用 <form> 表单进行 POST 提交，使用 <table> 进行页面格式化，以及使用 <c:forEach> 进行循环显示 tbScenes 列表对象，页面代码如下：

（代码位置：资源包 \Code\28\Bits\20.txt）

```
01 <form id="pagedForm" name="pagedForm" method="post"
02    action="${ctx}/back/showScene_list.do">
03 <div class="main">
04 <div class="search">
05 <label> 场景名：
06 <input id="sceneName" name="sceneName" size="15" value="${tbScene.sceneName}"/></label>
07 <label> <input type="submit" value="搜 索" id="btn_search"
08      class="btn_search" onMouseOver="this.className='btn_search_over'"
09      onMouseOut="this.className='btn_search'" />
10 </label>
11 </div>
12 <div class="shop" id="shop" style="left: 10px; right: 10px;">
13 <p class="Left">
14 <input type="button" class="but_shop" onclick="checkBlack12345()" value="已审核场景" />
15 </p>
16 </div>
17 <table cellpadding="0" cellspacing="0" border="0" class="uiTable">
18 <tr>
19 <th width="30"><input type="checkbox"
20      onclick="selAll('leftCheck',this)" /></th>
21 <th> 状态 </th>
22 <th> 场景名 </th>
23 <th> 操作 </th>
24 </tr>
25 <c:forEach var="obj" items="${tbScenes}" varStatus="vs">
26 <tr class="${vs.count % 2 == 0 ? 'jg' : ''}">
27 <td><input type="checkbox" name="LeftCheck" id="${obj.sceneId}" /></td>
28 <td width="30">
29 <c:choose>
30 <c:when test="${obj.stateCodeId == 0}">
31 <div style="border-radius:15px; height:15px; width:15px; background:green;"></div>
32 </c:when>
33 <c:when test="${obj.stateCodeId == 1}">
34 <div style="border-radius:15px; height:15px; width:15px; background:orange;"></div>
35 </c:when>
36 <c:when test="${obj.stateCodeId == 2}">
37 <div style="border-radius:15px; height:15px; width:15px; background:red;"></div>
38 </c:when></c:choose>
39 </td>
40 <td>
41 ${obj.sceneName}
42 </td>
43 <td>
44 <input type="button" class="but_shop" onclick="updateS('${obj.sceneId}')"
45      value="状态信息修改" />
46 <input type="button" class="but_shop" onclick="sh('${obj.sceneId}','${obj.sceneName}')"
```

```
47          value="审核通过" />
48 <input type="button" class="but_shop" onclick="updateO('${obj.sceneId}')"
49          value="生成网站场景" />
50 </td>
51 </tr>
52 </c:forEach>
53 </table>
54 ${page.pagedView}
55 </div>
56 </form>
```

③ 控制层。首先使用 @ResponseBody 注解读取 Request 请求的 body 部分数据，并使用系统默认配置的 HttpMessageConverter 进行解析，然后把相应的数据绑定到要返回的对象上，代码如下：

（代码位置：资源包 \Code\28\Bits\21.txt）

```
01 /**
02  * 审核通过
03  *
04  * @param model
05  * @param tbScene
06  * @return
07  */
08 @RequestMapping(value = "/back/showScene_shY")
09 public @ResponseBody String showSceneShY(ModelMap model, TbScene tbScene) {
10     try {
11         String id = request.getParameter("id");// 获取页面 id 值
12         // 获取 tbScene 对象
13         tbScene = tbSceneService.selectByPrimaryKey(Integer.valueOf(id));
14         if (tbScene != null) { // 判定 tbScene 对象非空
15             tbScene.setSh(0);
16             tbSceneService.updateByPrimaryKeySelective(tbScene);  //tbScene 对象更新操作
17         }
18         return IConstant.SUCCESS;
19     } catch (Exception e) {
20         return IConstant.ERROR;
21     }
22 }
```

④ 映射层。使用 Mybatis 的 updat 方法进行数据库操作，其中 parameterType 为 TbScene 对象，根据 TbScene 中属性内容进行更新操作，代码如下：

（代码位置：资源包 \Code\28\Bits\22.txt）

```
01 <update id="updateByPrimaryKeySelective" parameterType="com.mingrisoft.show.model.TbScene" >
02     update tb_scene
03     <set >
04         <if test="sceneName != null" >
05             // sceneName 类型为 varchar 更新至数据库 scene_name 字段中
06             scene_name = #{sceneName,jdbcType=VARCHAR},
07         </if>
08         <if test="addtime != null" >
09             // addtime 类型为 TIMESTAMP 更新至数据库 addtimee 字段中
10             addtime = #{addtime,jdbcType=TIMESTAMP},
11         </if>
12         <if test="stateCodeId != null" >
13             // stateCodeId 类型为 INTEGER 更新至数据库 state_code_id 字段中
14             state_code_id = #{stateCodeId,jdbcType=INTEGER},
```

第28章　Show——企业最佳展示平台（Spring 框架 +HTML5+MySQL 数据库实现）

```
15        </if>
16        <if test="visitNum != null" >
17            // visitNum 类型为 INTEGER 更新至数据库 visit_num 字段中
18            visit_num = #{visitNum,jdbcType=INTEGER},
19        </if>
20        <if test="useNum != null" >
21            // useNum 类型为 INTEGER 更新至数据库 use_num 字段中
22            use_num = #{useNum,jdbcType=INTEGER},
23        </if>
24        <if test="dicCodeId != null" >
25            // dicCodeId 类型为 INTEGER 更新至数据库 dic_code_id 字段中
26            dic_code_id = #{dicCodeId,jdbcType=INTEGER},
27        </if>
28        <if test="cover != null" >
29            // cover 类型为 VARCHAR 更新至数据库 cover 字段中
30            cover = #{cover,jdbcType=VARCHAR},
31        </if>
32        <if test="sceneCustomId != null" >
33            // sceneCustomId 类型为 INTEGER 更新至数据库 scene_custom_id 字段中
34            scene_custom_id = #{sceneCustomId,jdbcType=INTEGER},
35        </if>
36        <if test="jsFileId != null" >
37            // jsFileId 类型为 INTEGER 更新至数据库 js_file_id 字段中
38            js_file_id = #{jsFileId,jdbcType=INTEGER},
39        </if>
40        <if test="cssFileId != null" >
41            // cssFileId 类型为 INTEGER 更新至数据库 css_file_id 字段中
42            css_file_id = #{cssFileId,jdbcType=INTEGER},
43        </if>
44        <if test="sceneCode != null" >
45            // sceneCode 类型为 VARCHAR 更新至数据库 scene_code 字段中
46            scene_code = #{sceneCode,jdbcType=VARCHAR},
47        </if>
48        <if test="sh != null" >
49            // sh 类型为 INTEGER 更新至数据库 Sh 字段中
50            Sh = #{sh,jdbcType=INTEGER},
51        </if>
52        <if test="tj != null" >
53            // tj 类型为 INTEGER 更新至数据库 tj 字段中
54            tj = #{tj,jdbcType=INTEGER},
55        </if>
56        <if test="musicurl != null" >
57            // musicurl 类型为 varchar 更新至数据库 musicurl 字段中
58            musicUrl = #{musicurl,jdbcType=VARCHAR},
59        </if>
60        <if test="videourl != null" >
61            // videoUrl 类型为 varchar 更新至数据库 videoUrl 字段中
62            videoUrl = #{videoUrl,jdbcType=VARCHAR},
63        </if>
64        <if test="movietype != null" >
65            // movietype 类型为 INTEGER 更新至数据库 movietype 字段中
66            movietype = #{movietype,jdbcType=INTEGER},
67        </if>
68        <if test="qrcode != null" >
69            // qrCode 类型为 varchar 更新至数据库 qrCode 字段中
70            qrCode = #{ qrCode,jdbcType=VARCHAR},
71        </if>
72        <if test="author != null" >
73            // author 类型为 varchar 更新至数据库 author 字段中
74            author = #{author,jdbcType=VARCHAR},
```

```
75              </if>
76              <if test="usernum != null" >
77                  // userNum 类型为 INTEGER 更新至数据库 userNum 字段中
78                  userNum = #{ userNum,jdbcType=INTEGER},
79              </if>
80              <if test="mouseclick != null" >
81                  // MouseClick 类型为 INTEGER 更新至数据库 MouseClick 字段中
82                  MouseClick = #{ MouseClick,jdbcType=INTEGER},
83              </if>
84              <if test="des != null" >
85                  // des 类型为 varchar 更新至数据库 des 字段中
86                  des = #{des,jdbcType=VARCHAR},
87              </if>
88              <if test="sceneTypeid != null" >
89                  // sceneTypeid 类型为 INTEGER 更新至数据库 scene_typeid 字段中
90                  scene_typeid = #{sceneTypeid,jdbcType=INTEGER},
91              </if>
92              <if test="modeled != null" >
93                  // modeled 类型为 INTEGER 更新至数据库 Modeled 字段中
94                  Modeled = #{modeled,jdbcType=INTEGER},
95              </if>
96              <if test="filetype != null" >
97                  // filetype 类型为 varchar 更新至数据库 fileType 字段中
98                  fileType = #{filetype,jdbcType=VARCHAR},
99              </if>
100             <if test="x != null" >
101                 // x 类型为 INTEGER 更新至数据库 x 字段中
102                 x = #{x,jdbcType=INTEGER},
103             </if>
104             <if test="y != null" >
105                 // y 类型为 INTEGER 更新至数据库 y 字段中
106                 y = #{y,jdbcType=INTEGER},
107             </if>
108             <if test="w != null" >
109                 // w 类型为 INTEGER 更新至数据库 w 字段中
110                 w = #{w,jdbcType=INTEGER},
111             </if>
112             <if test="h != null" >
113                 // h 类型为 INTEGER 更新至数据库 h 字段中
114                 h = #{h,jdbcType=INTEGER},
115             </if>
116         </set>
117         where scene_id = #{sceneId,jdbcType=INTEGER}
118 </update>
```

28.6.2 场景复制的实现

本功能实现对前台用户场景生成网站场景，通过单击页面按钮进行操作，如 28.6.1 节的图 28.16 所示。实现步骤如下：

① 编写页面 JavaScript，实现弹出 confirm 提示，单击"确定"后进行操作，以及使用 Ajax 访问后台并接收返回值，代码如下：

（代码位置：资源包\Code\28\Bits\23.txt）

```
01 function updateO(id) {
02      if(confirm(" 点击此项将生成一个网站场景。确定要继续进行吗？ ")){ // 页面判定
03          var url = "${ctx}/back/showScene_changeToScene.do?id="+id; // 设定访问地址
04          $.ajax({ // 设置 ajac
```

```
05                  type : "post", // 设置 ajac 类型
06                  url : url, // 设置访问地址
07                  success : function(msg) { // 判定方法返回值
08                      msg = $.parseJSON(msg); // 接收返回值
09                      if(msg == 'success'){ // 返回值判定
10                          alert('操作成功！');
11                          window.location.reload(); // 页面刷新
12                      } else if(msg =='error'){
13                          alert('操作失败！');
14                      }
15                  }
16              });
17          }
18      }
```

② 控制层。使用 BeanUtils 中的 copyProperties 方法进行场景复制，代码如下：

（代码位置：资源包 \Code\28\Bits\24.txt）

```
01  /**
02   * 其他用户场景转管理员场景
03   *
04   * @param model
05   * @param tbScene
06   * @return
07   */
08  @RequestMapping(value = "/back/showScene_changeToScene")
09  public @ResponseBody String showSceneChangeToScene(ModelMap model, TbScene tbScene) {
10      try {
11          String id = request.getParameter("id"); // 获取页面 id 值
12          tbScene =
13              tbSceneService.selectByPrimaryKey(Integer.valueOf(id)); // 获取 tbScene 对象
14          if (tbScene != null) {
15              String cod = UUID.randomUUID().toString(); // 设置 UUID 主键
16              TbScene NewtbScene = new TbScene();
17              BeanUtils.copyProperties(NewtbScene, tbScene); // 对象属性复制
18              NewtbScene.setSceneId(null);
19              NewtbScene.setSceneCode(cod);
20              NewtbScene.setAddtime(new Date());
21              NewtbScene.setAuthor("fb7e2fb3212443b1b9c954e98a0c8c26"); // 固定管理员
22              tbSceneService.insert(NewtbScene); // 插入 NewtbScene 操作
23              TbScenePag tbScenePag = new TbScenePag();
24              tbScenePag.setSceneCode(tbScene.getSceneCode());
25              List<TbScenePag> tbScenePags = tbScenePagService.queryTempList(tbScenePag);
26              for (TbScenePag tsp : tbScenePags) { // 循环 tbScenePags
27                  TbScenePag NewtbScenePag = new TbScenePag();
28                  BeanUtils.copyProperties(NewtbScenePag, tsp); // 对象属性复制
29                  NewtbScenePag.setScenePagId(null);
30                  NewtbScenePag.setSceneCode(cod);
31                  tbScenePagService.insert(NewtbScenePag); // 插入 NewtbScenePag 操作
32              }
33          }
34          return IConstant.SUCCESS;
35      } catch (Exception e) {
36          return IConstant.ERROR;
37      }
38  }
```

③ 编写 copyProperties() 方法，将两个 Object 根据内含的属性名进行复制，实现将 orig 赋值至 dest，该方法需要抛出 IllegalAccessException 和 InvocationTargetException 两个异常，代码如下：

(代码位置：资源包 \Code\28\Bits\25.txt)

```java
01 public static void copyProperties(Object dest, Object orig)
02     throws IllegalAccessException, InvocationTargetException {
03     // Validate existence of the specified beans
04     if (dest == null) { // 判定 dest 对象为空
05         throw new IllegalArgumentException("No destination bean specified");
06     }
07     if (orig == null) { // 判定 orig 对象为空
08         throw new IllegalArgumentException("No origin bean specified");
09     }
10     if (log.isDebugEnabled()) { //log 系统日志
11         log.debug("BeanUtils.copyProperties(" + dest + ", " + orig + ")");
12     }
13     // Copy the properties, converting as necessary
14     if (orig instanceof DynaBean) {
15         DynaProperty origDescriptors[] =
16             ((DynaBean) orig).getDynaClass().getDynaProperties();
17         for (int i = 0; i < origDescriptors.length; i++) { // 循环 orig 对象
18             String name = origDescriptors[i].getName();
19             if (PropertyUtils.isWriteable(dest, name)) { // 判定属性名称
20                 Object value = ((DynaBean) orig).get(name);
21                 copyProperty(dest, name, value); // 复制属性名称的值
22             }
23         }
24     } else if (orig instanceof Map) {
25         Iterator names = ((Map) orig).keySet().iterator(); // 遍历 Map 集合
26         while (names.hasNext()) { // 判定是否继续
27             String name = (String) names.next();
28             if (PropertyUtils.isWriteable(dest, name)) { // 判定属性名称
29                 Object value = ((Map) orig).get(name);
30                 copyProperty(dest, name, value);
31             }
32         }
33     } else /* if (orig is a standard JavaBean) */ {
34         PropertyDescriptor origDescriptors[] =
35             PropertyUtils.getPropertyDescriptors(orig);
36         for (int i = 0; i < origDescriptors.length; i++) {
37             String name = origDescriptors[i].getName(); // 获得属性名称
38             if ("class".equals(name)) {
39                 continue; // No point in trying to set an object's class
40             }
41             if(PropertyUtils.isReadable(orig, name)&&PropertyUtils.isWriteable(dest, name)){
42                 try {
43                     Object value=PropertyUtils.getSimpleProperty(orig, name);// 获取属性名称的值
44                     copyProperty(dest, name, value); // 复制属性名称的值
45                 } catch (NoSuchMethodException e) {
46                     ; // Should not happen
47                 }
48             }
49         }
50 }
```

28.6.3 场景转换模块的实现

将管理员网站场景转换成网站模板，转换成功后即可在网站首页显示转换后的场景模板列表。转换操作如图 28.17 所示。

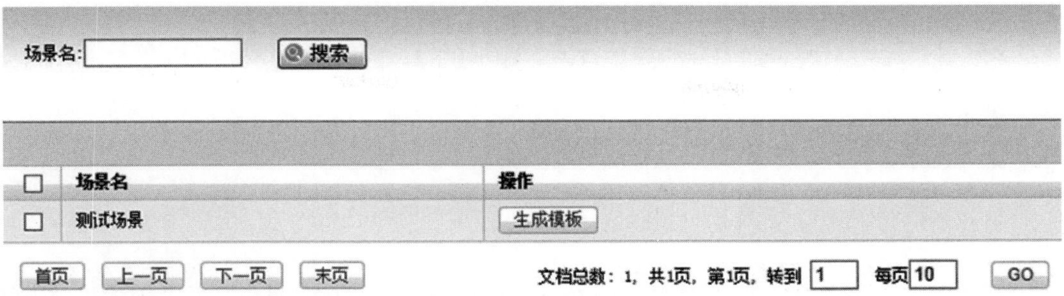

第28章 Show——企业最佳展示平台（Spring 框架 +HTML5+MySQL 数据库实现）

图 28.17　场景转换模板

将网站场景转换成网站模板的实现步骤如下：

① 编写页面 JavaScript 使用 document.getElementById().disabled 和 document.getElementById().value 进行页面属性变更，代码如下：

（代码位置：资源包 \Code\28\Bits\26.txt）

```
01  function changeMode(id) {
02      document.getElementById("sc"+id).disabled = true; // 改变页面元素属性
03      document.getElementById("sc"+id).value = " 进行中..."; // 改变页面元素值
04      pagedForm.action = "${ctx}/back/showScene_changeMode.do?sid=" + id; // 方法访问路径
05      pagedForm.submit(); // 方法提交
06  }
```

② 页面使用 <form> 表单进行 POST 提交，使用 <table> 进行页面格式化，以及使用 <c:forEach> 进行循环显示 tbScenes 列表对象，代码如下：

（代码位置：资源包 \Code\28\Bits\27.txt）

```
01  <form id="pagedForm" name="pagedForm" method="post"
02  action="${ctx}/back/showSceneAdmin_List.do"> //form 属性
03  <div class="main">
04  <div class="search">
05  <label> 场景名 :<input id="sceneName" name="sceneName" size="15"
06   value="${tbScene.sceneName}"/>
07  </label>
08  <label> <input type="submit" value="搜 索" id="btn_search"
09  class="btn_search" onMouseOver="this.className='btn_search_over'"
10  onMouseOut="this.className='btn_search'" /> // 按钮样式
11  </label>
12  </div>
13  <div class="shop" id="shop" style="left: 10px; right: 10px;">
14  <p class="left"> // 页面样式
15  </p>
16  </div>
17  <table cellpadding="0" cellspacing="0" border="0" class="uiTable"> // 表单样式
18  <tr>
19  <th width="30"><input type="checkbox" onclick="selAll('leftCheck',this)" /></th>
20  <th> 场景名 </th>
21  <th> 操作 </th>
22  </tr>
23  <c:forEach var="obj" items="${tbScenes}" varStatus="vs"> // 页面循环
24  <tr class="${vs.count % 2 == 0 ? 'jg' : ''}">
25  <td><input type="checkbox" name="leftCheck" id="${obj.sceneId}" /></td>
26  <td>${obj.sceneName}</td><td>
```

```html
27 <input type="button" id="sc${obj.sceneId}" class="but_shop"
28          onclick="changeMode('${obj.sceneId}')" value="生成模板" />
29 </td>
30 </tr>
31 </c:forEach>
32 </table>
33 ${page.pagedView} // 翻页类
34 </div>
35 </form>
```

③ 控制层。使用 BeanUtils 中的 copyProperties() 方法进行场景复制，并使用随机数方法 UUID.randomUUID() 进行唯一主键 id 的赋值，代码如下：

（代码位置：资源包 \Code\28\Bits\28.txt）

```java
01 /**
02  * 场景转为模板
03  *
04  * @param model
05  * @param tbScene
06  * @return
07  */
08 @RequestMapping(value = "/back/showScene_changeMode")
09 public String showSceneChangeMode(ModelMap model, TbScene tbScene) throws Exception {
10     PageContext page = PageContext.getContext(request, rowPerPage); // 获得分页标签
11     page.setPagination(true); // 分页状态
12     model.put("page", page);
13     String id = request.getParameter("sid"); // 获得页面 sid 值
14     if (id != null && id.length() > 0) {
15         tbScene=tbSceneService.selectByPrimaryKey(Integer.valueOf(id));// 获取 tbScene 对象
16         if (tbScene != null) {
17             String cod = UUID.randomUUID().toString(); // 设置 UUID 主键
18             TsTemps tsTemps = new TsTemps();
19             BeanUtils.copyProperties(tsTemps, tbScene); // 对象复制操作
20             tsTemps.setTempName(tbScene.getSceneName()); // 设置 tempName 值
21             tsTemps.setTempCode(cod); // 设置 tempCode 值
22             tsTemps.setMoney(0.0); // 设置 money 值
23             tsTemps.setStateCodeId(0); // 设置 stateCodeId 值
24             tsTempsService.insert(tsTemps); // 保存操作
25             TbScenePag tbScenePag = new TbScenePag(); // 加载 TbScenePag 对象
26             tbScenePag.setSceneCode(tbScene.getSceneCode()); // 设置 sceneCode 值
27             List<TbScenePag> tbScenePags = tbScenePagService.queryTempList(tbScenePag);
28             for (TbScenePag tsp : tbScenePags) { // 循环 tbScenePags 列表
29                 TsTempPag tsTempPag = new TsTempPag(); // 加载 TsTempPag 对象
30                 tsTempPag.setTempCode(cod); // 设置 tempCode 值
31                 tsTempPag.setNum(tsp.getNum()); // 设置 num 值
32                 tsTempPag.setContentText(tsp.getContentText()); // 设置 contentText 值
33                 tsTempPag.setPagename(tsp.getPagename()); // 设置 pagename 值
34                 tsTempPag.setAddtime(new Date()); // 设置 addtime 值
35                 tsTempPagService.insert(tsTempPag); // 保存操作
36             }
37             tbScene.setModeled(1); // 设置 modeled 值
38             tbSceneService.updateByPrimaryKeySelective(tbScene); // 更新 tbScene 对象
39         }
40     }
41     return "redirect:/back/showSceneAdmin_list.do"; // 方法返回
42 }
```